U0287320

中国石油天然气股份有限公司重大科技专项“柴达木盆地
建设千万吨油气田综合配套技术研究”成果

大型高原内陆咸化湖盆断裂控烃机制与控藏模式

罗　群　张永庶　汪立群　著

科学出版社
北　京

内 容 简 介

本书描述柴达木盆地的区域地质背景与盆地成因类型、断裂控烃的野外证据、主要断裂特征及其控烃作用、典型油气藏的断裂控烃特征、断裂控烃模拟实验、断裂输导体系的控烃作用、复合含油气系统与断裂、重点区带预测八部分；力图针对“现今海拔高、古地形差异大、古气候干燥偏冷、古湖水盐度分异强、古构造样式复杂、新构造运动强烈”等高原咸化湖盆独特地质条件，开展对柴达木盆地成因类型、构造演化、成藏主控因素、油气输导条件及其富集规律进行研究与探索；有力地促进了我国高原咸化湖盆油气成藏理论的形成。

本书可供石油地质及相关专业的院校师生、石油企业从事勘探开发的科技工作者和管理人员参考使用。

图书在版编目(CIP)数据

大型高原内陆咸化湖盆断裂控烃机制与控藏模式/罗群，张永庶，汪立群著.—北京：科学出版社，2018.1
ISBN 978-7-03-054866-5

Ⅰ.①大… Ⅱ.①罗…②张…③汪… Ⅲ.①柴达木盆地-地质断层-油气藏形成-研究 Ⅳ.①P618.130.2

中国版本图书馆 CIP 数据核字(2017)第 254973 号

责任编辑：万群霞 / 责任校对：桂伟利
责任印制：徐晓晨 / 封面设计：耕者设计工作室

科学出版社出版
北京东黄城根北街 16 号
邮政编码：100717
http://www.sciencep.com
北京建宏印刷有限公司 印刷
科学出版社发行 各地新华书店经销
*
2018 年 1 月第 一 版 开本：720×1000 1/16
2019 年 4 月第二次印刷 印张：17 1/2 插页：12
字数：360 000
定价：188.00 元
（如有印装质量问题，我社负责调换）

序

柴达木盆地是我国青藏高原北部的大型内陆高原咸化湖盆，地面平均海拔3000m，有效勘探面积为9.6万km^2，沉积岩厚度达1万m，具有侏罗系煤系烃源岩、古近系-新近系油源岩和第四系生物气源岩三套含油气系统，油气资源十分丰富。经过60多年艰苦的勘探开发实践，目前已开发油气田26个，生产油气700万t/a油当量。“十三五”规划期间计划生产油气1000万t/a油当量，为青藏高原油气资源的开发作出了特殊的贡献，同时积累了丰富的生产资料和地学研究成果，为形成高原咸化湖盆油气成藏理论奠定坚实的基础。

中国石油大学(北京)罗群博士等以自己的野外调查成果为素材，结合中国石油青海油田分公司勘探开发研究院的地震地质解释剖面和中国石油大学(北京)油气资源与探测国家重点实验室的物理模拟实验，以断裂控烃的思维为指导，针对高原咸化湖盆地质特点，对柴达木盆地的成因类型、演化特征、油气输导体系、运聚成藏与分布规律及含油气系统等进行研究与总结，初步探索柴达木高原咸化湖盆油气成藏与富集模式，撰写《大型高原内陆咸化湖盆断裂控烃机制与控藏模式》一书，对高原咸化湖盆油气成藏机理与分布规律进行有益探索。

该专著的出版将为石油地质工作者和石油院校师生在断裂控烃理论方面提供一份有价值的参考资料。

李德生

中国科学院院士

2017年10月

前　言

世界上不乏内陆咸化含油气湖盆，但大型高原内陆咸化富油气沉积盆地绝无仅有，那就是著名的柴达木盆地。柴达木盆地位于“世界屋脊”青藏高原的北部，以其独特的地质风格和丰富的油气资源，牢牢地吸引着全世界的目光。

为了深刻揭示柴达木盆地独特的地质特征，探索其特殊的油气成藏条件与分布规律，自20世纪60年代开始，中国石油青海油田分公司(简称青海油田)与中国石油大学(北京)等单位进行长期产学研合作，在区域成盆背景、沉积地层格局、构造演化过程、油气成藏分布等方面取得一系列重要进展和成果，在柴达木盆地油气勘探领域多次获得重大突破，初步形成高原咸化湖盆油气地质理论，其基本内涵是:柴达木盆地自中、新生代以来处于由拉张断陷到长期挤压凹陷、再到强烈挤压随青藏高原隆升背景之下，由于盆地动力系统转换，形成原型盆地开启—封闭的演化格局及世界上海拔最高的大型陆相咸化含油气盆地，具有独特的地质背景和鲜明的石油地质特征，奠定了高原咸化湖盆石油地质理论的基础。柴达木盆地的地质特殊性主要表现在现今海拔高、古湖水盐度大、古地形高差大、古气候干燥、古水深变化频繁、古构造样式复杂、现今构造运动强烈等方面，这些特征造就了大型高原咸化湖盆混合封闭沉积、深水成盐、咸化厚层泥质地层分布与复合区域动力系统，这些特征也决定了:①盆内双重构造的盆地结构特点;②烃源岩丰度虽低，但类型好、转化率较高，造就了独特的咸化源灶的生烃机制;③储层胶结作用普遍，岩性致密但裂缝发育，大大改善了储集条件;④断裂活动频繁，油气输导体系类型多，油气多期运聚，以晚期成藏为主;⑤双重构造体系的上下结构有利于油气聚集，后期破坏强烈;⑥以上特点形成“盆缘和盆内”、上下结构、常规与非常规等多种油气成藏机制和油气有序聚集与分布模式。这些独特的地质特征和鲜明的油气成藏与富集风格造就了柴达木盆地复杂的油气成藏条件，具有巨大的油气勘探潜力。

断裂活动及其控盆、控烃、控藏作用显著是柴达木盆地的一个重要特色，其成果也是柴达木高原咸化湖盆石油地质理论中一个极具特色的重要组成部分。近年来，中国石油大学(北京)的科研人员和中国石油青海油田分公司的专家就断裂与柴达木盆地油气成藏及其分布的关系进行深入研究，取得一些重要的理论认识，提出断裂控烃的理论框架，补充和完善柴达木大型高原咸化湖盆油气成藏理论。本书以柴达木盆地的断裂控盆、控烃、控藏机制研究成果，阐明大型高原内陆咸化湖盆独特的油气成藏与分布基本特征。

本书是在前人工作的基础上，对笔者多年研究成果与认识进行深化总结而成。

力图针对陆相高原咸化湖盆独特地质条件，对断裂活动与柴达木盆地成因类型、构造演化、成藏主控因素、油气输导条件及其富集机制的内存联系进行研究与探索。

感谢为本书提供具体数据和资料的中国石油青海油田分公司勘探开发研究院和中国石油大学(北京)的资料管理部门，以及胡勇、王铁成、徐子远等专家学者，也感谢中国石油大学(北京) 学术专著出版基金对本书出版的支持。中国石油大学(北京)油气资源与探测国家重点实验室为本书的成藏模拟实验提供了宝贵的支持，研究生汤国民做了大量资料收集、绘图和初步分析工作，一并表示感谢。

最后，特别感谢我的恩师李德生院士，关于柴达木盆地的研究是在他的鼓励和指导下完成的。

由于水平有限，书中难免存在疏漏和不足之处，敬请同行批评指正。

罗　群

2017年9月

目　录

序
前言
第1章　区域地质背景与盆地成因类型及演化恢复 …… 1
1.1　区域地质背景 …… 1
1.1.1　区域地质条件 …… 1
1.1.2　柴达木盆地地层发育基本特征 …… 2
1.2　盆地成因类型 …… 3
1.2.1　前人的主要观点 …… 3
1.2.2　研究采用的观点及依据 …… 7
1.3　柴达木盆地北缘中生界剥蚀厚度恢复及地质意义 …… 9
1.3.1　柴北缘西部中生界剥蚀量研究的意义 …… 10
1.3.2　中生界剥蚀量的定量恢复 …… 11
第2章　柴达木盆地断裂控烃的野外证据 …… 18
2.1　断裂控盆的野外考察依据 …… 18
2.1.1　昆仑山与柴达木盆地的盆山耦合关系——狼牙宽沟沟口 …… 18
2.1.2　阿尔金山斜坡次级断裂控盆现象——彩石岭地貌 …… 21
2.1.3　苏干湖盆地与阿尔金山之间的盆山关系——当金山口地貌 …… 21
2.2　断裂控运的野外证据 …… 24
2.2.1　干柴沟西南侧油苗及其成因 …… 24
2.2.2　开特米里克构造顶部油浸裂缝现象 …… 24
2.2.3　鄂博梁一号构造轴部油气显示 …… 25
2.3　断裂控储的野外证据 …… 26
2.3.1　构造轴部裂缝分布 …… 26
2.3.2　断裂构造带及断控牵引褶皱的裂缝发育特点 …… 28
2.4　断裂控保的野外证据 …… 29
2.4.1　断裂破坏油气藏的野外证据 …… 29
2.4.2　断裂保存油气藏的野外证据——油砂山浅层油田(藏)保存至今是断层活动的结果 …… 32
第3章　柴达木盆地主要断裂特征及其控烃作用 …… 35
3.1　盆地基底断裂 …… 35

3.2 主要控藏断裂分布特征 …… 36
3.2.1 平面分布特征 …… 36
3.2.2 断裂纵向分布特征 …… 45
3.3 断裂成因类型与断裂样式 …… 46
3.3.1 断裂成因类型 …… 46
3.3.2 断裂样式 …… 48
3.4 断裂系统 …… 49
3.4.1 祁连山山前冲断断裂系统 …… 49
3.4.2 冷湖-鄂博梁反S形压扭断裂系统 …… 51
3.4.3 阿尔金山前羽状剪切(走滑)断裂系统 …… 52
3.4.4 南翼山-碱山斜列断裂系统 …… 53
3.4.5 昆北压陷断阶带断裂系统 …… 55
3.5 断裂控烃控藏宏观特征 …… 57
3.5.1 断裂控烃(源)特征 …… 57
3.5.2 断裂的控圈特征 …… 59
3.5.3 断裂的控藏特征 …… 61
3.6 主要控藏断裂特征与断裂发育模式 …… 64
3.6.1 主要控藏断裂基本特征 …… 64
3.6.2 断裂发育史恢复与断裂发育模式 …… 79
第4章 典型油气藏的断裂控烃特征 …… 87
4.1 冷湖-鄂博梁反S形压扭断裂系统区 …… 87
4.1.1 鄂博梁Ⅲ号构造气藏 …… 87
4.1.2 南八仙构造气藏 …… 104
4.2 阿尔金山前羽状剪切(走滑)断裂系统区 …… 109
4.2.1 天然气来源分析 …… 109
4.2.2 东坪气藏的成藏特征 …… 111
4.3 南翼山-碱山斜列断裂系统区 …… 113
4.3.1 南翼山区域概况 …… 113
4.3.2 南翼山天然气藏特征分析 …… 114
4.3.3 南翼山构造输导体系研究 …… 120
4.3.4 成藏模式的建立 …… 121
4.4 祁连山山前冲断断裂系统区 …… 123
4.4.1 概况 …… 123
4.4.2 源储组合 …… 123
4.4.3 沉积与储层特征 …… 123

4.4.4 输层体系与天然气运聚成藏恢复 …… 125
4.5 柴北缘浅层滑脱断裂下盘油气富集特征及其控藏模式 …… 126
4.5.1 柴北缘断裂基本特征 …… 126
4.5.2 柴北缘油气藏分布特征 …… 128
4.5.3 柴北缘浅层滑脱断裂下盘富集油气的原因及其成藏模式 …… 129
4.5.4 柴北缘滑脱断裂下盘控藏模式 …… 131
4.6 油气成藏与断裂关系 …… 132
4.6.1 天然气成藏与断裂关系 …… 132
4.6.2 断裂与典型油气藏关系总结 …… 133
4.6.3 柴达木盆地断裂控烃模式与我国东部含油气盆地断裂控烃模式的比较 …… 137
第5章 柴达木盆地断裂控烃模拟实验 …… 139
5.1 断裂控油模拟实验 …… 139
5.1.1 问题的提出 …… 139
5.1.2 地质模型 …… 139
5.1.3 柴北缘地区油气运聚成藏物理模拟实验 …… 141
5.1.4 石油运聚模拟实验结果总结及其地质意义 …… 156
5.2 断裂控气模拟实验 …… 161
5.2.1 模拟装置介绍 …… 161
5.2.2 鄂博梁Ⅲ号构造气藏形成过程物理模拟实验 …… 165
5.2.3 东坪构造气藏物理动态模拟实验 …… 187
5.2.4 马仙构造物理实验模拟 …… 197
5.2.5 马仙天然气运聚模拟实验的创新点及实验机理总结 …… 210
第6章 柴达木盆地断裂输导体系的控烃控藏作用 …… 214
6.1 断裂输导体系的概念与类型 …… 214
6.1.1 断裂输导体系 …… 214
6.1.2 断裂输导体系的类型 …… 214
6.2 断裂输导体系控藏机理与模式 …… 220
6.2.1 断裂输导体系的控藏特征 …… 221
6.2.2 柴达木盆地西北部主要断裂输导体系 …… 228
6.3 断裂输导体系控藏模式——柴达木高原咸化湖盆油气运聚成藏模式 …… 231
第7章 柴达木盆地复合含油气系统与断裂 …… 236
7.1 柴达木盆地复合含油气系统的划分 …… 236
7.1.1 复合含油气系统的概念 …… 236

7.1.2 柴达木盆地复合含油气系统的划分原则 …… 237
7.2 划分结果及各复合含油气系统基本特征 …… 237
7.2.1 北缘复合含油气系统 …… 242
7.2.2 中部(柴达木西区)复合含油气系统 …… 242
7.2.3 昆北复合含油气系统 …… 243
7.3 断裂(系统)在复合含油气系统形成与演化中的重要作用 …… 244
第8章 重点区带预测 …… 245
8.1 石油勘探重点区带——柴达木盆地腹地 …… 245
8.1.1 柴达木盆地腹地油气成藏条件 …… 245
8.1.2 重点区带——中南隆起区成藏条件分析与目标预测 …… 246
8.2 天然气勘探重点区带——柴北缘西区 …… 252
8.2.1 有利气藏区带预测 …… 252
8.2.2 重点目标优选 …… 254
参考文献 …… 266
彩图

第 1 章　区域地质背景与盆地成因类型及演化恢复

含油气盆地的油气资源潜力、油气藏形成机制与分布特征归根结底受控于该地区的地质背景、成因类型及其演化过程，要合理评估盆地油气资源、揭示其油气藏形成机制、客观总结油气分布规律，首选应清楚该盆地的区域地质背景、成因类型及其演化历史。

1.1　区域地质背景

1.1.1　区域地质条件

柴达木盆地位于青藏高原北部，盆地面积 12.1 万 km^2，是我国十大内陆盆地之一。地理位置为东经 90°00′～98°20′，北纬 35°55′～39°10′。其大地构造位置处于亚洲中轴构造域和特提斯-喜马拉雅构造域的结合部位（图 1-1）。盆地周缘被

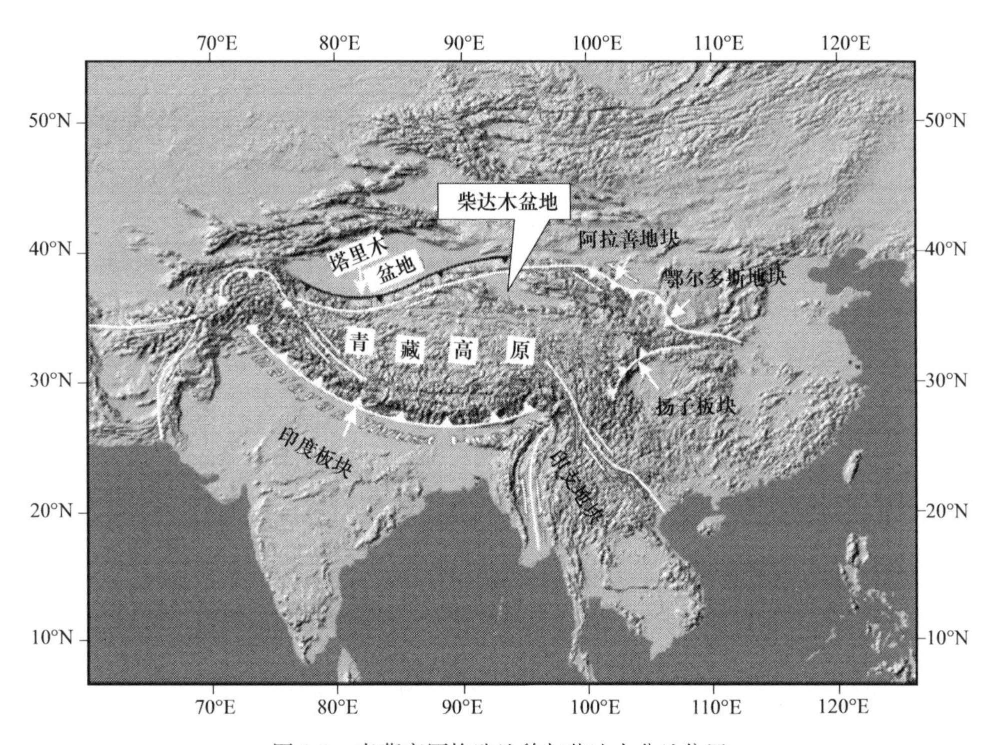

图 1-1　青藏高原构造地貌与柴达木盆地位置

阿尔金山、祁连山和昆仑山所环绕，为西宽东窄的菱形盆地。盆地在其发展演化的不同地质历史阶段，在不同构造动力学背景下以不同构造体制经历了独特的构造演化，现今具有复杂的组成与结构，在造山与成盆关系上也表现出复杂的组合与叠加关系，因此，具有复杂的构造演化历史和独特的盆山耦合关系及地球动力学特征。

按照板块构造理论，控制盆地演化的主要因素包括沉积盆地距离板块边界的远近、最近板块边界性质和形成调整盆地的构造(即盆地边界断裂)。前两种因素主要涉及板块构造作用的有效范围及强度，第三种因素主要决定盆地的轮廓和构造格局，它的运动程序一般受控于板块边界的相互作用规律。柴达木盆地中、新生代演化正是处于这种特殊的地质背景下，其演化与青藏高原多个板块边界活动有密切的关系，因此，对柴达木中新生代盆地构造演化阶段的划分就必须考虑柴达木盆地所处的大地构造位置。柴达木盆地中新生代构造演化主要受控于欧亚大陆南缘中生代和新生代特提斯阶段性俯冲、消减和闭合作用，以及印度板块与欧亚板最终碰撞和往北楔入的远程效应。据前人研究，“中生代以来，欧亚大陆南缘造山作用(碰撞事件)由北向南依次发生在晚二叠—中三叠世(巴颜喀拉山与南昆仑地体会聚，古特提斯洋北支闭合，昆南缝合带形成)、中晚三叠世(羌塘地体与巴颜喀拉山地体会聚，古特提斯洋南支闭合，金沙江缝合带形成)、中晚侏罗世(冈底斯地体与羌塘地体会聚，中特提斯洋闭合，班公湖缝合形成)和晚白垩世(喜马拉雅地体与羌塘地体会聚，新特提洋闭合，雅鲁藏布江缝合带形成)”(崔军文，1997)。始新世晚期印度板块与欧亚板块发生碰撞，之后又以 5cm/a 左右汇聚速率对欧亚板块继续发生强烈的推挤作用(Molnar and Tapponnier，1975；Schwan，1985)。这次碰撞作用所产生的构造效应十分明显，最为显著的是整个青藏高原的隆升。除此之外，还强烈地活化了先存的断裂带，尤其是青藏高原北部地区。这个复杂的地质演化过程对柴达木盆地构造、沉积及油气成藏与分布有重要的影响。

1.1.2 柴达木盆地地层发育基本特征

柴达木盆地区域地层出露较全(表 1-1)。盆地内部主要被中生界、新生界地层覆盖；盆地周边老山从元古宇至第四系地层均有出露，其中以新元古界和古生界地层分布最为广泛；中生界三叠系地层仅在南祁连山的五彩山、宗务隆山及祁漫塔格山的冰沟一带分布；侏罗系、白垩系地层主要分布在阿尔金山和南祁连山南缘。受断裂控制，形成中生代或中新生代叠合盆地。

盆地内主要油气勘探层系为中、新生界地层，中生代地层在北缘地区揭露较全，是以湖相-沼泽相夹扇三角洲相、河流冲积相为主的煤系地层。古近系和新近系在盆地中西部地区最为发育，为半干旱气候下河流-冲积扇-咸化湖泊相沉积体系，以碎屑岩为主，在浅-半深-深湖中发育泥灰岩、灰泥岩、钙质泥岩等碳酸盐含量较高的细粒地层，为典型的大型咸化湖混合沉积；在 N_2 地层中夹有蒸发岩石膏相。

表 1-1 柴达木盆地中新生代地层系统与标志层界线表

地层系统					目前代号	地质年代	地震标准层	电性标准层
界	系	统	组	段				
新生界	第四系	全新统	达布逊盐桥组		Q_{3+4}	0.025		
		更新统	七个泉组		Q_{1+2}			K_0
	新近系	上新统	狮子沟组		N_2^3	3	T_0	K_1
		中新统	上油砂山组		N_2^2	5.1		K_2
			下油砂山组		N_2^1	15.09	T_1	K_6
	古近系	渐新统	上干柴沟组		N_1		T_2'	K_{12}
		始新统	下干柴沟组		E_3	24.6	T_2	K_{21}
		古新统	路乐河组		E_{1+2}	40	T_3	K_{22}
中生界	白垩系	上白垩统	犬牙沟群		K	50.5 65	T_5	
		下白垩统					T_R	
	侏罗系	上侏罗统	红水沟组		J_3	135		
		中侏罗统	采石岭组		J_2		T_K	
			大煤沟组		J_2			
		下侏罗统	小煤沟组		J_1		T_{J3}	
			湖西山组		J_1	178 208	T_{J2} T_6	

1.2 盆地成因类型

柴达木盆地是我国西部重要的大型叠合含油气盆地之一，已找到 26 个油气田。但由于勘探研究程度相对较低，其地质结构复杂、演化历史多变，不同的学者对其成因类型有不同的看法，甚至截然相反（王鸿祯，1990；狄恒恕，1990；彭作林，1991；刘训和王永，1995；翟光明和徐凤银，1997；夏文臣等，1998）。对柴达木盆地（尤其是柴达木盆地北缘侏罗纪原形盆地）成因类型的认识必然影响对盆地地质特征的认识，从而影响对盆地油气资源潜力的估计。因此，确定柴达木盆地尤其是柴达木盆地北缘（简称柴北缘）侏罗系原形盆地的成因类型十分重要；同时，弄清柴达木盆地成因类型及形成机制对正确认识柴达木盆地地质特征和油气地质条件、进行有效勘探有重要的意义。

1.2.1 前人的主要观点

夏文臣等（1998）根据大地电测深和格尔木大额济纳旗地学大剖面深部地震资

料，对柴达木盆地及邻区岩石圈结构及构造层序、地层序列、沉积体系组合进行研究，运用地球动力学分析原理，恢复了自元古代以来柴达木盆地及邻区原型盆地及其构造、古地理演化历史，得出的盆地类型及成因机制如下所示。

柴达木盆地是由侏罗纪的陆内俯冲型前陆盆地、晚白垩世至上新世的转换伸展裂陷盆地和第四纪的挤压挠曲盆地叠覆而成的复合盆地。控制盆地形成和演化的地质过程有侏罗纪的造山带多旋回隆升、山间陆块多旋回陆内俯冲进程、克拉通化过程后的岩石圈下部异常热地幔多旋回隆升和衰减过程、远程传递而来的板块边界碰撞过程与区域热回沉过程叠加，以及老造山带再次隆升和盆地内的分异过程。柴达木盆地的演化过程可划分为四个阶段：侏罗纪陆块俯冲前陆盆地演化阶段、早白垩世—晚白垩世早期的克拉通化阶段、晚白垩世晚期—上新世的转换伸展裂陷盆地演化阶段和第四纪挤压挠曲盆演化阶段（表 1-2）。

表 1-2　柴达木盆地成因类型及其依据（夏文臣等，1998）

时代	盆地成因类型	证据	动力机制
J	前陆盆地	①柴北缘存在当时的逆冲带；②地层层序响应前陆盆地的造山带，沉积体系为前陆粗粒沉积楔，前陆沉积格架；③恢复后为盆地—造山带间格局	海西—印支阶段伸展裂谷洋封闭造山、陆块向造山带下俯冲
K_2—E_3	伸展裂谷	①沉积巨厚（5～8km），单靠挤压力而令人费解；②大量幔源岩浆侵入盆地（彩石岭花岗岩体），岩石化学分析为地幔上隆，岩石圈伸展环境；③地温梯度图中2km深温度图表明柴达木盆地区为高热值区；④该段地层层序中相邻断块厚度相差甚大，其只能为同沉积正断层产生（裂谷盆地）	地幔上隆，岩石圈伸展
N_1—N_2	转换拗陷盆地	①发育造山运动的地层、构造层序；②断块地层厚度一致	印度板块开始碰撞，热衰减使盆地回沉
N末—Q	韧性剪切挤压拗陷盆地	①表层滑脱断层，滑脱褶皱，推覆构造发育；②周边山系再度大幅度降升；③正梯形断块相对下降，倒梯形断块相对上升构造样式	印度板块强烈挤压的远程效应，挤压力触发壳内韧性剪切

汤良杰等（2002）运用盆地波动分析理论，并通过与塔里木盆地成盆与构造演化史对比分析，结合大地构造背景、不整合、沉积速度、构造沉降曲线、断裂与褶皱生长指数及声发射研究，恢复了柴达木盆地自中生代以来盆地的原型性质、应力特征、构造及沉积特征和盆地形成机理。他认为柴达木中、新生代盆地构造演化经历了四个不同的阶段：早、中侏罗世裂陷阶段；晚侏罗-白垩纪挤压阶段；古近纪挤压、走滑阶段；新近纪-第四纪挤压、推覆阶段。

早、中侏罗世的原型盆地为近南北向伸展作用下的断陷盆地。早侏罗世仅表现为几个相互独立的小断陷湖盆，中侏罗世地层沉积范围扩大，主要沿祁连山山前分布，北界在祁连山南侧，西界可能在阿尔金南缘断裂以西，南界在伊北断裂—埃南断裂一线。

晚侏罗世-白垩纪的原型盆地为近南北向挤压作用下的挤压型盆地，受南祁连山前冲断构造体系控制，总体表现为北断南超的沉积特征，北界在祁连山南侧，西部的南界在阿拉尔、黄石北一线，东部的南界在霍布逊湖附近。

古近纪的柴达木盆地是一个周边发育一系列岛链状隆起，沉积范围更广的湖盆，复原后的原型盆地面积比现今沉积岩分布面积大。此时期盆地内挤压变形并不十分强烈，沉积和构造环境较稳定。

新近纪以来，柴达木盆地属挤压环境下的陆内拗陷盆地。盆地的分布范围与现今盆地分布大致相同，沉积边界南至祁漫塔格山，北抵南祁连山，西达阿尔金山前。

汤良杰等(2002)关于柴达木成因类型及依据见表1-3。

表1-3　柴达木盆地成因类型及依据(汤良杰等，2002)

时代	盆地成因类型	证据	动力机制
J_{1+2}	断陷盆地	①断陷分割，受近EW向同生正断层控制，箕状断陷，地层北断南超，南断北超；②柴达木盆地、安西—敦煌一带广泛见J_2中基性火山岩-碱性玄武岩系列；③盆地几何形态不具典型前陆盆地特征	①印支造山期后松弛，南北向伸展；②羌塘地体与巴颜喀拉山会聚，冈底斯山与羌塘地体会聚，产生南北向伸展动力
J_3—K_2	挤压盆地	①断层性质逆转，由正变逆；②沉积范围向西、西北扩大，层层超覆，表现为受冲断体系控制的近物源陆相沉积；③隆升、剥蚀量大，盆地反转；④同时代花岗岩经岩石化学分析为挤压环境下的同造山“I”型花岗岩	冈底斯地块向北与羌塘地体碰撞，中特提斯洋闭合
E	挤压走滑盆地(相对稳定)	①发育逆冲同沉积断层，断层下盘厚度大于上盘，表明长期挤压(逆)生长；②冷湖四、五号构造发育正花状构造，右行、左行雁列构造发育；③不具前陆盆地构造沉积序列	南北向挤压受SN向挤压与NWW和NEE走滑联合作用，压性构造体系；印度板块向北移，陆内俯冲
N—Q	挤压陆内拗陷盆地	①盆地西、北、南挤压变形强烈，并发育走滑构造(花状)；②南北缘发育推覆构造；③沉积中心较多，反映来自西部挤压	印度板块与欧亚板块碰撞进一步加强，阿尔金山左行走滑，南、北缘逆冲推覆

《中国石油地质志》(卷14)(青海油气区石油地质志编写组，1990)认为柴达木盆地中、新生代经历了三个构造演化阶段。

(1) 断陷阶段(T晚期—K末)。

印支运动以来，隶属欧亚板块的昆仑-可可西里地槽开始俯冲消减，盆地基底呈现南高北低、东高西低的区域背景，在盆地北缘祁连山山前带及阿尔金山以南发生走向近东西向边缘断裂和断块活动，出现了一系列相互分割的中生代断陷，从东到西有德令哈、鱼卡、赛什腾断陷等，大多为边缘箕状断陷。

这些断陷开始是在引张应力作用下产生的，断层具有先张（中生代）后逆（新生代）的性质，断层控制沉积分布及厚度变化。根据目前资料，柴达木盆地可划分为两个大的断陷区，即北缘中生代断陷区和西部中生代断陷区。北缘中生代断陷区的北界为南祁连山南缘，南界为鄂博梁-陵间断裂-埃姆尼克山南缘一线以南，面积大于 30000km^2；西部中生代断陷区位于阿尔金山东缘，阿拉尔断裂-东坪断裂一带东界不清，面积约 5400km^2。

(2) 拗陷阶段。

该阶段的时限为渐新世至中新世晚期，是盆地发育的全盛期。古近纪与新近纪时期，柴达木湖盆迅速发展、统一、扩大，被喜马拉雅运动所控制，表现以拗陷型的波状运动为主，属拗陷发展阶段。中生代晚期燕山运动带有由块断运动向波状运动过渡性质，湖盆范围逐渐向南扩大。

柴达木盆地由中生代断陷转化为古近纪与新近纪拗陷，并逐步由原来古地形的南高北低转化为古近纪与新近纪的东高西低和北高南低，这种转化作用主要决定于板块碰撞引起的强烈挤压力。始新世末，由于印度板块的向北俯冲并与欧亚板块相碰撞，来自西南方向的巨大压应力使盆地东南、西南边缘发生一系列断距较大的南倾边界逆断层。在昆仑山隆起的同时，遭到塔里木稳定地块的抗衡，导致盆地西北缘的阿尔金山沿着其南倾的深大断裂呈现长距离左行滑动和进一步降升，使盆地西部形成大幅度的沉降。

(3) 褶皱回返阶段。

该阶段的时限由中新世末至第四纪中更新世。由于印度板块不断向北俯冲，青藏高原大幅度上升，在此区域背景下，盆地西部首先抬起，湖岸线向北、向东退缩，沉积中心随之向北东方向转移。在油砂山、花土沟一带，在原湖相渐新统和中新统生油岩之上沉积了下部上新统（N_2）的河流相红色地层。随着盆地西部的进一步抬升，湖岸线继续东移，至中上新世，沉积中心已移至茫崖、碱山和一里坪一带，沉积了厚达 1200m 的暗色泥岩。

尽管《中国石油地质志》（卷 14）（青海油气区石油地质志编写组，1990）没有明确指出中生代以来柴达木盆地的类型，但仍看得出其表达的含义：J—K 末为断陷盆地，E—N_1 为拗陷盆地，N_1 末—Q 为反转盆地。没有提到前陆盆地的问题。

继冷科 1 井钻探后，为配套开展相应地质研究，中国石油勘探开发研究院地质研究所对柴达木盆地北缘侏罗系含油气系统进行研究，对盆地北缘盆地类型成因特征的认识见表 1-4。

表1-4　柴达木地块北缘盆地类型和构造变形演化序列(中国石油勘探开发研究院,2000)

时间		区域构造作用	盆地类型	构造变形
第四纪		阿尔金断裂强烈活动 南祁连强烈逆冲活动	压扭性前陆型挠曲盆地	折离褶皱,基底卷入褶皱, 正花状构造,逆冲推覆断裂, 叠瓦状冲断层
新近纪	N_2^2			
	N_2^1			
	N_1			
古近纪	E_3	印度-欧亚大陆开始碰撞		逆冲断裂开始出现
	E_2	新特提斯洋形成岩石圈伸展	受大区域伸展构造控制的基底整体沉降(广盆沉降)	张性断裂
	E_1			
白垩纪	K_2	蒙古-西伯利亚板块碰撞 拉萨-塘地块碰撞		
	K_1		前陆型挠曲盆地	逆冲推覆构造
侏罗纪	J_3			
	J_2	华北和柴达木地块之间的差异运动造成北柴北缘地壳伸展	断陷盆地	同生张性断裂
	J_1			
三叠纪		古特提斯洋闭合	盆地基底形成	强烈变质、变形和花岗岩侵入

1.2.2　研究采用的观点及依据

对柴达木盆地的盆地成因类型尤其是侏罗系原型盆地成因特征的认识长期以来一直争论不休,争论的焦点是侏罗纪盆地(主要分布于北缘)是在张性环境下形成的张性断陷盆地(王鸿祯,1990;狄恒恕,1990;刘训和王永,1995;中国石油勘探开发研究院,2000)还是在挤压环境下形成的挤压性盆地(彭作林,1991,翟光明和徐凤银,1997;夏文臣等,1998;马金龙等,2000)。本次工作在详细比较前人观点基础上,通过广泛分析研究,得出的认识,并给出的有关证据(表1-5)。

表1-5　研究采用的盆地成因类型与演化的方案

时代	盆地成因类型	证据	成盆机制(应力特征)
J_{1+2}	断陷盆地	①边界断裂控制巨厚沉积且发育多个沉积沉降中心(冷湖西断槽,伊北断槽,碱石山地区),早期为不统一的相互分隔的孤立小断槽;②盆地构造样式为断超式(J_1为北断南超)、双断型(J_2为东西双断型);③目前发现仍有基底同生正断层及零星分布的小型拉张型断陷(图1-2),平衡剖面恢复表明目前的逆断层大多在J为同生正断层,后期逆转;④柴北缘地区发现J_2中基性火山岩-碱性式岩系列,反映裂谷成因(金之钧,1998);⑤古地磁研究表明,华北地块向北运动比柴达木地块快(吴汉宁等,1997)	①班公湖-怒江洋扩张;②印支造山期后松弛伸展(汤良杰等,2002);③羌塘地体与巴颜喀拉山会聚,冈底斯山与塘地体会聚导致柴达木盆地处于拉张环境;④华北地区板块向北运动比柴达木地块快,由此产生南北向伸展应力(吴汉宁等,1997);先存基底大断裂产生裂谷(陷)

续表

时代	盆地成因类型	证据	成盆机制(应力特征)
J_3—K	挤压挠曲盆地	①红色碎屑沉积为挤压作用下的产物;②反转构造、挤压变形、逆断层;③北缘可见山前粗粒沉积楔,受逆冲断裂体系控制;④T_r不整合面	①蒙古-西伯利亚碰撞;②拉萨-塘地块碰撞增生,产生南北向挤压应力
E	挤压拗陷盆地	①西部西南角红水沟—尕斯库勒、英雄岭凹陷沉降最深(地层厚度最大),并向盆地内迁移(茫崖—里平),受NEE阿尔金断裂和NWW昆北断裂控制;②恢复构造发育史,同生逆断层发育,明显控制沉积;③E沉积中心位于盆地西部,明显受阿尔金断裂(NEE)和昆北断裂(NWW)控制	印度板块向北挤压碰撞柴达木板块,阿尔金断裂左行活动、祁连山向南阻挡,三者联合使柴达木盆地受挤压
N—Q	前陆盆地	①北缘、南缘向盆内推覆,挤压现象十分突出;②由盆地中心向南、北,表褶构造、滑脱断层发育;③南北缘均发育由边缘向盆地中心粗粒沉积楔,反映盆地由南、北两个相对的前陆盆地组合而成,盆地周边老山迅速隆起,并向盆内推覆	印度板块强烈碰撞欧亚板块

柴达木盆地早、中侏罗世,华北板块和柴达木板块向北运动速度的差异导致柴北缘为拉张的区域构造环境,基底先存断裂同沉积拉张活动,在断裂下降盘形成的多沉积中心的断陷盆地(图1-2)。其中,早侏罗世断陷盆地分布于冷湖—南八仙构造带及以南,总体受冷湖、陵间断裂的控制,形成北断南超的断陷样式;早侏罗世末抬升,中侏罗世受阿尔金断裂左行活动影响,冷湖—南八仙构造带以南抬升,沉积中断,沉积中心由冷湖—南八仙以南迁移至冷湖—南八仙以北的赛什腾-鱼卡地区。马仙断裂和冷湖六、七号构造北断裂及驼南断裂为控制性同沉积张断裂,区域应力环境为张性环境,盆地类型为张性断陷盆地。中侏罗世末及其以后,应力转化为压扭性应力,形成了不同阶段各种挤压(扭)性盆地。新近纪以来,随着南部印度板块向北的强烈推挤和北部西伯利亚板块的阻挡,青藏高原迅速隆升,盆地南北边界受到更强烈的向盆内方向的挤压逆冲,在逆冲断裂带的上盘形成南边界的昆仑山和北边界的祁连山,下盘形成具有前陆盆地特征的柴达木盆地南缘构造带和柴达木盆地北缘构造带,两者之间为具有压扭性拗陷盆地特征的中部构造区。

对整个柴达木盆地的形成演化、成因机理和盆地类型的研究,许多学者(宋建国和廖建,1982;顾树松,1990;彭作林,1991;王金荣和黄华芳,1994;翟光明和徐凤银,1997)都进行研究,得出的结论各异,本书重点研究夏文臣等(1998)和汤良杰等(2002)的观点,并参考其他各学者的意见,结合自己的研究得出的方案如表1-5,可作为今后进一步研究的基础和依据。

综上所述,关于柴达木盆地成因类型的各种观点总结见表1-6。

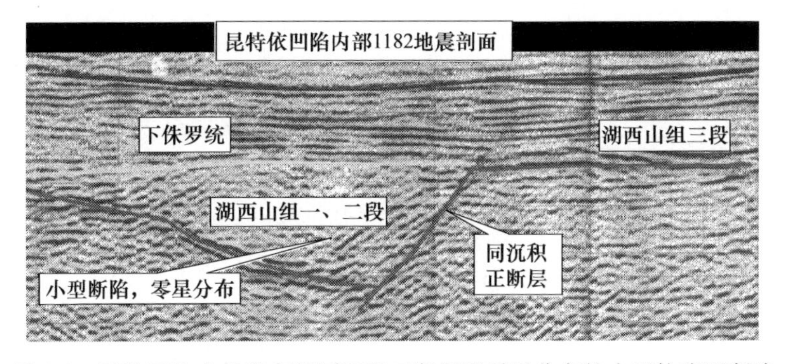

图1-2　下侏罗统内部发育的同沉积正断层及零星分布的小型拉张型断陷

表1-6　柴达木盆地成因类型各家观点

<table>
<tr><th colspan="2">地质时代</th><th colspan="2">夏文臣等(1998)</th><th>汤良杰等(2002)</th><th>青海油气区石油地质志编写组(1990)</th><th>中国石油勘探开发研究院(2001)</th><th>本书观点</th></tr>
<tr><td colspan="2">Q</td><td colspan="2">挤压挠曲谷地</td><td rowspan="3">挤压陆内拗陷盆地</td><td rowspan="3">反转盆地</td><td rowspan="3">压扭性前陆型挠曲盆地</td><td rowspan="3">压扭性前陆-拗陷盆地</td></tr>
<tr><td rowspan="2">N</td><td>N_2</td><td rowspan="6">转换伸展裂陷盆地</td><td rowspan="3">转换拗陷盆地</td></tr>
<tr><td>N_1</td></tr>
<tr><td rowspan="3">E</td><td>E_3</td><td rowspan="3">较稳定的广盆挤压走滑</td><td rowspan="3">拗陷盆地</td><td rowspan="3">伸展背景下的基底沉降（广盆沉降）</td><td rowspan="3">挤压拗陷盆地</td></tr>
<tr><td>E_2</td><td rowspan="3">伸展裂谷</td></tr>
<tr><td>E_1</td></tr>
<tr><td rowspan="2">K</td><td>K_2</td><td rowspan="3">挤压盆地</td><td rowspan="3"></td><td rowspan="3">前陆型挠曲盆地</td><td rowspan="3">挤压挠曲盆地</td></tr>
<tr><td>K_1</td><td colspan="2">?</td></tr>
<tr><td rowspan="3">J</td><td>J_3</td><td colspan="2" rowspan="3">陆内俯冲型前陆盆地</td></tr>
<tr><td>J_2</td><td rowspan="2">断陷盆地</td><td rowspan="2">断陷盆地</td><td rowspan="2">断陷盆地</td><td rowspan="2">断陷盆地</td></tr>
<tr><td>J_1</td></tr>
</table>

由此可知，柴达木盆地在不同演化阶段具有不同的成因机制，为多种成因类型盆地叠置起来的叠合含油气盆地，边界断裂对各阶段盆地的形成与演化起着重要的控制作用。

1.3　柴达木盆地北缘中生界剥蚀厚度恢复及地质意义

地层抬升剥蚀是高原盆地的重要特征之一。柴达木盆地经历了多次构造抬升和地层剥蚀事件，尤其是中生代的构造抬升和地层剥蚀对柴达木盆地油气资源的形成、潜力与分布有重要影响。恢复柴达木盆地剥蚀过程和剥蚀量大小对研究盆地沉积物埋藏史、构造演化史、热史及成烃史、成藏史，客观评价油气资源等均具有十分重要的意义。简称柴北缘中生界是重要的烃源岩，中生界曾因断裂活动而构造反转遭剥蚀，剥蚀量大小关系到对整个柴北缘油气勘探潜力的正确评价。研究重点采用地震剖面法、镜质体反射率法、结合物质平衡法、声波时差法等多种方法，估算柴北缘中生界地层剥蚀厚度，在此基础上恢复柴北缘主要烃源岩成熟演化过程，结论是：古近系与新近系沉积前，柴北缘地区没有发生过大规模的生排烃和油气运聚成藏事件，柴北缘的油气运聚成藏事件主要发生在古近系与新近系沉积过程中，进而得出柴北缘具有巨大的油气资源潜力和良好的油气勘探前景的结论。

1.3.1 柴北缘西部中生界剥蚀量研究的意义

恢复剥蚀过程和剥蚀量大小、剥蚀范围、剥蚀年代和时间间隔等直接与油气生成、运移、聚集和保存条件有关，是油气资源评价和油气勘探中不可忽视的问题。

柴北缘最重要的烃源岩是中、下侏罗统的湖相泥质岩和煤系地层。侏罗纪—古近纪与新近纪前沉积时期的多次构造运动，导致侏罗纪至白垩纪地层抬升并遭受剥蚀。有多少侏罗系至白垩纪地层被剥蚀了？在抬升剥蚀前侏罗系烃源岩是否达到生排烃门限并有过成烃过程？曾经产生过多少油气资源量？目前还保存多少？如果不弄清这些问题，必然导致本区实际油气资源潜力不明。

1996 年，位于柴北缘冷湖五号的冷科 1 井钻遇近千米侏罗系烃源岩，勘探前景乐观。1998 年，发现南八仙中型油气藏，预测油气资源量达 10 亿 t 左右。但近年钻井接连受挫(1998 年的冷七 1 井，1999 年的鄂Ⅰ-2 井，2000 年冷七 2 井、鱼 34 井，2001 年的深 88 井和鸭深 1 井等)。油气到哪儿去了？于是出现了两种观点：一种观点认为被中生代末期的构造运动剥蚀破坏了；另一种观点认为中生代末期的构造运动没有破坏侏罗系的油气潜力，地下油气资源丰富，只是没有找到罢了，应充满信心。

由此可知，中生代地层的剥蚀量关系到整个柴北缘油气勘探潜力的正确评价。

如果新生代地层沉积之前侏罗系烃源岩因上覆地层厚度大而进入大量生、排烃阶段，而中生代末期的构造抬升运动使侏罗系及以上部地层大量剥蚀，生、排烃过程停止，且早期形成的原生油气藏被破坏，新生代时期侏罗系烃源岩因上覆地层厚度加大又进入二次生、排烃。那么，这种情况下柴北缘的油气勘探潜力有限，因为经过第一次成烃过程，烃源岩生烃潜力必然严重衰竭，二次生、排烃的潜力将远比第一次生排烃的潜力小(图 1-3 的第一种情况)。

如果侏罗系之上的地层被中生代末期的构造运动剥蚀程度轻，即新生代构造运动前侏罗系烃源岩未曾大量被剥蚀和未曾进入大量生、排烃阶段，侏罗系烃源岩大量生、排烃过程主要发生在古近纪与新近纪。那么，其生、排油气资源量将大部分聚集在侏罗系和古近系与新近系地层的各类圈闭之中，这种情况下的柴北缘的油气勘探潜力将是巨大的(图 1-3 的第二种情况)。因此，侏罗系及其之上的中生界地层剥蚀量的正确恢复将是正确评价柴北缘油气勘探潜力的关键。

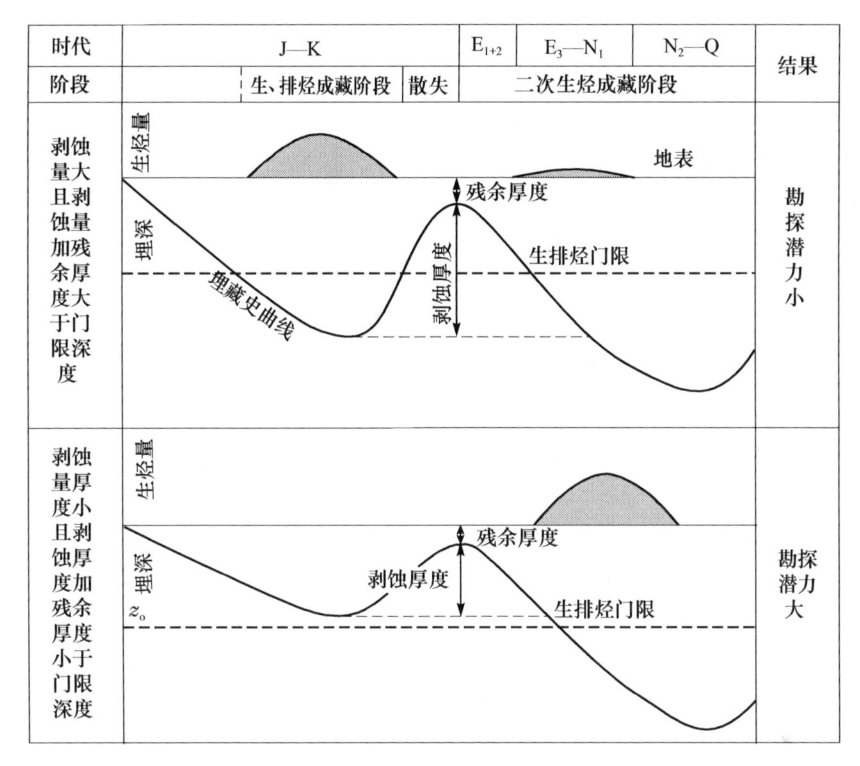

图 1-3 中生界剥蚀量对柴北缘勘探潜力的影响示意图

z_0. 初始埋深

1.3.2 中生界剥蚀量的定量恢复

1. 柴北缘西部中生界剥蚀特征

由于受南北向拉张断陷的控制及断裂活动的不均一性和复杂的断裂活动背景的影响，侏罗系河湖相沉积的空间分布差异十分明显，加之随后的中、晚燕山运动使盆地基底抬升，中生界发生强烈褶皱，地层在不同地区遭受不同程度的剥蚀，形成古近系与新近系和中生界之间广泛发育的不整合；新生代晚期，侏罗系再次遭到改造剥蚀。上述多期构造运动使中生代原型盆地遭受强烈破坏，在地震剖面上表现为角度不整合和平行不整合，平行不整合表现为其上下地层产状一致，主要在盆地内部，角度不整合存在明显的削截现象，表明有明显的地层剥蚀。野外地质剖面、地震剖面和钻井资料(如冷科 1 井)都表明下侏罗统及以上地层被大面积剥蚀。不同地区地层剥蚀的表现不同，由盆地内部到斜坡再到盆缘，地震界面逐渐由整合到小角度不整合再到大角度不整合，直到整个地层被完全剥蚀掉，如昆特伊凹陷由南向北、由凹陷内向凹陷外边界下侏罗统被剥蚀程度不断增强(图 1-4～图 1-6)；背斜褶皱构造部位地层剥蚀表现为不同程度地被不整合面削顶现象，如冷湖四号、冷

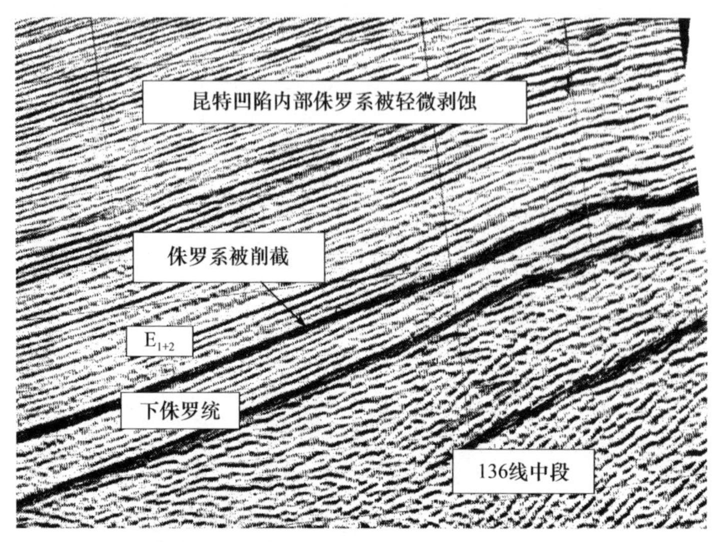

图 1-4 136 测线中段(凹陷内)地层被轻微剥蚀,表现为弱的角度不整合

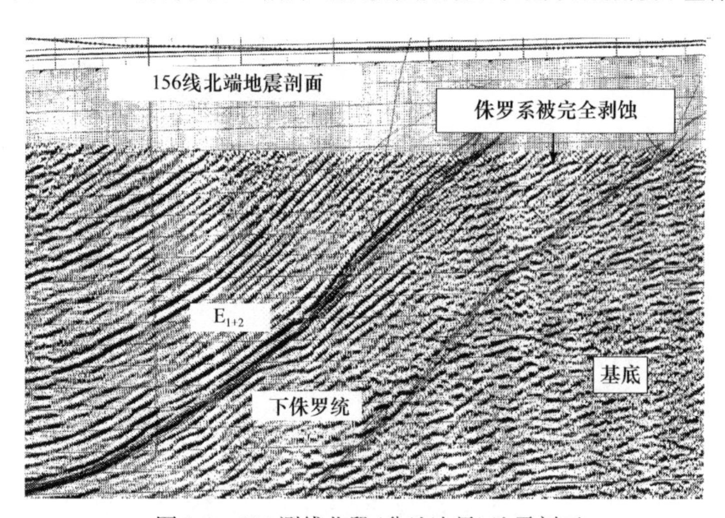

图 1-5 156 测线北段(盆地边界)地震剖面

湖五号构造带侏罗系褶皱强烈,上部地层被新生代地层削顶严重(图 1-7);白垩系只在赛什腾凹陷、鱼卡和大红沟隆起地区分布,在赛什腾凹陷内保存相对完整,在鱼卡、大红沟地区,中、晚侏罗统被严重剥蚀。

2. 本书的研究重点采用的剥蚀厚度估算方法

根据柴北缘的实际地质情况和现有资料情况,重点选择地震剖面法、镜质体反射率(R_o)法两种方法作为恢复柴北缘地层剥蚀厚度的主要方法,同时结合地层对比法、声波时差法、物质平衡法等进行本区中生界剥蚀厚度的恢复。

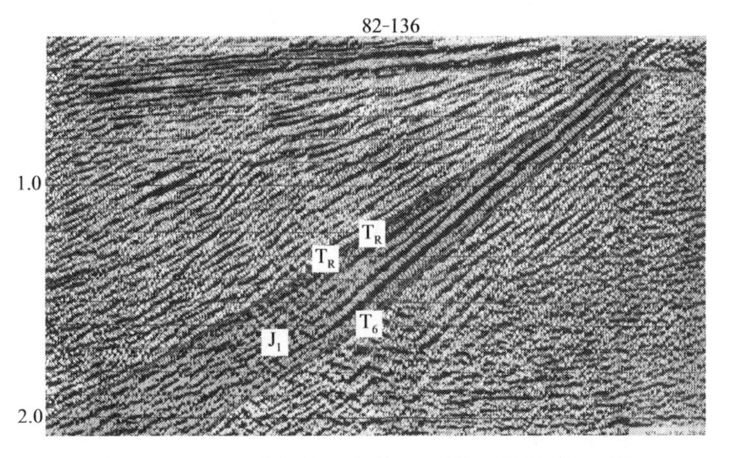

图 1-6　82-136 测线(昆北斜坡区)下侏罗统被明显削截

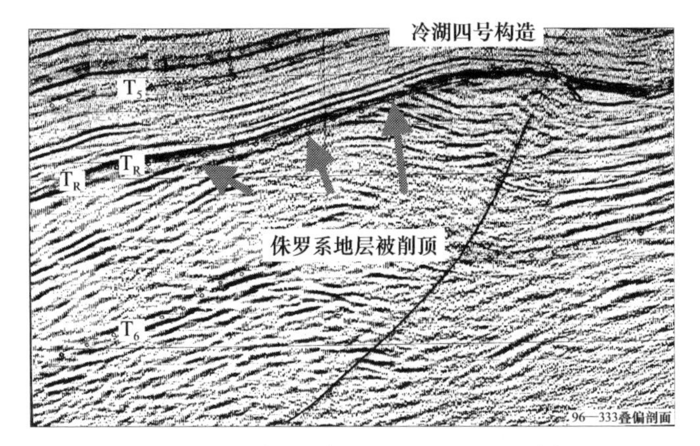

图 1-7　冷湖四号构造侏罗系被明显剥蚀

1) 地震剖面法

这种方法的原理是依据地震剖面上反射波振幅、连续性变化,分析沉积区域变化趋势。根据残存的构造变动前最新地层及其特征、地层产状及其变化趋势分析剥蚀情况,在地震剖面上标定削截点,直接求取剥蚀量。

这种方法的优点是较直观且可在无井区广泛使用,缺点是精度较差且在构造运动小或平行不整合或沉积间断的情况无法使用。针对柴北缘西部勘探现状和地质条件,本方法无疑是有效和必需的。

通过对研究区 T_r 反射界面(相当于中生界顶不整合面)、二维、三维地震剖面特征的分析,总结出使用地震剖面进行剥蚀厚度恢复的 8 种情况及其剥蚀厚度的估算方法,用于工区无钻井地区的中生代剥蚀地层的恢复(图 1-8)。

情况	要点	图　示	剥蚀量x的求取	实例地区
1	确认断裂为后生断裂	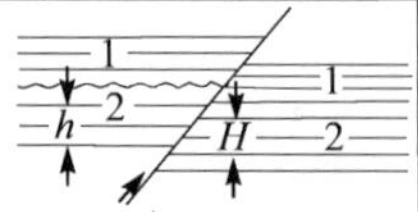	上盘2地层被剥蚀 $X=H-h$	赛什腾凹陷平台凸起（后生断裂带）
2	找准未剥蚀地层顶界面和切点面（线）	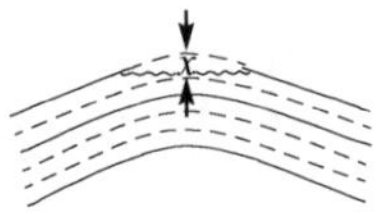	趋势延伸，直接测量x	冷湖四、五、六号南八仙、马海（褶皱带）
3	确认两层厚度变化的相似性	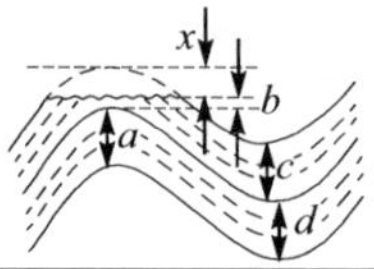	按相似原则 $\frac{(x+b)}{a}=\frac{c}{d}$，　$x=\frac{ac}{d}-b$	赛什腾、鱼卡、大红沟（褶皱强烈地区）
4	找准未剥蚀顶面和切点面	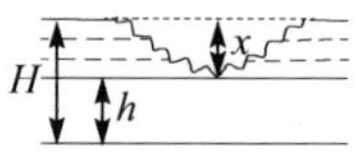	$X=H-h$	昆北斜坡（斜坡区）盆地边缘区
5	找准两个切点面和地层未剥蚀顶面	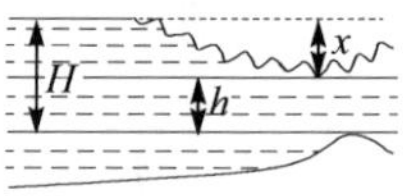	$X=H-h$	昆北斜坡（斜坡区）
6	确定地层顶、底面及趋势	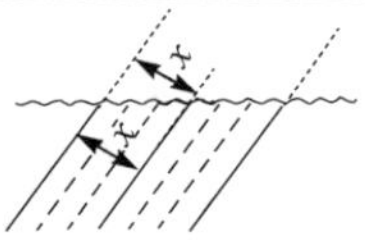	直接外推，测量x	呼通诺尔隆起（冷湖一、二、三号地区），盆地边界
7	确定起始削截点和相切点	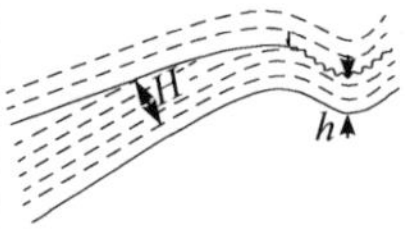	$X=H-h$	昆特1号（凹陷内部的隆起轻微剥蚀区）
8	确定顶、底面及剥蚀点对应的地震反射波界面	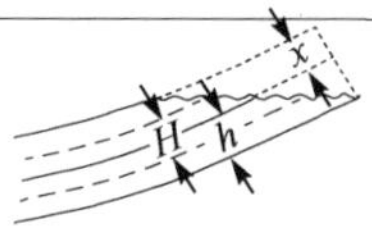	$X=H-h$	鱼卡、大红沟凸起

图 1-8　利用地震剖面估算地层剥蚀厚度的 8 种情况

2）镜质体反射率法

镜质体反射率是目前广泛应用的有机质成熟度指标。常用镜质体反射率估算剥蚀量的方法，即根据剥蚀面上、下相邻地层 R_o 的差别大小来推算剥蚀量的大小。在正常情况下，R_o 随深度的变化是连续和渐变的，但当地层中存在断层、岩浆体侵入，沉积速率、地温梯度或热导率明显变化，岩体中有局部热源时会发生突变，地层剥蚀也是引起 R_o 值不连续的原因之一。在确定 R_o 值的突变是地层受剥蚀造成之后，可以先分别绘出剥蚀面上、下地层各自的 R_o-深度曲线，通过图解法求得剥蚀厚度；或分别求出 R_o-深度的关系式，联立可解出剥蚀厚度。各种 R_o 法的基本原理都是一样的，使用时需有足够的 R_o 实测数据。此种方法虽然原理简单，资料容易取得，但同样存在不足：首先，要确定 R_o 的突变是由剥蚀引起的；其二，在地层进一步埋深时，在重新埋藏的早期，不整合面以下的 R_o 值无明显变化，而不整合面之上 R_o 值却增长很快，经过一段地质时间后，二者会逐渐趋于一致，也就是说穿过不整合面的 R_o 的绝对差值会随时间和埋深的增加而减小，最后趋于0，导致某些不整合面被"隐藏"了；其三，早期研究人员将地表的 R_o 值定为0.18%～0.2%，但很多资料表明，R_o 值在地表处大于或小于0.2%的情况也是存在的，所以还需对其稳定分布的深度范围作进一步的研究。由于以上种种原因，用这种方法所得的剥蚀厚度只能是最小剥蚀厚度。尽管如此，针对柴北缘缘具体地质情况，这种方法仍有其可取之处。对该法，何生和王青玲(1989)也曾撰文从理论和应用上作进一步讨论。

图1-9是统计冷湖及周边地区侏罗系的 R_o 值与埋深关系的散点图，由图1-9可知，冷湖五号冷科1井的 R_o-H 线性关系基本代表了冷湖地区两者的对应关系，而冷湖四号、潜西地区和冷湖三号等地区埋深与 R_o 明显不附，表明存在剥蚀，越往北，剥蚀厚度越大，冷湖五号地区剥蚀厚度为0～1000m，冷湖四号剥蚀厚度为1000～

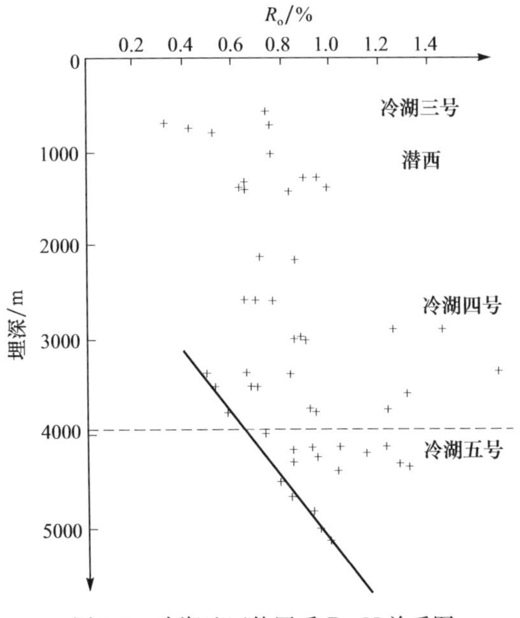

图1-9　冷湖地区侏罗系 R_o-H 关系图

2000m，潜西地区剥蚀厚度为 2500～3000m，到冷湖三号地区剥蚀厚度达 2500～3500m。

3. 中生界剥蚀量恢复结果及其对侏罗系烃源岩成烃的影响

本次工作在前人成果基础上，采用地震剖面趋势法总结出 8 种情况下的地层剥蚀量估算方法(图 1-8)，用于无井区的地层剥蚀厚度的恢复；在有井地区(冷湖一号、二号、三号、四号、五号、六号、七号、南八仙等地区)，依据典型井(如石深 7 井、深 85 井、86 井、仙 3 井等)运用镜质体反射率法(图 1-9)、声波时差曲线恢复地层剥蚀厚度的方法，同时采用物质平衡法、地层对比法恢复结果相互补充和验证，结合前人成果，得到柴北缘中生界剥蚀厚度图(图 1-10)。结果表明，下侏罗统剥蚀主要发生在昆北斜坡、呼通诺尔隆起、冷湖四号、五号、七号、南八仙构造上，由南向北剥蚀厚度增大；冷湖地区及周边地区如潜参 2 井、深 75 井、深 86 井井区剥蚀量较大(最大可达 1200m 以上)。主要依据之一是采用声波时差法计算的潜参 2 井、深 75 井剥蚀量；之二是在从冷湖四号构造到潜西地区由西向东分布的 96333、96332、96331、821200、82170 等地震测线上，中生界顶面有明显角度不整合现象，未被剥蚀地层厚度趋势反映剥蚀量从西向东逐渐增大。冷湖构造带轴部比两翼大，盆地

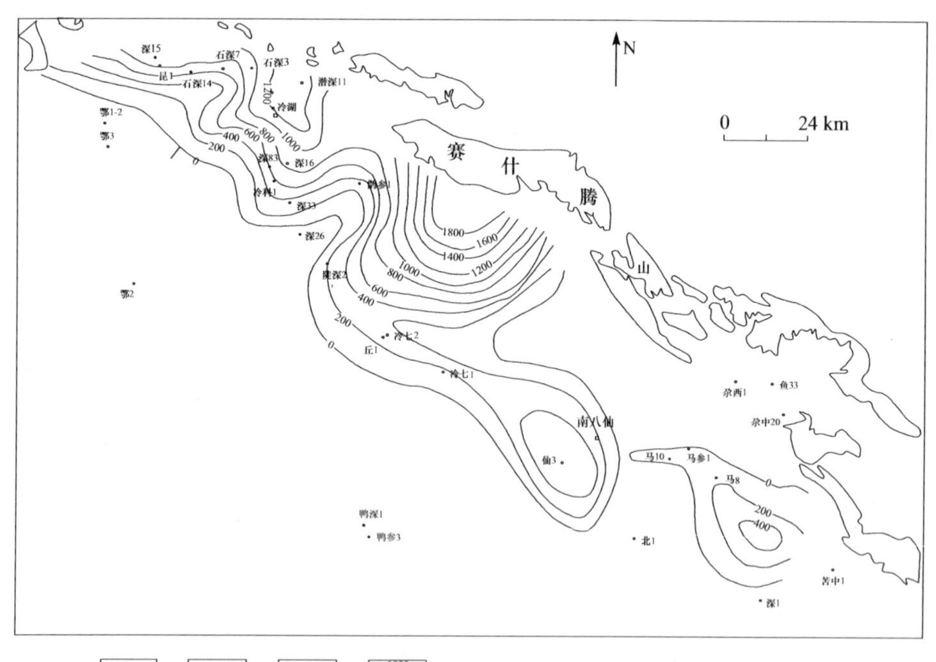

图 1-10　柴达木盆地北缘西部中生界剥蚀厚度图

边界比盆地斜坡和盆地内部大；中、上侏罗统及白垩系剥蚀发生在冷湖构造带以东的平台凸起，向北增大，工区内最大剥蚀量可达1800m。马海凹陷因长期为相对深凹陷，中生界几乎没有受到剥蚀。由平台、冷湖七号构造、南八仙、鱼卡等所围限的广大地区（包括马海凹陷）中生界层位齐全，且白垩系与古近系和新近系呈平行不整合接触，故剥蚀量大致在100m以内。鱼卡地区由西南向东北剥蚀量增大，据811001B、811001C等地震测线估算剥蚀量大于300m。马海、南八仙地区中生界向马海古隆起下超上剥，据过马海的821199测线和过南八仙的931183、951183测线估算，剥蚀厚度为100m左右。

上述剥蚀厚度分布状况是由柴达木盆地北缘的沉积、构造演化史决定的。早侏罗世的沉积、沉降中心主要在冷湖、昆特依凹陷一带，沉积厚度可达2400m，向北向冷湖构造带方向超覆尖灭，向东南方向厚度逐渐减小。到中、晚侏罗世和白垩纪，冷湖构造带以南地区整体抬升，沉积间断（持续到古近纪与新近纪初期），造成该区没有中、上侏罗统和白垩系沉积。同时，沉降中心转移到赛什腾凹陷的巴龙马海湖、结绿素—小丘林以东，中、上侏罗统和白垩系向冷湖构造带超覆，而结绿素—小丘林以东地区沉积了较完整的中生界，只是在中生代末有短期沉积间断，故剥蚀量不大。从冷湖四号到冷湖七号构造，发育时期由早变晚，地形由高变低，因而剥蚀量依次减小。

有了剥蚀厚度，加上现今残余厚度，可得到研究区中生界的地层厚度，由此可知，冷湖构造带及其以南地区：中生界残余厚度加剥蚀厚度小于2600m；冷湖构造带及其以北地区中生界残余厚度加剥蚀厚度小于3400m，两者均小于柴北缘地区烃源岩的生烃门限（3500m左右）和排烃门限（4000m左右）。由此可知，古近系与新近系沉积前，柴北缘地区没有发生过大规模的生排烃和油气运聚成藏事件，这从研究区烃源岩的生排烃演化史也得到证实。因此，柴北缘的油气生、运、聚成藏事件主要发生在古近系与新近系沉积过程中，进而得出柴北缘具有巨大的油气资源潜力和良好的油气勘探前景的结论。

第 2 章　柴达木盆地断裂控烃的野外证据

高原盆地因强烈构造运动而长期隆升，也因强烈构造运动而发育断裂，进而因断裂的活动导致生烃、排烃、运烃、聚烃和散烃。这些断裂的控烃作用和控烃结果均会在野外表现出来。

2.1　断裂控盆的野外考察依据

目前发现的世界上绝大多数油气都赋存于沉积盆地之中，断裂的控烃作用首先表现为断裂的控盆作用。在野外，断裂控盆主要表现在盆山结构关系、地貌及几何形态、地层时代及产状、岩性，以及地质构造等特征明显差异上。柴达木盆地四周为昆仑山、阿尔金山、赛什腾-祁连山等大山所围绕。盆山特征差异明显，之间表现为深大断裂的存在和活动。野外工作重点之一是对盆地南缘昆仑山狼牙山宽沟、西部阿尔金山南坡采石岭、北部当金山山口、赛什腾山前的盆山关系和结构进行观察、描述和初步分析，直接证实断裂控盆的事实。

2.1.1　昆仑山与柴达木盆地的盆山耦合关系——狼牙宽沟沟口

昆仑山与柴达木盆地在地貌上的巨大差异——“横空出世莽昆仑”，反映了两者之间地形上的极不协调，两者在交界处高差数百米至上千米，走向上两者交线在相当长的距离内非常平直(图 2-1)，这是断层相交的一个直接标志。从狼牙宽沟观察点周边遥感卫星照片(图 2-2)和地质图(图 2-3)可知，盆山交界及昆仑山靠近盆地部位，NWW—SEE 断裂十分发育，为主断裂发育方向，地层间以断层接触。

图 2-1　昆仑山与柴达木盆地的盆山接触关系照片(宽沟附近)

图 2-2　昆仑山北宽沟-茫崖湖地带盆山接触关系卫星照片

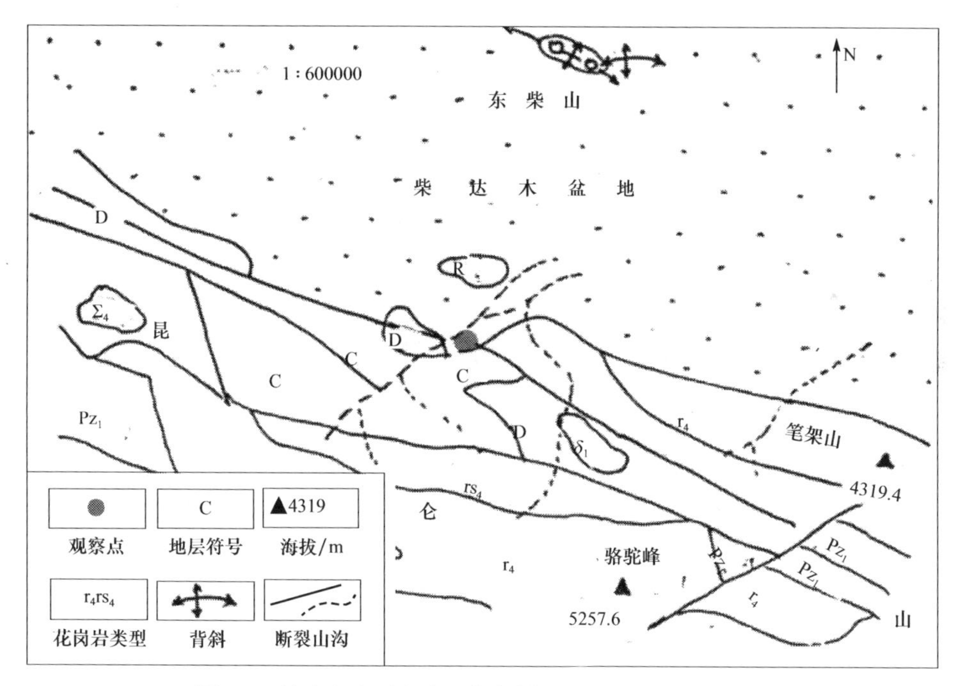

图 2-3　昆仑山狼牙宽沟观察点周边地质略图与盆山关系

而山体与盆地间仍以断层关系接触，断裂北盘发育冲向盆地的粗碎屑扇体沉积(图 2-4)。该组断裂叫昆北断裂(带)，钻井证实盆地山前地层以古近系与新近系沉积为主，而昆仑山由暗色老地层(古生界泥盆、石炭系及沿断裂侵入的花岗岩)构成。盆山地层时代的不同及盆缘粗碎屑沉积反映了盆地是受盆缘断裂同沉积生长控制的沉积盆地。

图 2-4　反映昆仑山与柴达木盆地之间的盆山关系及盆缘冲积扇发育情况的卫星照片

从盆、山构造变形情况看，两者也表现出很大的不同。盆地山前地区从地貌、钻井等分析构造比较平缓，而昆仑山体构造变形十分强烈，地层强烈褶皱、直立甚至倒转，断裂也十分发育，并且观察点宽沟东、西两侧构造现象迥异，东侧地层强烈褶皱、倒转(图 2-5、图 2-6)，西侧地层则近于直立(图 2-7)。这不仅表明宽沟本身就是一个断裂复杂带，也表明盆、山关系是一种山体受近南北向强烈构造运动，挤压推覆在盆地山前带上、盆地受挤压沉降接受沉积的复杂断层接触关系。

图 2-5　昆仑山狼牙宽沟东侧地层褶皱形迹照片

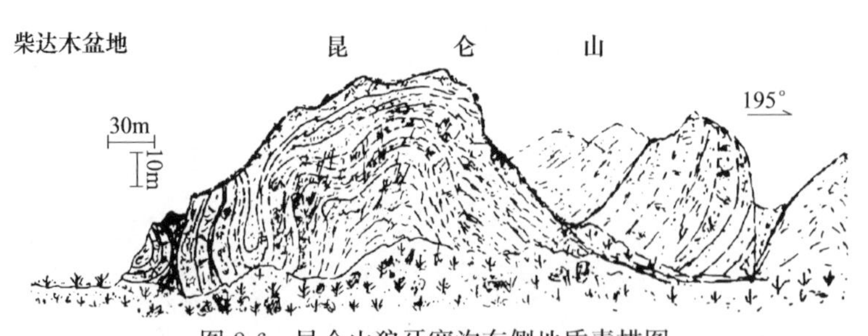

图 2-6　昆仑山狼牙宽沟东侧地质素描图

图 2-7　宽沟西直立地层照片

2.1.2　阿尔金山斜坡次级断裂控盆现象——彩石岭地貌

阿尔金山断裂与柴达木盆地的盆山关系，不像昆仑山那么直接、突然和明显，而是逐渐过渡，中间有一个斜坡（称为阿尔金南斜坡），阿尔金山通过阿尔金断裂带与柴达木盆地接触，阿尔金断裂带由一系列不同级别的控盆（凹）断裂组成。彩石岭本身在地貌上为 NW 向，周边为小山，中间为平地的小型盆地。周边小型山为 J_2 灰色、灰白色砂岩、砂砾岩地层夹泥岩，中间平地凸出一些 J_2 彩石岭组红色地层（砖红色砂、泥岩互层），往盆地方向出现 J_2 黑绿色泥岩地层，片理发育，产状近直立，盆山关系及其地貌、产状明显不同，表明它们之间接触关系为断层接触（图 2-8），平地棕红色地层中发育强烈褶皱（图 2-9），反映此处构造挤压运动强烈。此处往东南方向数千米，进入产状平缓的古近系与新近系地层（柴达木盆地）。

2.1.3　苏干湖盆地与阿尔金山之间的盆山关系——当金山口地貌

苏干湖盆地实际上通过冷湖以南与柴达木盆地相连，其北界是阿尔金山的北段当金山。

在当金山口，苏干湖与当金山的盆山关系和昆仑宽沟沟口的昆仑山与柴达木盆地的盆山关系类似，即地貌上山体与盆地高差明显，且两者交线近于平直（图 2-10）。在当金山口东、西两侧地质构造明显不同，东侧褶皱明显，整体表现为向斜形式，而西侧地层为单斜，且东西两侧地层产状也不同（图 2-11）；地质图上此处发育一组 NNE 向断裂，为盆山接触断裂，老山岩性为早古生代灰黑色、绿黑色隐-细晶变质灰岩，节理十分发育，岩层表面破碎为不规则菱形块体，而盆地（山前地区）表面为第四系戈壁，下部为产状平缓的古近系与新近系地层。

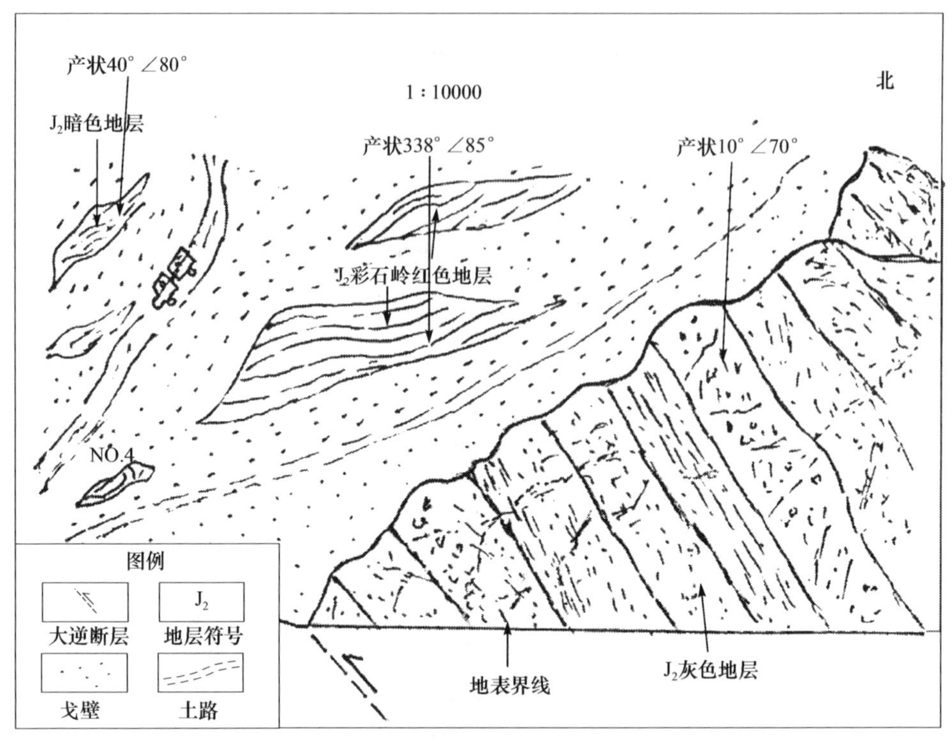

图 2-8　阿尔金南坡彩石岭盆山关系素描图

图 2-9　彩石岭 NO. 4 观察点地层褶皱照片(文后附彩图)

图 2-10　当金山口阿尔金山与苏干湖盆地的盆山关系地貌影像

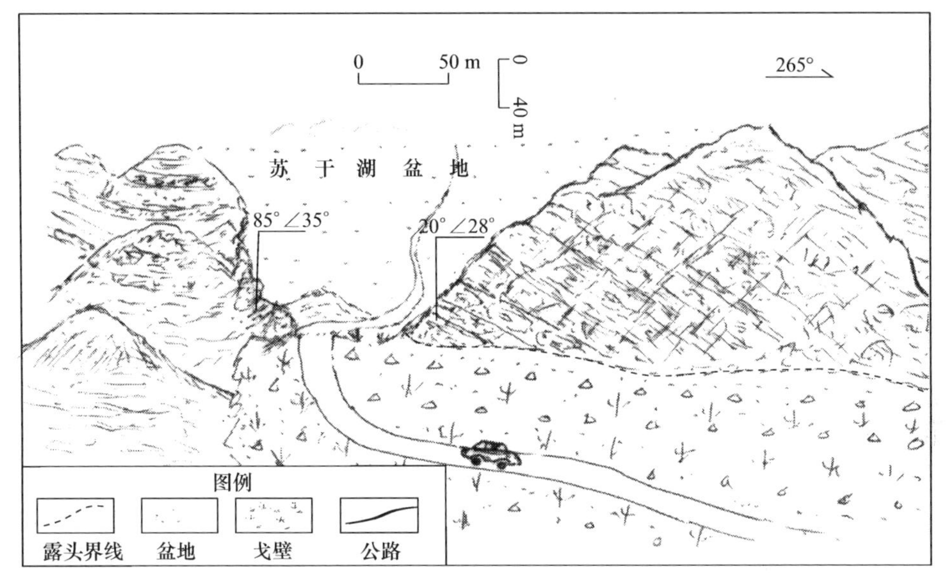

图 2-11　当金山口(断裂破碎带)地质素描图

另外,位于柴达木盆地北缘边界的赛什腾山与盆地的界线十分清楚,山体以黑色早古生代近于直立地层存在,发育断层三角面,而盆地山前地区发育侏罗系—新近系和第四系沙漠堆积,产状平缓(图 2-12)。

图 2-12　柴达木盆地北缘小赛什腾山与盆地的盆山关系照片

总结昆仑宽沟、阿尔金山南坡彩石岭、当金山口等观察点的盆山关系,具有以下共同特征:①山体地层年代老,盆地山前扇体发育;②山体地层、地质构造复杂,强烈褶皱或地层直立、倒转,沟壑纵横;③地形高差大;④盆山交界处发育一组平行盆山边界的大断裂。总之,盆山耦合关系极不协调,总体反映山体受强烈挤压变形隆升,盆地山前带同沉积下降接受沉积的特征,盆地边界断裂的活动控制了沉积盆地的形成与演化。

2.2　断裂控运的野外证据

油气运移的通道主要有渗透层(如砂岩)、断层和不整合面,但我国陆相地层的"相变剧烈、断裂发育"地质特点,决定了断裂是最重要的运移通道,尤其是油气的垂向运移,断裂起着决定性作用,而且断裂还是沟通不同层位输导层和不整合面等横向、斜向运移通道的重要桥梁和纽带,这在理论和实验中都得到证明,野外实际情况也是如此。

2.2.1　干柴沟西南侧油苗及其成因

位于干柴沟西南侧小山沟(4 月 12 日 07 观察点),表层为白色盐碱壳覆盖,用锤头挖开表土后见深黑色松散砂岩粉末,用手捏有润滑感,闻之有弱的油味,用火烧之油味明显,为明显的油砂。沿山沟、沟底有近十米的沿沟地段发育这种油砂,而两侧岩石中没有此现象(图 2-13),说明油砂为石油沿山沟(断层)由下而上运移上来,而不是油层露出地表所致。

图 2-13　干柴沟西南侧小山沟油砂出露照片

沟的南侧山体(N_1)地层出露明显,地层褶皱清楚,而北侧山体被盐碱、浮土层覆盖,地层不清,表明此沟为一断层。对沟底油砂成因解释,只能是地下油藏以断裂为通道向上运移至沟底,浸染沟底地层和浮土(图 2-14)。

2.2.2　开特米里克构造顶部油浸裂缝现象

和断层(带)相比,裂缝是更低级别的构造现象。开特米里克顶部 N_2^2 地层中发育许多小规模的垂直裂缝,裂缝宽 0.2～3cm,偶见有与地层斜交和水平的裂缝。它们发育于 N_2^2 灰白色粉砂岩-泥质粉砂岩中,裂缝密度 3～5 条/m。这些裂缝往地下延伸,向上消失于该地层的上覆石膏层(盖层)中。裂缝附近有明显的油浸现象(呈土黄色),有油味(图 2-15),从油浸延展情况看,地下石油沿垂直的裂缝运移上来进入储层(即该灰白色粉砂、泥质粉砂岩),并沿裂缝顺层面进入纹层面缝或水平裂缝,因此在裂缝和纹层结构面附近形成油浸现象,风化后变成土黄色。勘探表

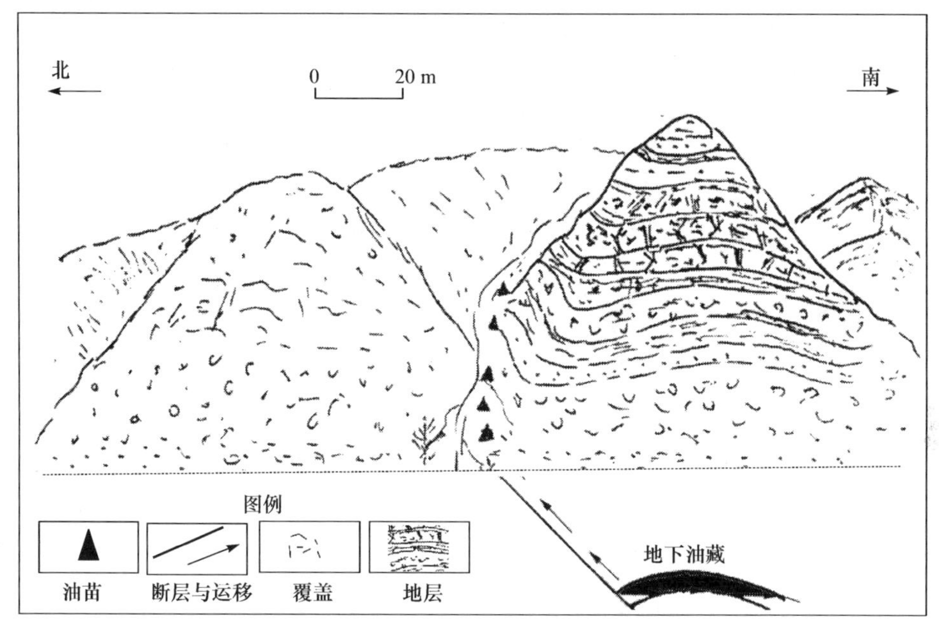

图 2-14　干柴沟西南小山沟地貌素描及成因解释示意图

图 2-15　开特米里克顶裂缝与油浸关系照片

明此处地下 30～600m 范围内发育开特米里克次生油藏。

既然裂缝都可以成为石油运移的通道，就不难理解断层对油气运移的输导作用了。

2.2.3　鄂博梁一号构造轴部油气显示

鄂博梁一号构造轴部有含油砂岩及泥岩。构造高点双气泉附近两个水潭中冒天然气，气可以被点燃，气、油从裂缝产出与轴部大逆断层有关，大逆断层为运输通道。

据 1958 年详查报告：鄂博梁一号高点部位受轴心大逆断层的影响，在两处有天然气冒出，溢出过程中带出水形成泉。在此大断层带中砂质泥岩被油浸，局部地区油味甚浓。西部高点轴心大逆断层中砂质泥岩、砂岩有油浸，局部地区油味浓。

另外，在冷湖四号、五号的轴部发育大的浅层滑脱断层，它们向下切割浅层油气藏而成为油气运移的通道，使得这些部位油气显示十分活跃。

总结断裂对油气运移控制的野外现象，主要表现为断裂(带)往往是沟(谷)地形，油气显示活跃，其产状沿沟(谷)而分布，而两侧的岩石不含油气或油气显示弱。

2.3 断裂控储的野外证据

依据“断裂控烃理论”，断裂对储集条件的改善和控制是多方面的，如控制粗碎屑岩的相带分布，在断裂带和断裂控制的构造轴部产生构造裂缝等。

2.3.1 构造轴部裂缝分布

从前面的构造分析可知，柴达木盆地绝大多数构造形成与发育受控于其一侧或两侧断裂的作用，这些构造有断展背斜，冲起构造等，构造的轴部往往产生构造裂缝，有利于形成和改善储集性能。

图 2-16 是柴达木盆地西部狮子沟构造顶的地层产状和裂缝发育情况，也是狮子沟油田所在地，反映了构造轴部垂直裂缝十分密集，而向南翼裂缝变得稀疏。

图 2-16 狮子沟构造顶及南翼裂缝发育地貌照片

花土沟剖面是横切花土沟构造的典型剖面，从构造的北翼到顶部(轴部)再到南翼，裂缝的发育有规律性变化。花土沟构造地表出露 N_2^2-N_2^3 砂泥碎屑岩地层，裂缝以垂向发育为主，有 3～4 组，剖面上因风化而呈柱状。其总体变化规律是，两翼裂缝不发育，往顶部(轴部)裂缝密度增大。北翼的 S6-6-2 井处西 80m(图 2-17)，N_2^3 的灰黄色厚层块状砂岩夹薄层灰色泥岩互层，厚层砂岩中发育垂直裂缝，并纵向贯穿整个 30m 高的剖面，裂缝宽度20～40cm，密度约 0.2 条/m。在砂岩中还可见 X 型节理。总体来看，地层相对比较连续。而位于背斜轴部的 XS1-10 井场，此处裂缝极为发育，为 N_2^2 中厚层(2～5m)砂岩与灰白色粉砂-泥岩层(0.3～1.0m)互层。裂缝为张裂缝，至少发育近 EW、NW 向和近 SN 向 3 组，它们将地层切割成十分破碎的“豆腐块”(图 2-18)。剖面上，60m 范围内裂缝达 40 多条，裂缝直立，纵贯剖

图 2-17　花土沟构造北翼裂缝发育地貌照片

图 2-18　花土沟顶裂缝发育地貌照片

面,平均缝宽 0.3～0.5m(图 2-19),地层连续性差。往背斜南翼,裂缝逐渐减少。

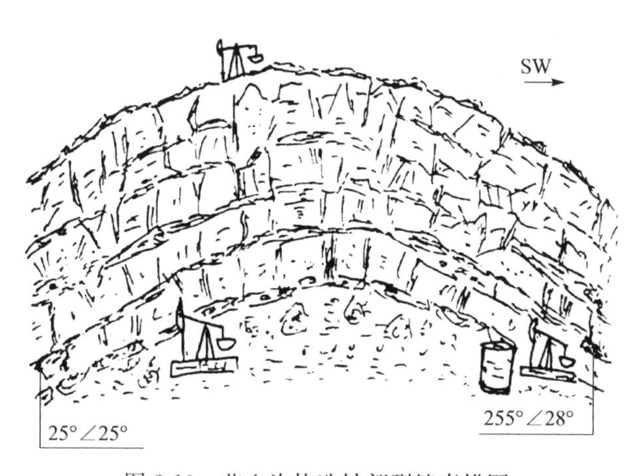

图 2-19　花土沟构造轴部裂缝素描图

开将米里克构造顶部有大量的地蜡出露，油气显示普遍，根据前人的研究，油气显示面积约 20km^2。含油的分带与构造有密切的关系，构造轴部高的油气显示好，如第一高点在第一含油带（地层内含油显示普遍，并有液体油苗及地蜡出露），第二高点分布于第二含油带（地层内含油显示普遍，并有明显的含油显示），第三高点分布在第三含油带（地层内含油显示明显），第四高点处于第四含油带，地层内含油显示很弱。第一高点有轴心向外，含油显示逐渐减弱而消失的特点。构造高点（轴部）向两侧，油气显示逐渐减弱，反映高点轴部裂缝比两侧发育，储油物性好，只要有油源（沿断层或裂缝）供给，就有好的含油气性，在地表则表现为活跃、明显的油气显示。

2.3.2　断裂构造带及断控牵引褶皱的裂缝发育特点

断裂活动有助于改善断裂（带）及其附近的储集条件。图 2-20 是花土沟剖面 S4-6 井井场以南 50m 的一条断裂剖面照片。该断层为正断层，其下降盘实际上一个宽 10 多米的断裂破碎带，岩石被纵横交错的断裂裂缝切割得十分破碎，而断层上升盘总体岩石比较连续，在断层线附近 1m 范围内相对较破碎。

图 2-20　花土沟剖面某断裂带裂缝发育地貌照片

图 2-21 是同一条断层在沟的另一侧（东侧）的表现。由此可见，在断层上盘是一个牵引背斜褶皱，背斜顶部发育放射状的张裂缝（解理），核部发育两组斜交解理呈 X 形，将核部地层切成碎块。显然，该牵引背斜的形成与断裂有关。此处断裂带由两条断层相交组成，断裂带已风化成泥。

另外，在野外，断裂对冲积扇、扇三角洲、河流等有利于油气储集相带的重要控制作用现象比较明显，如在盆缘断裂的下降盘发育各种扇体（图 2-4），断裂构造带往往控制河道相分布等。

图 2-21　花土沟某断裂及其控制的牵引褶皱裂缝发育地貌照片

2.4　断裂控保的野外证据

断裂对油气藏保存条件的控制，指油气藏形成以后由于断裂的存在和活动对油气藏的保存和破坏两个方面的控制作用。总的来讲，以破坏作用为主，也有因为断层的作用使油气藏保存起来的情况。

2.4.1　断裂破坏油气藏的野外证据

1. 油气显示是断裂破坏油气藏的重要表现

断裂对油气藏有很大破坏作用，其事实已被大家公认。柴达木盆地新构造运动十分强烈，断裂对油气藏的破坏十分明显。尤其是盆地西部和北缘地区，沿断裂分布的沥青、地蜡（如冷湖三号、四号构造）、油砂（如干柴沟、油砂山）及其他油气显示很多，一方面反映断裂对油气的输导通道作用，同时也反映了断裂对油气藏的破坏作用。

据不完全统计，柴达木盆地中西部地区地表油气显示达 30 多处（图 2-22），这些油气显示主要以不同级别的油砂、沥青、地蜡、沥青质薄膜、气泡等形式存在，宏观上主要分布在西部凹陷和北部断块带。受烃源岩展布的控制，具体分布有两种规律：一是沿断裂（带）分布，二是分布在构造轴部。前者又分两种情况，即油层被断层抬升露出地表和断层断开地下油气藏，油气沿断裂（作为通道）运移到地表。后者的构造往往是受断层控制的上升盘，且轴部裂缝发育也受断裂控制，有利于油气的运聚。因此，柴达木盆地油气显示产生归根结底受断裂控制，是地下油藏被断裂破坏的重要表现。

2. 油砂山百米油砂出露是断层作用的结果

柴达木盆地油砂山因百米油砂出露而闻名（图 2-23），油砂山核部地层 N_2^1（下

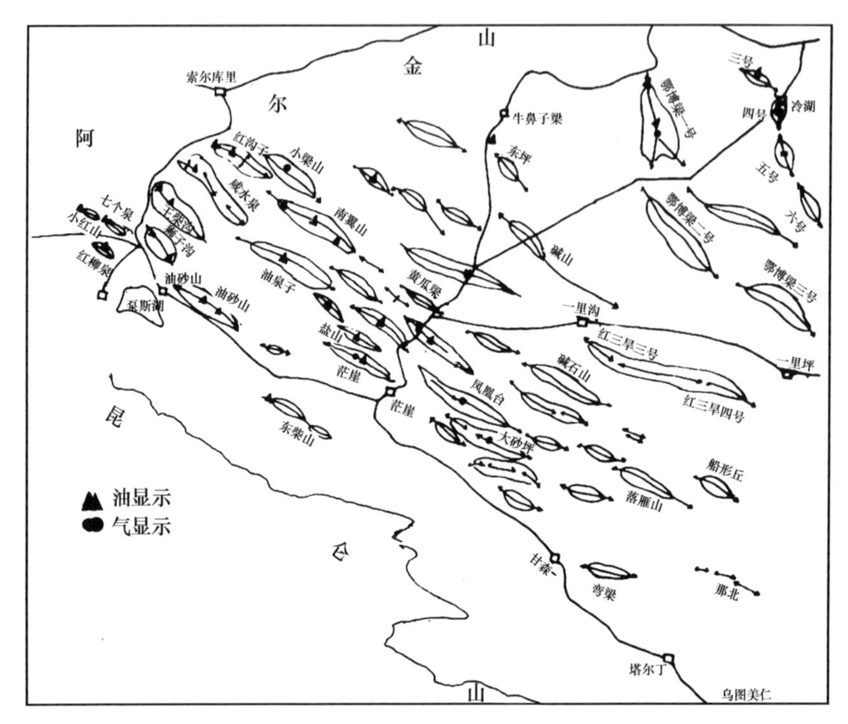

图 2-22 柴达木盆地中西部地区油气苗显示分布图

图 2-23 油砂山与油砂山油田照片

油砂山组)具有 150 余米厚的含油带(仅为整个 630m 含油层的最下一部分),是一套 1～3m 的含油砂岩及砂质泥岩夹层、页岩的互层,砂岩普遍含油且含油情况良好(图 2-24),油砂表面(风化面)为灰色、暗灰色,新鲜面为灰黑色甚至黑色,新鲜面有强烈熏鼻的油味,小块新鲜油砂用火机可将之点燃。岩性以中细砂岩为主,正长石含量较多,约 25%～35%,泥质胶结,含少量白云母和部分黑色矿物。成分成熟度和结构成熟度中等到低,单层砂岩中发育大型板状交错层理,为三角洲分流河道及三角洲平原沉积。地表出露的油砂有多层,越往上含油级别降低。

图 2-24　油砂山断裂面黑坳坳的油砂

百米油砂的出露是断层作用的结果。油砂山四周及山上发育多组张性正断层，这从野外调查和卫星遥感图(图 2-25)可知，尤以其南侧断裂(称油砂山断裂)最重要。图 2-26 是油砂山断裂地质现象，断裂上升盘(下盘)为出露的油砂(山)，下降盘(上盘)被地表面沙漠覆盖，断裂以锯齿状深沟的形式表现，沟深可达十余米，断面近于直立，高数十米，总体呈 NWW—SEE 走向，沟宽 1 到数米，宽处岩石破碎。

图 2-25　油砂山及周边卫片解译

图 2-26　油砂山断裂面地貌景观照片

正是因为油砂山断裂的正断活动，原来油藏（下盘）被抬升成山，遭受风化剥蚀，致使油藏暴露地表，而遭破坏。

图 2-27 是干柴沟马蹄岭 N_2 砂岩油藏因断层抬升出露地表而出露的油砂。

图 2-27　马蹄岭断沟与油砂照片

2.4.2　断裂保存油气藏的野外证据——油砂山浅层油田（藏）保存至今是断层活动的结果

以往认为后期断裂对油气藏的作用只起破坏作用，但在一些特殊情况下，后期活动的断裂可以使油气藏保存起来，油砂山浅层油气藏就是典型例子。

油砂山浅层油气藏位于油砂山断层的南盘(即下降盘)，这里油层浅，为次生油气藏。已投入开发多年，是青海油田重要油田之一。油砂山浅层油气藏之所以能保存下来，是因为油砂山断层的正断活动，使原来的油砂山整装油气藏以断裂为界，断裂下降盘部分断入地下被覆盖，免遭风化剥蚀，这部分油气藏被保存下来，而油砂山断层的上升盘被抬升露出地表，油藏被风化剥蚀，只剩下今天的半壁油砂。可以想象，如果当初没有油砂山断层的活动，被风化剥蚀的就不仅仅是断层上升盘，而是整个油砂山浅层油气藏。

油砂山百米油砂和油砂山浅层油田(藏)的形成过程可描述为：后期构造运动产生沟通深层原生油气藏的断裂，深层原生油气藏的部分被破坏的油气沿断裂运移到浅层圈闭中聚集，形成油砂山浅层(N_2^1)次生油气藏；构造运动使整个油砂山次生油气藏抬升露出地表，之后油砂山断裂产生和活动，现今的油砂山浅层油藏被断入地下保存下来，而现在的百米油砂被断层抬升暴露地表，油藏遭到风化剥蚀破坏，留下耸立的百米油砂山。油砂山、油砂山油田及与跃进 1 号、跃进 2 号油田关系见图 2-28。

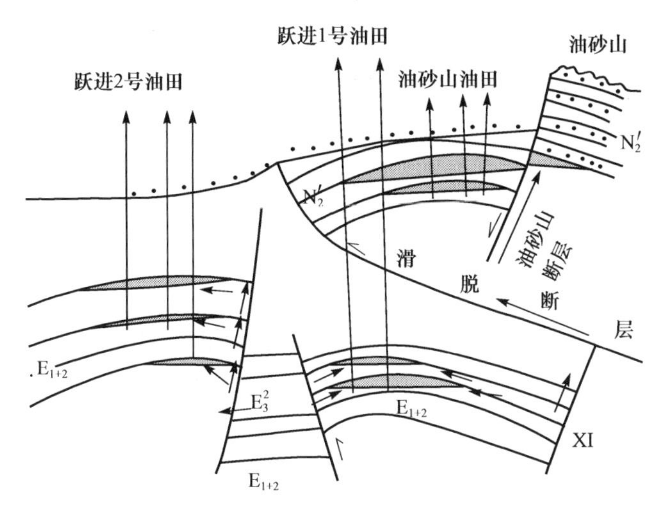

图 2-28　油砂山与跃进油田断裂关系示意图

冷湖三号油藏是一个被断裂复杂的断块油藏，以 J_1 暗色泥岩为烃源岩，E 砂岩为储层。在冷湖三号油田北侧出露出一块高 2～4m 的大片油砂，油砂为灰黑色细～粉砂岩，因风化而变得疏松，发育大型斜层理。油砂为油浸砂岩，几分钟会浸透衣裤，油味甚浓。油砂陡坎南侧为冷湖三号油田(图 2-29)，推测陡坎为一正断层，其上升盘为被抬升的油层，而下降盘油层被覆盖而被保存起来，成为今天的冷湖三号油田。冷湖三号油田的成因与油砂山浅层油田成因相似。

图 2-29 冷湖三号油砂照片

因此，后期断裂活动对油气藏是破坏还是保护，要具体情况具体分析。

由于野外地质特点和条件的局限，断裂控源、控圈和控藏的直接证据难以见到，因为它们被埋藏在覆盖层之下，但我们可以通过地震和钻井等手段直接证实这些事实和规律。

综上所述，野外实践和证据表明，不同类型与级次的断裂对柴达木盆地的形成、盆地内油气的运移、储集条件的改善、油气的聚集、油气藏的保存条件都有重要的控制作用。

第3章　柴达木盆地主要断裂特征及其控烃作用

断裂活动是高原盆地强烈隆升构造运动的重要体现。柴达木盆地的断裂具有明显的分级控制特征，即盆地的主要断裂包括一级（控盆）断裂（也称盆缘断裂）、二级（控区）断裂、三级（控带）断裂、四级（控圈）断裂，它们对盆地及其构造、沉积与油气形成与分布均有重要控制作用和控制规律。

3.1　盆地基底断裂

断裂控烃理论强调基底深大断裂的长期和多期活动对盆地形成、构造演化、沉积发育及其对油气运聚成藏和分布的控制作用。

图3-1是柴达木盆地基底大断裂分布情况，主要存在两组。一组呈NWW—近EW向延伸，它们是控制盆地南边界的昆北断裂，控制盆地北边界的柴北缘断裂、祁连山南缘断裂，盆内的Ⅺ号断裂，油北断裂，风南断裂，碱北断裂和葫北-陵间-达霍断裂。另一组为NE向，主要有三条：塔尔丁-鱼卡断裂、格尔木-锡铁山断裂，以及盆地西缘控制性断裂-阿尔金山南缘断裂，以前面一组断裂为主体，共同控制着

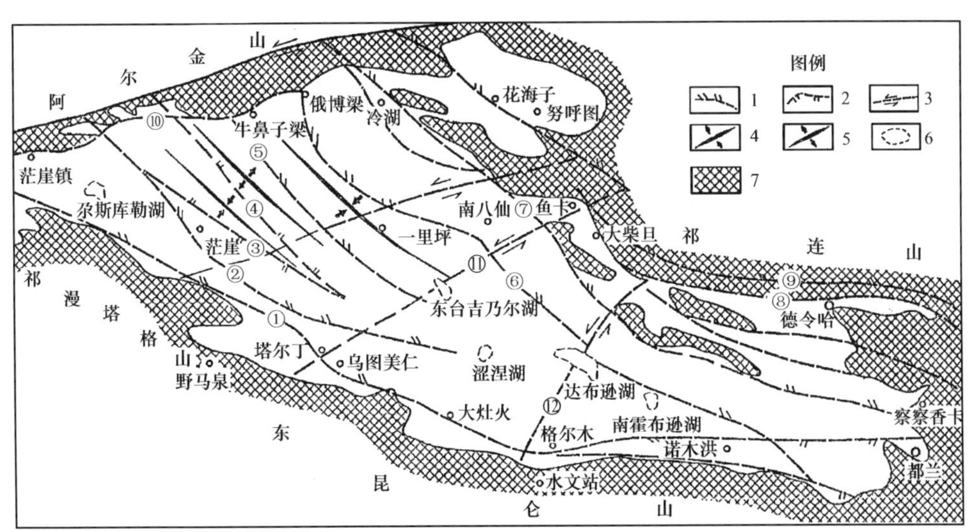

图3-1　柴达木盆地基底断裂分布与基底构造格架（陈世悦，1998）

①昆仑断裂；②XI号1断裂；③油北断裂；④风南断裂；⑤碱北断裂；⑥葫北-陵间-达霍断裂；⑦柴北断裂；⑧祁连南缘断裂；⑨宗务隆山北侧断裂；⑩阿南断裂；⑪塔尔丁-鱼卡断裂；⑫格尔木-锡铁山断裂

盆地基底的岩性分布，将盆地基底划分为东西分块、南北成带的构造格架。这些基底深大断裂规模大，延伸远，断穿地层多，深切基底，在盆地形成与演化过程中长期、多期活动，成为分割构造单元、决定烃源岩分布、控制油气生运聚散和展布的重要因素，这已被勘探和研究所证实。

柴达木盆地西北部是断裂极为发育、控藏特征非常显著的地区。柴达木盆地西北部包括柴北缘西段和柴西北区两个构造单元，面积约 $40000km^2$，东北界为赛什腾山前冲断带，西北界为阿南断裂，东南界为埃南断裂，西南界为 XI 号断裂，总体呈菱形（图 3-2）。

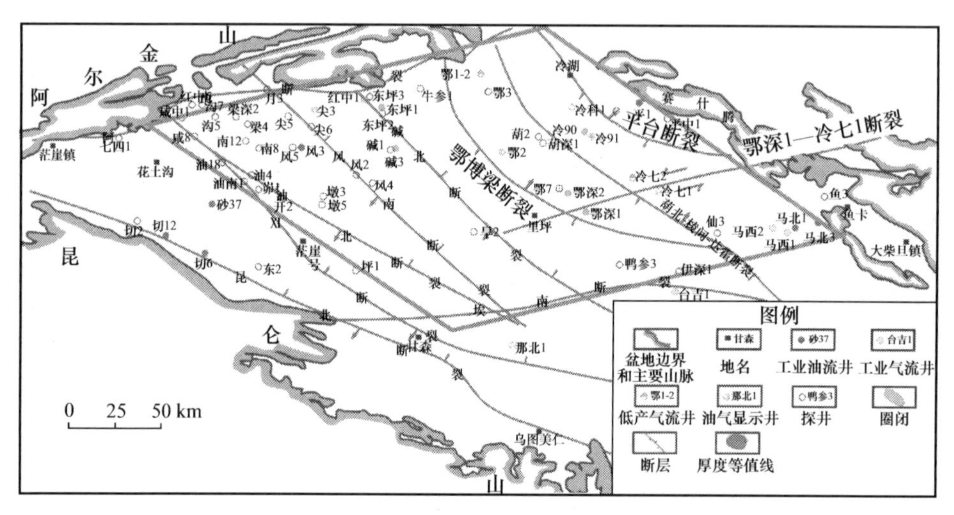

图 3-2　柴达木盆地西北区范围及其基底断裂分布图

有关柴达木西北部断裂特征及其对油气成藏与分布的研究，前人已经做了大量卓有成效的工作，取得了许多重要的成果。本书重点对主要的控藏断裂基本特征、演化规律及其输导体系与控藏机理进行深入研究，总结断裂输导体系类型、特征及其控藏模式。

3.2　主要控藏断裂分布特征

3.2.1　平面分布特征

1. 控藏基底断裂

从目前勘探与研究成果来看，包括整个柴达木盆地在内的油气藏几乎无一例外地受断裂控制或与断裂有密切关系，严格沿断裂分布或分布在断裂带附近，柴达木西北部也不例外，足以说明柴达木盆地断裂控藏的明显性和规律性，有油气藏必有与其伴生的控藏断裂。但有断裂不一定就有油气藏与之伴生，实际上，断裂的数量要远比油气藏的数目多得多，这就给我们提出了一个严峻又有趣的问题：断裂控制了柴达木盆地的油气聚集，但是什么样的断裂与油气藏的形成和分布关系密切，对油气藏的形成与分布有重要的控制作用(称为控藏断裂)？控藏断裂的基本特征是什么？

依据断裂控烃理论，基底构造尤其是基底断裂往往控制盆地的构造演化、沉积发育，从而控制油气藏的形成与分布。从图 3-1 和图 3-2 可知，与柴达木盆地西北区构造、沉积和天然气藏(当然也包括油藏)有密切关系的基底断裂有两组。一组是呈北西西向展布的断裂带，从北向南是赛什腾山前冲断带、平台断裂、葫北-陵间断裂、鄂博梁断裂、碱北断裂、风南断裂、油北断裂和 XI 号断裂，横贯东西，其中前四条断裂呈 S 形或反 S 形或弧形延长，北倾南冲，控制柴北缘西段构造演化、沉积发育和天然气藏的形成与分布；后四条断裂呈平行状直线延伸，南倾北冲，控制柴西北部构造演化、沉积发育和天然气藏的形成与分布。另一组断裂总体呈北东东向展布，由西向东有阿南断裂、鄂深 1-冷七 1 断裂和埃南断裂，其中阿南断裂与阿尔金山前构造、沉积和成藏有密切的关系，控制柴达木盆地西界；埃南断裂是一条隐伏断裂，分割柴达木盆地东、西部含油气系统，对马仙、台南等气藏有重要的控制作用；鄂深 1-冷七 1 断裂位于柴北缘西段东部，向北延伸出盆地，对柴北缘西段具有东西分块的作用。总体上看，北西西向延伸的那组断裂以挤压逆冲为主，走滑为辅，北东东向断裂带以走滑平移为主，以挤压逆冲为辅。

2. 控藏断裂平面分布

图 3-3～图 3-9 是柴达木盆地西北部 T_2'、T_2、T_3、T_4、T_5、T_6、T_r 断裂分布图，可得出如下结论。

(1) 柴达木盆地西北部各目的层断裂十分发育，全区均有分布。具有由深层向浅层断裂变少的趋势。其中 T_6 层、T_r 层断裂最为发育，T_r 层在全盆发育近 90 条，T_2'层断裂数量最少，仅有 37 条，主要分布在柴西北区西部和东南部，其次分布于柴北缘西段的中东部，由深部向浅层断裂发育出现相对发育和相对不发育交互出现的变化趋势(在总体减弱的背景下)。

(2) 主要存在 NW—NWW、NEE—近 EW 两组断裂，以碱北基底断裂为界，以北是柴北缘断裂发育区，由 WN—ES 两组断裂构造成 S 形或反 S 形断裂展布形式，碱北断裂以南两组断裂构成由西向东逐渐收敛的树枝状、斜列状断裂展布形式。反映了柴北缘和柴西北区不同的断裂形成应力背景、断裂形成机制和断裂系统特征。

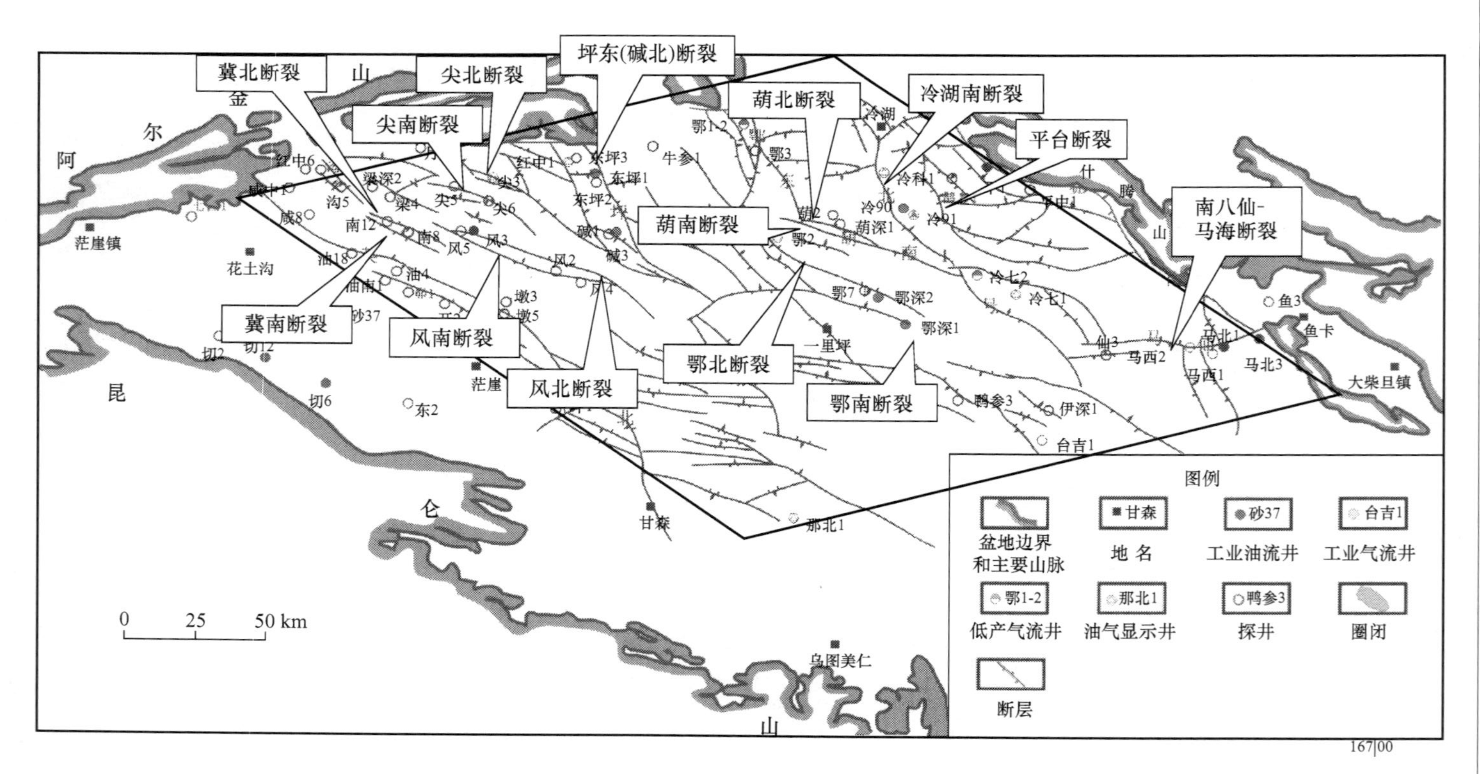

图 3-3 柴达木盆地西北区 T_6 断裂分布图

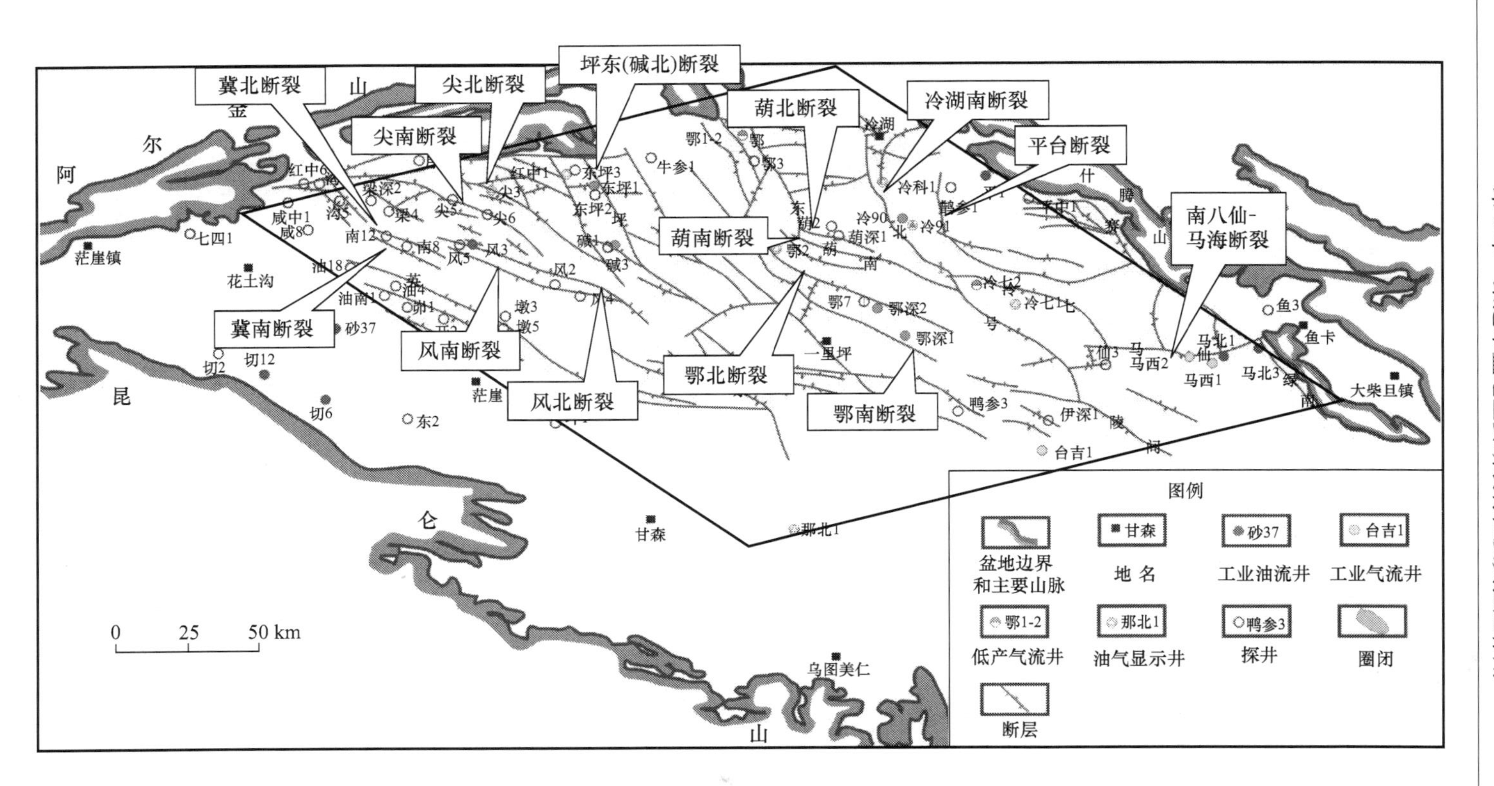

图 3-4　柴达木盆地西北区 T_r 断裂分布图

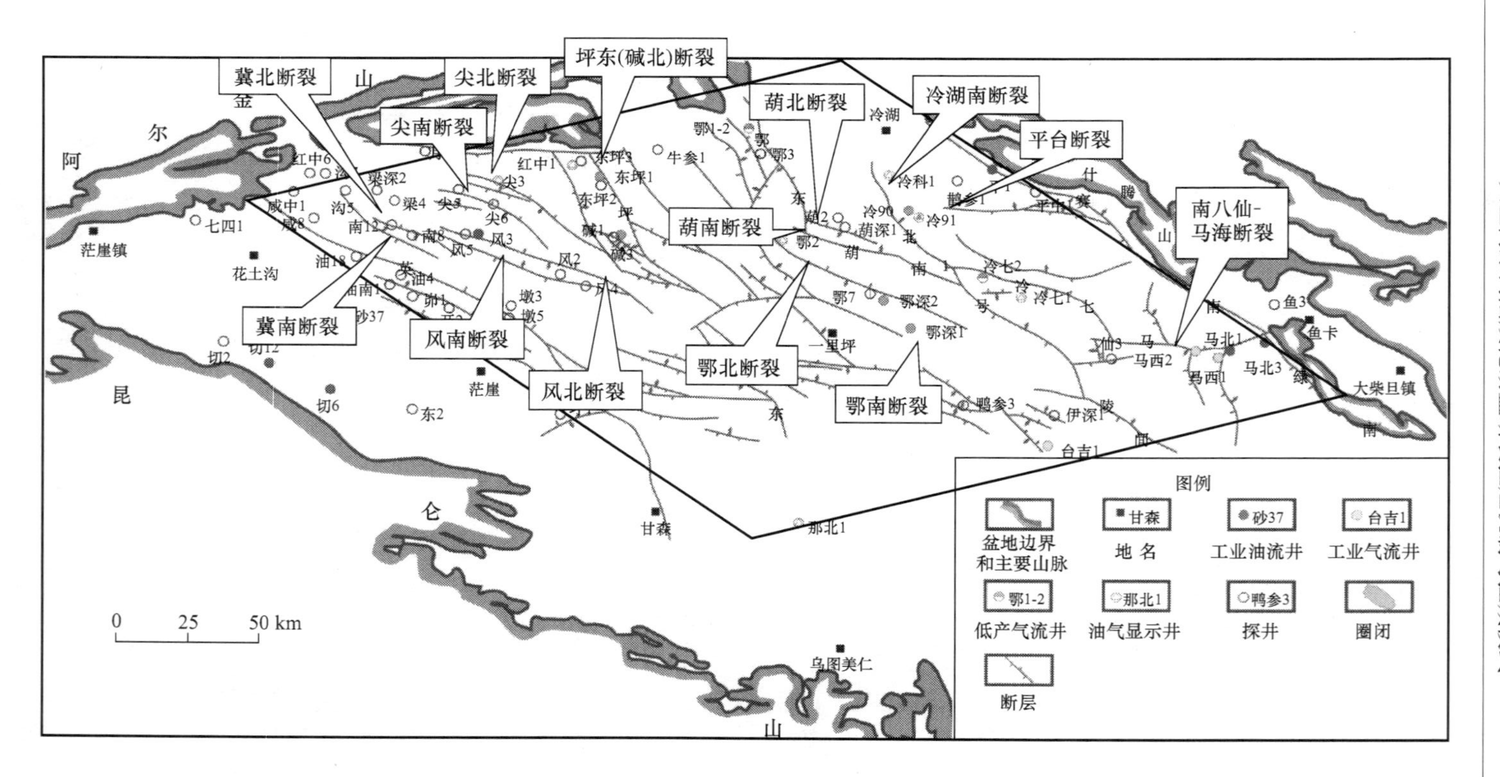

图 3-5 柴达木盆地西北区T_5断裂分布图

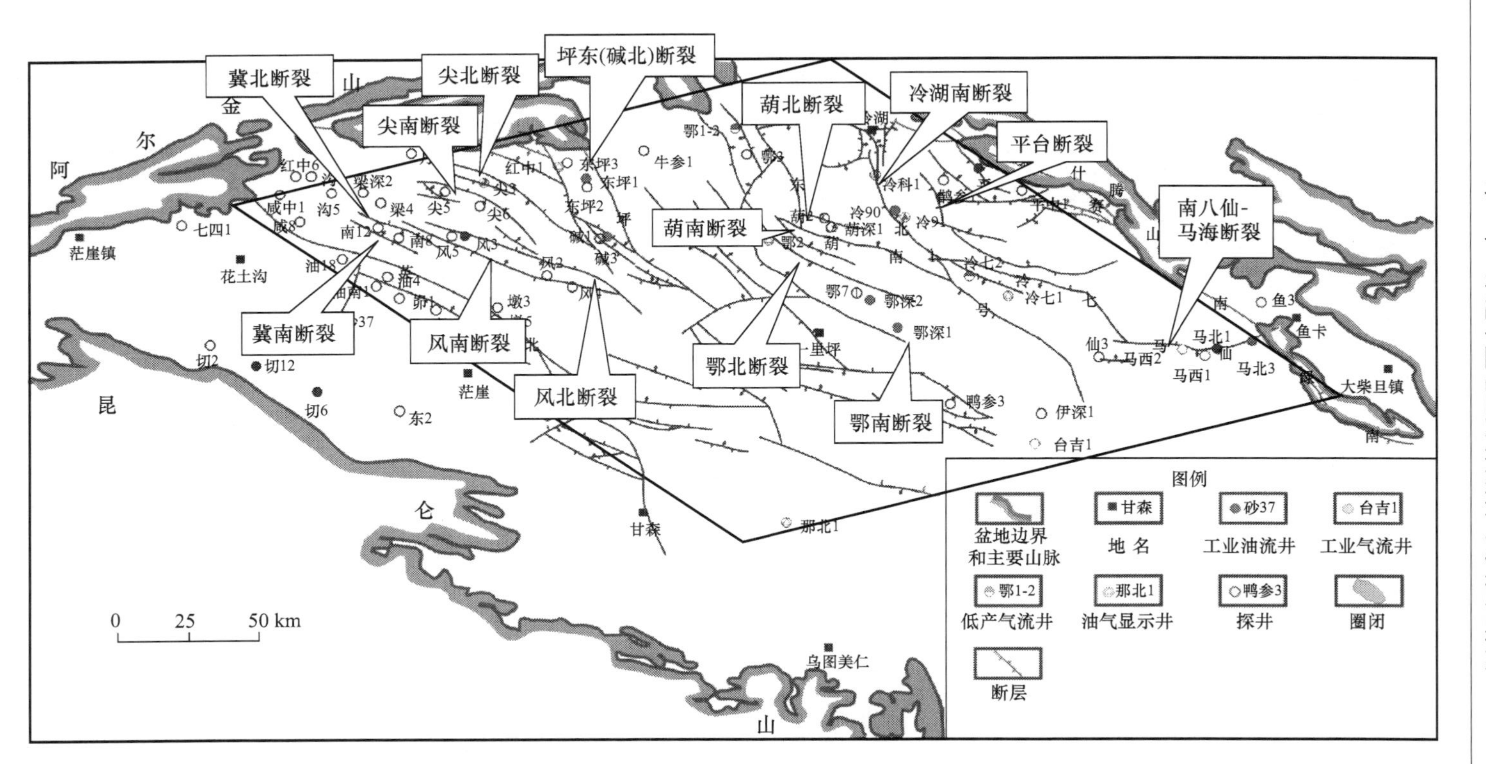

图 3-6　柴达木盆地西北区T_4断裂分布图

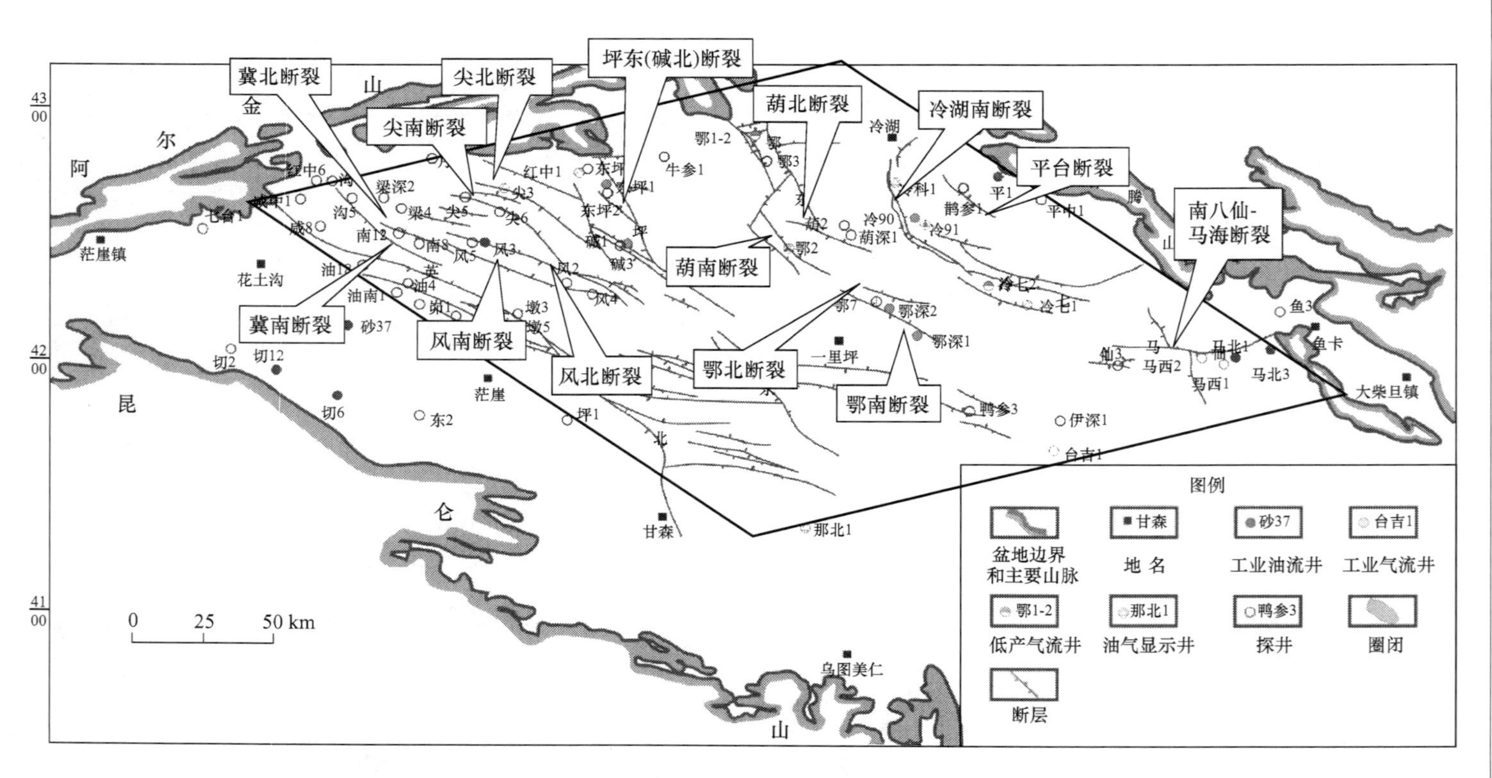

图 3-7 柴达木盆地西北区T_3断裂分布图

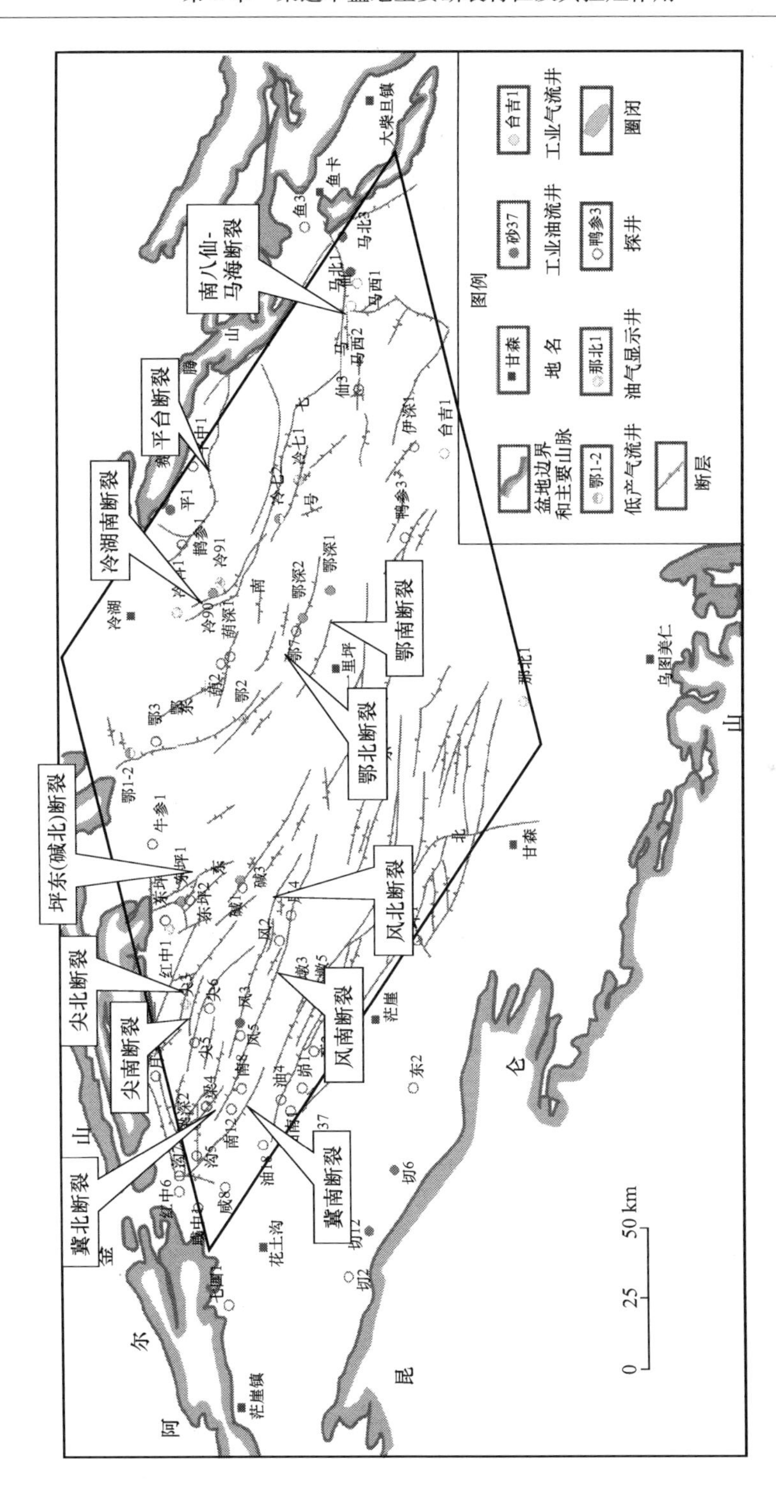

图 3-8　柴达木盆地西北区T_2断裂分布图

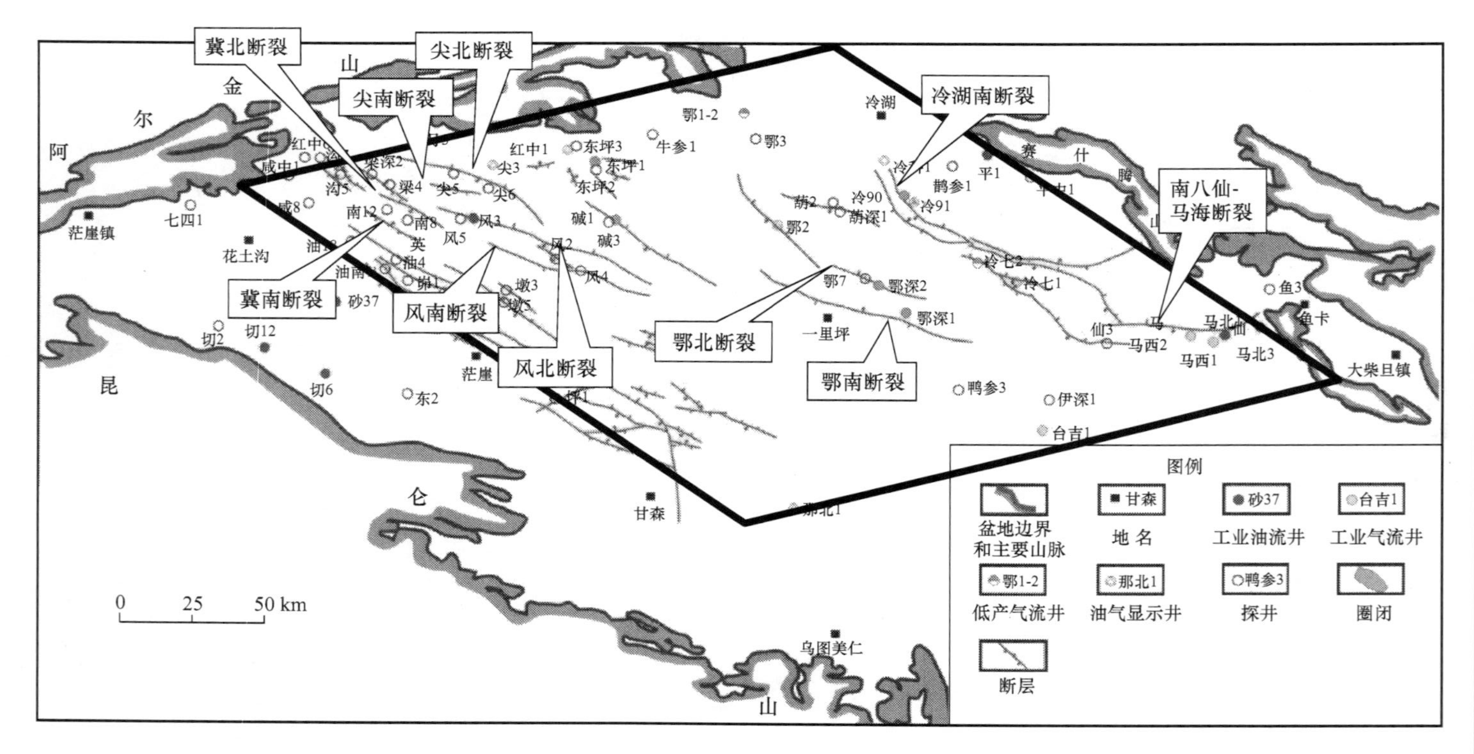

图 3-9　柴达木盆地西北区T_2'断裂分布图

（3）断裂展布的分区与分带反映基底断裂的控制作用，柴北缘断裂分布区受柴北缘基底断裂控制，在总体北倾南冲的基底断裂控制下，由北向南展布，由赛什腾断裂控制盆缘冲断带，由平台断裂控制的平台弧形断裂带，由葫北-陵间断裂控制的反S形断裂带，冷湖-南八仙-鱼卡反S形断裂带及由鄂博梁基底断裂控制的反S形鄂博梁-葫芦山-鸭湖断裂带。柴西北区断裂带分布区由碱北、风南、油北等由西向东逐渐收敛的几条基底大断裂控制，从南形成了东坪-碱山断裂、尖顶山-大风山断裂、南翼山断裂等由西向东逐渐收敛的呈树枝状或斜列状、状展布的断裂带。

3.2.2　断裂纵向分布特征

图3-10是研究区主要地质剖面图。由图3-10可知，不同的区带断裂的纵向分布特征不同，具明显的分布规律性。柴北缘北部的山前带，发育北倾南冲的山前冲断带，断裂从基底断至盖层直至通天，均向南逆冲形成冲断带；柴北缘主体地区发育深浅两套断裂系统，深层为基底大断裂，从基底向上断入盖层，北倾南冲为主，或为不对称地垒或地堑组合；另一组断层为盖层滑脱断层，多为南倾北冲，发育于中浅层，常与深层断裂组合成反冲断裂组合，如冷湖五号，柴西北区断裂组合为两断夹一隆，两条断层倾向相对，从基底断入盖层，近对称状，越向西断裂向上断开层位越多，靠近阿尔金断层向上多通天，反应越向西受阿尔金走滑断裂运动影响越强，断裂断开层位越多，越往东，构造挤压力越小，断裂越不发育，向上断开层位越少。

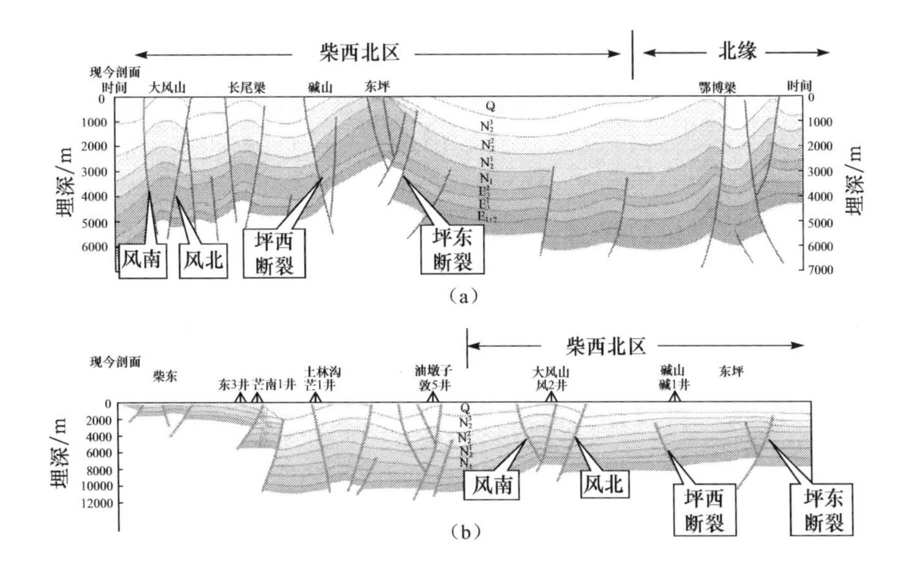

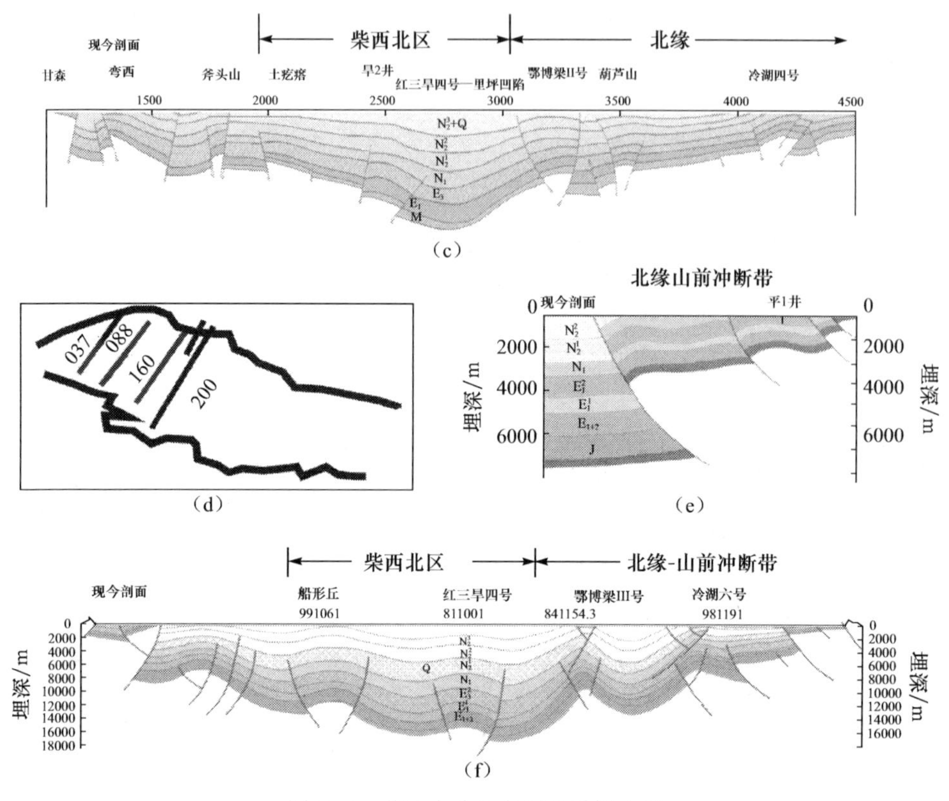

图 3-10　柴达木盆地主要地质剖面图

(a)柴达木盆地大风山-东坪-鄂博梁地质剖面;(b)柴达木盆地 088 地质剖面图;(c)柴达木盆地 160 地质剖面图;(d)柴达木盆地主要大剖面位置图;(e)柴北缘过平 1 井地质剖面;(f)柴达木盆地 200 地质剖面图

研究区不同区带断裂发育的差异与其受到的区域挤压应力密切相关,柴西北区主要同时受近于相等的南部向北的昆仑山构造挤压力和北部向南推挤的祁连山构造挤压力的双重作用,形成近于对称倾向相对的断裂组合。柴北缘主体地区靠近祁连山,早期主要受祁连山向南挤压力,形成北倾南冲的基底断裂。后期来自南部的挤压力较强,在浅层形成南倾北冲的滑脱逆断层,断层向下消失于 E_3-N_1 地层之中,与深层基底断裂构成反冲断裂组合;赛什腾山前地区由于临靠向南挤压的祁连山构造挤压力源,向南挤压强烈,进而形成从基地断入盖层的北倾南冲的冲断断裂组合。

3.3　断裂成因类型与断裂样式

3.3.1　断裂成因类型

研究表明,柴达木盆地在早侏罗世时期处于区域拉张应力背景下,形成一系列控制早侏罗统的张性断陷，这时发育的基底断裂为张性正断层；从中晚侏罗世开始，区域张应力转化为区域挤压，早侏罗世活动的张性正断层发生反转，形成反转断层；进入古近系以后，直至现今，柴达木盆地经历了多次挤压运动。因此，除了深层控制早侏罗世的断层发生反转外，古近系以后的断裂均为挤压逆冲断层。同时，柴达木盆地遭受来自南部昆仑山、北部祁连山的挤压力和西部阿尔金山走滑运动产生的应力，使得挤压力伴随有走滑作用力。因此柴达木盆地古近纪以来挤压力（来自南部昆仑山挤压系统和来自北部的祁连山挤压系统）多是以挤压为主的挤压应力，所产生的 NWW—NW、NEE—近 WE 向断裂多为压扭逆断层，而与阿尔金近于平行的一组 NE 向断裂（如阿南断裂、鄂深 1—冷七 1 断裂、埃南断裂）为走滑断裂。综上所述，从断裂所形成的应力环境、发育历史来说，柴达木西北部断裂成因类型可归纳为四大类：拉张正断层、压扭逆断层、走滑断层和反转断层。

1. 张性正断层

张性正断层形成于早侏罗世区域拉张背景下，控制早侏罗世断陷槽的沉积，中侏罗世及以后不再活动。此类断裂分布在柴北缘南部、昆特伊、伊北凹陷内，向南可延伸到南翼山，是早侏罗世控制局部、分割凹陷的小型拉张断陷的边界断裂。

2. 压扭逆断裂

压扭逆断裂是柴达木盆地的主要断裂类型，形成、发育、演化于古近世及以后，受南部昆仑山挤压应力和北部祁连山挤压应力作用，发育基底卷入型和盖层滑脱型两大类。在柴北缘主体部位形成反冲断层组合；在柴西北区多形成由基底断裂组合形成的对冲式断裂组合；在祁连山山前形成断穿盖层断入基底的南冲北倾冲断断层组合，形成山前冲断带构造。研究区内绝大多数 NWW—NW、NEE—近 WE 向延伸的断层均属于压扭逆断层，如南翼山南北断层，鄂博梁构造的南、北断层，冷湖-南八仙断裂等。

3. 走滑平移断层

以走滑、剪切运动为主要应力产生的断层为走滑平移断层，这类断层可能伴随有挤压运动，但以走滑运动为主。它们使地层褶皱不明显，但切割地层深、延伸远，多呈直线、S 形、反 S 形伸展，对油气分布有重要控制作用，方向上多为北东向，与阿尔金山近于平行，如阿南断裂、埃南断裂等。

4. 反转断裂

在早侏罗世断陷期和古近纪及其以后长期、多期发育的断裂多为反转断裂。这类断裂在早侏罗世为基底拉张正断层，控制早侏罗世地层的沉积与分布，后期（古近系及以后）因区域挤压作用而反转为逆断层。如南八仙基底断裂，早期控制伊北凹陷早侏罗世烃源岩的形成和分布，古近纪之后受祁连山应力强烈挤压，断层从产状、性质等方面发生反转，并控制深层断展背斜的形成。研究区控制早侏罗世、断入古近系及以上地层的断裂均为反转断裂，主要发育于冷湖—南八仙构造及以南地区。

3.3.2 断裂样式

断裂样式是在同一应力环境下形成的主断裂及其派生、次生断裂有规律的组合形式，反映其形成应力特征、应变环境，暗示断裂生长、发育规律。由于研究区不同区带具有不同的基底性质、应力环境和构造发育历史，因此发育不同的断裂样式。

1. 柴西北区断裂样式——对冲断裂组合样式

柴西北区长期位于昆仑山向北挤压应力体系、祁连山向南挤压应力体系和阿尔金山左旋走滑应力体系的区域应力背景之中，古近系与基底直接接触，不发育中生界。主要发育基底卷入型逆断层，由于处于昆仑、祁连两大挤压力环境中间，主要形成控制局部构造的对冲逆断层组合，与其控制的局部背斜共同构成“两断夹一隆”的构造样式，对冲断层多具有较好的对称性，两条主对冲断层带伴生有次级断裂。柴西北区的大多数的背斜构造（带）都受其南、北两侧的对冲断层及其伴生断裂控制。如控制南翼山、大风山、尖顶山、油墩子、碱山、东坪等构造以南、北西翼断裂组合，均为对冲断裂组合样式，它们与其控制的构造共同构成“两断夹一隆”的构造样式；平面上，该组断裂样式多呈平行状、斜列状和树枝状，与该地区的压扭挤压应力有关，越靠近西边的阿尔金山，对冲断裂及其伴生断裂越发育，断开层位越多，甚至通天。相反，越往东断裂越不发育（图 3-10）。

2. 柴北缘断裂组合样式——背冲断裂与对冲断裂样式

柴北缘西区靠近祁连山挤压应力系统，但仍受昆仑山挤压应力的远程效应作用，因而形成深层基底逆冲断裂系统（主要受祁连山构造应力作用）和浅层滑脱断裂系统（主要受到昆仑山构造应力作用）。显然，越靠近祁连山（越往北），受祁连山构造挤压应力的作用越强；越靠近昆仑山（越往南），昆仑山挤压应力的影响越大。因此，在柴北缘西段的南部（冷湖构造带以南），发育两条相反倾向基底断裂构成的背冲断裂组合及其浅层伴生断裂，如鄂博梁、葫芦山、鸭湖构造带对冲基底断裂及其浅层滑脱断裂构成的断裂样式。柴北缘西段北部的冷湖-南八仙构造带因更靠近祁连山，其断裂样式以反冲断层组合为主(深层北倾南冲的基底断裂与浅层南倾北冲的通天滑脱断裂及其派生断裂的组合，前者主要受向南的祁连山挤压构造运动作用，后者主要受向北推挤的昆仑挤压构造运动的作用)(图 3-10)。

3. 祁连山山前断裂组合样式——冲断断裂组合样式

直接受祁连山压扭应力作用，在山前形成一系列北倾南冲的基底断裂，向上断入沉积盖层并通天，控制盆地的形成演化。这一系列北倾南冲的断裂构成了山前冲断断裂组合样式，具有前陆冲断构造的特征(图 3-10)。平 1 井在平台构造的冲断断裂带中获得工业气流。

3.4　断裂系统

断裂系统指在同样的应力作用下形成的具有成因联系的主断裂及其派生、次生断裂组成的断裂组合。它们具有明显的主次关系、秩序关系、层次关系，排列与组合具有明显的规律性，对局部构造、沉积和成藏具有明显的控制作用。

柴达木盆地自中生代以来受燕山和喜马拉雅运动的强烈作用和改造，先后经历了早侏罗世区域拉张、中晚侏罗世挤压抬升、古近系至今长期多期挤压褶皱、回返剥蚀过程。平面上，南部受向北推挤的昆仑山构造运动场，北部受向南推挤的祁连山构造应力场和西部受到阿尔金走滑应力场的共同作用，导致了现今柴达木盆地复杂的构造环境和形态。由于柴达木西北部不同区带，不同构造单元所处基底特征、构造部位、大地构造背景不同(图 3-11)，经历了不同的应力场作用和构造沉积演化过程，因而形成不同的断裂系统。主要发育有祁连山山前冲断断裂系统、冷湖—鄂博梁反 S 形压扭断裂系统、南翼山-碱山斜列压扭断裂系统和阿尔金山前羽状剪切断裂系统共四个断裂系统，其中前两个属于柴北缘西段，后两者位于柴西北区(图 3-12)。

3.4.1　祁连山山前冲断断裂系统

该断裂系统位于柴达木盆地北部盆缘地带，由赛什腾山前断裂(盆缘断裂)及其派生断裂组成(包括平台断裂等)：平面上构成由西北向东南收敛的向南弧形凸出的断裂系列；剖面上构成北倾南冲的冲断断层组合，各断层的断层面总体较缓，且由浅到深逐渐变缓，向北收敛于盆缘断裂。平台断裂为盆缘断裂次生断裂之一，

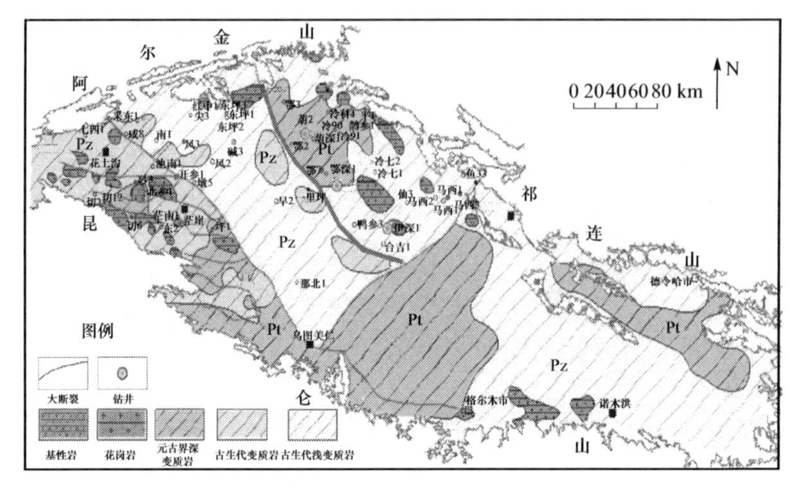

图 3-11　柴达木盆地基底岩性分布图(文后附彩图)

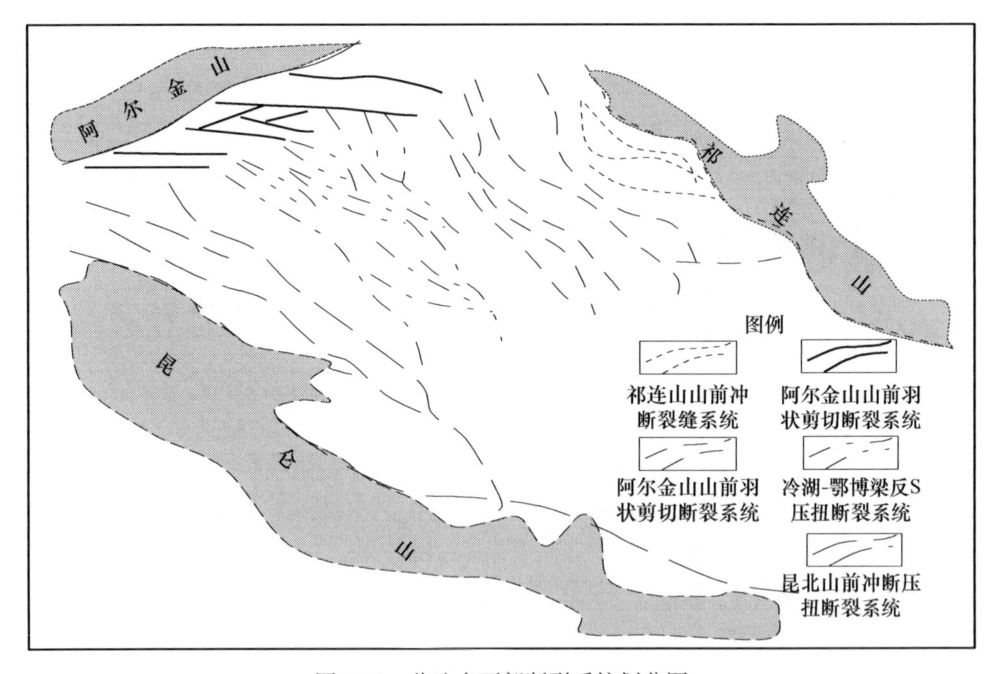

图 3-12　柴达木西部断裂系统划分图

控制平台突起和赛什腾凹陷的形成与演化。山前冲断断裂系统紧临祁连山,直接受向南推挤的祁连山构造应力作用,形成一组由北向南呈台阶下掉推进的逆掩冲断带,类似前陆盆地冲断带(图 3-13)。位于该冲断带上的平台凸起钻探的平 1 井获得工业气流,位于该冲断带东部的鱼卡发现了鱼卡油田,反映了山前冲断断裂系

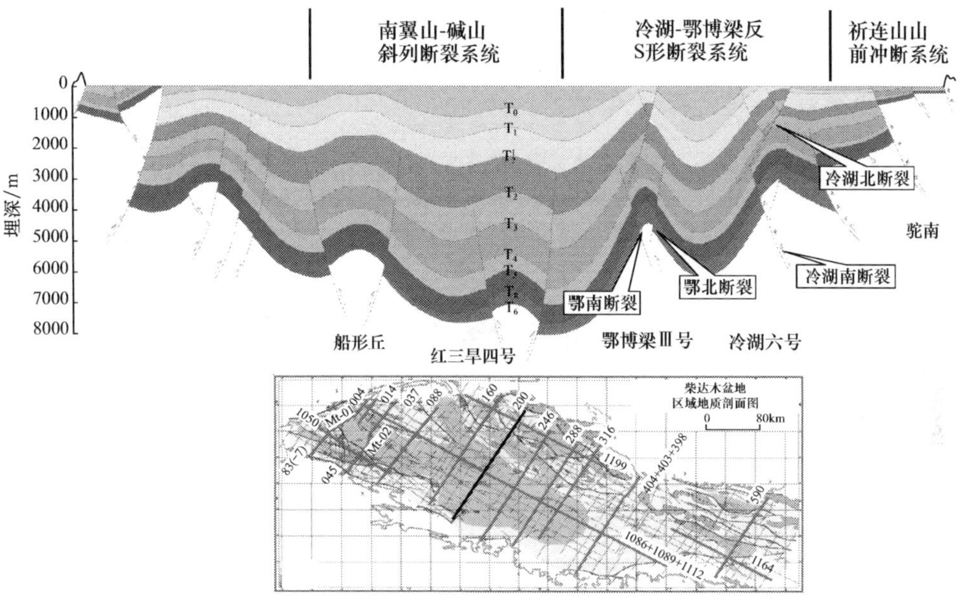

图 3-13　柴达木盆地中部地震地质大剖面(200 测线)(文后附彩图)

统不仅对盆地形成演化有重要的控制作用,而且对油气藏的形成与分布也有重要的控制作用(图 3-10),说明古隆起背景下的断裂系统的控油能力明显。

3.4.2　冷湖-鄂博梁反 S 形压扭断裂系统

该断裂系统位于柴北缘南部,冷湖断裂带以南,包括冷湖-南八仙断裂带、鄂博梁Ⅰ号-葫芦山断裂带和鄂博梁Ⅱ、Ⅲ-鸭湖断裂带。平面上是 NW—NWW—NW 呈反 S 形延伸,主次断裂呈平行、斜列状排列,表现为明显的压扭特征。由于位于柴北缘南部,相对靠近祁连山,其形成同时受昆仑山应力作用和祁连山应力作用,并且受祁连山向南挤压更强烈一些,在纵向上表现深层南冲北倾的基底断裂或不对称的对冲,背冲基底断裂与浅层南倾北冲的滑脱断裂组合,浅层的南倾北冲的滑脱断裂表明晚期浅层地层不仅受南部昆仑山向北挤压的应力作用,同时还受西部阿尔金山左行走滑导致的向北挤压的分力作用,使冷湖-鄂博梁地区浅层(E_3^2 以上)遭受强烈的向北挤压,形成北冲南倾的滑脱断裂,向下由陡变缓,消失于沉积地层之中。因此,纵向上冷湖-鄂博梁断裂系统由浅层滑脱断裂与深层基底断裂组成,构成反冲断裂样式(冷湖-南八仙断裂带)和受浅层滑脱断裂影响的对冲或背冲断裂样式组合而成断裂系统(图 3-10、图 3-13～图 3-15)。

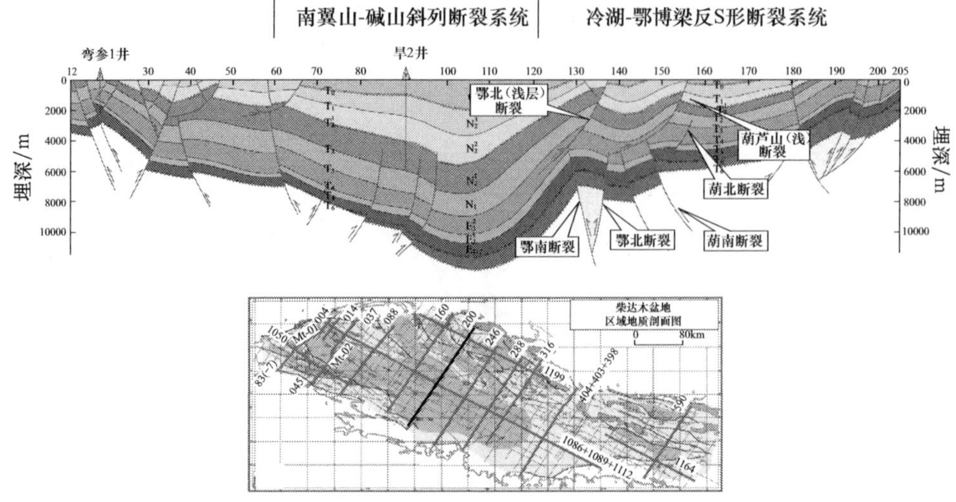

图 3-14 柴达木盆地 160 地质在大剖面(文后附彩图)

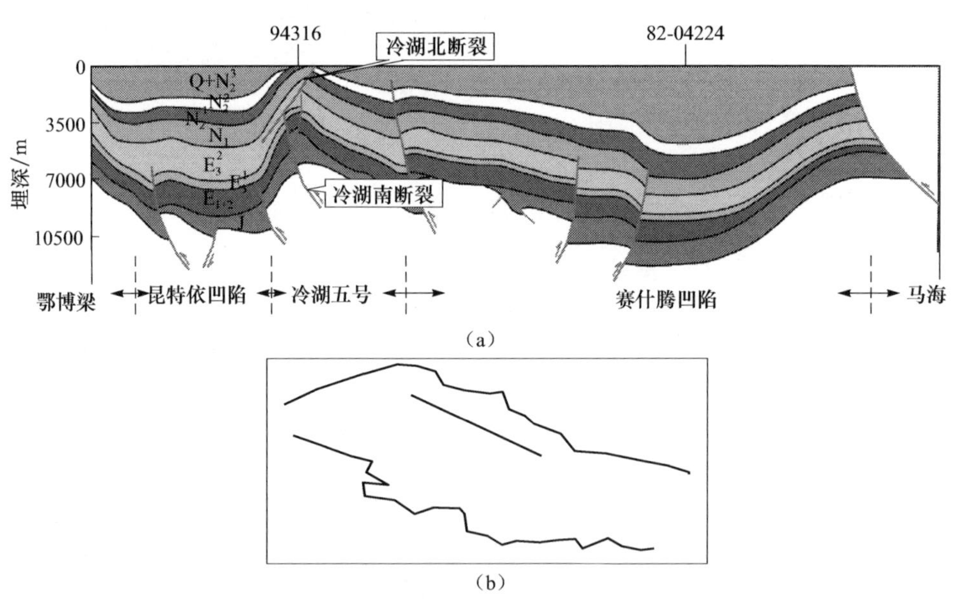

图 3-15 821182+821179B+821179 测线地质结构剖面

(a)冷湖-鄂博梁反 S 形断裂系统;(b)柴达木盆地主要大剖面位置图

3.4.3 阿尔金山前羽状剪切(走滑)断裂系统

该断裂系统位于阿尔金山东侧山前带,柴达木盆地西缘,由控制柴达木盆地西缘的阿南断裂及其东侧与之斜交的派生、次生断裂组成,平面上形成羽状断裂排列形式(图 3-12)。

阿南断裂是阿尔金山前羽状剪切断裂系统的主断裂，控制柴达木盆地西部山前构造演化与沉积发育，对西部古近系与新近系生油中心、山前带古隆起、古斜坡及古圈闭（如牛东鼻状构造、东平构造）有重要的控制作用。盆地演化晚期，由于阿尔金断裂强烈活动，西部逐渐隆起，古近系以来沉积、沉降中心逐渐由西部向东部迁移。最近，在阿尔金山前走滑断裂的东侧东坪古隆起上钻探获得天然气勘探的重大突破，发现了4亿m^3级东坪气藏，反映了阿尔金山前剪切走滑断裂系统对成盆、成烃、成藏的重要控制作用。

阿尔金山前羽状剪切断裂系统由阿尔金压扭走滑应力场控制，同时也受昆仑山挤压应力场的影响，是控制柴西北区西部构造、沉积、成盆、成藏的重要断裂系统。

3.4.4　南翼山-碱山斜列断裂系统

该断裂位于柴西北区的主体部位，由多组控制背斜带两翼的对冲断层组成，总体呈NW—NWW延伸，由西向东呈树枝状收敛，由北向南主要由控制东坪-碱山构造带的坪东-碱北断裂和东坪南-碱南断裂、控制尖顶山背斜南北两翼的尖南和尖北断裂、控制大风山背斜的风南和风北断裂及控制南翼山背斜的翼南和翼北断裂等组成。南翼山-碱山斜列断裂系统是在南部昆仑山、北部祁连山两大挤压应力场作用下形成的，断裂系统由多对近于对称的对冲基底逆断层构成。各对对冲基底逆断层与其所夹（控制）的背斜共同构成“两断夹一隆”的构造样式（图3-13，图3-14，图3-10）。越靠近中部，对冲断层越对称。同时，越靠近西部阿尔金山，由于受阿尔金山前走滑断裂应力的影响，断裂向上断穿层位越高，甚至断穿至地表，主控基底断裂一般都伴有派生断裂，由深层向浅层，有逆冲断距增大、地层增厚的趋势，反映构造运动的活动性由早期向晚期逐渐增强，所控制的背斜由深层向浅层幅度增大，甚至产生滑脱背斜，背斜南北两侧的基底对冲大断裂明显控制背斜的形成、发育和分布。南翼山-碱山斜列断裂系统总体发育于柴达木盆地西北腹地，明显控制成排成带的呈NW、NWW向展布的一系列大型背斜带的展布（图3-16，图3-17）。目前已在南翼山、大风山、尖顶山、小梁山和东坪等背斜构造上发现工业油气藏，反映了南翼山-碱山斜列断裂系统对圈闭和油气藏明显的控制作用。

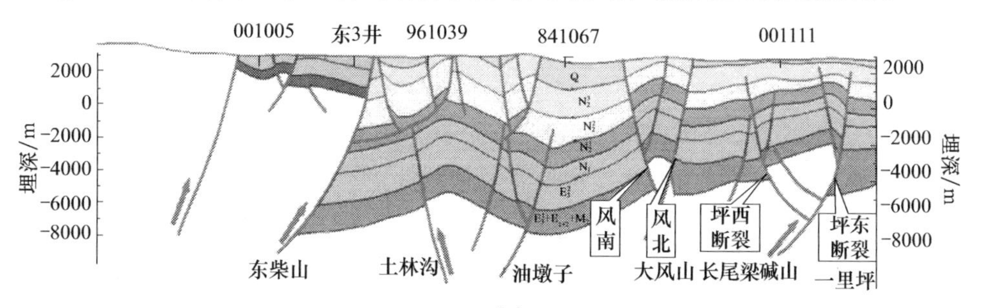

(a)

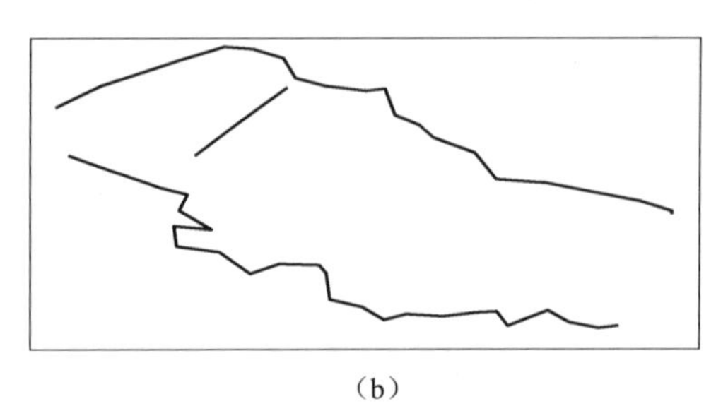

(b)

图 3-16　088 地震地质结构剖面

(a)南翼山-碱山斜列断裂系统;(b)柴达木盆地主要大剖面位置图

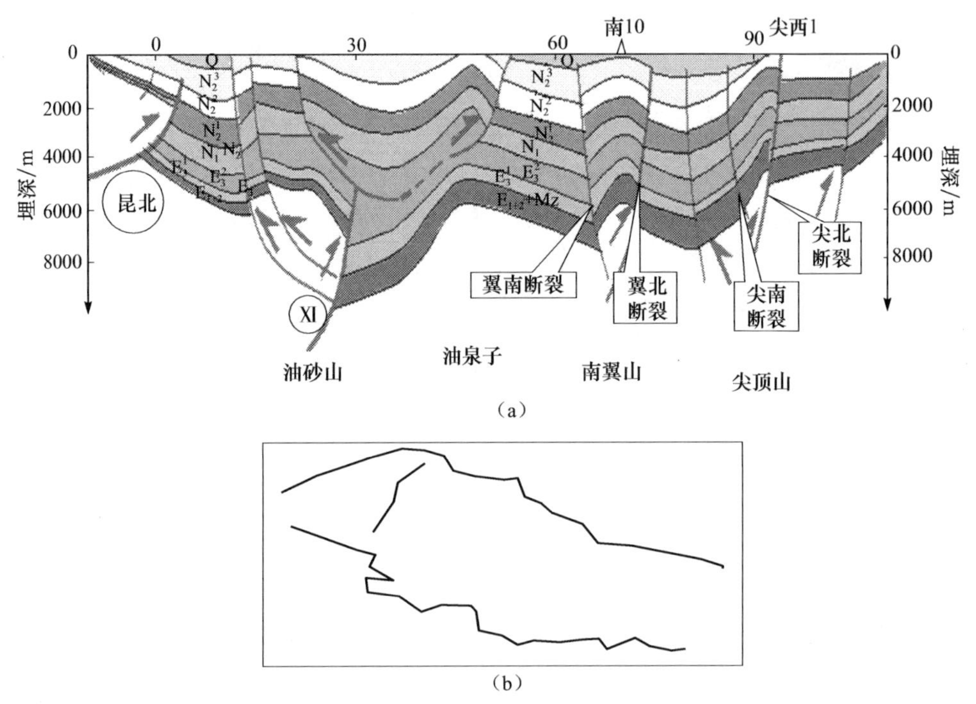

(a)

(b)

图 3-17　045—MT-2—037—MT-1 地震地质结构剖面

(a)南翼山-碱山斜列断裂系统;(b)柴达木盆地主要大剖面位置图

表 3-1 简明介绍了研究区 4 大断裂系统的基本特征。

表 3-1　柴达木盆地西北区断裂系统基本特征

断裂系统	南翼山-碱山斜列	阿尔金山前羽状	冷湖-鄂博梁反 S 形	祁连山山前冲断
应力背景	北部祁连山挤压应力和南部昆仑山挤压应力	阿尔金山走滑应力背景为主,受北部祁连山挤压应力和南部昆仑山挤压应力影响	北部祁连山挤压应力为主,晚期南部昆仑山挤压应力增强	北部祁连山挤压应力背景

续表

断裂系统	南翼山-碱山斜列	阿尔金山前羽状	冷湖-鄂博梁反S形	祁连山山前冲断
构造样式	近于对称的两断夹一隆	羽状断裂与不对称两断夹一隆	中深层为不对称两断夹一隆，浅层发育南倾滑脱断裂及其控制的滑脱背斜，呈反S形延伸	南冲北倾冲断构造带
断裂平面组合	右行斜列为主，由西向东呈树枝状收敛	以阿尔金断裂为主断裂的羽状派生断裂组合	多组NW—SE向展布的反S形延伸的断裂组合	以盆地边界大断裂为主断裂，派生多条向南凸出的孤形北倾南冲断裂组合

3.4.5　昆北压陷断阶带断裂系统

位于柴达木盆地西南地区，由Ⅺ大断裂与昆北断裂之间的断裂及所控制的凹陷和构造带组成(图3-18)，这些大断裂包括昆北、切克里克、阿拉尔、红柳泉和Ⅺ断裂，它们所控制的压陷断槽有红狮断槽、阿拉尔断槽、尕斯断槽等，断裂系统中重要的断裂构造带有受Ⅺ断裂和油砂山-狮子沟断裂控制的狮子沟-花土沟-油砂山-北乌斯-存迹断裂构造带，受红柳泉断裂控制的红柳泉-尕斯断裂构造带，受阿拉尔断裂控制的阿拉尔-跃进2号-跃东断裂构造带，受切克里克断裂控制的切克里克-跃进3号-乌南-绿草滩-东柴山断裂构造带。西为压陷，东为断阶，其基本特征如下。

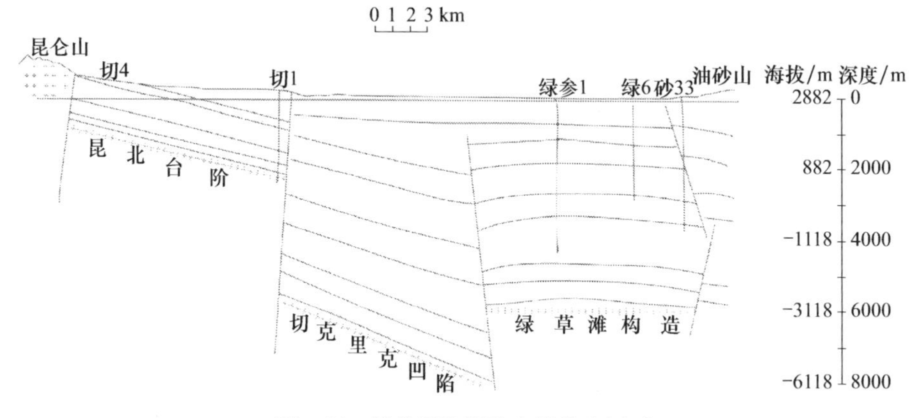

图3-18　昆北压陷断阶东部构造剖面

(1) 压陷断槽的长边为挤压断裂，深而狭长，斜列展布，其中主控断裂南倾，上盘地层被推向盆内方向。和北缘山前断裂相比产状更陡(花岗岩硬基底)，断层上盘常发育同沉积逆长断展背斜，是油气聚集的有利圈闭，如跃进1号、跃进2号构造，红柳泉构造等。在Ⅺ断裂上方中浅层发育北倾的滑脱断裂-狮子沟-油砂山断裂，控制狮子沟-油砂山构造的形成和分布(图3-19)。

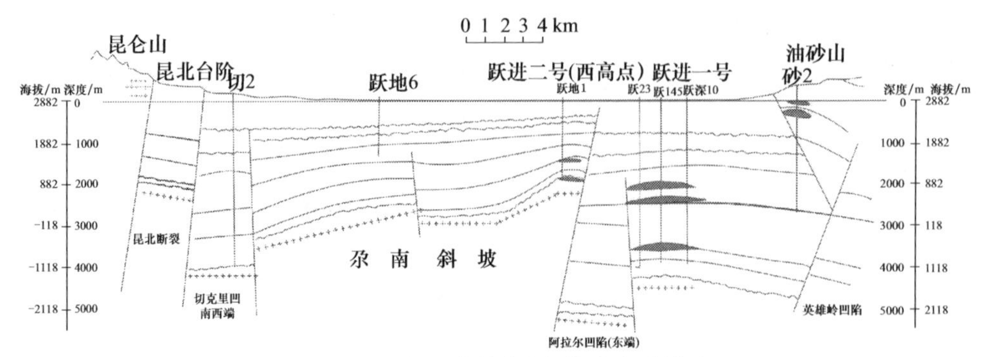

图 3-19 昆北压陷断阶中部构造地质剖面

(2) 断裂不仅控制压陷断槽的形成与展布，也严格控制着局部构造的发育与排列，每一条断裂都控制着一个构造带，在断裂上盘形成受断裂控制的断展背斜(带)，如受阿拉尔断裂控制的阿拉尔-跃进西-跃进 2 号构造带，受红柳泉断裂控制的红柳泉-跃进 1 号构造带；在断裂的下盘常形成挤压断鼻构造圈闭，如跃参 2 断鼻，受昆北断裂控制的切 6 号、切 7 号、切 8 号构造带，浅层滑脱逆断裂控制浅层断滑背斜的形成(图 3-20)，深浅构造大多不吻合。图 3-21 是昆北地区断裂系统模式。

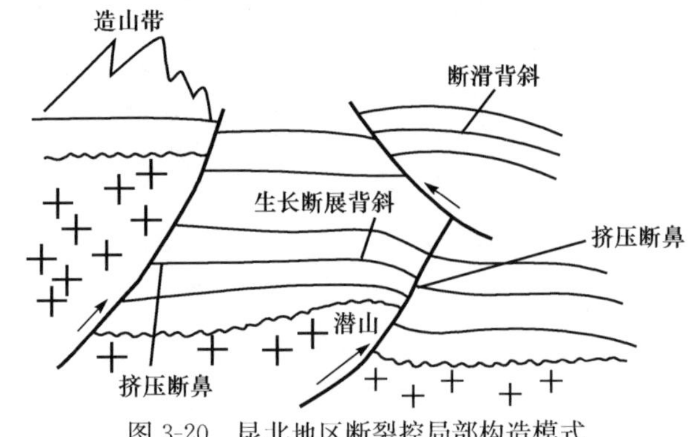

图 3-20 昆北地区断裂控局部构造模式

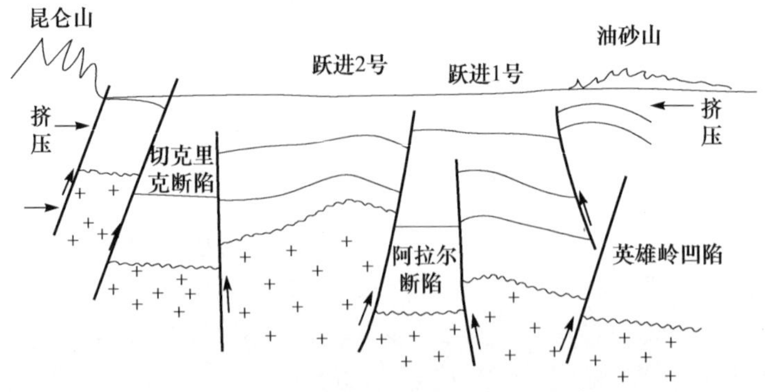

图 3-21 昆北压陷断阶带断裂构造系统模式

3.5　断裂控烃控藏宏观特征

柴达木盆地断裂极为发育，断裂控盆控烃控藏特征明显，这是因为断裂深刻控制盆地及其各区带的构造演化与沉积发育，进而明显控制烃源岩的分布与成烃演化、圈闭的形成与分布、油气的运聚和富集。

3.5.1　断裂控烃(源)特征

柴达木盆地西北部包括北缘和柴西两大含油气系统。北缘的侏罗系含油气系统的烃源岩包括伊北-坪东凹陷下侏罗统烃源岩，伊北凹陷和昆特依、赛什腾凹陷的中侏罗统烃源岩，以及下侏罗统烃源岩，凹陷山前的上侏罗统烃源岩。研究表明，葫北—陵间断裂、冷湖西断裂和坪东断裂，在早侏罗世北缘裂陷期就强烈拉张活动，控制了伊北断陷、昆特依断陷和坪东断陷的形成和演化，沉积了下侏罗统湖-沼相暗色(优质烃源岩Ⅲ型)泥岩。尤其是伊北断陷面积大、规模大，成为柴北缘早侏罗统主力烃源区。中-晚侏罗世时期，冷湖断裂带以南遭受抬升剥蚀，沉积中心北移至受山前控盆断裂控制的赛什腾凹陷山前带，发育半深湖-浅湖沉积，形成腐泥型为主的有机质，为以后形成平 1 井气藏、鱼卡等油田提供资源基础。无论是早侏罗的湖沼相还是中-晚侏罗世的半深湖相，均受侏罗系基底拉张或挤压断裂的控制而沿断裂分布，其规模也与断裂的活动强度、断裂的规模有关(图 3-22)。葫北-陵间断裂规模大、活动强、延伸远，控制伊北下侏罗统生烃洼陷的形成与展布，烃源岩厚度达 1500m 以上，有效烃源岩厚度大于 300m 的面积约为 3034km²，坪东断裂规模小，其控制的坪东生烃洼陷相对较小。

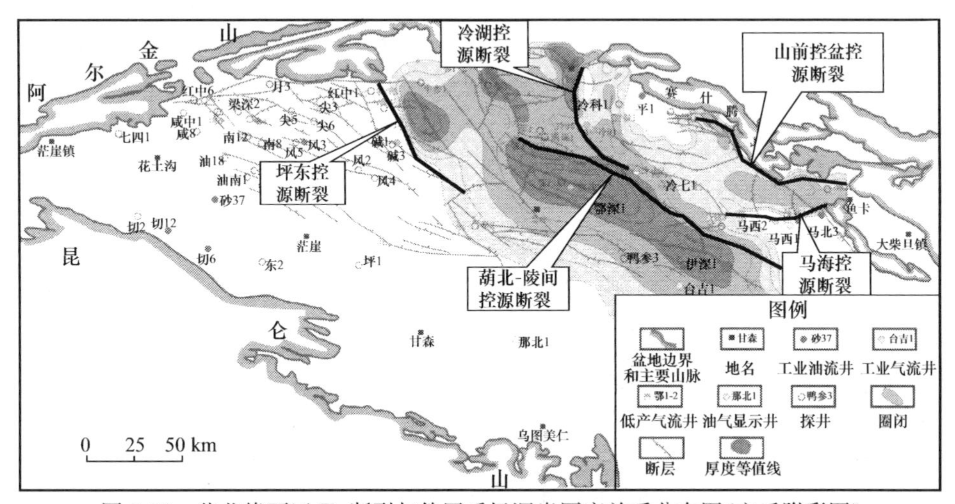

图 3-22　柴北缘西区 T_r 断裂与侏罗系烃源岩厚度关系分布图(文后附彩图)

柴达木盆地古近系-新近系含油气系统烃源岩包括 E_{1+2}(局部)、E_3^1、E_3^2 和 N_1 等,主要位于柴达木盆地西南部,图 3-23 是综合前人烃源岩成果基础上编制的 T_4 层断裂与古近系-新近系烃源岩有机碳分布图。由图 3-23 可知,古近系-新近系烃源岩的分布总体受盆地西边界阿南断裂控制,北界受坪西断裂控制,南界为昆北盆缘断裂,总有机碳(total organic carbon,TOC)为 1.0%以上的生烃中心与油北断裂、尖北断裂等次级断裂有密切关系,明显反映了盆缘大断裂及盆内基底断裂及其派生断裂对烃源岩的控制作用。

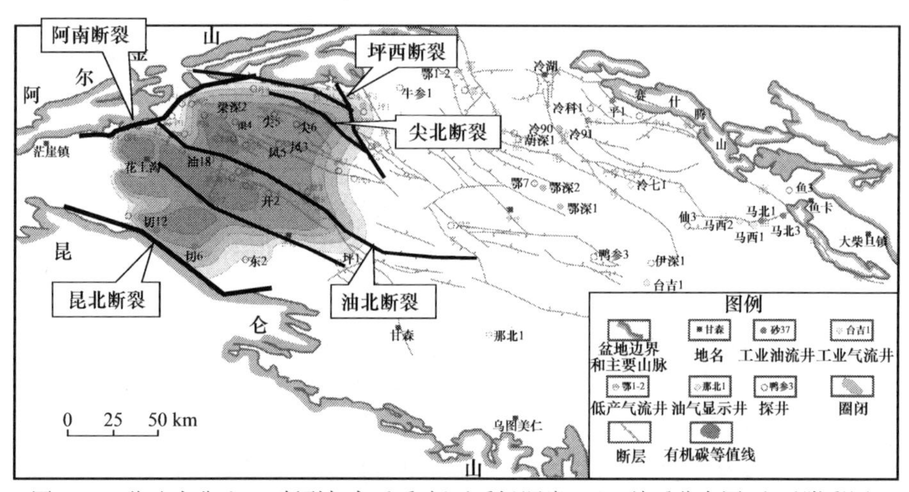

图 3-23　柴达木盆地 T_4 断裂与古近系-新近系烃源岩 TOC 关系分布图(文后附彩图)

断裂的控烃作用,源于长期发育的基底大断裂对沉积相的控制作用。断裂控制湖湘暗色泥岩的分布,当然也就控制了烃源岩的分布。图 3-24、图 3-25 分别是

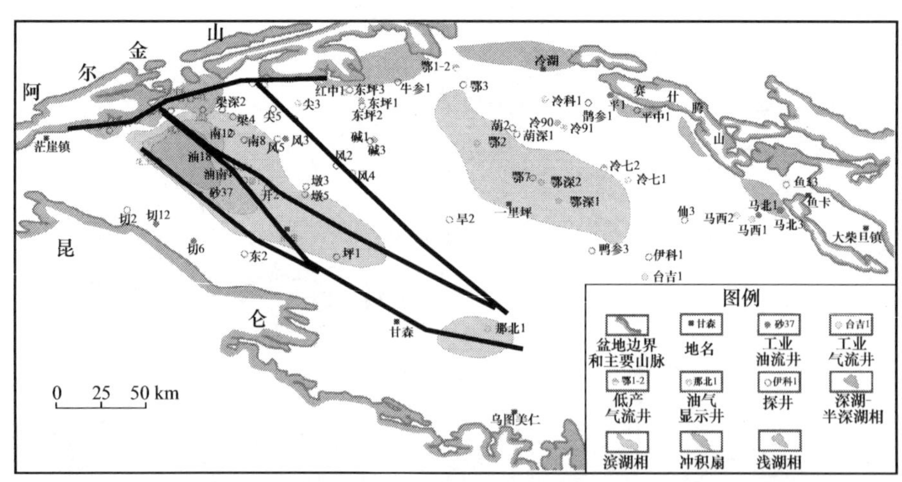

图 3-24　柴达木盆地柴西北 E_{1+2} 沉积相与基底断裂关系分布图(文后附彩图)

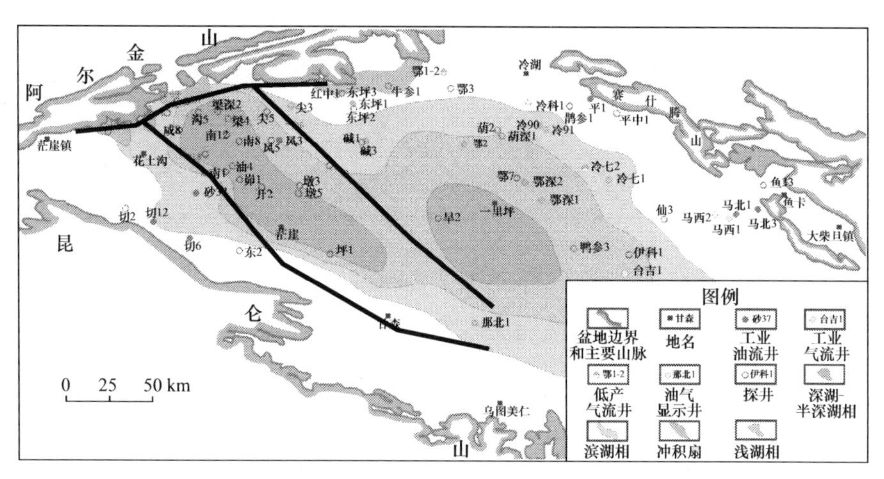

图 3-25　柴达木盆地柴西北 N_2^1 沉积相与基底断裂关系分布图(文后附彩图)

柴达木盆地 E_{1+2}、N_2^1 沉积相与主要断裂关系图，由此可知阿南断裂、Ⅺ等基底断裂明显控制烃源岩发育的深湖-半深湖分布范围。

3.5.2　断裂的控圈特征

由于柴达木盆地自形成以来发生了多期的构造运动，产生了大量的背斜、断块、断鼻等构造圈闭。这些构造圈闭，无论是柴西北区的冲起构造还是北缘的反冲构造、潜伏构造和冲断构造，均严格受断裂的控制而沿断裂展布，反映了柴达木盆地断裂对各类构造圈闭的形成、发育、演化有绝对的控制作用。

图 3-26～图 3-31 是柴达木西北部断裂与构造圈闭分布的关系图，可知几乎所

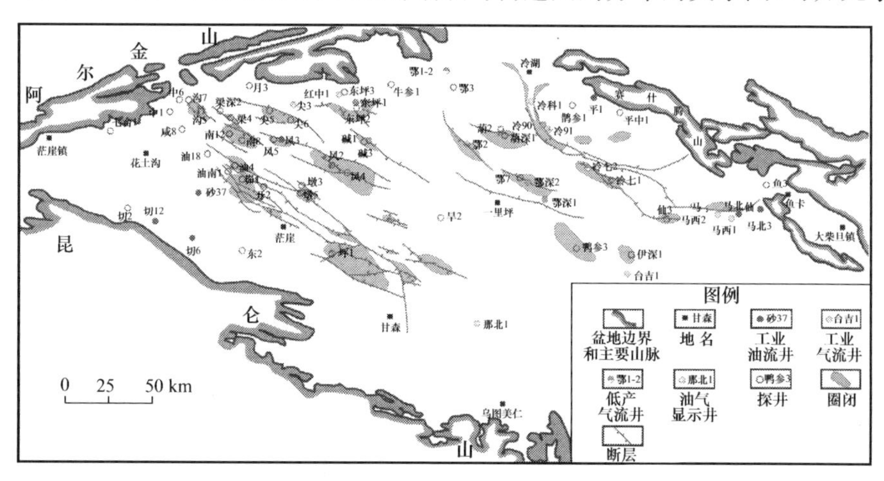

图 3-26　柴达木西北部 $T_2{}'$ 断裂与构造圈闭关系分布图

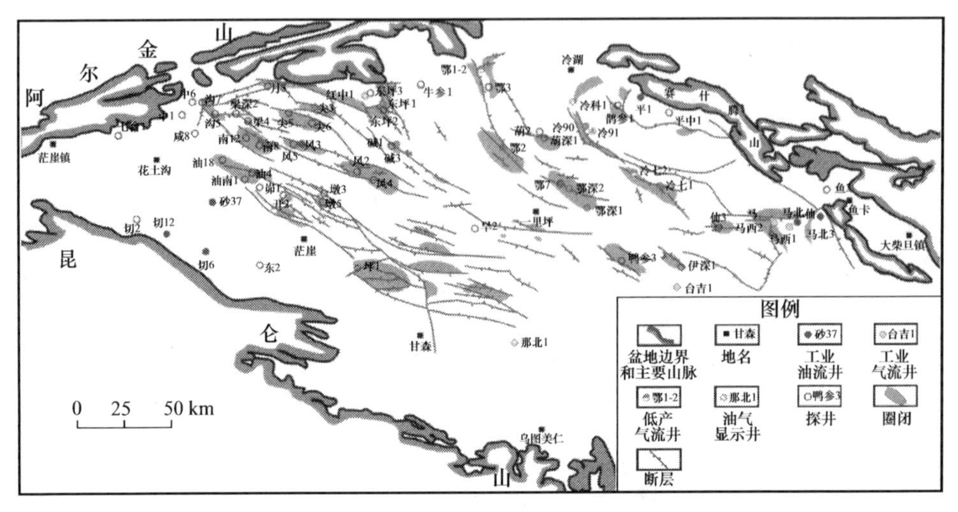

图 3-27　柴达木西北部 T_2 断裂与构造圈闭关系分布图

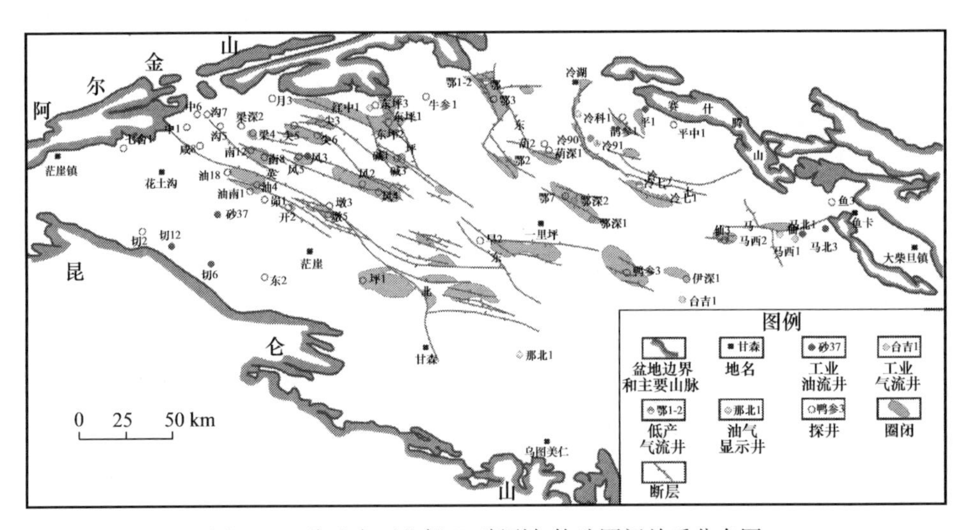

图 3-28　柴达木西北部 T_3 断裂与构造圈闭关系分布图

有的构造圈闭均沿断裂展布，或分布在断裂上盘，或分布在断裂下盘，或被断裂所夹持。在纵向上(图 3-10，图 3-13～图 3-17)，几乎所有的背斜、断背斜、断鼻、断块均受断裂制约，甚至被断裂切割、破坏，反映了断裂对各类构造圈闭的控制作用。断裂的控圈作用主要表现为两个方面：一是断裂作为圈闭形成的前提条件和诱发因素，先存断裂的存在为反转构造圈闭提供边界条件，例如侏罗系开始形成的长期、多期活动断裂；二是直接控制圈闭的形成，研究区绝大多数构造圈闭的形成属于此情况。

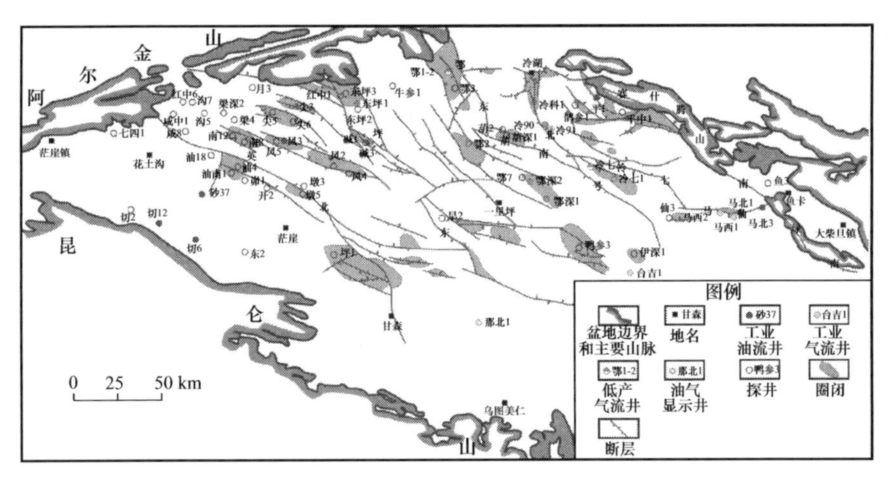

图 3-29 柴达木西北部 T_4 断裂与构造圈闭关系分布图

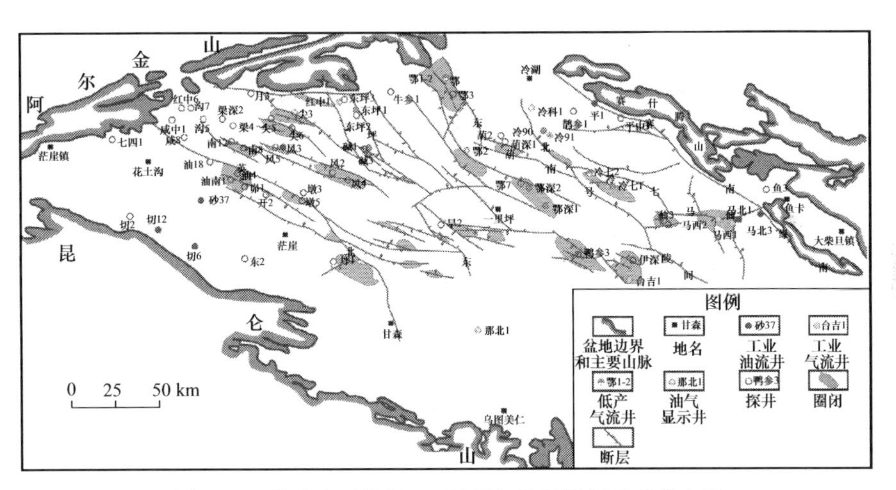

图 3-30 柴达木西北部 T_5 断裂与构造圈闭关系分布图

3.5.3 断裂的控藏特征

断裂对油气藏形成与分布具有明显的控制作用是柴达木盆地最显著的特征，从目前的勘探成果得到充分的证明，无论是油藏还是气藏，无论是中生界还是新生界，无论是构造油气藏还是非构造油气藏，断裂对其形成与分布都有重要的控制作用。从目前勘探成果看，所发现的油气藏几乎无一例外的沿断裂分布，即使是东部第四系的生物成因气藏也沿着埃南隐伏断裂展布(图 3-32)。图 3-33 是柴西古近系勘探成果图，所发现的油气藏均沿断裂分布，图 3-34 是柴北缘西段勘探成果图，也说明断裂对油气藏有绝对的控制作用。

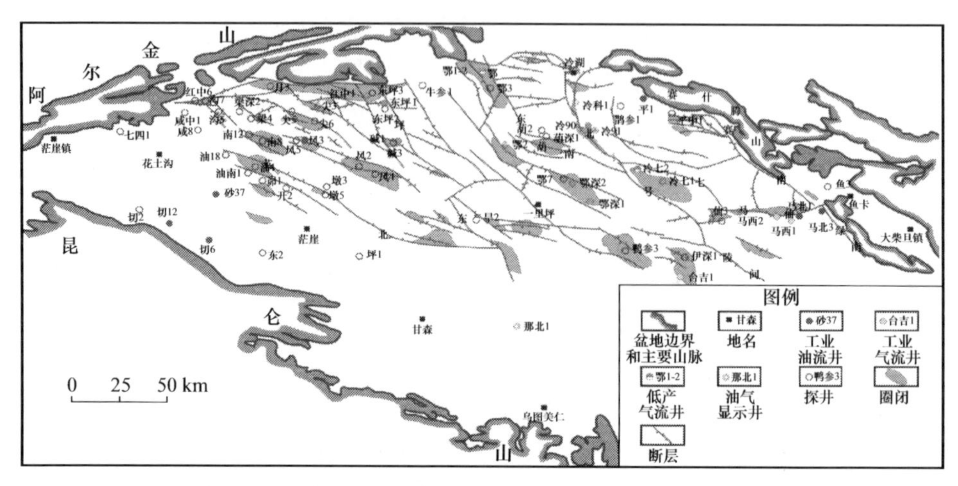

图 3-31 柴达木西北部 T_r 断裂与构造圈闭关系分布图

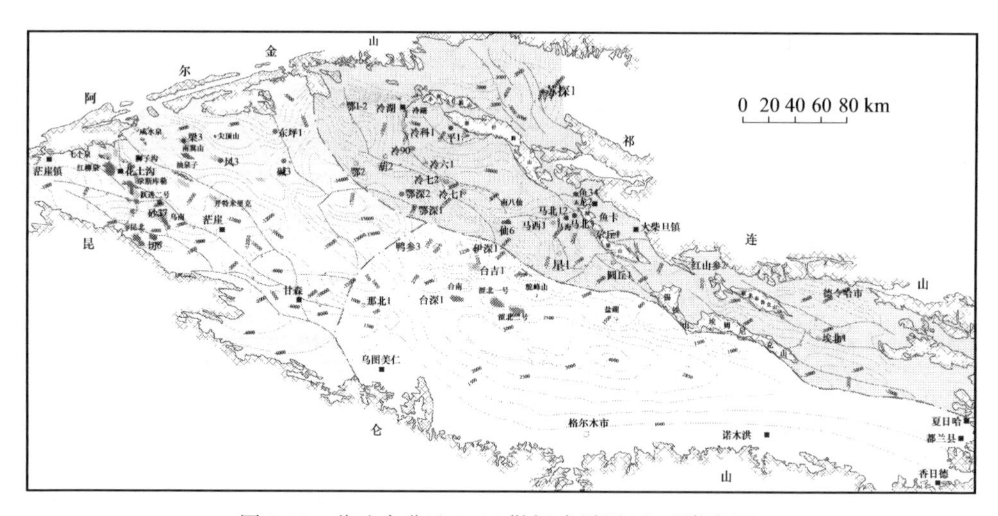

图 3-32 柴达木盆地 2012 勘探成果图(文后附彩图)

柴达木盆地历经近 60 年的勘探开发,已发现了 26 个油气田。这些油气田均沿断裂分布。近年来发现的昆北、英东两个大油田及东坪整装气田,均受断裂控制而沿断裂展布。表 3-2 是总结的盆地主要油气田成藏要素表,由此可知,绝大多数油气田主控因素均为断裂,油气藏类型均为受断裂控制的构造或岩性油气藏。

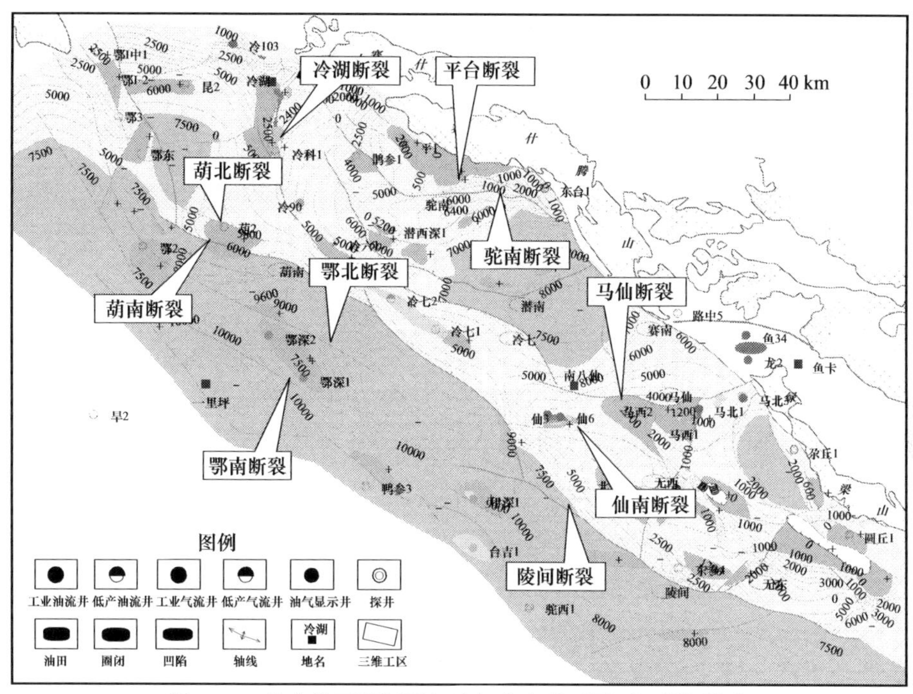

图3-33 柴北缘西段断裂与油气分布关系图(文后附彩图)

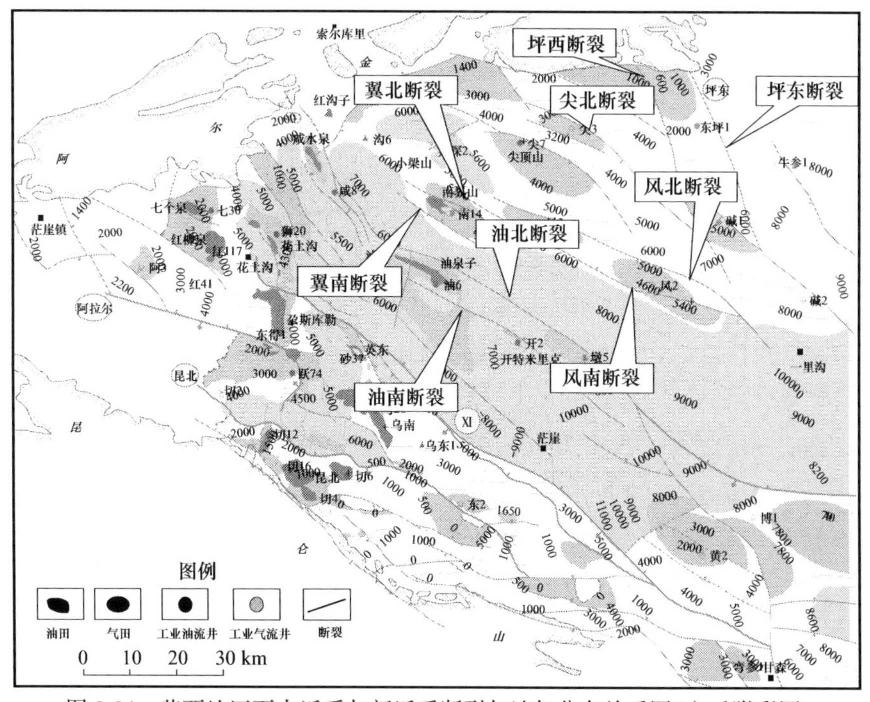

图3-34 柴西地区下古近系与新近系断裂与油气分布关系图(文后附彩图)

表 3-2　盆地主要油气田成藏要素表

油气田	储量		含量丰度/（万 t/km²）	成藏背景	主控因素与作用	油气藏类型	成藏期
	石油/万 t	天然气/亿 m³					
跃进 1 号	8482		219	生烃凹陷周边	断层及侧向运移	构造油藏	N_2^1、N_2^3—Q
跃进 2 号	2138		950	生烃凹陷周边	断层及侧向运移	构造油藏	N_2^1、N_2^3—Q
乌南	2788		70	生烃凹陷内	断层及垂向运移	构造岩性油藏	N_2^3—Q
七个泉	2538		256	斜坡带	断层及侧向运移	构造岩性油藏	N_2^1 中—N_2^2 早、N_2^3 末—Q
红柳泉	1709		64	斜坡带	断层及侧向运移	岩性油藏	N_2^1 中—N_2^2 早、N_2^3 末—Q
切 6	3211		172	古隆起上	断层及不整合	构造岩性油藏	N_1 早期、N_2^3—Q
切 12	2997		240	古隆起上	断层及不整合	构造油藏	N_1 早期、N_2^3—Q
切 16	4151		94	古隆起上	断层及不整合	岩性油藏	N_1 早期、N_2^3—Q
花土沟	4052		687	生烃凹陷中	断层及垂向运移	构造油藏	N_2^3—Q
油砂山	2366		275	生烃凹陷中	断层及垂向运移	构造油藏	N_2^3—Q
英东	10818		1138	生烃凹陷中	断层及垂向运移	构造油藏	N_2^3—Q
南翼山	2966		152	生烃凹陷中	断层及垂向运移	构造油藏	N_2^3—Q
咸水泉	801		92	生烃凹陷中	断层及垂向运移	构造油藏	N_2^3—Q
南八仙	1276	124	240	古隆起上	断层及侧向运移	构造岩性油藏	E_3^2 N_2^3—Q
马北一号	398		110	古隆起上	断层及不整合	构造油藏	E_3^2 N_2^3—Q
冷湖油田	1553		100.7	生烃凹陷之上	断层及垂向运移	构造油藏	E_3^2 N_2^3—Q
涩北气田		2769	21.2（亿 m³/km²）	生烃凹陷之内	自生自储	构造油藏	Q

3.6　主要控藏断裂特征与断裂发育模式

从目前勘探研究成果看，柴达木盆地几乎所有的油气藏均受断裂控制或与断裂的发育有密切的关系，但不同的断裂对油气藏有不同的控制作用。本节将详细描述几条有代表性的断裂，总结主要控藏断裂基本特征。

3.6.1　主要控藏断裂基本特征

柴北缘西段是柴达木盆地勘探成效比较显著的地区，目前已经发现冷湖三号、冷湖四号、冷湖五号、冷湖七号油气藏，南八仙油气藏，马海西、马海北和马海气藏，以及鱼卡油藏等工业油气藏，最近又在平台地区的平 1 井获得突破。在鄂博梁Ⅲ号构造的鄂深 1 井、鄂深 2 井和鄂 7 井获得良好的油气显示和低产气流，南部伊深 1 井、台吉 1 井获得工业气流，预示着柴北缘西段具有广阔的勘探前景。柴北缘西段生烃凹陷多、规模大，生烃凹陷内或附近发育多条控藏断裂及其控制多个规模宏大的构造圈闭带，断-源-储-圈时空匹配条件好，勘探潜力大。

1. 主要控藏断裂带及其分布

柴北缘西段主要控藏断裂由北向南有山前冲断断裂、平台断裂、冷湖断裂、冷七断裂、马仙断裂、仙南断裂、葫北断裂、鄂北断裂、鄂南断裂等。它们在平面上相连接(侧接、斜列等)，形成断裂带，控制一系列构造圈闭带的形成与分布，从而控制油气聚集带的形成与分布。如构成祁连山山前冲断断裂带的赛南断裂与平台断裂分别控制山前冲断构造带的形成与分布，其中前者控制鱼卡油田，后者控制平 1 井天然气藏；构成冷湖-南八仙-马海反 S 形压扭断裂系统的冷湖断裂、冷七断裂、马仙断裂分别控制冷湖-南八仙-马海构造带，也分别控制冷湖三号、冷湖四号、冷湖五号油气藏，冷湖 7 号气藏，南八仙油气藏，以及马海西、马海北、马海油气藏的形成与分布；位于柴北缘南部的鄂博梁-葫芦山-鸭湖反 S 形压扭断裂系统分别控制鄂博梁Ⅰ号、Ⅱ号、Ⅲ号构造，葫芦山构造，以及鸭湖构造，并分别控制鄂博梁Ⅲ、伊克雅乌汝和台吉 1 井气藏的形成与分布(图 3-33)。

2. 主要控藏断裂基本特征描述

1) 冷湖断裂(带)

分布于柴北缘西北部，由西北向东南呈 NW—近 NS—NWW 展布，控制冷湖 3 号、冷湖 4 号、冷湖 5 号油气藏和冷湖 6 号构造圈闭(图 3-3～图 3-9)。纵向上由深部北倾南冲的基底断裂(冷湖南断裂)和浅层南倾北冲滑脱断裂组成反冲断层构造样式。冷湖南断层在早侏罗世开始活动，并控制下侏罗统烃源岩(昆北洼陷)的形成，进入古近纪后持续活动，规模有所增大，在 E_3^1 时期断层延伸长度达 66km，断距也从早侏罗世的 150ms 增大到 230ms。但生长活动在 J_1 时期为生长正断层，生长指数为 1.1，对 J_1 烃源岩的形成有控制作用。进入古近系之后断层反转，由正变逆，但具有同沉积逆生长特征(图 3-35)，表现在这段时期断层开启，对油气运移有重要控制作用。浅层的冷湖北断裂形成时期晚，为晚期强烈的由南往北的昆仑山挤压应力作用的结果。对其下盘地层有重要的封闭遮挡作用，有利于遮挡其下盘运移的油气，聚集而形成油气藏。冷湖四号、冷湖五号浅层油气藏的形成具有这种特点。

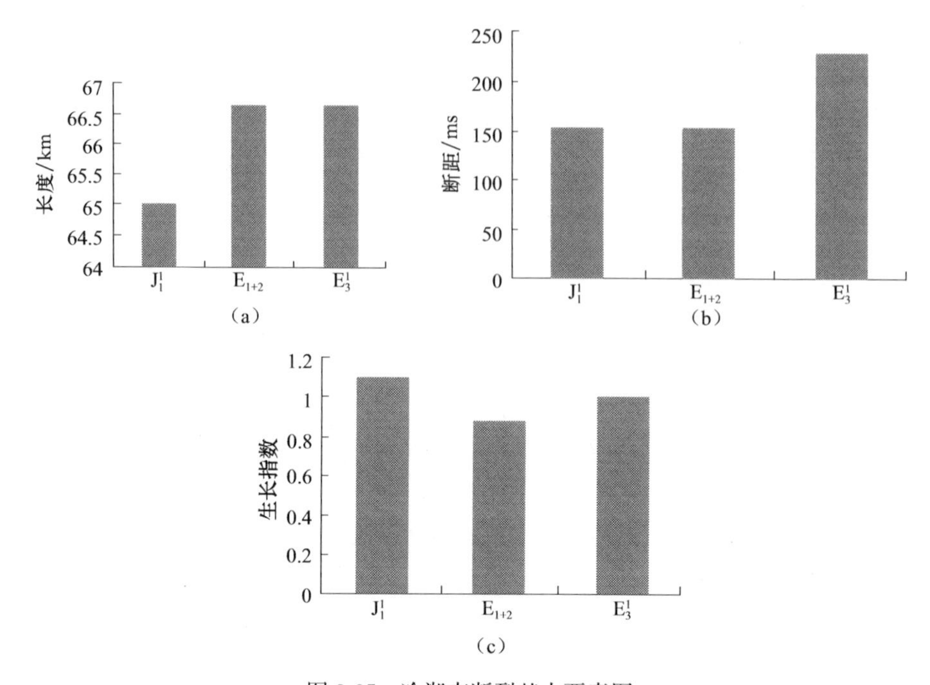

图 3-35　冷湖南断裂基本要素图

(a)冷湖南断层平面延伸长度分布图；(b)冷湖南断层断距分布图；(c)冷湖南断层生长指数分布图

2）鄂北断裂与鄂南断裂

位于鄂博梁构造带的南、北两翼，包括鄂博梁Ⅱ号南、北(深和浅)和鄂博梁Ⅲ号、南北等一系列断层，是控制鄂博梁构造带形成与分布的主要断裂，在不同的层位有不同的表现(图 3-3～图 3-9)，平面上鄂博梁断裂带的各断裂多呈平行状、斜列状排列，纵向上深部形成对称对冲基底断裂与浅层南倾北冲滑脱断裂构成的断裂组合(图 3-13，图 3-17)。基底对冲断裂与其夹持的背斜共同构成“两断夹一隆”的冲起构造样式，由深层向浅层，基底对冲断层(鄂博梁Ⅱ号、Ⅲ号的深层断裂)断距规模和延伸长度有减小的趋势(图 3-36)。浅层滑脱断裂尽管是晚期的后生断裂，但其由深到浅，规模、断距有增大趋势，反映后期构造运动增大的特点，这与实际情况相符(图 3-37)。

鄂博梁Ⅲ号南(基底)断裂早在侏罗世强烈正断层活动，生长指数达 1.12 以上，对下侏罗统地层具有一定的控制作用。进入古近系以后至 N_1 地层沉积时期，这些特征表明鄂博梁Ⅲ号南基底断裂活动时间早，但生长特征不明显(图 3-38)，晚期再次活动，对天然气晚期成藏有利。相反，鄂博梁Ⅲ号北(基底)断裂的活动特征与鄂博梁Ⅲ号南相反，早侏罗世正断同沉积活动强烈，进入古近系后强烈挤压反转，且长期同沉积逆生长，极为有利于长期、多期输导天然气运聚在浅层成藏(图 3-39)。

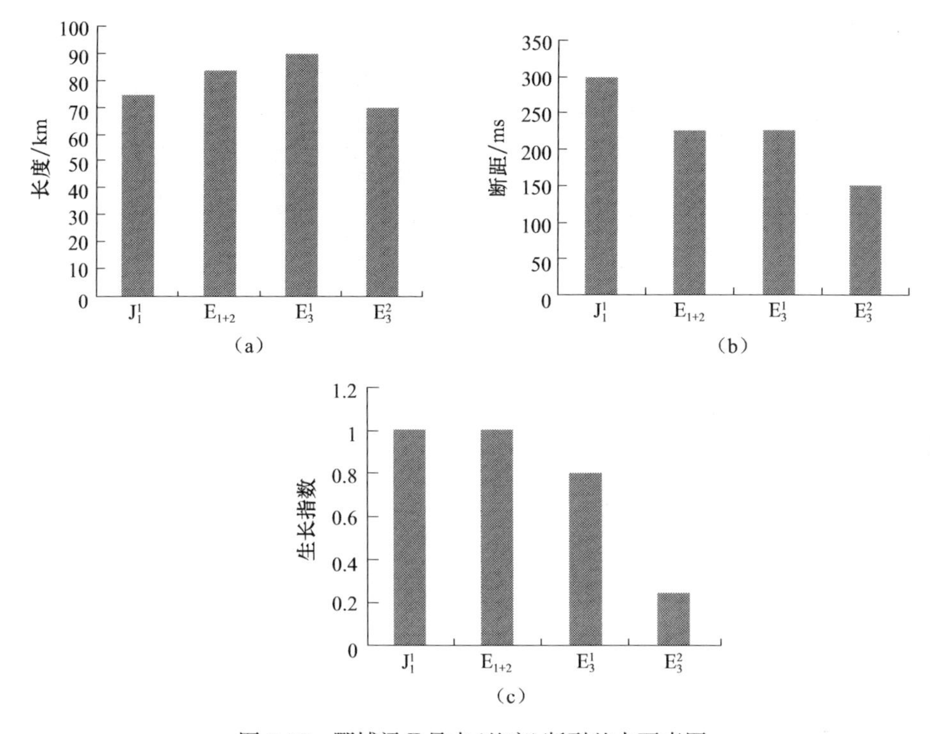

图 3-36　鄂博梁Ⅱ号南(基底)断裂基本要素图

(a)鄂博梁2号断层(深)平面延伸长度分布图;(b)鄂博梁2号断层(深)断距分布图;(c)鄂博梁2号断层(深)生长指数分布图

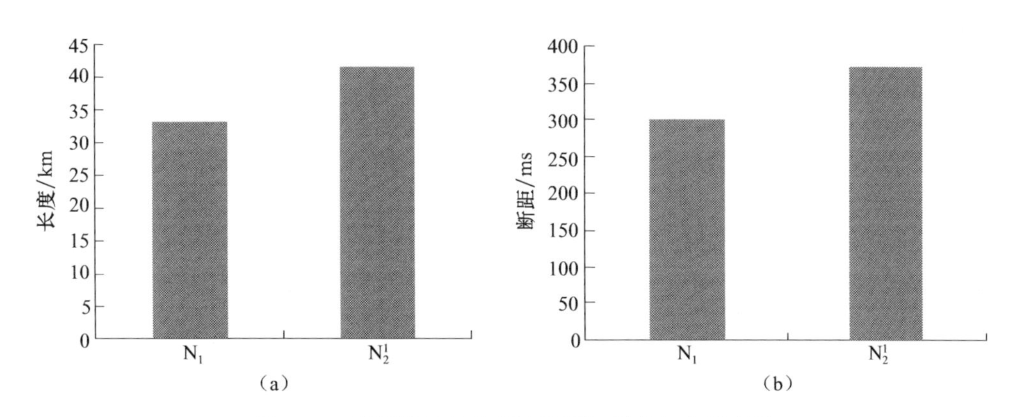

图 3-37　鄂博梁Ⅱ号北(浅层滑脱)断裂基本要素图

(a)鄂博梁2号北断层(浅)平面延伸长度分布图;(b)鄂博梁2号北断层(浅)断距分布图

图 3-40 是鄂博梁Ⅲ号构造不同位置的三条测线各层位生长指数图,鄂南断裂在早侏罗强烈活动,新生代以后挤压反转,活动性减小,到 N_1 不活动,鄂北断裂早侏罗活动性差。

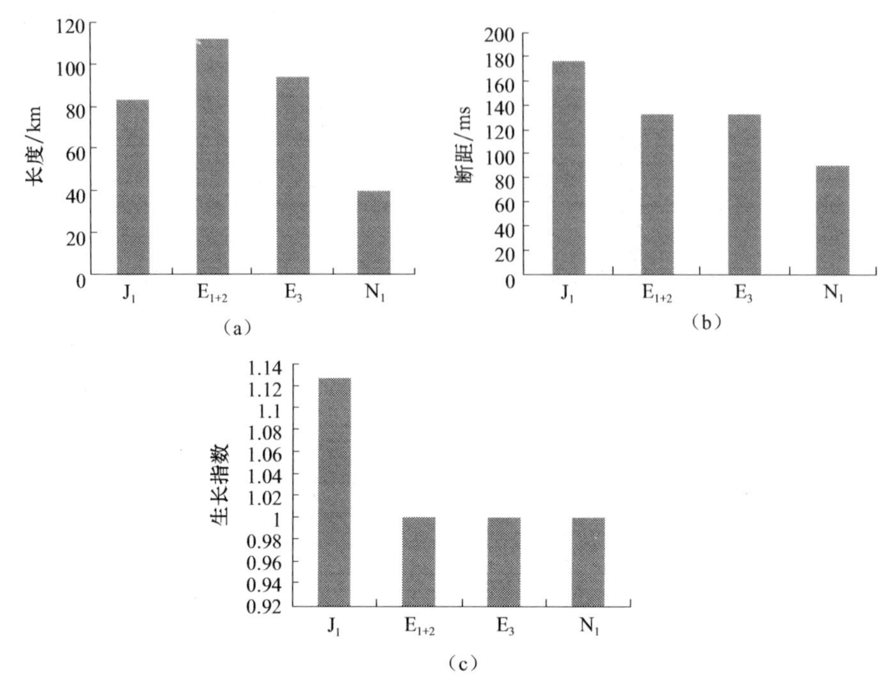

图 3-38　鄂博梁Ⅲ号南(基底)断裂基本要素图

(a)鄂博梁 3 号南断层平面延伸长度分布图;(b)鄂博梁 3 号南断层断距分布图;(c)鄂博梁 3 号南断层生长指数分布图

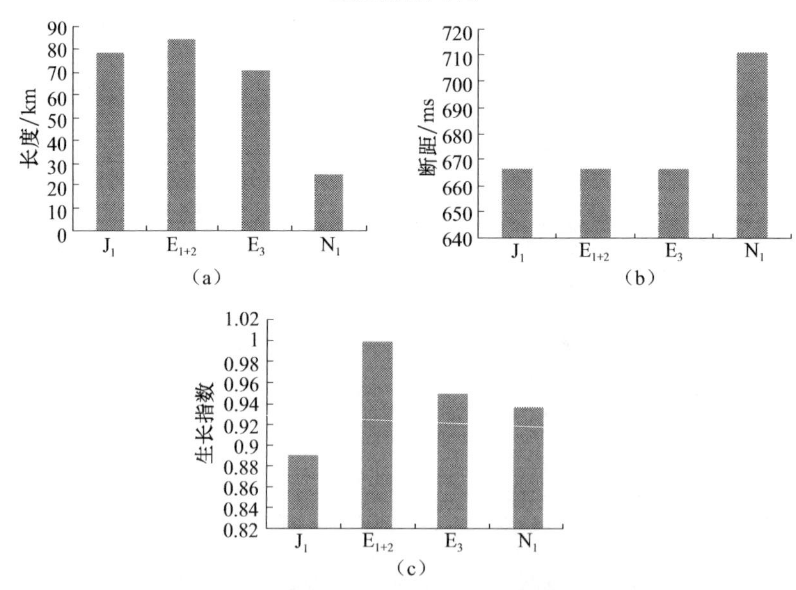

图 3-39　鄂博梁Ⅲ号北(基底)断裂基本要素图

(a)鄂博梁 3 号北断层平面延伸长度分布图;(b)鄂博梁 3 号北断层断距分布图;(c)鄂博梁 3 号北断层生长指数分布图

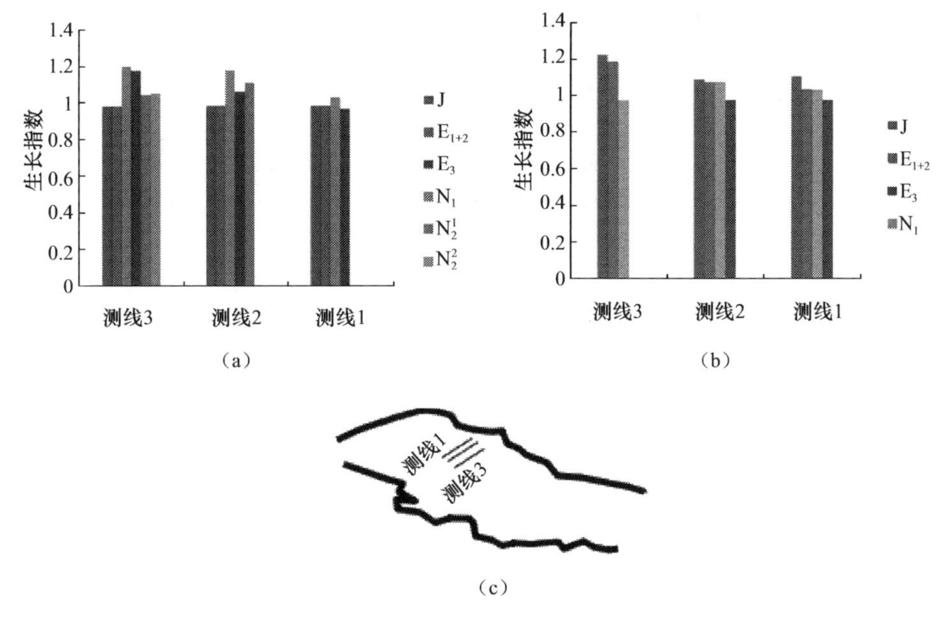

图 3-40　鄂博梁Ⅲ号南、北(基底)断裂生长指数对比图(文后附彩图)
(a)鄂博梁Ⅲ号北断裂;(b)鄂博梁Ⅲ号南断裂;(c)柴达木盆地测线剖面位置图

由此可知,鄂博梁断裂带的各断裂因分布位置不同,具有不同的活动性和控藏特征,南翼山深层基底断裂中生代活动强烈,有利于控制早侏罗世烃源岩的形成,后期同沉积活动性差,消失于 E_3^1-N_2 地层中,北翼深层基底断裂古近系活动相对强烈,有利于长期、多期输导油气。而浅层主要发育南倾北冲滑脱断裂,形成时间晚,对浅层油气主要起遮挡作用或输导作用,取决于其封闭性。

3) 葫芦山断裂带

位于柴北缘西段东部,由葫北、葫南两条不对称对冲基底断裂及其浅层滑脱断裂组成,向西与鄂博梁Ⅰ号构造的基底断裂相连(图 3-3～图 3-9)。控制葫芦山-鄂博梁Ⅰ号构造的形成与分布。

由于靠近北部祁连山,葫芦山构造基底对冲断裂呈明显不对称,其深层北翼基底断裂不发育。下面主要描述深层南翼(基底)断裂和浅层滑脱断裂。

图 3-41 是葫芦山南(葫南)基底断裂基本要素图,由此可知,该断裂切入下侏罗统和基底,早侏罗世时期生长作用不明显,但进入古近系、新近系后长期、多期逆生长活动,有利于长期、多期输导深部气源向中浅层运移聚集成藏。

葫芦山浅层滑脱断裂存在于深层构造之上,发育于 N_1-N_2^2 地层之中,上陡下缓,向上通天,向下消失于 N_1 之中,形成时间晚,晚期形成后有一定的生长性。向下与深层基底断裂相连,传递压力和输导油气至浅部地层,其基本要素见图 3-42。

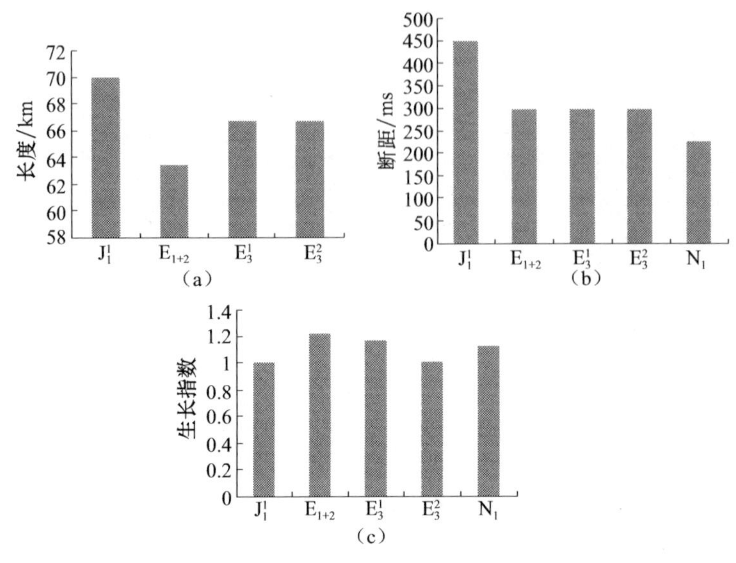

图 3-41　葫芦山南(基底)断裂基本要素图

(a)葫芦山南断层(深)平面延伸长度分布图;(b)葫芦山南断层(深)断距分布图;(c)葫芦山南断层(深)生长指数分布图

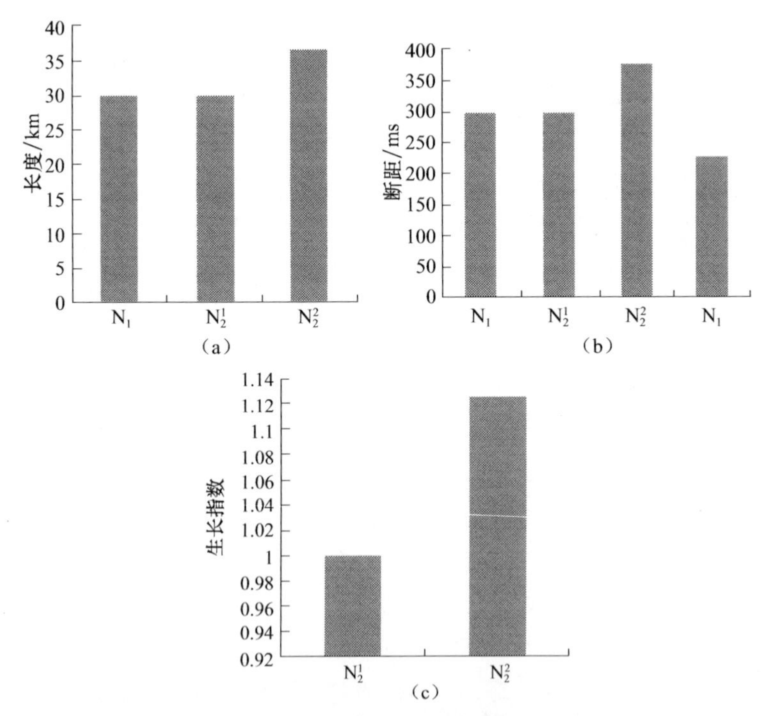

图 3-42　葫芦山(浅层滑脱)断裂基本要素图

(a)葫芦山断层(浅)平面延伸长度分布图;(b)葫芦山断层(浅)断距分布图;(c)葫芦山断层(浅)生长指数分布图

4）坪东断层

位于阿尔金山东侧牛鼻子梁东，东坪构造的东边界断裂，往南与碱山东断裂相连，北西西延伸，南倾北冲，发育于早侏罗世，当时为北倾拉张性同沉积正断层，控制下侏罗统沉积，是早侏罗世扩张断陷的西南边界(图3-22)。进入古近纪以后受到南部昆仑山挤压应力作用，断层产状和性质均反转，控制东坪冲起构造的形成与演化。图3-43是坪东断裂基本要素图，由此可见，进入古近系后，由早到晚断距增大，具有一定的逆生长特征。目前东坪构造上获得天然气勘探突破，与坪东断裂的输导运移气源有密切关系。

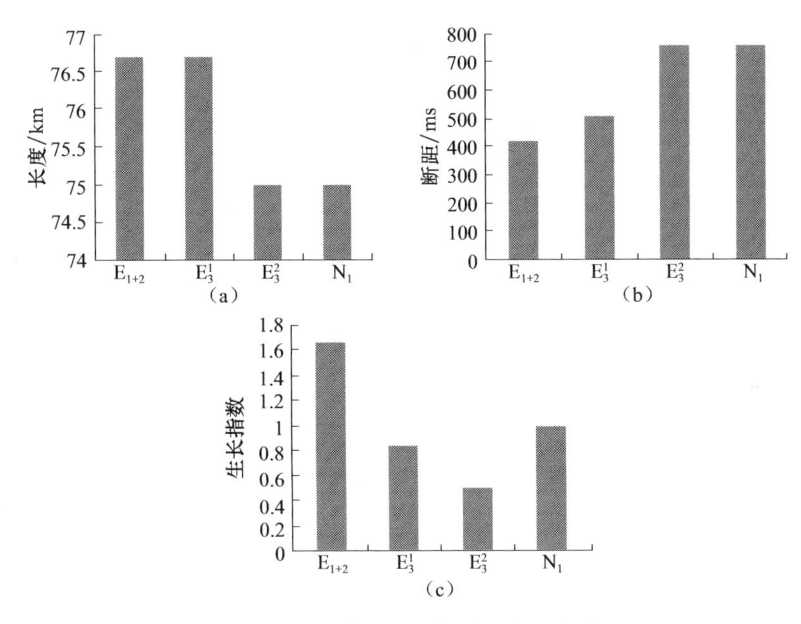

图3-43 坪东(基底)断裂基本要素图

(a)坪东断层平面延伸长度分布图；(b)坪东断层断距分布图；(c)坪东断层生长指数分布图

5）风北与风南断裂

为柴西北区大风山构造两翼的对冲控制性基底逆断裂，NW—NW向展布(图3-3～图3-9)。纵向上与其控制的大风山构造构成冲起构造样式(图3-10)，基底对冲断裂(风北与风南断裂)可产生分枝次生断裂，由于位于柴西北中部，风北与风南断裂对称性较好，反映受到近于对等的北部祁连山、南部昆仑山两大挤压应力的作用。大风山构造浅层不发育滑脱断裂。图3-44、图3-45分别是风南和风北断裂基本要素图，两者变化趋势基本相似，主要在新生代生长发育，平面延伸长度70～80km，由深到浅断距有增大趋势，反映后期构造运动逐渐增强，生长同沉积性具有早强中弱，晚期再次增强的特征。目前在大风山浅层找到油藏，表明风南、风北断裂为控藏断裂。

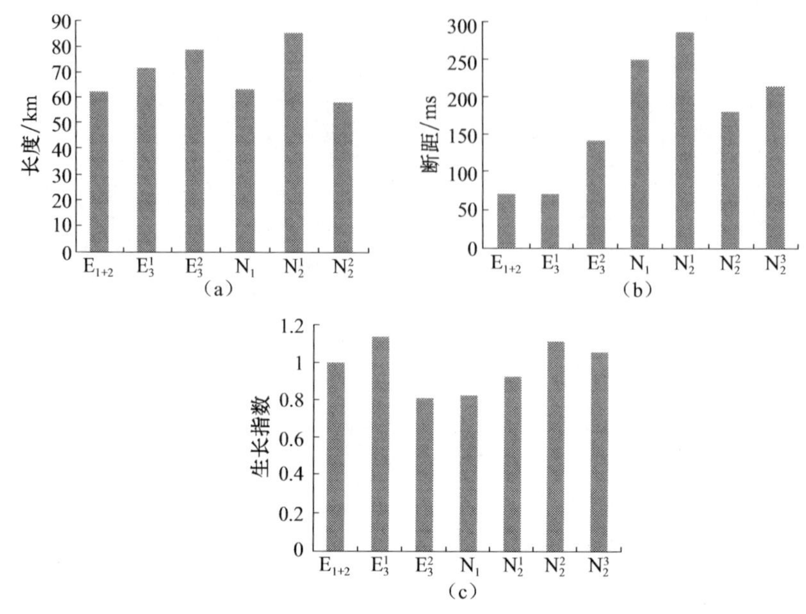

图 3-44　大风山南(风南)断裂基本要素图

(a)大风山南断层平面延伸长度分布图;(b)大风山南断层断距分布图;(c)大风山南断层生长指数分布图

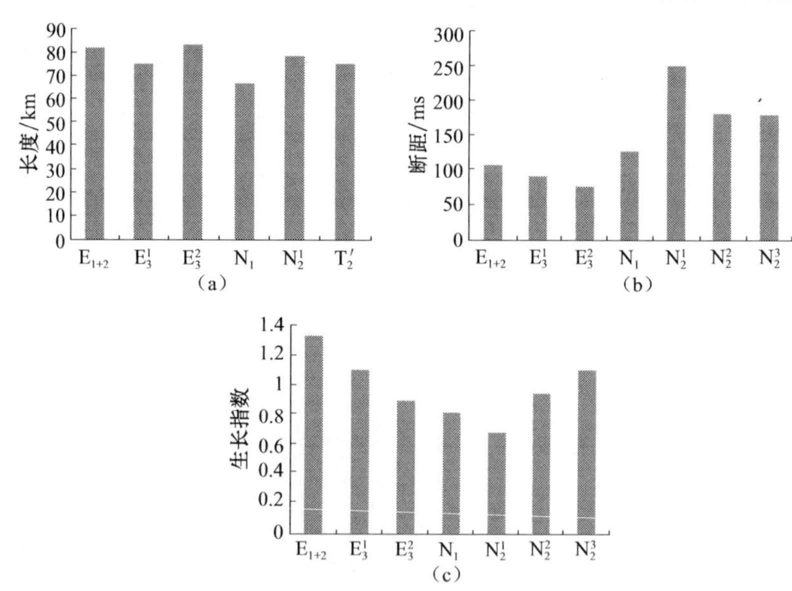

图 3-45　大风山北(风北)断裂基本要素图

(a)大风山北断层平面延伸长度分布图;(b)大风山北断层断距分布图;(c)大风山北断层生长指数分布图

6）翼南与翼北

即南翼山背斜构造南、北两侧的控制性断裂,为 4 级控圈断裂,北西西向延伸,为基底对冲断裂组合、对称性较好(图3-17)。在 T_r～T_2' 各目的层均存在(图3-3～图3-9),与大风山构造的南、北两侧断裂(风南、风北)呈斜列关系。从一些地震剖面看,翼南和翼北断裂向下断入基底,并可能存在中生界地层,并对中生界(可能是下侏罗统)有一定的控制作用。目前已在翼南、翼北控制的南翼山构造的中浅层发现油气藏,表明翼南、翼北断裂为重要的控藏断裂,它们对下侏罗统煤型气源层的形成、南翼山背斜圈闭的发育、深层油气的向上输导成藏都有重要的控制作用。翼南、翼北断裂延伸不远,约30～50km。早侏罗世在区域拉张应力下开始强烈正断活动。进入古近纪以后长期、多期同沉积逆冲活动,相对来说翼南断裂活动性强于翼北断裂,两者在 N_2^1 沉积后不再同沉积活动,但仍存在活动。有利于深部天然气向中浅层输导、运聚成藏。南翼山中浅层油气藏的形成与翼南、翼北断层的作用密切相关。图3-46、图3-47分别是翼南、翼北断裂基本要素图,由此可知其断裂活动的基本特征。

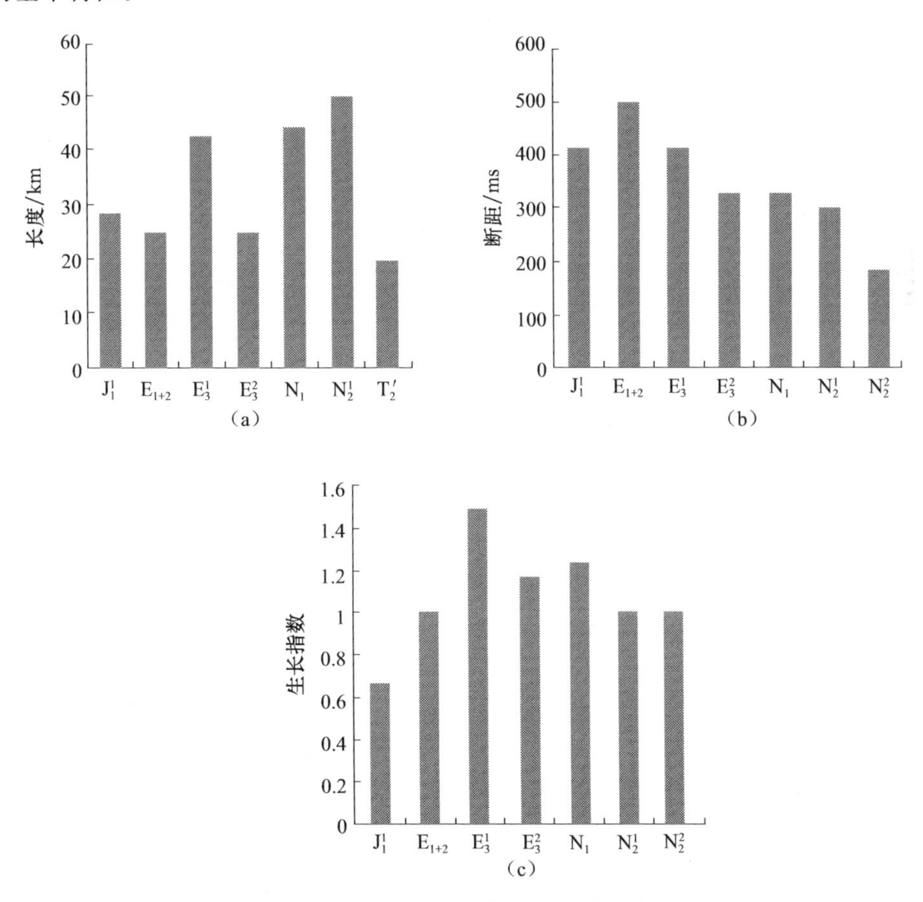

图3-46　南翼山南(翼南)断裂基本要素图

(a)南翼山南断层平面延伸长度分布图;(b)南翼山南断层断距分布图;(c)南翼山南断层生长指数分布图

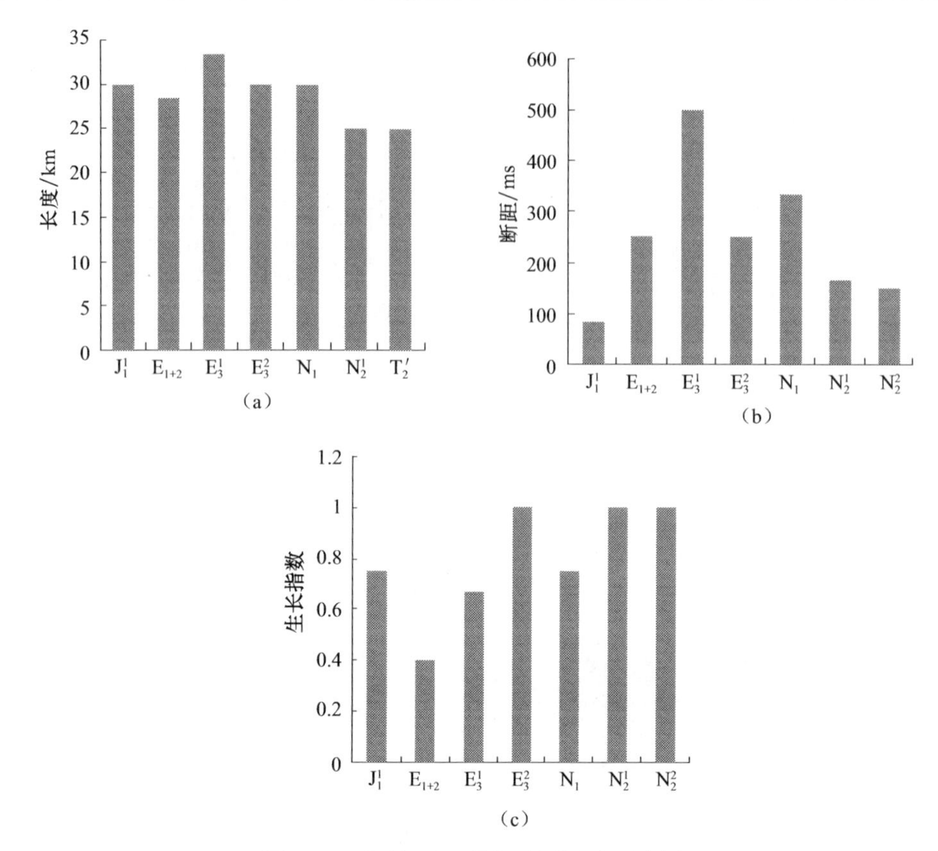

图 3-47 南翼山北(冀北)断裂基本要素图

(a)南翼山北断层平面延伸长度分布图;(b)南翼山北断层断距分布图;(c)南翼山北断层生长指数分布图

7)尖北断裂、尖南断裂与尖北浅层断裂

位于柴西北区的西北部,前两者为尖顶山背斜构造的南北两侧的控制性基底断裂,基底对冲断裂组合,与其所夹持的尖顶山背斜共同构成“两断夹一隆”的冲起构造样式。尖北浅层断裂为尖顶山构造顶部发育于浅层的北倾南冲式滑脱逆断层,上陡下缓,向上断出地表(通天断裂),向下逐渐消失于 N_1 层地层中,为晚期挤压构造运动的产物(图 3-3~图 3-9、图 3-17)。目前已在尖顶山背斜中找到新生界油藏,表明尖南、尖北为重要的控藏断裂。图 3-48~图 3-50 分别是尖南、尖北和尖顶山北浅层断裂要素图。尖南深层基底断裂下断至下侏罗统及基底,向上断至 N_2^2,由深至浅断层延伸长度增大,由 12km 至近 20km。但生长性不明显,总体为晚期后生断层,对油气藏有破坏作用;尖北深层断裂也断开中生界并断入基底,向上仅断至 E_3^2 层,在 E_3^2 时期具有一定逆同生生长特征;平面上延伸长度约 40~50km;浅层滑脱断裂向上通天,向上变缓消失在 N_1 中,北倾南冲,对中浅层构造油气藏具有破坏作用,也有利于下盘遮挡成藏。

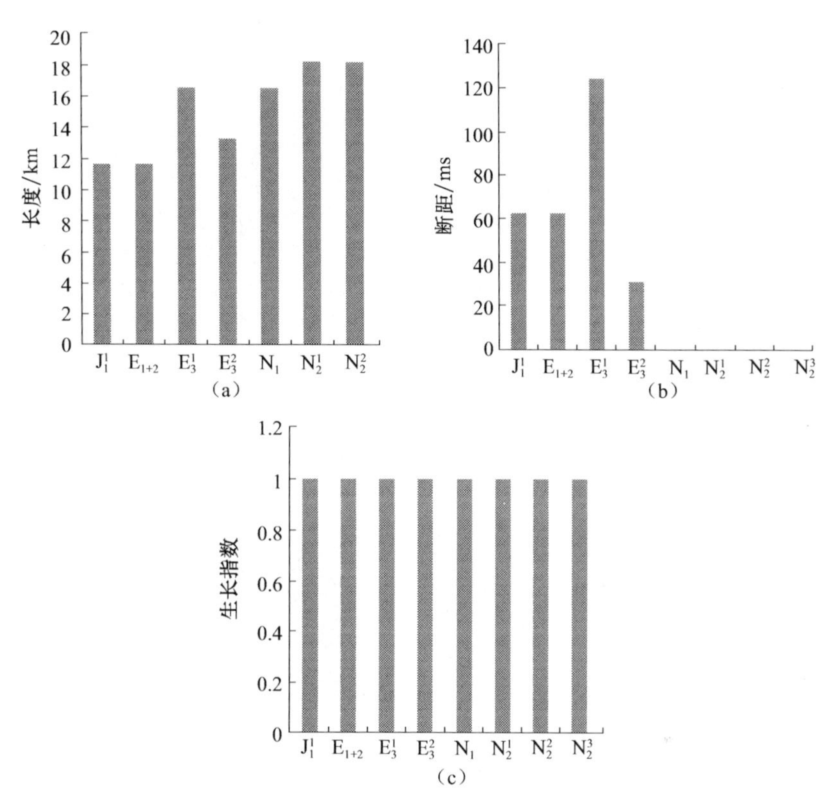

图 3-48　尖顶山南(尖南)深层断裂基本要素图

(a)尖顶山南断层平面延伸长度分布图;(b)尖顶山南断层断距分布图;(c)尖顶山南断层生长指数分布图

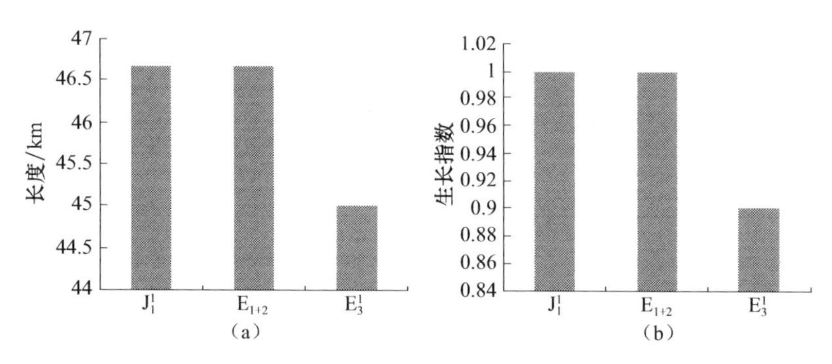

图 3-49　尖顶山北(尖北)深层断裂基本要素图

(a)尖顶山北断层(深)平面延伸长度分布图;

(b)尖顶山北断层(深)生长指数分布图

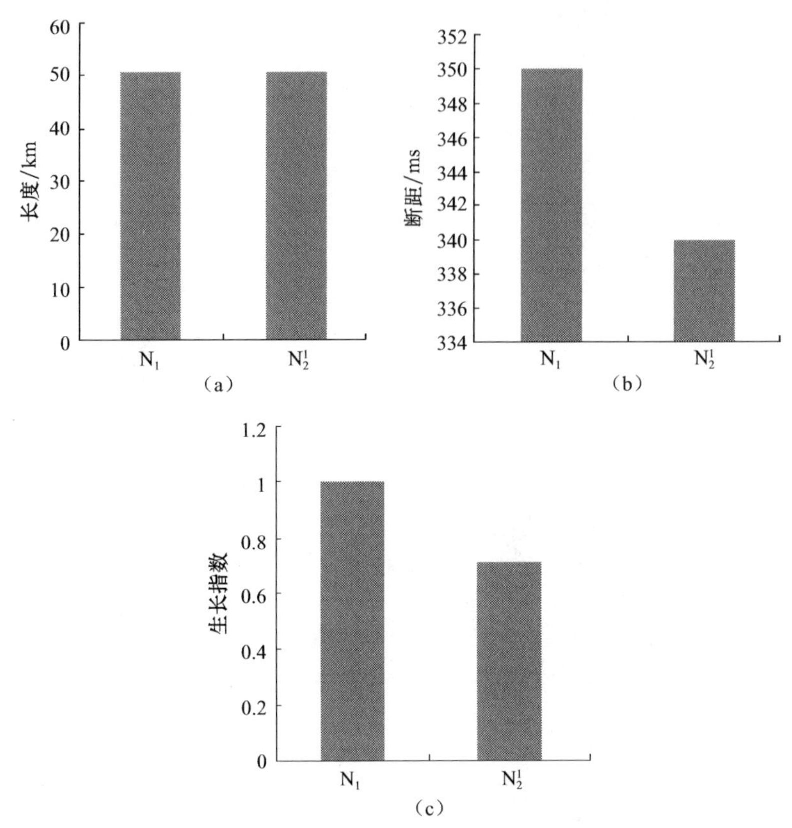

图 3-50　尖顶山北(浅层)断裂基本要素图

(a)尖顶山北断层(浅)平面延伸长度分布图;(b)尖顶山北断层(浅)断距分布图;(c)尖顶山北断层(浅)生长指数分布图

研究区主要控藏断裂的基本特征见表 3-3。

表 3-3　主要控藏断裂要素表

断裂系统	断裂名称	延伸方向	延伸长度		倾向	垂直断距		生长指数		控制圈闭	断层级别
			地层	长度/km		层位	断距/ms	层位	生长指数		
南翼山-碱山斜列压扭断裂系统	大风山南断层	NWW	E_{1+2}	61.67	NNE	E_{1+2}	71.43	E_{1+2}	1	大风山	3
	大风山南断层	NWW	E_3^1	71.67	NNE	E_3^1	71.43	E_3^1	1.14	大风山	3
	大风山南断层	NWW	E_3^2	78.33	NNE	E_3^2	142.86	E_3^2	0.81	大风山	3
	大风山南断层	NWW	N_1	63.33	NNE	N_1	250	N_1	0.83	大风山	3
	大风山南断层	NWW	N_2^1	85	NNE	N_2^1	285.71	N_2^1	0.92	大风山	3
	大风山南断层	NWW	N_2^2	58.33	NNE	N_2^2	178.57	N_2^2	1.11	大风山	4
	大风山北断层	NWW	E_{1+2}	81.67	SW	E_{1+2}	107.14	E_{1+2}	1.33	大风山	3
	大风山北断层	NWW	E_3^1	75	SW	E_3^1	89.29	E_3^1	1.11	大风山	3

续表

断裂系统	断裂名称	延伸方向	延伸长度		倾向	垂直断距		生长指数		控制圈闭	断层级别
			地层	长度/km		层位	断距/ms	层位	生长指数		
南翼山-碱山斜列压扭断裂系统	大风山北断层	NWW	E_3^2	83.33	SW	E_3^2	71.43	E_3^2	0.88	大风山	3
	大风山北断层	NWW	N_1	66.67	SW	N_1	125	N_1	0.82	大风山	3
	大风山北断层	NWW	N_2^1	78.33	SW	N_2^1	250	N_2^1	0.67	大风山	3
	大风山北断层	NWW	N_2^2	75	SW	N_2^2	178.57	N_2^2	0.94	大风山	3
	尖顶山南断层	NWW	J_1	11.67	NNE	J_1	62.5	J_1	1	尖顶山	4
	尖顶山南断层	NWW	E_{1+2}	8.33	NNE	E_{1+2}	62.5	E_{1+2}	1	尖顶山	4
	尖顶山南断层	NWW	E_3^1	16.67	NNE	E_3^1	125	E_3^1	1	尖顶山	4
	尖顶山南断层	NWW	E_3^2	13.33	NNE	E_3^2	31.25	E_3^2	1	尖顶山	4
	尖顶山南断层	NWW	N_1	16.67	NNE	N_1		N_1	1	尖顶山	4
	尖顶山南断层	NWW	N_2^1	18.33	NNE	N_2^1		N_2^1	1	尖顶山	4
	尖顶山南断层	NWW	N_2^2	18.33	NNE	N_2^2		N_2^2	1	尖顶山	4
	尖顶山北断层(深)	NWW	J_1	46.67	SW	J_1		J_1	1	尖顶山	4
	尖顶山北断层(深)	NWW	E_{1+2}	46.67	SW	E_{1+2}		E_{1+2}	1	尖顶山	4
	尖顶山北断层(深)	NWW	E_3^1	45	SW	E_3^1	20	E_3^1	0.9	尖顶山	4
	尖顶山北断层(浅)	NWW	N_1	50	SW	N_1	350	N_1	1	尖顶山	4
	尖顶山北断层(浅)	NWW	N_2^1	50	SW	N_2^1	340	N_2^1	0.72	尖顶山	4
	南翼山南断层	NW	J_1	28.33	NE	J_1	416.67	J_1	0.67	南翼山	4
	南翼山南断层	NW	E_{1+2}	25	NE	E_{1+2}	500	E_{1+2}	1	南翼山	4
	南翼山南断层	NW	E_3^1	42.67	NE	E_3^1	416.67	E_3^1	1.5	南翼山	4
	南翼山南断层	NW	Ev_3	25	NE	E_3^2	333.33	E_3^2	1.17	南翼山	4
	南翼山南断层	NW	N_1	45	NE	N_1	333.33	N_1	1.25	南翼山	4
	南翼山南断层	NW	N_2^1	50		N_2^1	300	N_2^1	1	南翼山	4
	南翼山南断层	NW	N_2^2	20		N_2^2	187.5	N_2^2	1	南翼山	4
	南翼山北断层	NW	J_1	30	SW	J_1	83.33	J_1	0.75	南翼山	4
	南翼山北断层	NW	E_{1+2}	28.33	SW	E_{1+2}	250	E_{1+2}	0.4	南翼山	4
	南翼山北断层	NW	E_3^1	33.33	SW	E_3^1	500	E_3^1	0.67	南翼山	4
	南翼山北断层	NW	E_3^2	30	SW	E_3^2	250	E_3^2	1	南翼山	4
	南翼山北断层	NW	N_1	30		N_1	333.3	N_1	0.75	南翼山	4
	南翼山北断层	NW	N_2^1	25		N_2^1	166.67	N_2^1	1	南翼山	4
	南翼山北断层	NW	N_2^2	25		N_2^2	150	N_2^2	1	南翼山	4
泛湖-鄂博梁反S形压扭断裂系统	鄂博梁Ⅱ断层(深)	NW	J_1	75	SW	J_1	300	J_1	1	鄂博梁	4
	鄂博梁Ⅱ断层(深)	NW	E_{1+2}	83.33	SW	E_{1+2}	225	E_{1+2}	1	鄂博梁	4
	鄂博梁Ⅱ断层(深)	NW	E_3^1	90	SW	E_3^1	225	E_3^1	0.8	鄂博梁	4
	鄂博梁Ⅱ断层(深)	NW	E_3^2	70	SW	E_3^2	150	E_3^2	0.25	鄂博梁	4
	鄂博梁Ⅱ断层(浅)南	NW	N_1	26.67	NE	N_1		N_1		鄂博梁	4

续表

断裂系统	断裂名称	延伸方向	延伸长度		倾向	垂直断距		生长指数		控制圈闭	断层级别
			地层	长度/km		层位	断距/ms	层位	生长指数		
泛湖-鄂博梁反S形压扭断裂系统	鄂博梁Ⅱ断层(浅)南	NW	N_2^1	11.67	NE	N_2^1	150	N_2^1		鄂博梁	4
	鄂博梁Ⅱ断层(浅)北	NW	N_1	33.33	SW	N_1	300	N_1		鄂博梁	4
	鄂博梁Ⅱ断层(浅)北	NW	N_2^1	41.67	SW	N_2^1	375	N_2^1		鄂博梁	4
	葫芦山断层(深)	NWW	J_1	70	NNE	J_1	450	J_1	1	葫芦山	4
	葫芦山断层(深)	NWW	E_{1+2}	63.33	NNE	E_{1+2}	300	E_{1+2}	1.22	葫芦山	4
	葫芦山断层(深)	NWW	E_3^1	66.67	NNE	E_3^1	300	E_3^1	1.17	葫芦山	4
	葫芦山断层(深)	NWW	E_3^2	66.67	NNE	E_3^2	300	E_3^2	1	葫芦山	4
	葫芦山断层(浅)	NWW	N_2^1	30	SSW	N_2^1	300	N_2^1	1	葫芦山	4
	葫芦山断层(浅)	NWW	N_2^2	36.67	SSW	N_2^2	375	N_2^2	1.125	葫芦山	4
	鄂博梁Ⅲ南断层	NWW	J_1	83.33	NNE	J_1	177.78	J_1	1.125	鄂Ⅲ	3
	鄂博梁Ⅲ南断层	NWW	E_{1+2}	113.33	NNE	E_{1+2}	133.33	E_{1+2}	1	鄂Ⅲ	3
	鄂博梁Ⅲ南断层	NWW	E_3	95	NNE	E_3	133.33	E3	1	鄂Ⅲ	3
	鄂博梁Ⅲ南断层	NWW	N_1	40	NNE	N_1	88.89	N_1	1	鄂Ⅲ	4
	鄂博梁Ⅲ北断层	NWW	J_1	78.33	SSW	J_1	666.67	J_1	0.89	鄂Ⅲ	3
	鄂博梁Ⅲ北断层	NWW	E_{1+2}	85	SSW	E_{1+2}	666.67	E_{1+2}	1	鄂Ⅲ	3
	鄂博梁Ⅲ北断层	NWW	E_3	71.67	SSW	E_3	666.67	E_3	0.95	鄂Ⅲ	3
	鄂博梁Ⅲ北断层	NWW	N_1	25	SSW	N_1	711.11	N_1	0.937	鄂Ⅲ	4
	东坪南1断层	NNW	E_{1+2}	36.67	NEE	E_{1+2}		E_{1+2}	1.33	东坪	3
	东坪南1断层	NNW	E_3^1	35	NEE	E_3^1	84.34	E_3^1	1	东坪	3
	东坪南1断层	NNW	E_3^2	53.33		E_3^2	126.51	E_3^2	1	东坪	3
	东坪南1断层	NNW	N_1	30		N_1	337.35	N_1	0.875	东坪	3
	东坪南2断层	NW				E_3^1	42.17	E_3^1		东坪	4
	东坪南2断层	NW				E_3^2	84.34	E_3^2	1.08	东坪	4
	东坪北1断层	NWW				E_3^1	168.67	E_3^1		东坪	4
	东坪北1断层	NWW				E_3^2	84.34	E_3^2	0.9	东坪	4
	东坪北1断层	NWW				N_1		N_1	1	东坪	4
	坪东断层	NNW	E_{1+2}	76.67	SWW	E_{1+2}	421.69	E_{1+2}	1.67	东坪	3
	坪东断层	NWW	E_3^1	76.67	SWW	E_3^1	506.02	E_3^1	0.83	东坪	3
	坪东断层	NWW	E_3^2	75	SWW	E_3^2	759.04	E_3^2	0.5	东坪	3
	坪东断层	NWW	N_1	75	NE	N_1	759.04	N_1	1	东坪	3
	冷湖南断层	NW	J_1	65	NE	J_1	153.85	J_1	1.1	冷湖	3
	冷湖南断层	NW	E_{1+2}	66.67	NE	E_{1+2}	153.85	E_{1+2}	0.86	冷湖	3
	冷湖南断层	NW	E_3^1	66.67	NE	E_3^1	230.77	E_3^1	1	冷湖	3
	冷湖北断层	NW	J_1	28.33	SW	J_1	230.77	J_1	0.9	冷湖	4

3.6.2　断裂发育史恢复与断裂发育模式

断裂活动特征与发育史恢复是断裂研究重要环节，关系到对断裂的控烃、输导、控圈和成藏等油气藏形成与分布的正确认识。通过统计断裂断距、生长指数等指标，可以初步分析断层的活动性，而通过平衡地质剖面的研究，可以更全面直接的获得每条具体断裂的活动历史。

1. 断裂发育史的恢复

图3-51反映鄂博梁Ⅱ号、Ⅲ号及冷湖四号构造的形成、发育史剖面，由此可知，在柴北缘南部-中部，早侏罗世处于拉张应力环境，这个时期基底断裂为拉张正断层，对早侏罗世有一定的控制作用，进入 E_{1+2} 以后，应力发生反转，在北部祁连山、南部昆仑山挤压构造应力作用下，早侏罗世的拉张正断层发生反转，表现为断层倾向发生变化，断层性质由正变逆，并在以后的演化过程中长期逆冲。鄂博梁Ⅱ号、Ⅲ号两侧基底断层控制鄂博梁Ⅱ号、Ⅲ号深层不对称冲起构造的形成，到新近系-第四纪，南部北冲的昆仑山挤压应力及西部阿尔金左旋走滑运动加强，导致在鄂博梁Ⅱ号、Ⅲ号，以及冷湖四号、冷湖六号浅层形成北倾南的滑脱断层，与深部基底断裂系统构成反冲断裂组合或下部为对冲断裂组合、浅层为滑脱断裂的双层楼式断裂组合，深部基底断裂早期(早侏罗世)拉张正断，中后期长期反转、逆冲挤压，直到新近纪，浅层滑脱断裂形成时间较晚(第四纪)，而山前冲断带断裂则具有长期、多期向南逆冲的历史。同时，受燕山(侏罗纪-古近纪)、喜马拉雅晚期(新近纪-第四纪)构造运动的影响，断裂控制两期圈闭的形成，即燕山期深部基底断裂控制的背斜构造的形成和喜马拉雅期浅层滑脱断裂控制的滑脱背斜的形成。另外，在喜马拉雅早期深层断裂还控制一批构造圈闭的形成与演化。

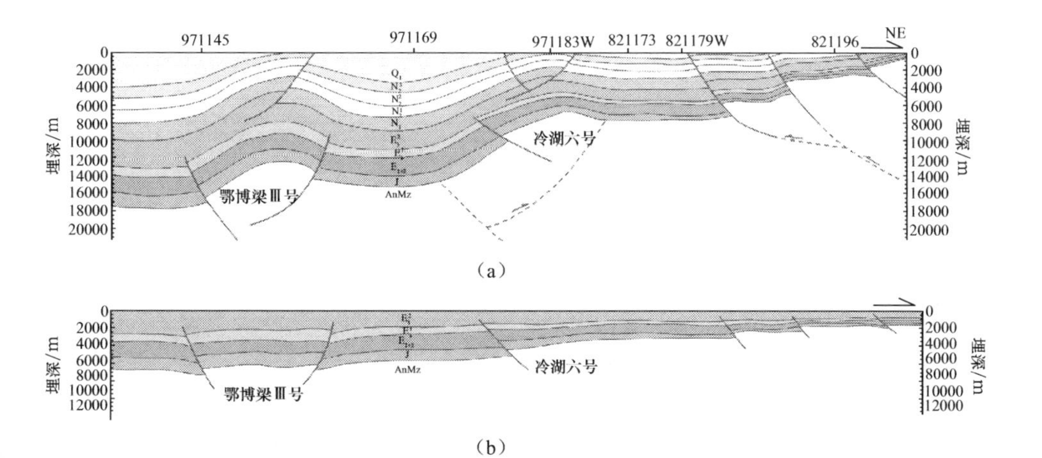

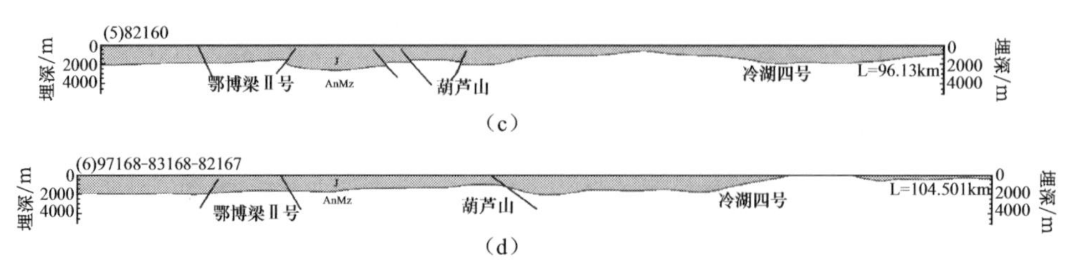

图 3-51　鄂博梁Ⅲ号-冷湖六号-鄂博梁Ⅱ号-冷湖四号构造发育剖面

(a)Q_1 以来；(b)E_3^2 沉积期；(c)E_3 沉积期；(d)E_{1+2}沉积前

图 3-52 反映柴西地区(包括柴西北区)过切克里克-油砂山-尖顶山-红三旱一号的构造发育史剖面。燕山末期(早侏罗世)，Ⅺ号断裂正断同沉积活动，控制下侏罗统的南边界，形成断陷型早侏罗世盆地；喜马拉雅运动早期($E_{1+2}-E_3$ 沉积时期)，南部昆仑山挤压应力向北堆挤，早期控制早侏罗世的Ⅺ号断裂开始反转，倾向由北倾反转到南倾，性质由正断层变为逆断层，在侏罗系断陷中部出现微弱的地层反转。到喜马拉雅中期，随着南部昆仑山向北挤压应力的逐渐增强和北部向南挤压的祁连山挤压系统的波及，原来已经形成的Ⅺ号断裂持续逆冲活动，并在盆地中部，南缘产生基底逆冲断裂，出现"两夹断一隆"的构造雏形。但整个柴西地区表现为拗陷期，喜马拉雅晚期至今，在南部昆仑山、北部祁连山构造挤压和西部阿尔金山构造走滑运动的作用，包括柴西北区在内的整个柴西地区，柴北缘地区发生强烈的构造压扭、反转、抬升、剥蚀运动。柴西北部受两条对冲基底断裂控制的断裂夹一隆山冲起构造进一步定型，越往浅层断距增大，地层厚度加厚，褶皱变得更加强烈，并可能发育浅层滑脱断层，对浅层气藏保存不利，深层基底断裂强烈活动，有利于调整深部油气在中浅层中的聚集，形成中浅层次气油气藏，南翼山、尖顶山、油泉子、大风山等构造的中浅发现的油气藏属于这种情况。油砂山断层上升盘的百米油砂，就是油砂山浅层滑脱断裂破坏深部原生油气藏的证据。

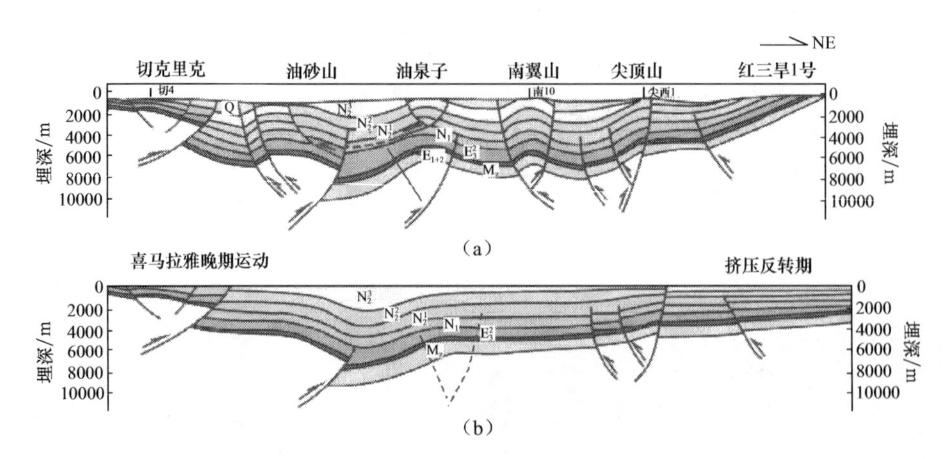

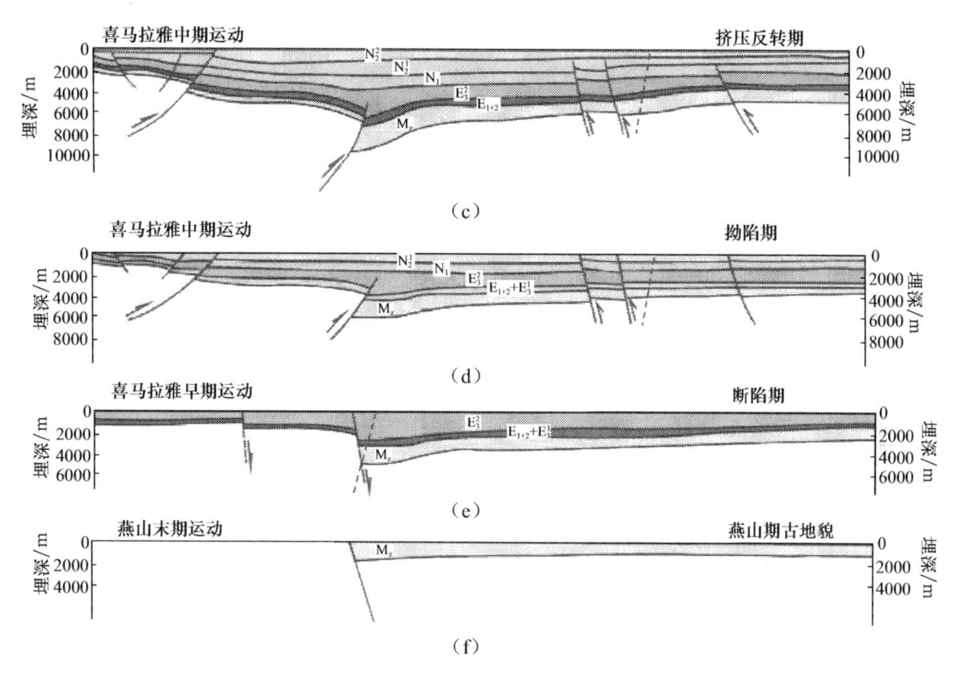

图 3-52　切克里克—油砂山—红三旱一号构造构造发育史剖面

(a)现今构造形态;(b)第四纪沉积前;(c)狮子沟组沉积前;(d)上油砂山组沉积前;(e)上油砂山组沉积前;(f)古近系沉积前

图 3-52～图 3-55 三条区域大剖面构造发育与上述两条大剖面具有相似的发育过程,反映了基底断裂早期(中生代)拉张正断活动、新生代长期、多期挤压逆冲,浅层滑脱断裂晚期形成的断裂系统演化过程。

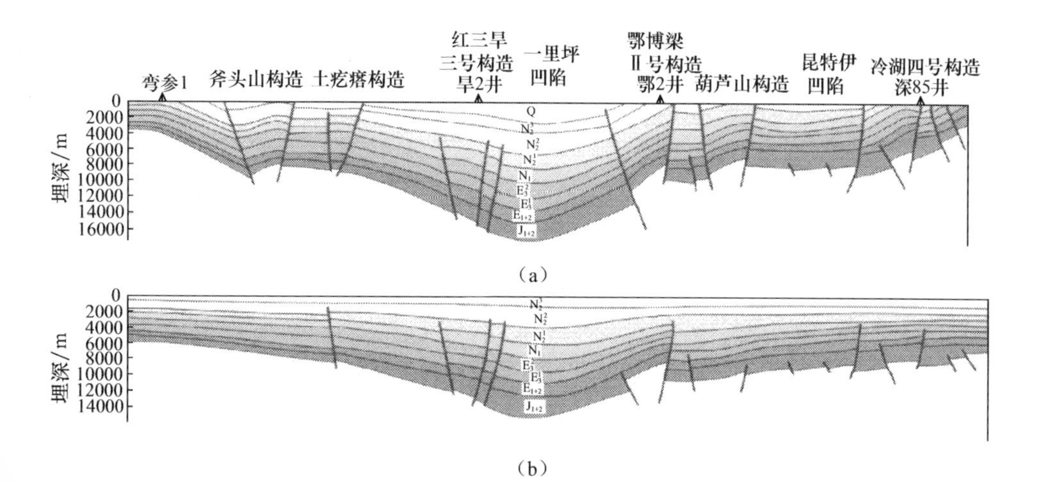

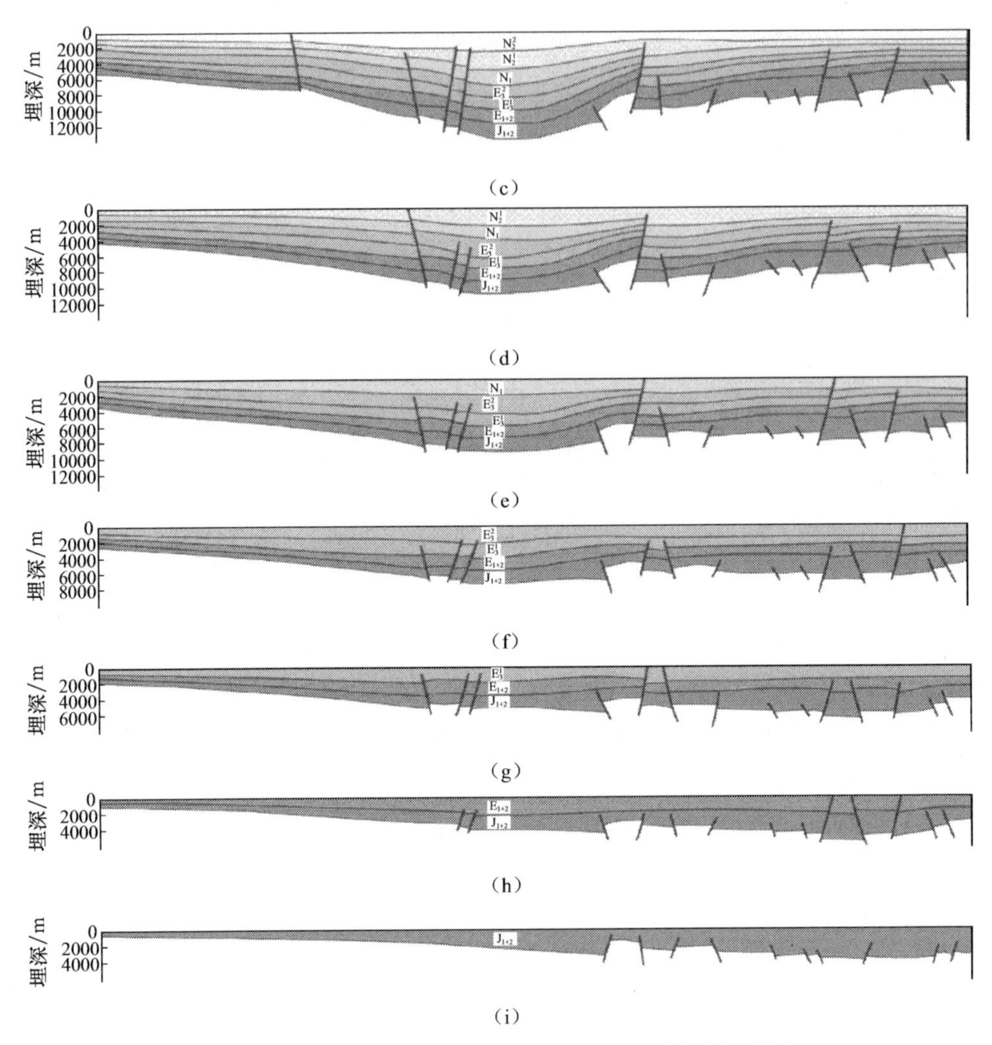

图 3-53 柴达木盆地 QY-82160 区域大剖面构造发育史图

(a)现今构造剖面;(b)狮子沟组沉积时期;(c)上油砂山组沉积时期;(d)下油砂山组沉积时期;(e)上干柴沟组沉积时期;(f)下干柴沟组上段沉积时期;(g)下干柴沟组下段沉积时期;(h)路乐河组沉积时期;(i)侏罗系沉积时期

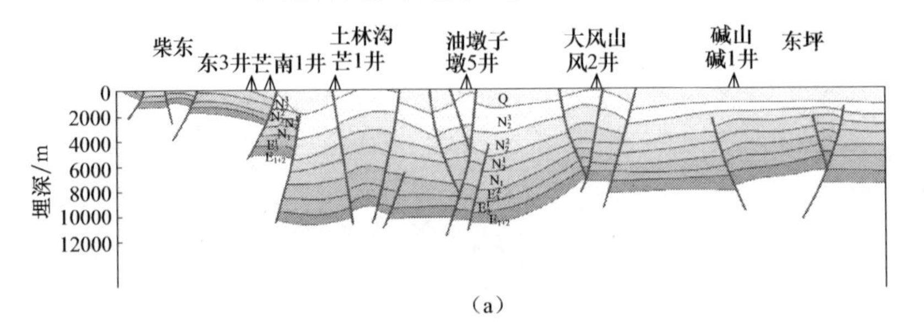

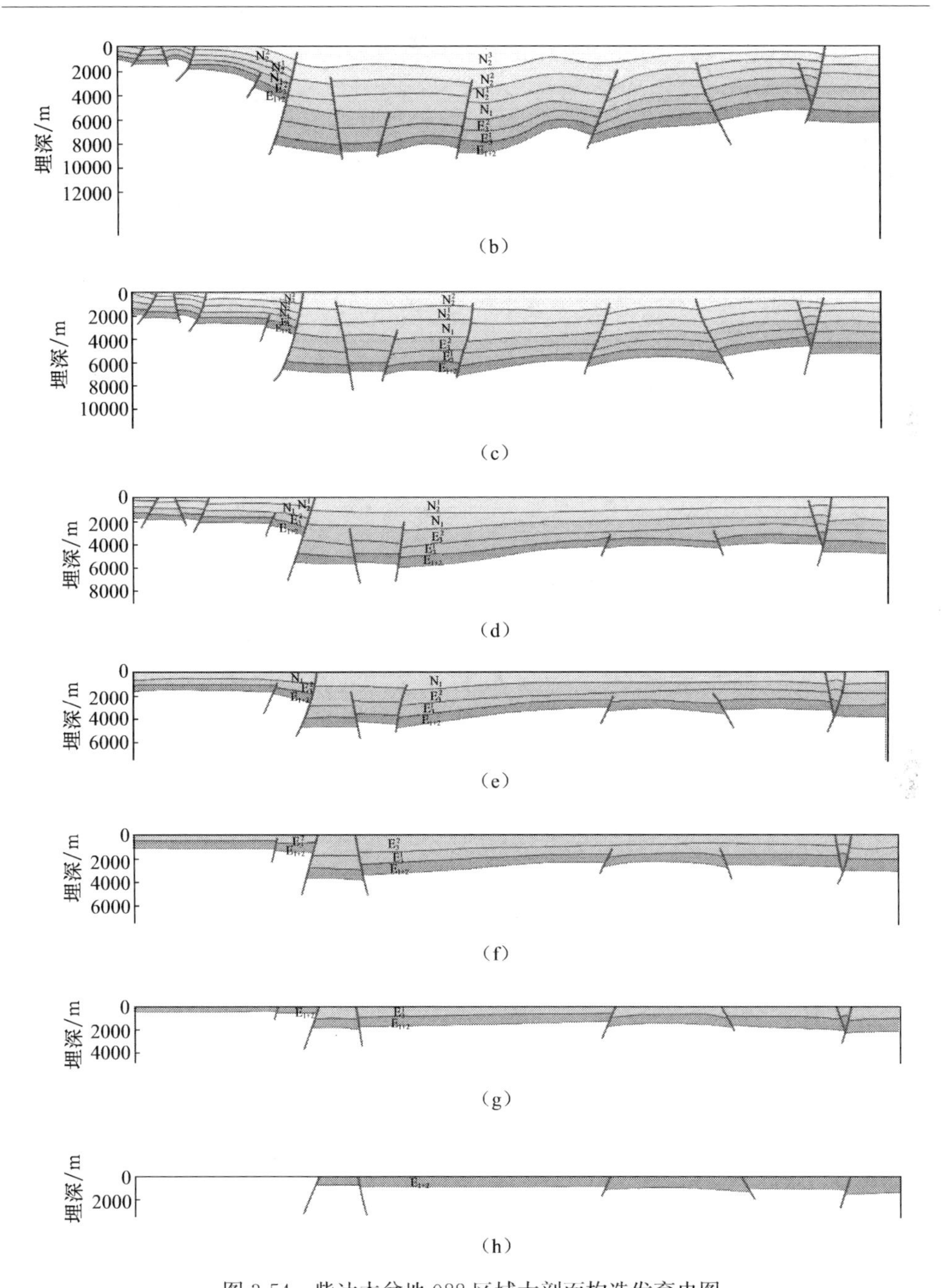

图 3-54　柴达木盆地 088 区域大剖面构造发育史图

(a)现今剖面；(b)狮子沟组沉积时期；(c)上油砂山组沉积时期；(d)下油砂山组沉积时期；(e)上干柴沟组沉积时期；(f)下干柴沟上段沉积时期；(g)下干柴沟下段沉积时期；(h)路乐河组沉积时期

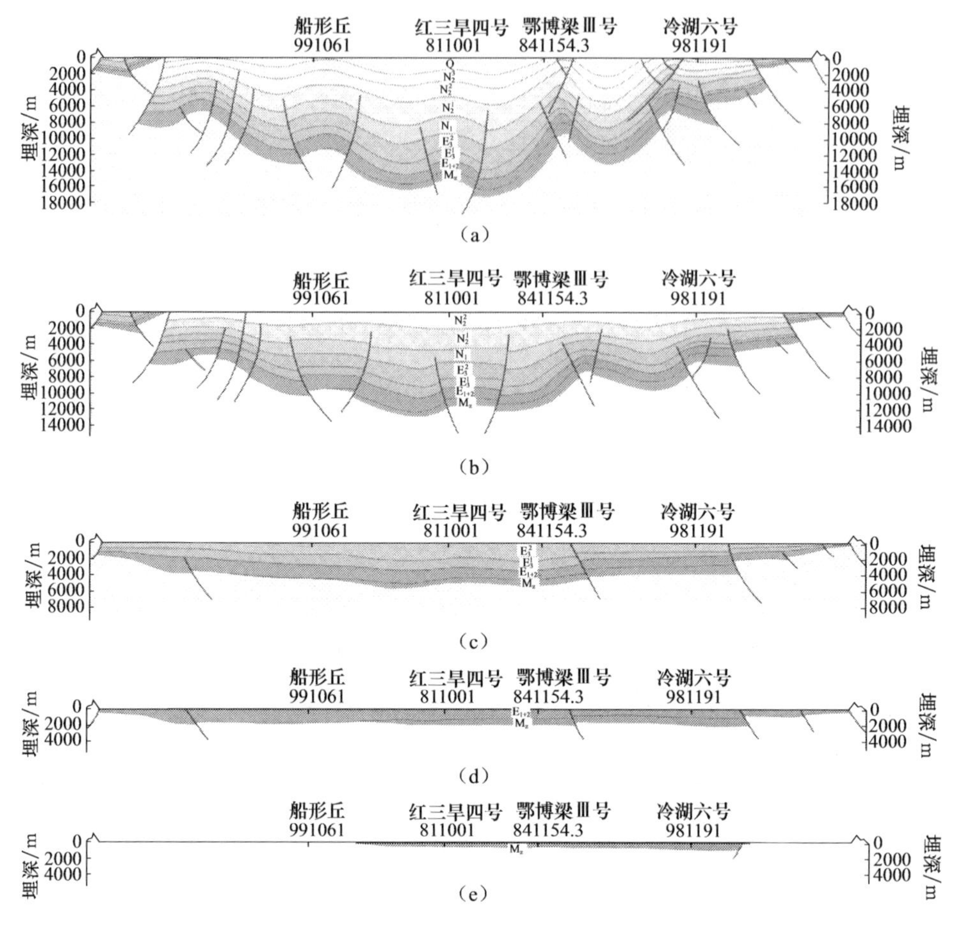

图 3-55　柴达木盆地 200 区域大剖面构造发育史图

(a)现今剖面；(b)N_2^3 沉积前的剖面；(c)N_1 沉积前的剖面；(d)E_3^1 沉积前的剖面；(e)E_{1+2}沉积前的剖面

2. 断裂发育模式总结

依据柴达木盆地区域构造演化、应力发育特征，结合具体断裂运动学（如生长指数、断距变化）、动力学（形成机制）及典型构造发育史剖面，总结出柴达木西北部断裂活动的模式与规律。

1）早期正断活动、中后期休眠断裂发育模式

燕山末期，盆地西部北区、北缘在区域拉张应力的作用下，一些先存基底断裂开始受到拉张应力的作用，发生正断层活动，控制早侏罗世局部拉张断陷的形成与分布。中侏罗世及以后断裂不再活动。在一些地震剖面可见到只接受早侏罗统湖西山组沉积的小型断陷，其边界为控凹断裂，只断开湖西的组，控制其分布，中侏罗

世以后不再活动，剖面上未断开中侏罗统及以上地层。

2）早期正断活动，中后期长期、多期反转逆冲断裂活动模式

燕山运动晚期控张断裂，控制早侏罗世湖相地层沉积，进入喜马拉雅期后，在南部昆仑山向北的挤压动力系统、北部祁连山向南的构造挤压动力系统的作用下，燕山晚期控制侏罗世的边界断裂重新活动，断面倾向反转，断裂性质也发生反转（由正变反），并在以后的构造活动中持续逆冲活动，控制深部断展背斜的形成。到喜马拉雅晚期，南部昆仑山挤压应力和北部祁连山挤压应力趋于强烈，西部阿尔金山隆起，阿尔金山断裂左行强烈走滑活动，使得柴西北区和柴北缘西段产生更为强烈的构造挤压，在中浅层产生北冲南倾滑脱逆断层。早期发生正断层活动，后期反转的断裂属于这种模式，如仙南（陵间）断裂、Ⅺ号断裂。

3）喜马拉雅中晚期长期、多期逆冲活动的断裂发育模式

主要指柴西北区"两断夹一隆"的基底断裂，它们在燕山末期-喜马拉雅早期并不存在或不发育，只是在中、晚喜马拉雅构造运动逐渐增强的多向挤压应力（南部昆仑山向北挤压应力、北部祁连山向南挤压应力和西部阿尔金山左旋走滑应力）下发生褶皱并形成的逆断层组合。由于构造是位置处于昆仑山、祁连山两个挤压应力中间，先存的基底断裂开始对冲活动，从而形成由早到晚、断裂逐渐发育、褶皱逐渐强烈的"两断夹一隆"冲起构造，控制了柴西北区一系列北西西-南东东大型晚期背斜带的形成与分布。

4）晚期（晚喜马拉雅期）浅层逆冲滑脱断裂发育模式

晚喜马拉雅期-喜马拉雅晚期，由于南部昆仑山向北强大的挤压力和西部阿尔山断裂强烈的左旋走滑，在柴西北部、柴北缘，尤其是柴北缘地区的中浅层，在深层冲起构造、背冲构造、反冲构造等使顶部产生一系列北冲南倾的浅层滑脱逆冲断层，上陡下缓，向下消失于 E_3—N_1 层中，向上往往断至地表，为通天断裂。这类断裂形成时间晚，发育层位浅，北冲南倾上陡下缓，往往分布于冲起构造、对冲构造、反冲构造的顶部，常形成对下盘油气藏的封堵，尤其在柴北缘西段，浅层滑脱断裂下盘往往发育断层遮挡油气藏，这是柴北缘断裂控藏的重要特征之一。

5）发育于盆地北缘山前，早起（燕山末期）控制侏罗系沉积后期、长期多期反转逆冲的山前带断裂活动模式

赛南断裂、平台断裂的发育规律属于这种模式。早期（燕山末）在基底先存断裂基础上正断拉张活动，控制侏罗系沉积，后期（喜马拉雅早、中、晚期）受祁连山向南挤压运动的作用，断层发生反转，形成一系列北倾南冲的山前带断裂组合，由早到晚挤压逆冲增强，类似前陆冲断带。

柴达木西北部主要断裂活动模式见表3-4。

表 3-4　柴达木西北部主要断裂活动模式

模式	构造运动				典型例子与分布
	燕山晚期	喜马拉雅早期	喜马拉雅中期	喜马拉雅晚期	
早期正断中后期休眠	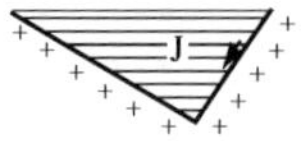	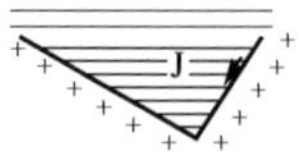	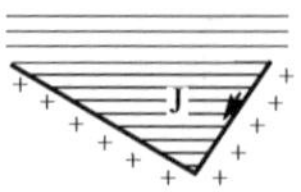	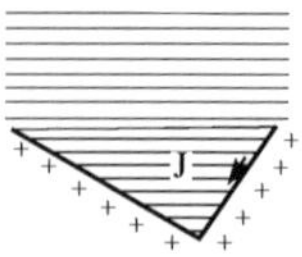	昆特伊凹陷内部
早期正断中后期长期、多期活动	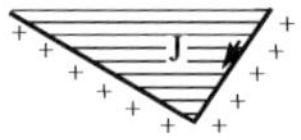	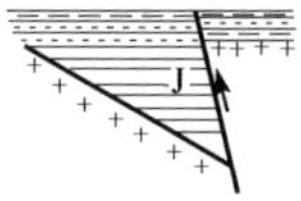	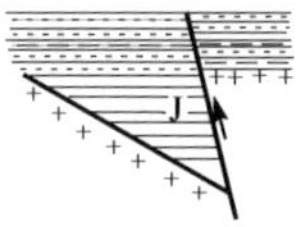	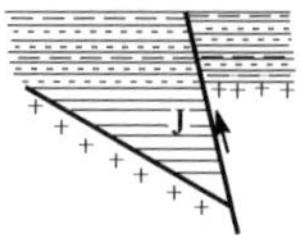	陵间断裂
中后期长期、多期逆冲活动	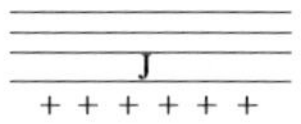	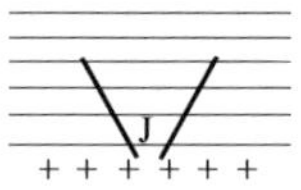	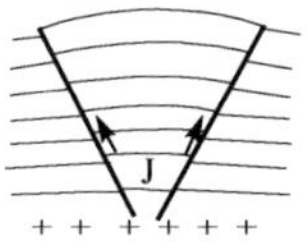	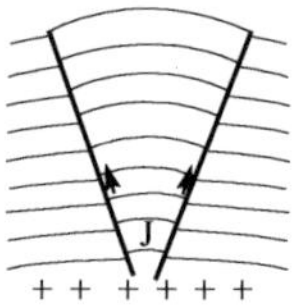	柴西北区控背斜断裂
晚期浅层逆冲滑脱断裂活动	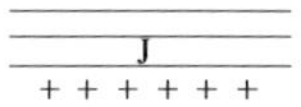	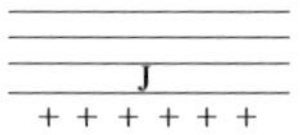	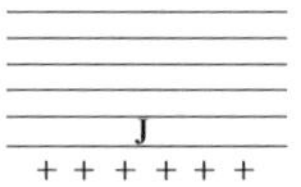	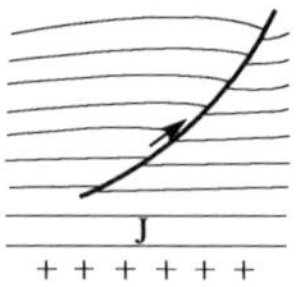	分布于柴北缘浅层
早期正断控边中晚期长期、多期逆冲山前断裂活动					祁连山山前冲断带

第 4 章　典型油气藏的断裂控烃特征

高原咸化湖盆造就了盆地内断裂活动越来越强烈、晚期断裂极为发育、砂岩储层不发育但裂缝发育的独特特征，从而导致柴达木盆地晚期成藏为主、断裂调整与破坏明显、裂缝性储层发育(弥补砂岩储层欠缺)、油气聚集沿断裂系统分区成带展布等成藏特点。

4.1　冷湖-鄂博梁反 S 形压扭断裂系统区

4.1.1　鄂博梁Ⅲ号构造气藏

鄂博梁构造带位于柴达木盆地北缘的西北部，主体是由受鄂博梁南、鄂博梁北两条大断裂控制的 6 个大的背斜构成(图 4-1)，自西向东依次由鄂博梁Ⅰ号、鄂博梁Ⅱ号、葫芦山、鄂博梁Ⅲ号、鸭湖和伊克雅乌汝等构造组成，整个构造带长约 133km，宽约 5～30km，整个构造带可勘探的面积约 $5000km^2$。沉积地层自西向东

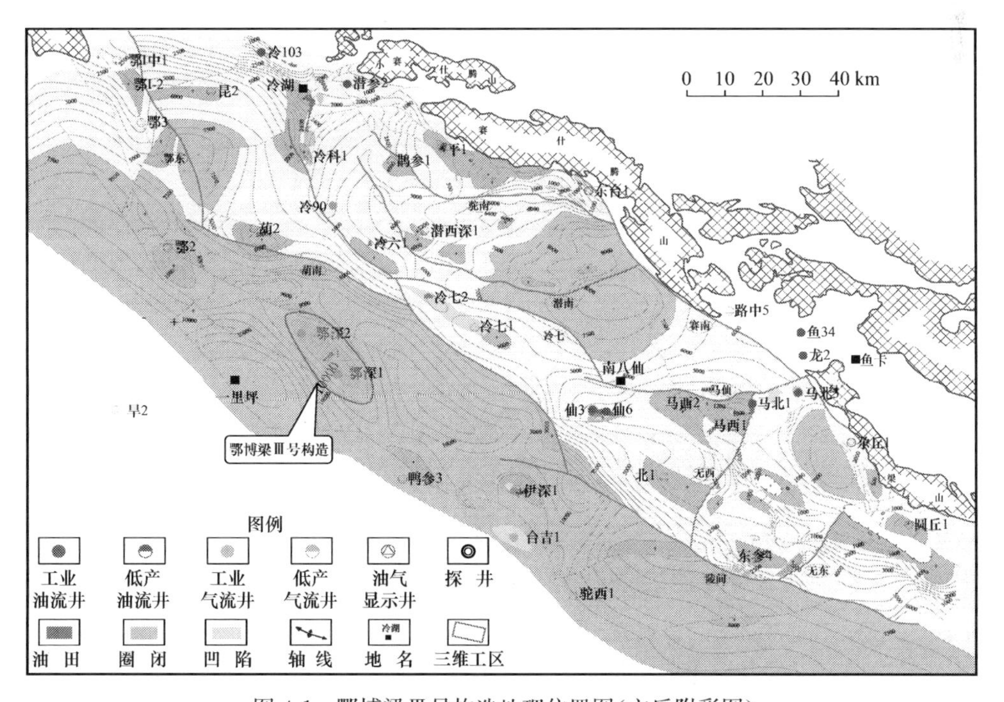

图 4-1　鄂博梁Ⅲ号构造地理位置图(文后附彩图)

逐渐变新，E_3 为该构造带上出露的最老地层，主要分布在鄂博梁Ⅰ号构造上，向东侧的构造上主要出露第四系地层，同时基底的埋深也逐渐加深，在鄂博梁Ⅲ号构造山基底的埋深已达约 10000m。目前在该构造带上已完钻的井较少，鄂博梁Ⅰ号已完成的探井有鄂Ⅰ-2 井和鄂 3 井，葫芦山构造有葫 2 井、葫深 1 井等，鄂博梁Ⅱ号构造上钻有鄂 2 井等。

1. 气藏特征

鄂博梁Ⅲ号构造位于柴达木盆地北缘鄂博梁-伊克雅乌汝构造带上，现已完钻三口井：鄂 7 井、鄂深 1 井和鄂深 2 井。目前有天然气显示的主要层位位于 N_1 和 N_2^1(图 4-2)，鄂深 2 井在 3275～3288m 井段压裂试气，日产 359m^3；鄂 7 井在 2101～2131.43m 井段试气，最高日产气 1190m^3，产水约为 220m^3；鄂深 1 井在 2883～2888m 井段压裂试气，日产气量为 8046m^3。根据现今的勘探来看，在该构造上发现的气藏多含水，同时表现出明显的异常高压(表 4-1)。其中天然气主要以甲烷为主，表现为干气的特征，鄂深 1 井的干燥系数为 0.998，鄂深 2 井的干燥系数为 0.9992，鄂 7 井的干燥系数为 0.9993。同时在鄂博梁Ⅲ号构造上天然气同位素表现出很重的特点，鄂深 2 井在 N_2^1 层中测得天然气 $\delta^{13}C$ 平均值为−21.8‰，鄂深 1 井在 N_2^1 层中测得天然气 $\delta^{13}C$ 平均值为−18.08‰，在 N_2^1 层中测得天然气 $\delta^{13}C$ 平均值为−23.2‰。

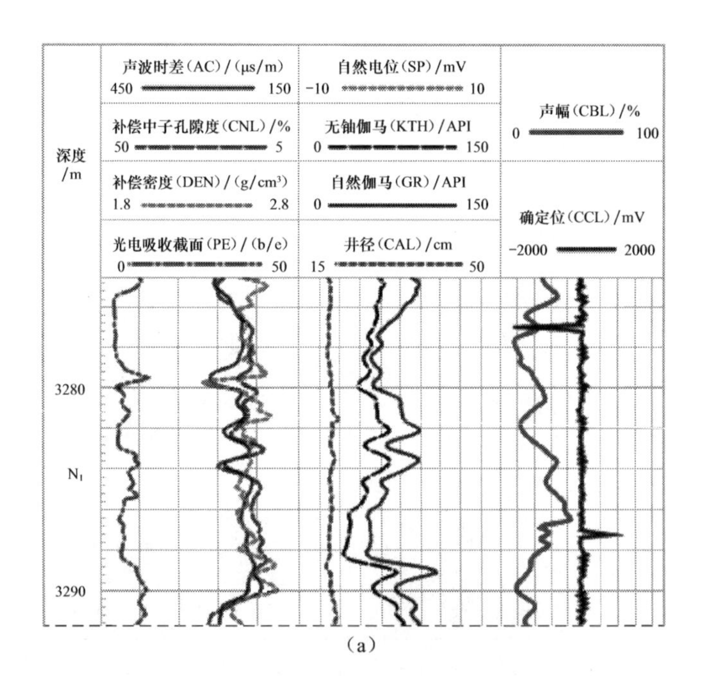

(a)

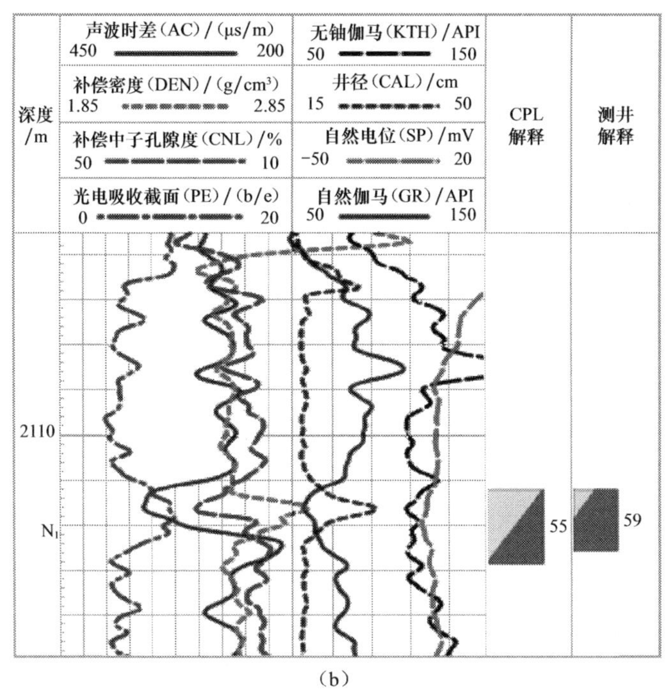

(b)

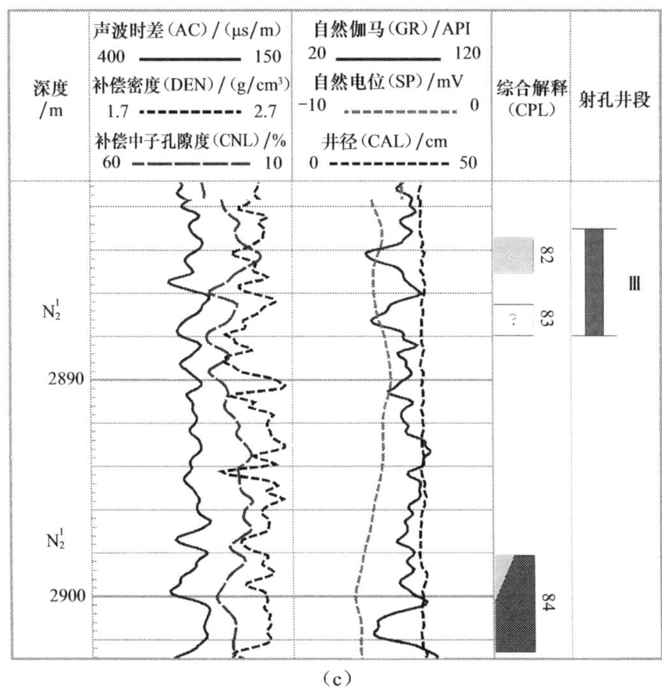

(c)

图4-2　鄂博梁Ⅲ号构造测井解释图(文后附彩图)

(a)鄂深2井;(b)鄂7井;(c)鄂深1井

表 4-1 鄂博梁Ⅲ号构造压力测试数据统计

鄂深 1 井		鄂深 2 井		鄂 7 井	
深度/m	压力系数	深度/m	平均压力系数	深度/m	压力系数
0～2000	1～1.2	2000～3500	1.2～1.4	3500～4850	1.35～1.5
0～600	1.2	600～2700	1.6	2700～4000	1.8
0～600	1～1.2	600～2000	1.4～1.5	2020～2650	1.75～1.8

2. 鄂博梁Ⅲ号构造异常压力成因分析

鄂博梁Ⅲ号构造普遍具有异常高压(表 4-1)，对于其成因具有较多的认识，通过对鄂博梁Ⅲ号构造地质特征分析，认为该地区异常压力形成的原因有以下几种：①深部高压的传递作用；②泥岩欠压实作用；③区域挤压应力。其中通过深断裂深部超压的传递作用是该地区异常高压形成的主要原因。

目前资料显示，现今在鄂博梁Ⅲ号构造上侏罗系地层埋深已经超过10000m。青海油田勘探开发研究院研究显示，在伊北凹陷中埋深至13000m侏罗系地层中的地层压力高达242MPa，压力系数达到1.9，具有异常高的压力；在埋深6800m的位置地层压力也表现出104MPa，压力系数达到1.6，也是异常高压的特点。

从三口井的压力测试来看，三口井从上而下表现出明显的压力变化和超压现象(图 4-3)，根据其压力变化特征，将该构造从上至下分为三个带：上部常压带、中部超压过渡带和下部异常高压带。可以划分为两个压力封存箱，分别对应中部超压过渡带和下部异常高压带。上部常压带埋深很浅，泥浆密度相对较小，在界面处泥浆密度发生突变，说明存在一个压力变化界面，该界面大致以 N_2^2 的底为底界面，其上部地层主要表现为压力系数相对较小，主要分布在1～1.2，为常压特征，同时可以看出三口井在这个带中全烃测试很弱，没有明显的气测异常，说明在上部常压带中天然气的相对含量较少。中部超压过渡带埋深有所增加，泥浆液密度有所增加，在界面处泥浆密度再一次发生突变，表现出另一个压力变化界面，其界面主要位于 N_2^1 的中下部，在这个超压过渡带中压力系数主要分布在1.2～1.5，表现为一个高压的特征。同时，在这个压力带中可以看出三口井的全烃测试发生明显异常，烃类含量明显增加，是目前发现天然气藏的主要目的层位。下部异常高压带泥浆密度整体上为一个增大的趋势，说明深部压力系数为一个增大趋势，压力系数主要在1.6以上，为一个异常高压带，全烃测试整体较小，局部存在异常。超压过渡带正好对应深浅断裂过渡层位，是天然气富集的有利地带。

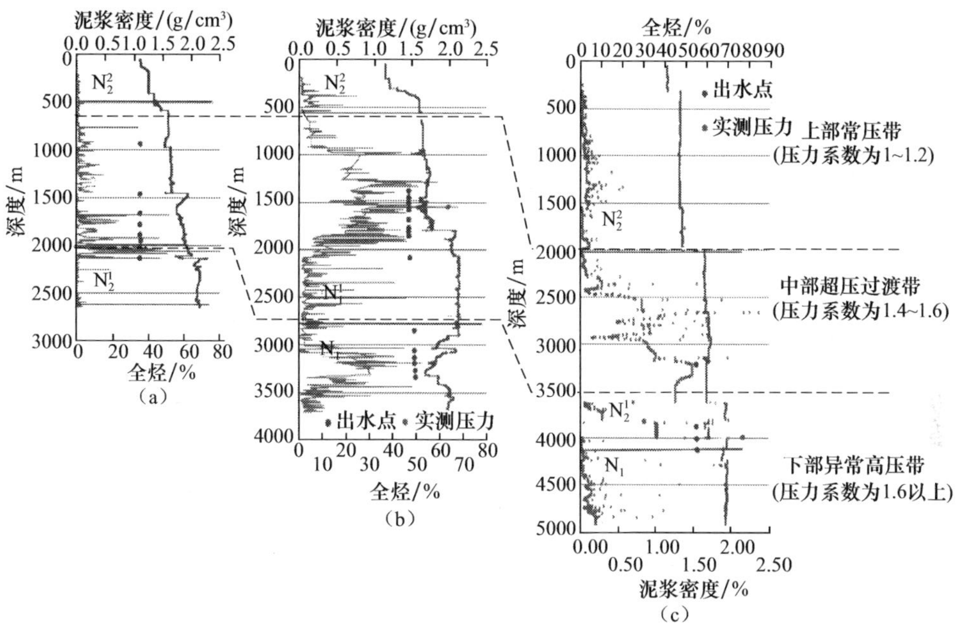

图 4-3　鄂博梁Ⅲ号构造压力分带图(文后附彩图)

(a)鄂 7 井;(b)鄂深 2 井;(c)鄂深 1 井

从上述特点可以看出,鄂博梁Ⅲ号构造的压力特征在纵向具有明显的分层现象,由浅部向深部,逐渐表现出向异常压力过渡的特点,压力系数和泥浆密度向深部突然依次增加,具有异常高压过渡的特点。其纵向上表现为多个压力系统,也分别对应存在两个超压封存箱,压力过渡带及其附近的地层常显示出全烃异常的特点。同时,结合目前在该构造上发现的气藏层位,气藏的分布与压力的变化具有密切的关系。

1) 鄂博梁南、北断裂对深部超压的传递作用

由于伊北凹陷埋深很大,已经超过 10000m,青海油田测得埋深在 1300m 的地层具有较高的地层压力(图 4-4),与中浅层之间存在巨大的压差。由于长期构造活动的作用,在鄂博梁Ⅲ号构造发育了长期活动的断至基底的深大断裂(图 4-5),沟通了深浅部地层。深浅地层的巨大压差为深部流体提供了压力基础,同时,深大断裂的沟通为地下流体及油气的运移提供了良好的通道。

统计鄂博梁Ⅲ号构造上鄂深 2 井和鄂 7 地层水数据,在 N_2^1 地层中发现明显的矿化度异常,其氯离子含量为 1500～2000m 时发生明显的突变现象(图 4-6),氯含量明显增加。统计鄂深 2 井地层水温度(图 4-7),N_2^1 地层中的地层水的温度明显增高,地温梯度明显变大,其深度范围主要集中在 1500～2000m。同时,在深度 1500～2000m 时,全烃测试也出现明显的异常,而 N_2^1 这个层位正好是深浅断裂系统交结过渡的层位。中浅层流体性质和成分的突变说明深大断裂沟通了深浅部地

层，深部流体(包括天然气在内，在此统称为深部流体)通过深大断裂的沟通运移至浅部地层。

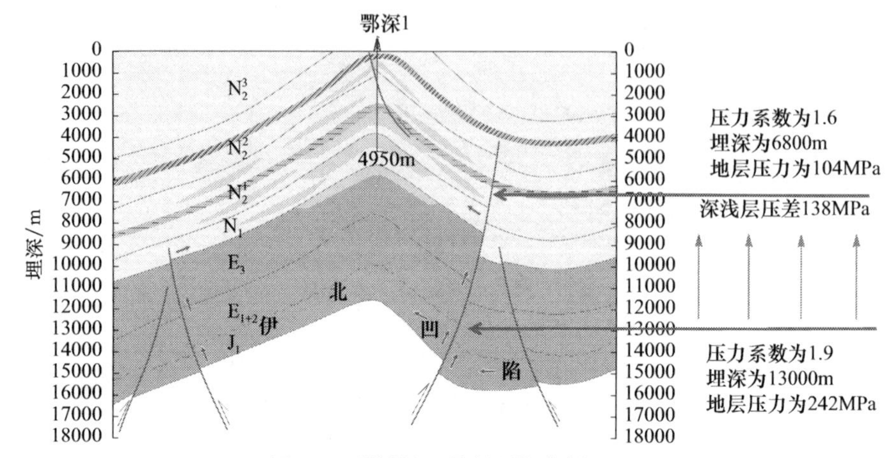

图 4-4　鄂博梁Ⅲ号断裂控藏剖面图

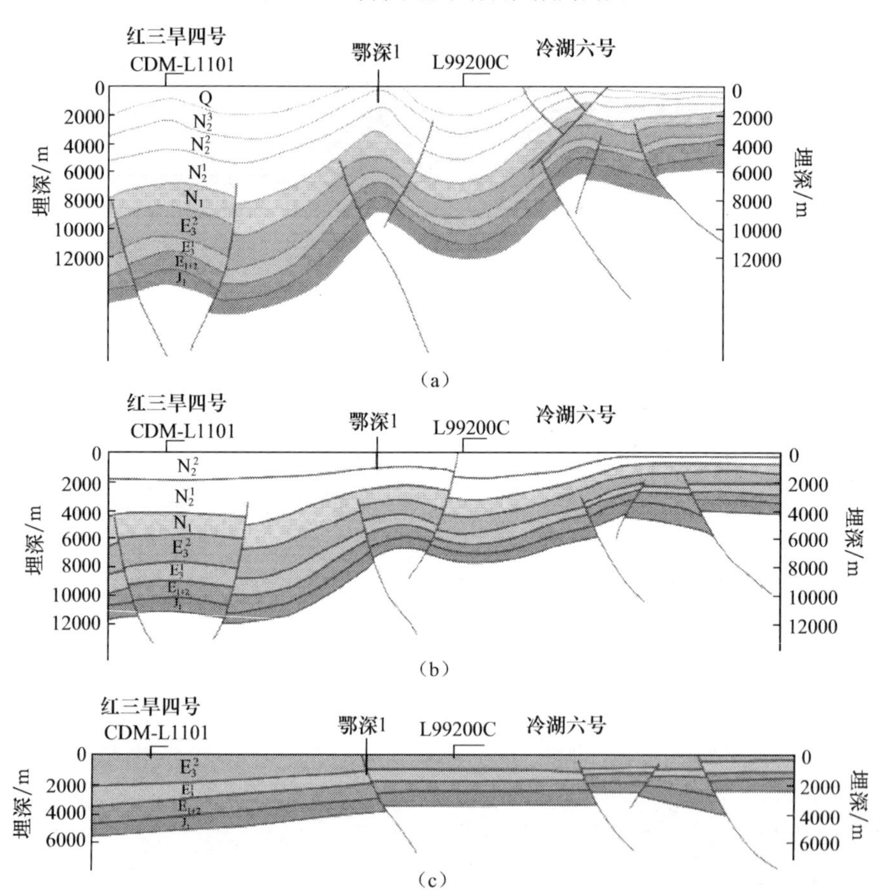

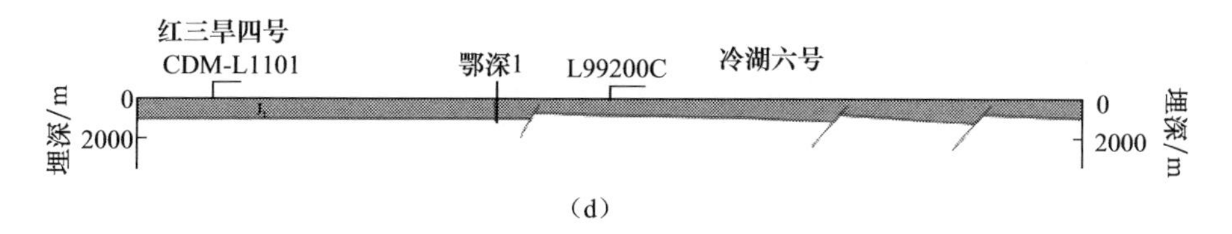

图 4-5　鄂博梁Ⅲ号构造发育史

(a)现今剖面;(b)N_2^1 沉积前剖面;(c)N_1 沉积前剖面;(d)E_{1+2}沉积前剖面

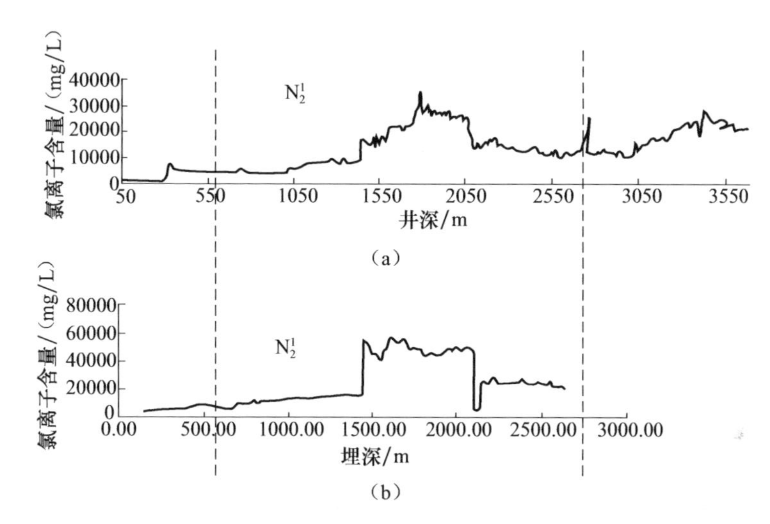

图 4-6　鄂博梁Ⅲ号构造氯离子含量分布

(a)鄂深 2 井氯离子含量变化曲线图;(b)鄂 7 井氯离子含量

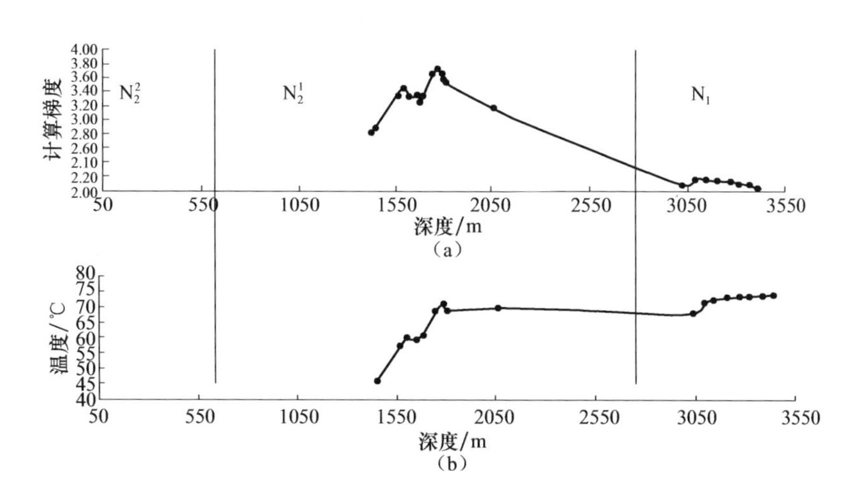

图 4-7　鄂博梁Ⅲ号构造地层水温度及地层水地温梯度

(a)鄂深 2 井出水点计算水温变化梯度;(b)鄂深 2 井出水点温度变化图

强烈的构造作用导致鄂博梁Ⅲ号构造发育深大断裂(位于鄂博梁Ⅲ号构造南北两翼),长期活动的深大断裂对深部地层的高压具有强烈的泄压作用,而深部的流体作为深部压力卸载的载体,通过深大断裂向上运移,向浅部地层转移。由于深大断裂没有断至地表,在地表以下的地层中尖灭。统计显示,鄂博梁Ⅲ号构造上的深大断裂主要断至 N_1、N_2^1、N_2^2 地层中就消失了(图 4-8～图 4-11);同时在鄂博梁Ⅲ号构造的浅部地层中沉积有两套区域泥岩盖层:一套沉积在 N_2^2 的中下部地层,另一套沉积在 N_1 的中部地层。由于两套泥岩的遮挡作用,深大断裂没有断穿,导致深部高压不能有效地完全卸载,深部流体高压流体无法及时排出泄压,在浅部地层发生侧向运移,将深部地层压力传递至浅部地层形成异常高压,造成 N_2^1 中部形成异常高压的特征,主要以天然气聚集的位置则形成高压天然气藏,主要以地层水聚集的位置则形成高压水层。

图 4-8～图 4-10 分别是鄂深 2 井、鄂深 1 井、鄂 7 井氯离子含量、钻井液密度、全烃显示地震剖面,反映深浅断裂交会处地下水矿化度的含量和油气的运聚。

2) 泥岩欠压实作用

王亚东等(2011)提出在 15Ma 前后(相当于 N_2^1 中晚期至 N_2^2 早期),柴达木盆地的平均沉积速率为 109.1～151.13m/Ma。而实际统计鄂博梁Ⅲ号构造多口井的沉积速率发现(表 4-2 和表 4-3)在鄂博梁Ⅲ号构造上 N_2^1 时期沉积速率可达 232.04m/Ma,沉积速率比平均沉积速率大。

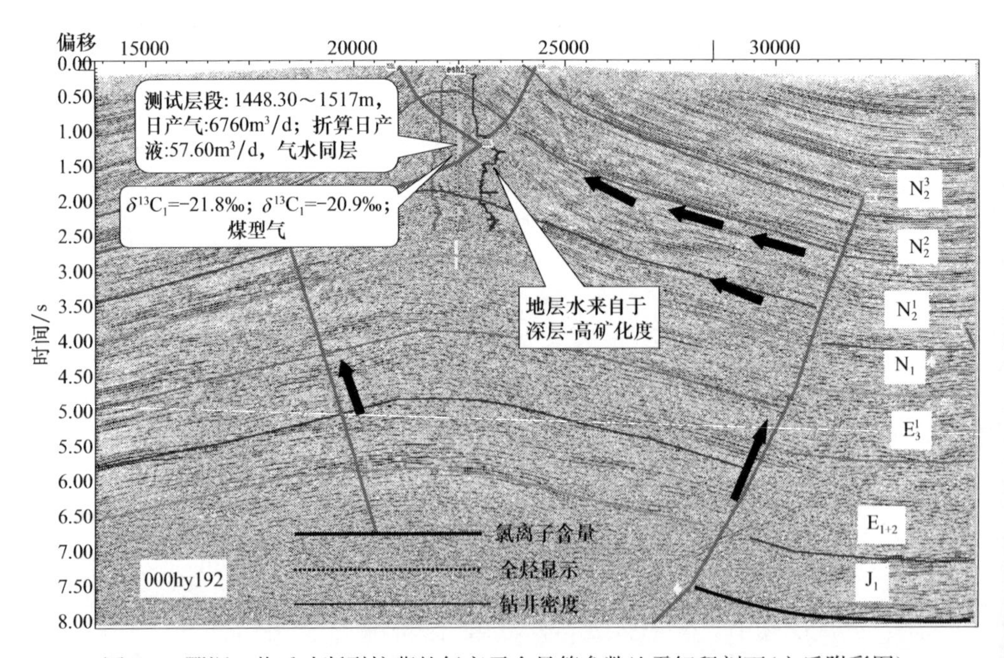

图 4-8 鄂深 2 井反映断裂控藏的氯离子含量等参数地震解释剖面(文后附彩图)

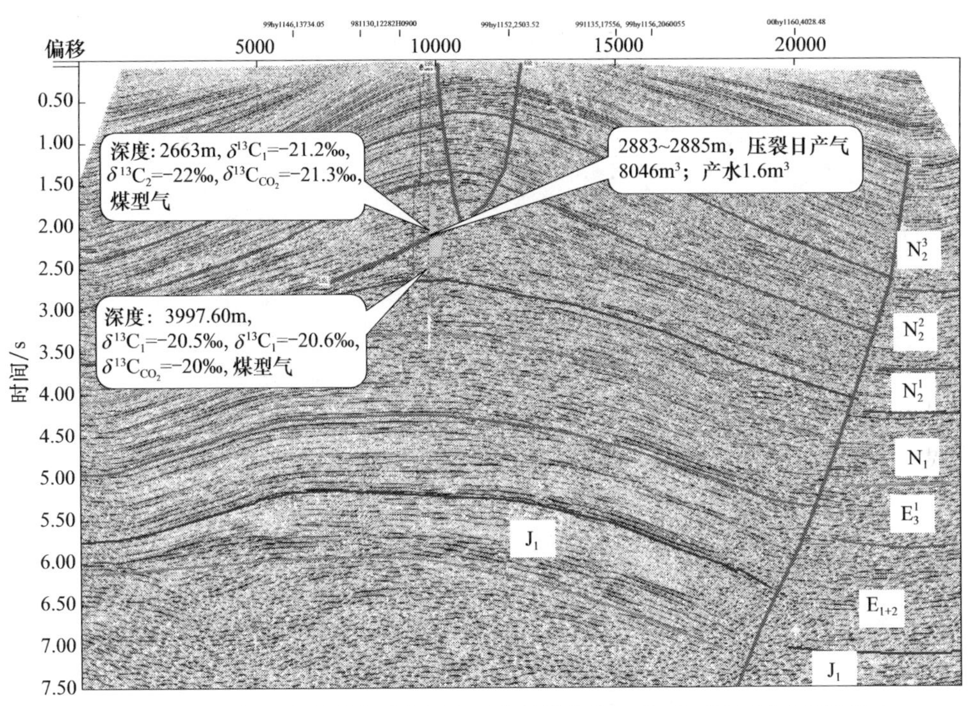

图 4-9　鄂深 1 井反映断裂控藏的氯离子含量等参数地震解释剖面(文后附彩图)

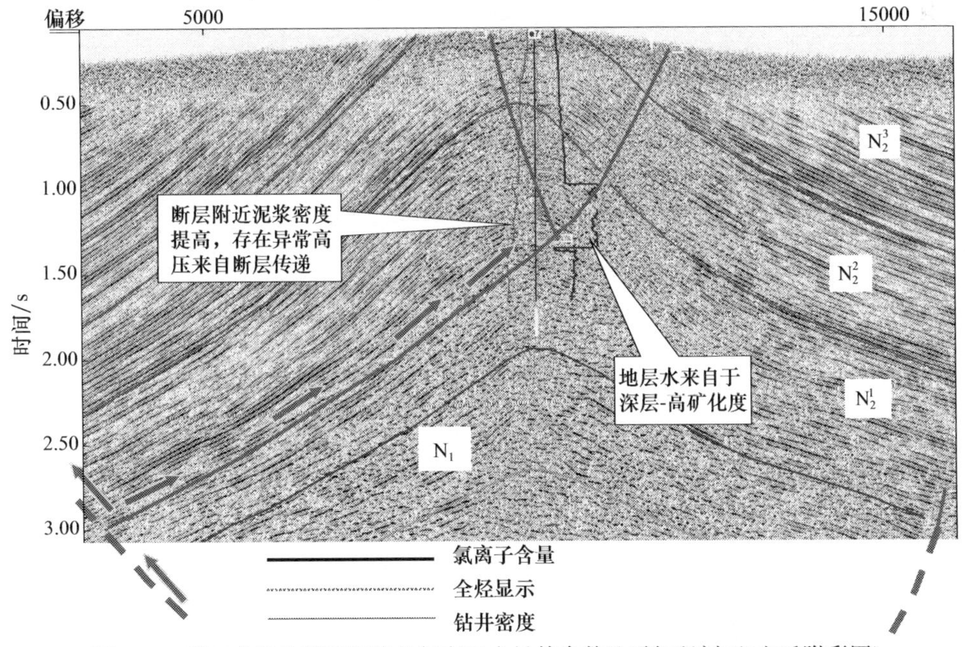

图 4-10　鄂 7 井反映断裂控藏的氯离子含量等参数地震解释剖面(文后附彩图)

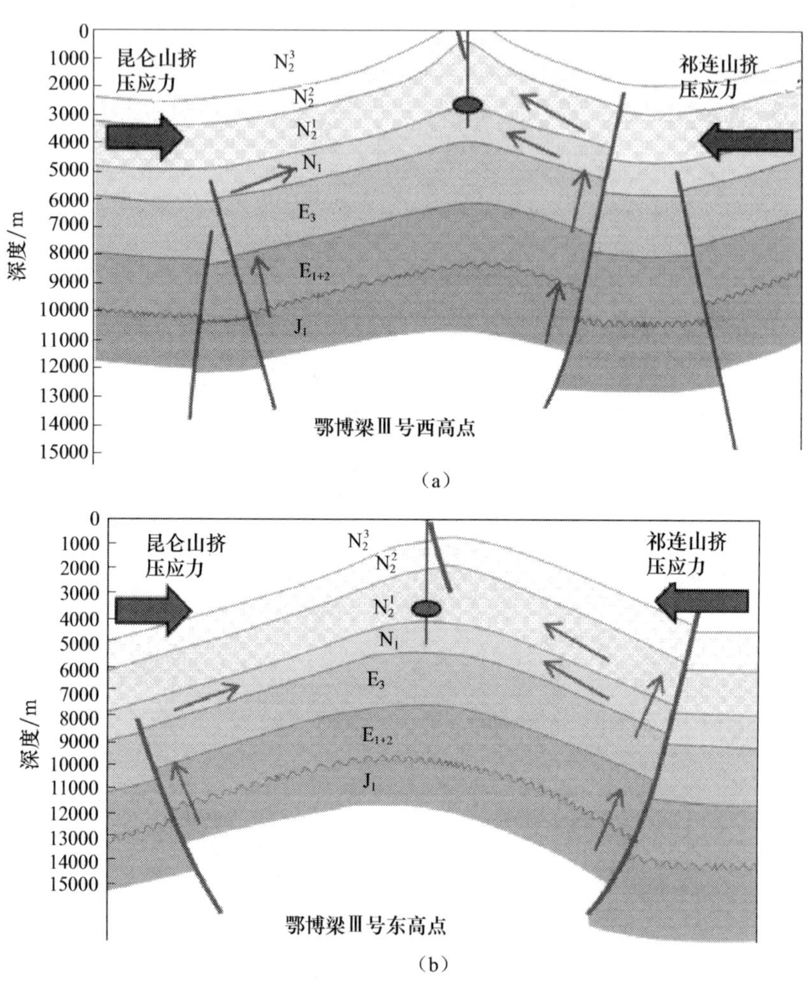

图 4-11 鄂博梁Ⅲ号构造反映断裂控藏的剖面示意图

(a)鄂深 2 井;(b)鄂深 1 井

表 4-2 鄂深 1 井沉积速率统计

地层	现今地层厚度/m	沉积时间/Ma	沉积速率/(m/Ma)
N_2^2	1149	7.3	157.4
N_2^1	2128	9.3	228.8
N_1	706(未钻穿)	6	117.7

表 4-3 鄂 7 井沉积速率统计

地层	现今地层厚度/m	沉积时间/Ma	沉积速率/(m/Ma)
N_2^2	492	7.3	67.4
N_2^1	2158(未穿)	9.3	232.04

通过观察鄂博梁Ⅲ号构造多口井岩性特征，发现鄂博梁Ⅲ号构造的中浅层总体上表现为以泥质岩为主的砂泥互层或泥包砂的一个沉积背景。鄂深1井在 N_2^1 沉积时期，泥质含量可高达85%(图4-12)。

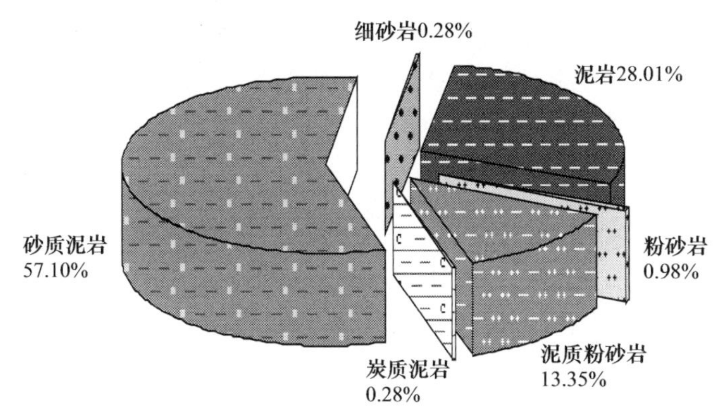

图4-12 鄂深1井 N_2^1 岩性含量分布图

由于在鄂博梁Ⅲ号构造上具有较大的沉积速率，同时泥质含量较高，容易形成泥岩欠压实而形成异常高压。结合鄂深2井泥岩的测井数据与埋深之间的关系(图4-13)，图4-13显示鄂博梁Ⅲ号构造基本为一个正常沉积，泥岩欠压实作用较弱，N_2^1 地层中下部有较弱的欠压实增压，因此在鄂博梁Ⅲ号构造上泥岩欠压实作用对异常高压的贡献较小。另外，区域上的挤压应力也是造成地层异常高压的重要原因，这从后面的模拟实验得到证实。

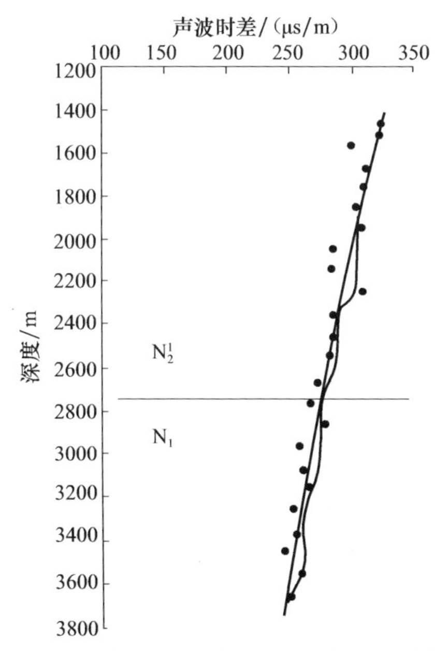

图4-13 鄂深2井声波时差与深度关系图

综上所述,鄂博梁Ⅲ号构造异常高压是由深部高压传递至浅部所致,在纵向上造成压力分层的现象,包括上部常压系统、中部过度压力系统和下部异常高压系统(图 4-14)。而造成该现象的根本原因是断裂系统纵向上分布的差异性。在纵向上分为深层断裂系统和浅层滑脱断裂系统,深浅断裂连接的部分称为断裂连接带。深层断裂没有断至地表,将深部压力向浅层传递在浅层形成高压,浅层断裂断穿地表破坏压力系统,造成压力释放,在上部地层形成常压,而在深浅断层的连接部位过渡压力,形成压力过渡带,有利于天然气的释放。

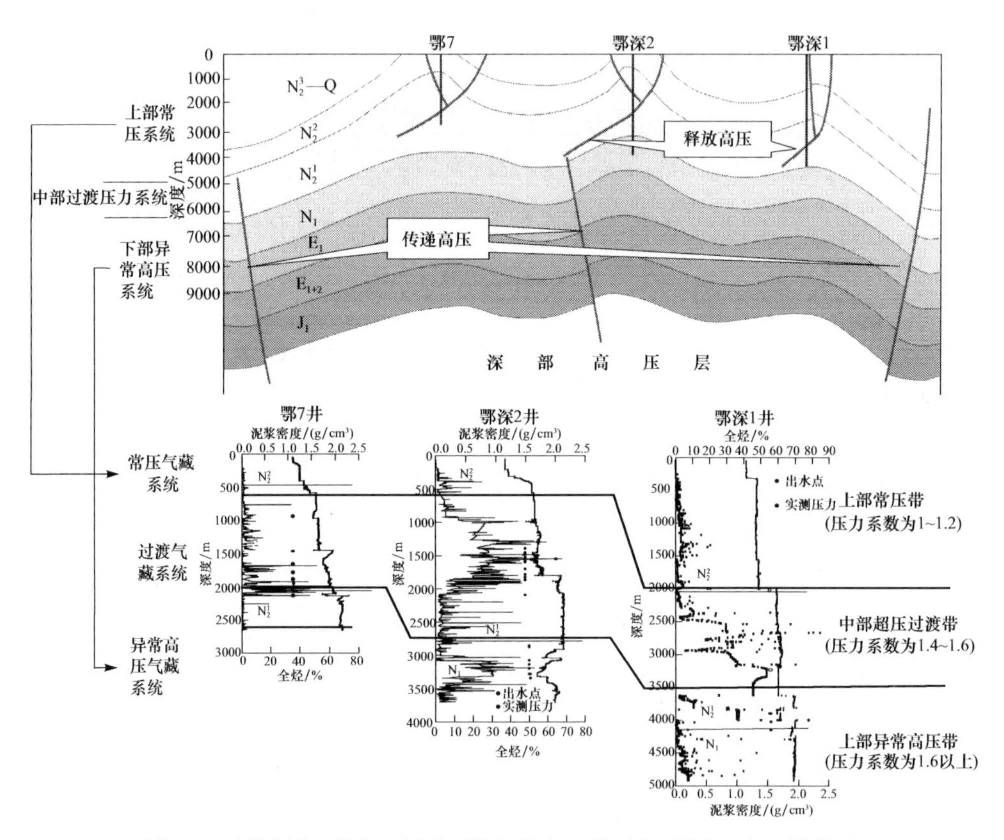

图 4-14 鄂博梁Ⅲ号构造断裂系统划分与气藏压力系统图(文后附彩图)

断裂系统的分层现象不仅造成压力系统的分层现象,也在纵向上对应控制 3 个气藏系统:常压气藏系统、过渡气藏系统和异常高压气藏系统。异常高压气藏系统主要指在异常高压带形成的气藏,其特点主要表现为以原生气藏为主,保存条件好,气藏完整性好,资源量大,埋藏深度大,目前开发难度大;过渡气藏系统主要指在中部超压过渡带内形成的气藏,其特点主要表现为以次生气藏为主,保存条件相对较好,埋藏深度相对较浅,是目前勘探的主要领域;常压气藏系统主要指在上部常压带内形成气藏,其特点主要表现为以次生气藏为主,保存条件差,资源量小。因此过渡带气藏是目前勘探的重要领域,异常高压气藏则为以后勘探的主要领域。

3. 鄂博梁Ⅲ号构造天然气成因分析

对于鄂博梁Ⅲ号构造上天然气的成因目前存在多种观点:一种认为混有无机成因气;另一种认为混有古近系与新近系的天然气。上述两种观点都认为鄂博梁Ⅲ号构造的气藏是以侏罗系烃源岩生成天然气为主的多源混合气藏。

1) 天然气来源分析

伊北凹陷侏罗系的烃源岩(鄂博梁Ⅲ号主要气源)以Ⅲ型干酪根为主,其厚度大,有机碳的含量高,是优质的气源岩。由于柴北缘地区古近系和新近系地层广泛发育,沉积了较厚的泥岩,N_1 和 N_2^1 两套地层中的平均泥质含量均高于25%。目前对于鄂博梁Ⅲ构造的天然气是否有贡献还没有清楚的认识。本书利用鄂2井和鄂深1井的数据,对古近系和新近系的泥岩进行评价,统计鄂2井(492.5～3627m)有机碳含量,其值大部分小于0.5%,平均值为0.237%。鄂深1井的有机碳含量也大都小于0.5%,平均值为0.355%,生烃潜量平均值为0.33mg/g,总体上认为古近系和新近系的泥岩属于非到差的烃源岩(图4-15)。个别样品TOC超过0.5%,甚至达到1%,但 T_{max} 值平均值为430℃,结合前人对 T_{max} 和烃源岩演化关系的研究,认为这些具有较高TOC的烃源岩处于未熟阶段。另外,从前人对古近系和新近系沉积地层的研究来看,鄂博梁构造-伊克雅乌汝带在古近纪和新近纪时期以河流-三角洲-滨浅湖相为主,烃源岩发育程度相对较低。因此,认为古近系和新近系泥岩对鄂博梁构造-伊克雅乌汝带的天然气藏几乎没有贡献,侏罗系的烃源岩是鄂博梁Ⅲ号构造的天然气的主要来源。

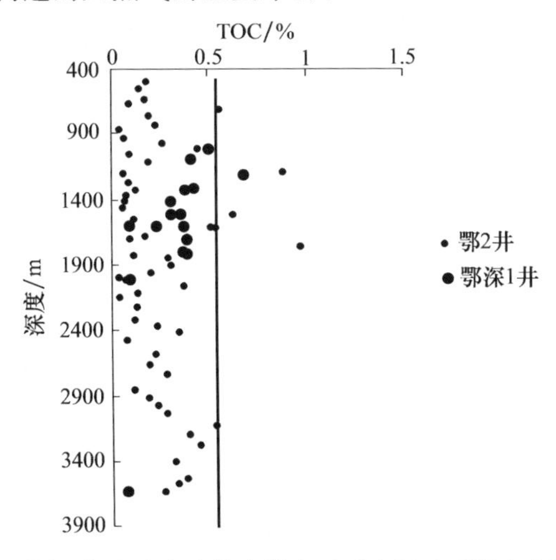

图4-15　鄂博梁-伊克雅乌汝构造带古近系和新近系泥岩有机碳散点图

2）天然气成因类型分析

对鄂深1井和鄂深2井天然气碳同位素进行分析（表4-4），发现$\delta^{13}C_1$主要分布在$-22.1‰\sim-13.2‰$，$\delta^{13}C_2$主要分布在$-23.4‰\sim-16.2‰$，具有异常高同位素的特点。同时，已测的数据中，甲烷同位素绝大多数明显高于乙烷同位素，具有明显的反序现象。根据戴金星等（2008）提出的关于鉴别无机成因气的判别标准，甲烷同位素大于$-30‰$同时存在反序现象，$R/R_a>0.5$（地幔的$^3He/^4He$与空气中$^3He/^4He$的比值）就有可能有无机成因的天然气混入。何家雄等（2005）认为$^3He/^4He$是判别有深部流体的重要指标，一般$^3He/^4He$高达1.1×10^{-5}时有幔源来的物质，来自壳源的则多为2×10^{-8}。罗群和白兴华（1998）在断裂控烃理论中认为，深大断裂是地幔深部物质向上运移的通道。

表4-4 鄂博梁Ⅲ号构造天然气碳同位素数据

井号	深度/m	$\delta^{13}C_1$/‰	$\delta^{13}C_2$/‰
鄂深1井	2659	−18.6	
	2663	−21.2	−22.0
	2916	−21.9	−21.0
	3176	−19.3	−20.7
	3615	−22.1	−23.4
	3803	−13.2	
	3834	−15.5	−21.5
	3989.3	−14.3	−16.2
	3994	−14.2	
	3997.6	−20.5	−20.6
鄂深2井	1500	−21.8	−20.9

由于在鄂博梁Ⅲ号构造南北方向上都发育深大的断裂，尤其是南断裂在燕山期就开始发育，深切于基底之中，是一条较大的基底断裂，说明鄂博梁Ⅲ号构造存在混入无机天然气的可能性。在鄂博梁-葫芦山-伊克雅乌汝构造带上，各构造的发育具有类似的特征，通过分析该构造带上天然气甲烷同位素及气藏中CO_2的同位素，发现在该构造带上存在混有无机甲烷气的可能性，$\delta^{13}C_1$和C_1/C_{2+3}之间的关系也说明无机气存在的可能性（图4-16，图4-17）。

图4-16是伊深1井、鄂深1井、葫2-14井、葫2-15井等$\delta^{13}C_{CO_2}$（PDB）与$\delta^{13}C_{CH_4}$（PDB）关系图，这几口井的根据部分已接近分布于无机成因气区，甚至有的点已落入无机成因气区。图4-17也说明这几口井中可能混入部分无机成因气。

上述特征说明，在鄂博梁Ⅲ号存在混入无机甲烷的可能性，为了进一步判断该构造是否混有无机甲烷，结合该地区的地质情况和稀有气体同位素特征联合分析。目前，在鄂博梁-葫芦山-伊克雅乌汝构造带上仅对伊深1井做稀有气体同位素分析（图4-18），该井稀有气体同位素显示该构造带上的气体主要来自于壳源。同时地史时期虽然柴达木盆地发育大量的基地断裂，然而盆地内并没有发现大规模的岩浆活动,但从基底岩性及断裂分布图看,这几口异常井均分布在基底断裂附近(图3-11),可能伴随幔源气体物质的上升。

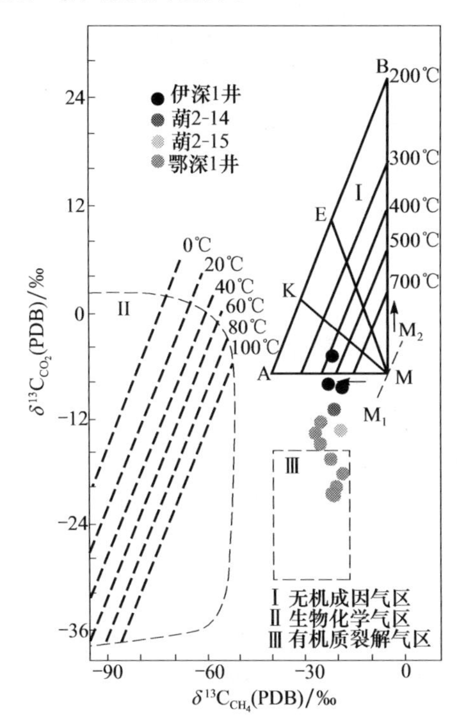

图4-16　鄂博梁-葫芦山-伊克雅乌汝构造带CH_4与CO_2共生体系

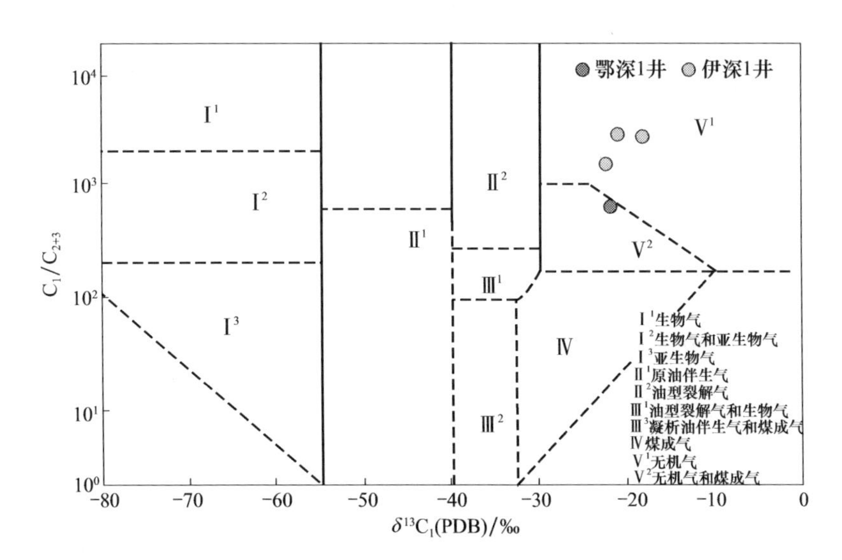

图4-17　鄂博梁-葫芦山-伊克雅乌汝构造带上$\delta^{13}C_1$-(C_1/C_{2+3})关系图

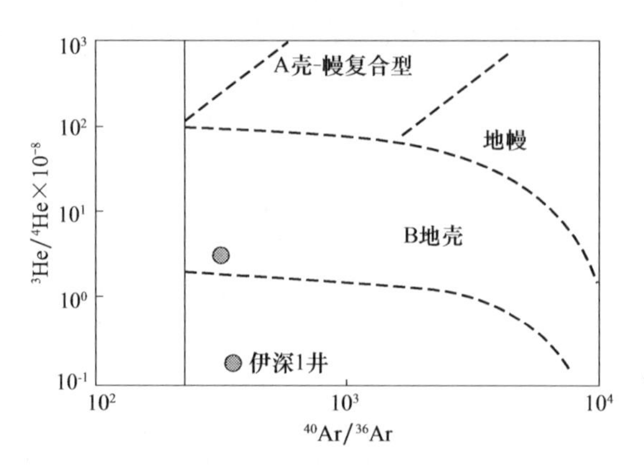

图 4-18　鄂博梁-葫芦山-伊科雅乌汝构造带天然气中氦、氩同位素组成分布分类图

因此，对鄂深1井和鄂深2井的同位素数据进一步分析，综合判断认为该地区的天然气主要来自伊北凹陷侏罗系Ⅲ型干酪根生成的煤型气（图4-19），是否有来自深部物质中的无机成因气，是下一步值得探讨的问题。

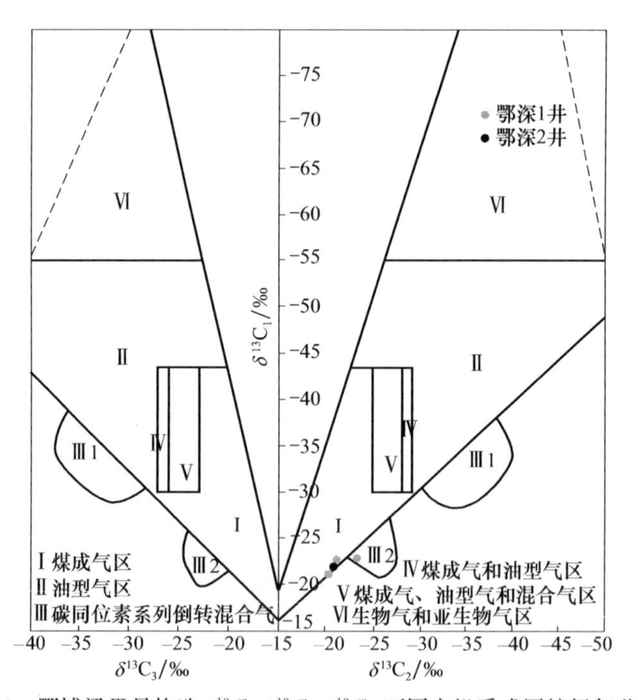

图 4-19　鄂博梁Ⅲ号构造 $\delta^{13}C_1$-$\delta^{13}C_2$-$\delta^{13}C_3$ 不同有机质成因烷烃气鉴别图

4. 气藏形成过程恢复

鄂博梁Ⅲ号构造上的 N_1-N_2^1 气藏碳同位素之所以发生反序现象，是因为南北

两条断裂不同时期的活动造成不同演化程度的天然气混合(图4-20)。南断裂活动时期较早，在早喜马拉雅构造运动时期就开始活动，一直持续到 N_1 地层沉积的中期，伊北凹陷下侏罗统的烃源岩在 E_3 期进入生烃门限，早期形成的成熟度较低的天然气在优势的储集层中聚集成藏，形成低成熟度的天然气藏。到 N_1 地层沉积时期，北断裂开始活动，破坏早期形成的气藏，由于北断裂断至地表，气体主要以散失为主。在 N_2^1—N_2^3 期间圈闭逐渐成形，高演化程度的天然气通过北断裂向上运移，在 N_1 和 N_2^1 的地层中聚集，同时北断裂破坏深部早期形成的天然气藏，次生天然气向上运移聚集，在 N_1 和 N_2^1 中形成不同成熟度的混合气藏，造成现今鄂博梁Ⅲ号构造上天然气普遍反序的现象。现今伊北凹陷埋深很大，侏罗系烃源岩的演化程度很高，导致现今气藏碳同位素很重的现象。

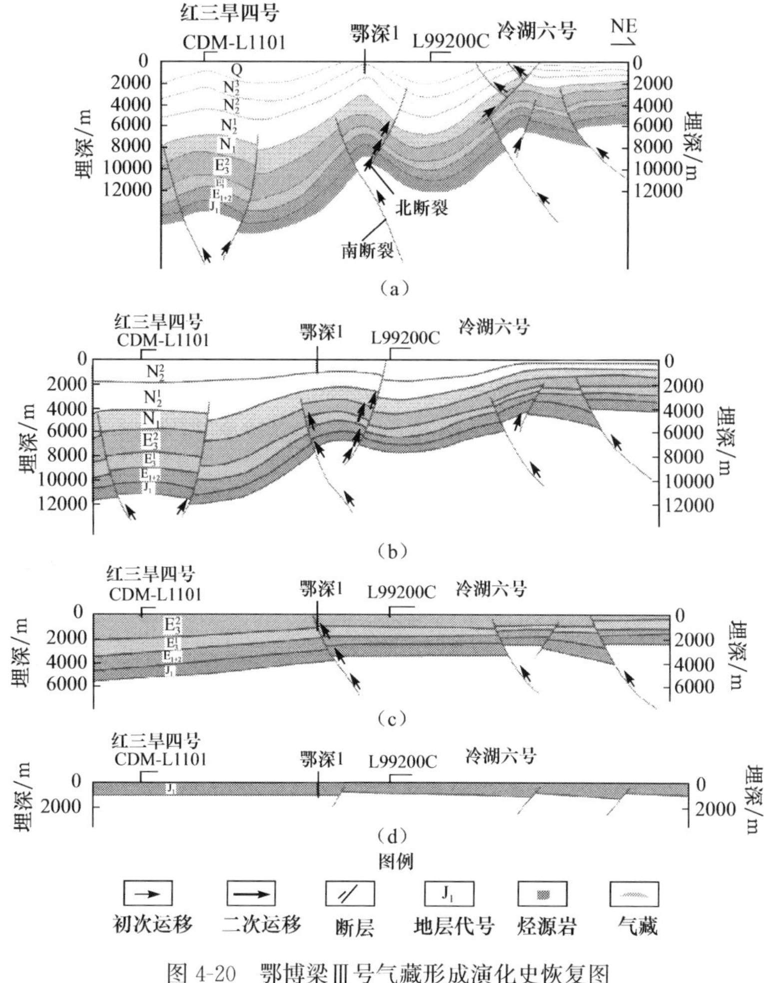

图4-20　鄂博梁Ⅲ号气藏形成演化史恢复图

(a)现今剖面；(b) N_2^3 沉积前剖面；(c) N_1 沉积前剖面；(d) E_{1+2} 沉积前剖面

综上分析，鄂博梁Ⅲ号构造的天然气藏主体是由伊北凹陷侏罗系煤系烃源岩经过高演化作用形成的煤型气藏。不同时期不同断裂的活动，造成不同成熟度的同源的天然气在浅层混合成藏。通过深大断裂运移至浅部地层，在储层内沿着构造脊侧向运移（图 4-21，图 4-22），至构造高部位聚集成藏。在运移过程中，天然气在分馏作用下，甲烷同位素会有逐渐变轻的趋势，干燥系数也越来越大（图 4-21，图 4-22），甲烷同位素与干燥系数的变化指示天然气由深层向浅层、由东南向西北运移的轨迹。整个成藏过程可总结为（鄂博梁Ⅲ号型）凹陷背景下两断夹一隆、断裂-输导层输导体系输导、晚期源上混源成藏模式，代表鄂博梁-葫芦山-鸭湖构造带天然气运聚成藏的总体规律。

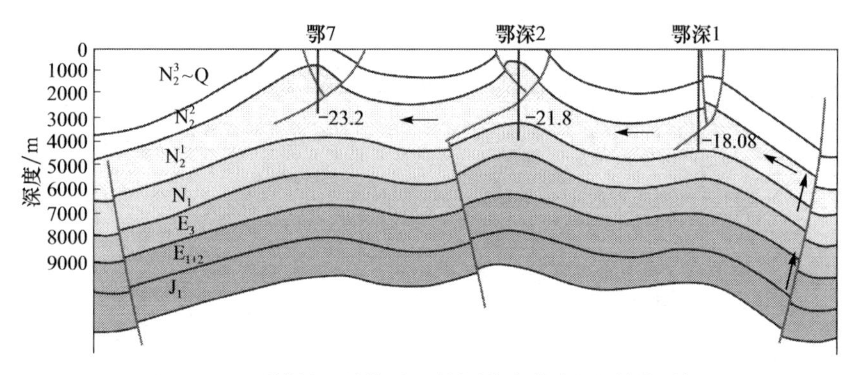

图 4-21　鄂博梁Ⅲ号构造甲烷同位素分布图（单位：‰）

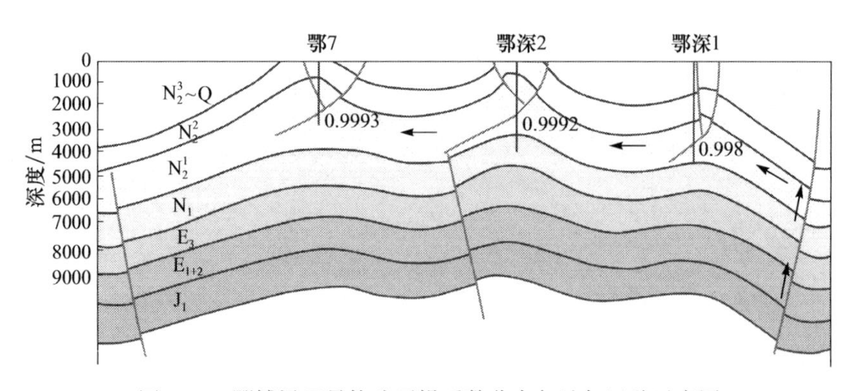

图 4-22　鄂博梁Ⅲ号构造干燥系数分布与油气运移示意图

4.1.2　南八仙构造气藏

1. 南八仙构造区域概况

南八仙构造是青海省柴达木盆地北部块断带大红沟隆起亚区马海-南八仙背

斜带上的一个三级构造(图 4-23),受冷湖-鄂博梁反 S 形压扭断裂系统控制。西北面紧邻冷湖七号构造,东西与马海构造以一向斜相接,南面以陵间断裂与伊克雅乌汝凹陷为界。南八仙-马海构造带为一中生代古隆起,侏罗系由西向东、由西南向北东方向超覆,E_3^1—N_2^3 时期区域整体下沉,古近纪与新近纪末马仙地区整体抬升,并受不同程度的剥蚀,南八仙地面构造为一大型的似箱状背斜构造,北缓南陡,构造面积 $600km^2$,闭合度 665m,构造西端地面断层十分发育,但断距较小,向下延伸不长。

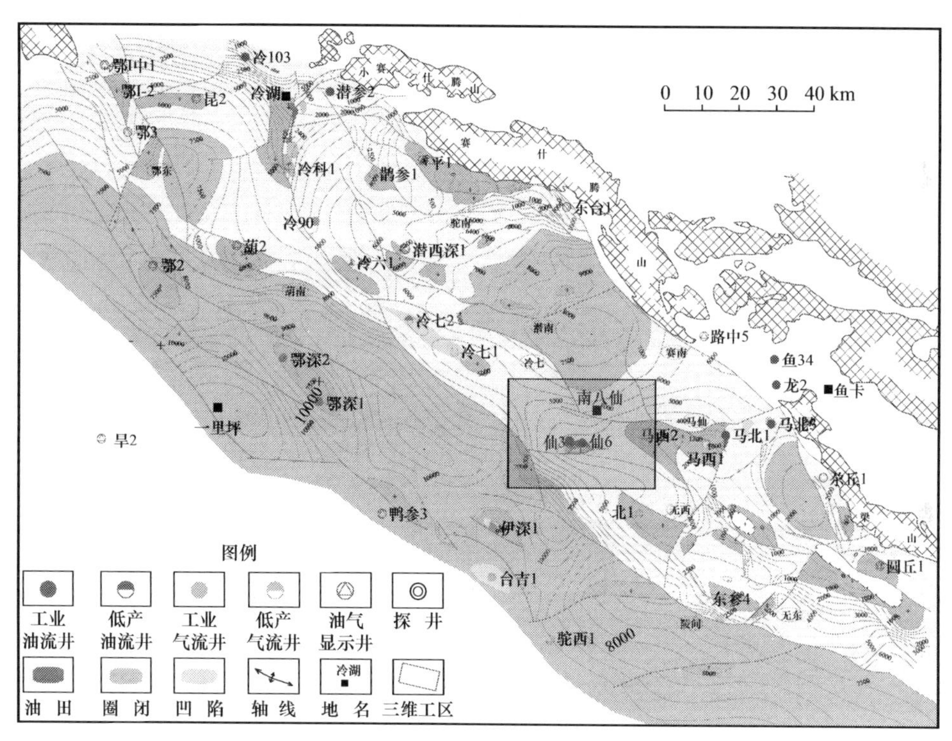

图 4-23　南八仙构造位置图(文后附彩图)

南八仙的构造形态,整体为一断层复杂化的背斜构造,其构造主体有两条近东西向的仙南、仙北断层,断开层位 T_2'-T_6,延伸超过 10km,其中仙北断层将构造主体分割为南北两个断块。北断块主体部位有两条较小规模的南北向断层,断开层位 T_4-T_6,延伸长度小于 1.5km,断距小于 60m。仙 6 井位于北断块高部位。本井钻遇仙北逆断层 646/684m,断距 38m,断点 664m。

喜马拉雅地运动在本区形成大量的褶皱和断裂,此时也是南八仙构造圈闭和油气藏形成的主要时期,喜马拉雅运动不仅有利于圈闭的形成,也使早期形成的油气藏得以改造和破坏,同时断裂使 J_2 地层和古近系与新近系的储层连通。所以南八仙油气田是侧向运移的高成熟次生油气藏,并受断层的影响,经多次油气运移聚集和重新分布形成。

目前在南八仙地区钻遇的地层主要包括古近系和新近系地层，第四纪地层由于抬升作用遭受剥蚀，中生界地层未在此构造上钻遇。

1）古近系地层

路乐河组（E_{1+2}）：岩性为棕褐色泥岩及砂质泥岩。

下干柴沟组（E_3）：下干柴沟组可以分为上、下两段，下段（E_3^1）岩性以棕红色、棕褐色泥岩为主，浅灰色泥质粉砂岩、粉砂岩、砾状砂岩及砾岩次之；夹少量深灰色泥岩、砂质泥岩，自上而下岩性逐渐变粗。上段（E_3^2）岩性以棕红、棕褐色泥岩、砂质泥岩为主，浅灰色泥质粉砂岩、粉砂岩、细砂岩及砾岩次之，夹少量灰色高岭土质粉砂岩，自上而下砂质岩逐渐增多，岩性变粗。该套地层为一套河流相沉积的含砾地层。

2）新近系地层

上干柴沟组（N_1）：岩性以棕红、棕褐色泥岩、砂质泥岩为主，浅灰、棕黄色泥质粉砂岩及粉砂岩次之；夹少量棕黄色泥岩、砂质泥岩，该套地层为一套滨湖相沉积地层。

下油砂山组（N_2^1）：岩性以棕红、棕褐色泥岩、砂质泥岩为主，浅灰色、棕黄色、灰黄色泥质粉砂岩及粉砂岩次之，夹浅灰色、灰黄色泥岩、砂质泥岩，自上而下砂质岩逐渐增多并且略变粗，该套地层为一套河流相沉积地层；

上油砂山组（N_2^2）：岩性以灰色、深灰色泥岩、砂质泥岩为主，棕黄色、灰黄色泥岩、砂质泥岩次之，夹浅灰色泥质粉砂岩及少量棕红色泥岩、砂质泥岩。

2. 烃源岩条件

由南八仙构造上多口井实钻情况来看，该构造上古近系和新近系地层中仅发育有极少的暗色泥岩，仅有泥岩、粉砂质泥岩，没有页岩、灰岩、煤岩等其他类型生油岩，生油岩类型不全；从颜色上看，生油气岩颜色较浅，也没有深灰、灰黑、黑色较深的颜色，表明生油能力较差；单层厚度、总厚度也较小，生油量不足，生油气岩成分不纯，多含砂质，生油能力差。烃源岩主要是伊北凹陷侏罗系的煤系烃源岩，上文已经描述过，在此就不再赘述。

3. 储集层

南八仙构造上多套地层都在一定程度上发育了储集层，都有一定厚度的砂岩发育（表 4-5）。上油砂山组（N_2^2）岩性主要为粉砂岩、泥质粉砂岩，泥质胶结，较疏松，孔隙度为 23.0%～33.0%，渗透率为 $158.0\times10^{-3}\sim794.0\times10^{-3}\mu m^2$，属好的储集层；下油砂山组（$N_2^1$），岩性以粉砂岩为主，泥质粉砂岩次之，泥质胶结，较疏松，测井地层孔隙度为 20.0%～27.0%，渗透率为 $25.0\times10^{-3}\sim316.0\times10^{-3}\mu m^2$，为较好-好的储集层；下干柴沟组上段（$E_3^2$），岩性以粉砂岩、细砂岩为主，岩石颗粒自上而下逐渐变粗，测井解释地层孔隙度为 21.0%～25.0%，渗透率为 100.0×10^{-3}～$120.0\times10^{-3}\mu m^2$，属好的储集层。

表 4-5 仙 6 井储层统计表

地层	地层总厚度/m	储层总厚度/m	占该段地层百分比/%	最大单层厚度/m	平均层厚度/m
N_2^2	608.75	91.0	14.9	8.0	2.5
N_2^1	762.0	161.0	21.1	10.0	3.0
N_1	460.7	136.0	29.5	18.2	3.5
E_3^2	863.82	409.0	47.3	20.8	5.5

4. 盖层与源储组合

南八仙构造上 N_2^2-E_3^1 地层中的泥质岩均是其下伏储集层的主要盖层(表 4-6)，且分布范围较广，对下伏油气藏具有良好的封盖作用。源储分离，通过断裂复合输导体系相连，形成下源上储的源储匹配关系。

表 4-6 仙 6 井各组泥岩发育情况

地层	地层总厚度/m	泥岩总厚度/m	占该段地层百分比/%	最大单层厚度/m
N_2^2	608.75	517.75	85.1	18.0
N_2^1	762.0	601.0	78.9	13.5
N_1	136.0	324.7	70.5	9.0
E_3^2	863.82	454.82	52.7	15.5

5. 南八仙构造油气藏成藏过程与成藏模式

前人利用地化手段进行研究，认为南八仙构造上的油气藏主要来自中生界的煤系烃源岩，也就是该构造南侧的伊北凹陷的烃源岩。早期中生界发育的仙南断裂为张性正断裂，深切于基地之中，控制着侏罗系的烃源岩的沉积和发育。由于早喜马拉雅运动的作用，仙南断裂被挤压反转为逆断层，作为油气向上运移的良好通道，在下干柴沟组沉积时期，烃源岩进入生烃门限，开始生成油气。在 N_1—N_2^2 时期，构造活动相对较弱，仙南断裂逐渐开始停止活动，由于其沟通了深部的烃源岩，在此期间烃源岩已经进入生油窗，开始大量生排油气，进入上部地层之中。由于仙南断裂向上仅断入下干柴沟组的地层之中，早期形成的油气沿断裂向上运移，沿不整合面发生侧向运移，在就近的圈闭中聚集成藏，形成深层 E_3 原生油气藏和 E_{1+2} 底不整合面油气藏。在狮子沟组沉积时，由于晚喜马拉雅构造运动晚期强烈的挤压作用，在南八仙构造上形成浅层滑脱断裂，与深部的油源断裂(仙南断裂)构成断裂-断裂垂向输导体系，浅层的滑脱断裂破坏早期深部形成的原生油气藏，使其沿着浅层滑脱断裂向上运移，在浅部优势的储集层中聚集成藏，形成了浅层断裂遮挡圈闭中的浅层(N_1—N_2^2)气藏(图 4-24、图 4-25)。其成藏过程可总结为(南八仙型)反S形构造背景下反冲构造、断层-断层输导体系输层、源上多期供烃、晚期成藏模式。

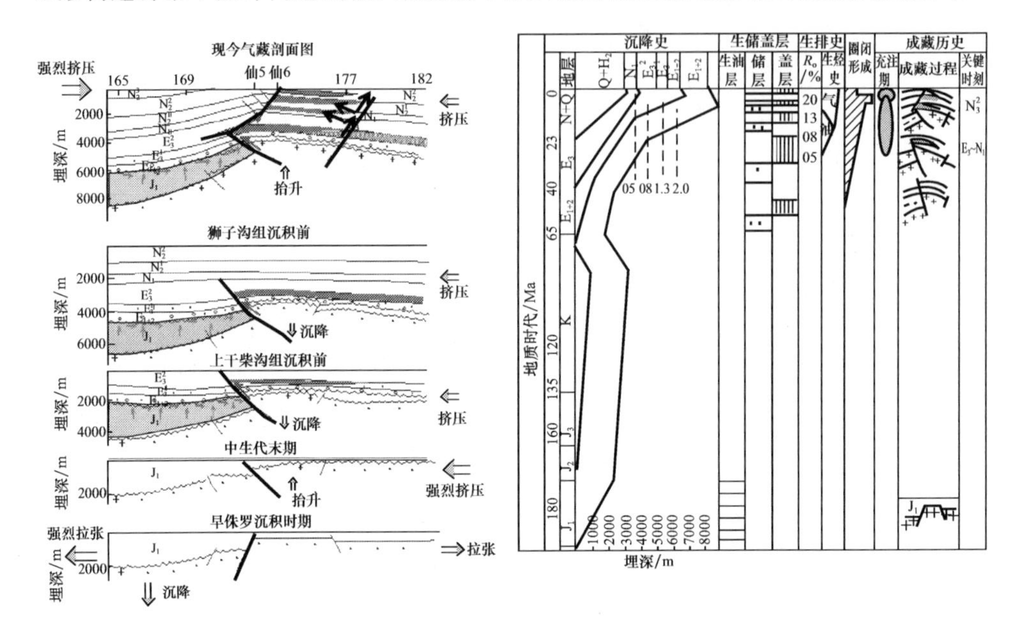

图 4-24　南八仙油气藏形成与演化过程恢复图

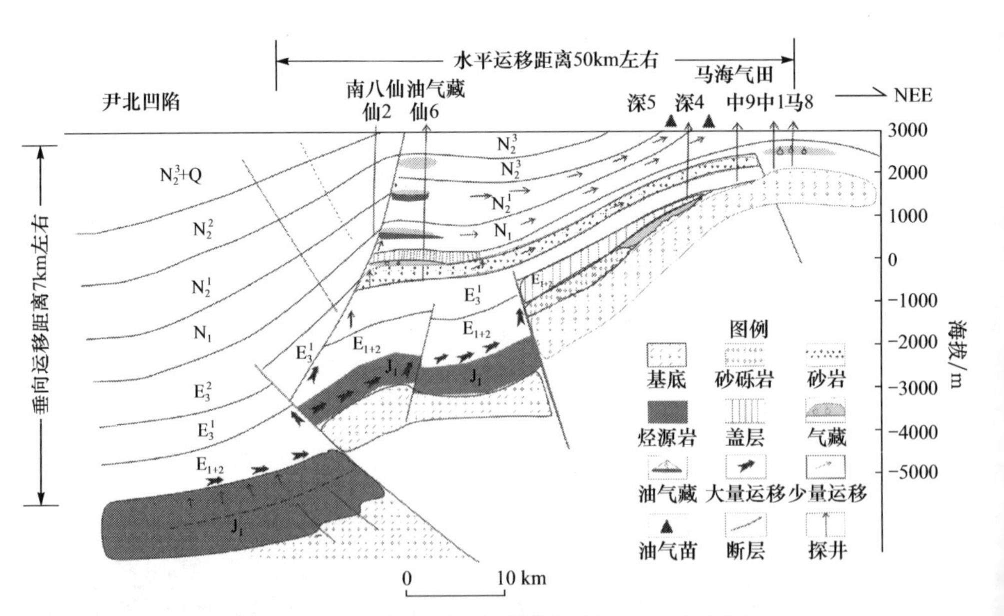

图 4-25　南八仙-马海油气成藏模式图(文后附彩图)

4.2 阿尔金山前羽状剪切(走滑)断裂系统区

本节以东坪构造气藏为例进行分析。东坪构造位于柴达木盆地西北区阿尔金山前带上(图 4-26),东部紧邻一里坪凹陷,西部靠近茫崖凹陷,构造面积约 $5000km^2$。该构造位于两大生烃凹陷之间,具有“双凹夹持、双凹供烃”的有利条件,气源条件充足,东部一里坪凹陷烃源岩主要为侏罗系的煤系烃源岩,演化程度高,而西部的茫崖凹陷的烃源岩主要为古近系和新近系的烃源岩,演化程度相对较低。

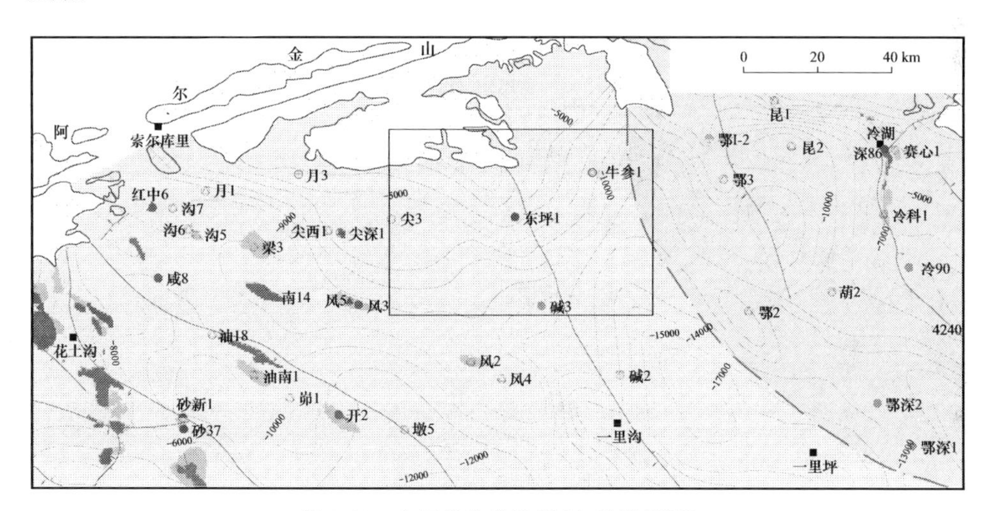

图 4-26 东坪构造位置图(文后附彩图)

4.2.1 天然气来源分析

目前,在东坪构造上已发现的工业气流的层位主要位于基岩层,东坪 1 井在 3159~3182m 井段获得日产气 $112628m^3/d$,压力系数 $p=1.5$,储层孔隙度为 5%~9%,储层岩性为花岗片麻岩。其中甲烷的含量约为 91.79%,干燥系数为 97.405%,属于典型的干气特征。天然气中碳同位素较重,且在东坪 1 井表现出 $\delta^{13}C_1>\delta^{13}C_2$ 的反序现象(表 4-7)。

表 4-7 东坪构造上天然气同位素特征

井号	碳同位素/‰			
	$\delta^{13}C_1$	$\delta^{13}C_2$	$\delta^{13}C_3$	$\delta^{13}C_{CO_2}$
东坪 3 井(612~616m)	−31.1	−23.0		−16.7
东坪 3 井(616~622m)	−30.9	−21.5		−17.2

续表

井号	碳同位素/‰			
	$\delta^{13}C_1$	$\delta^{13}C_2$	$\delta^{13}C_3$	$\delta^{13}C_{CO_2}$
东坪3井(658～661m)	−28.5	−22.2		−14.7
东坪1井(3164～3182m)	−25.0	−27.4	−23.6	

分析东坪1井中$\delta^{13}C_1$与$\delta^{13}C_{CO_2}$的关系(图4-27),认为东坪构造上的天然气藏属于有机成因气。根据东坪地区天然气中乙烷碳同位素特征,该地区的天然气具有明显的煤型气特征(其中绝大多数乙烷同位素$\delta^{13}C_2>-25.5‰$),前人研究的图版显示,东坪地区主要以煤型气为主(图4-28和图4-29)。

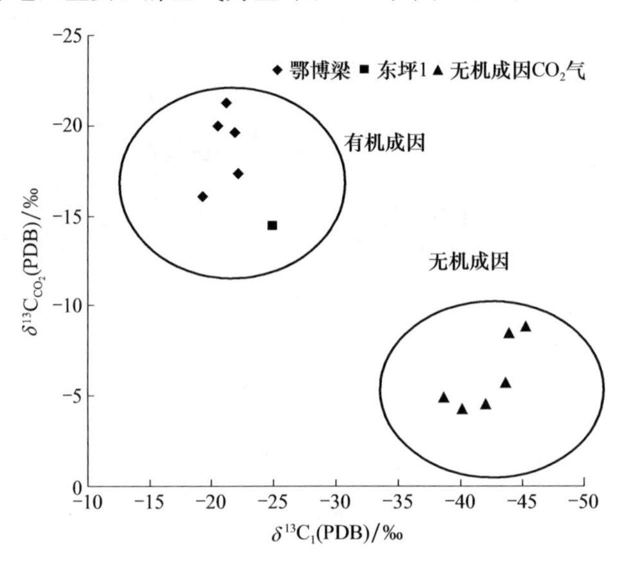

图4-27 不同成因天然气甲烷和二氧化碳碳同位素关系图

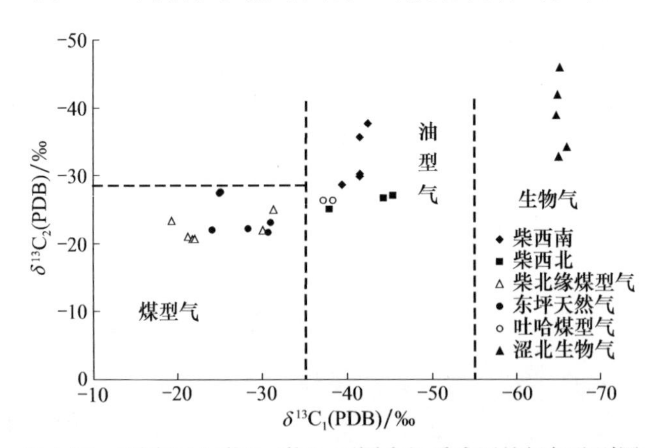

图4-28 不同地区$\delta^{13}C_1$-$\delta^{13}C_2$不同有机质成因烷烃气鉴别图

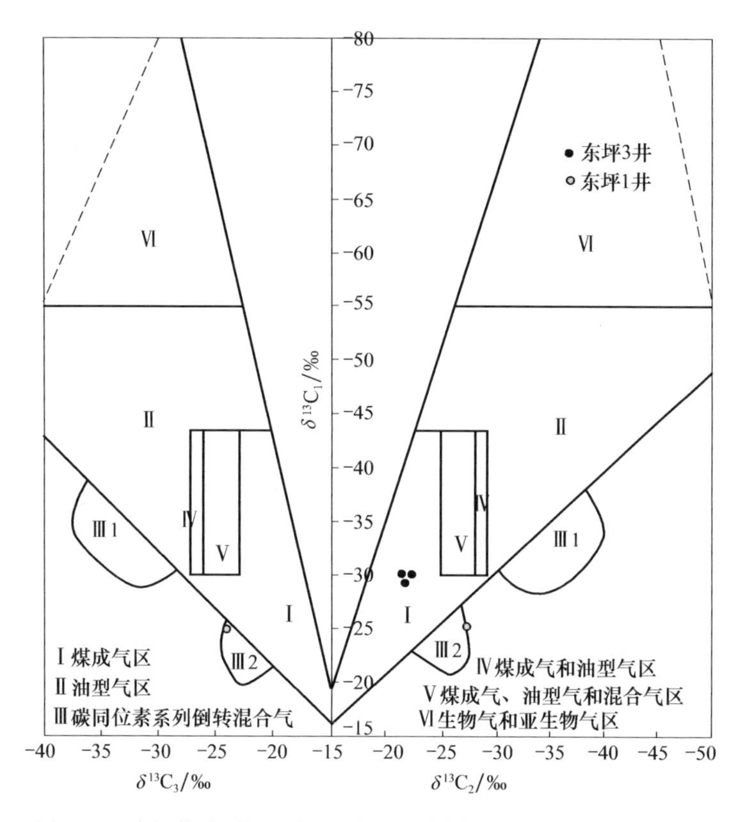

图4-29　东坪构造 $\delta^{13}C_1$-$\delta^{13}C_2$-$\delta^{13}C_3$ 不同有机质成因烷烃气鉴别图

然而在东坪1井中发现天然气同位素特征出现反序的倒转现象[$\delta^{13}C_1$:(−25‰)>$\delta^{13}C_2$:(−27.4‰)]。由表4-7东坪1井的数据可知，东坪构造上沉积有比较好的烃源岩，在N_1和E_3^2地层中有机质的丰度分别为0.97%和0.5%，且主要为Ⅱ型干酪根，但T_{max}较低，平均分别为415.1℃和429.25℃，都低于435℃，属于未熟阶段。同时基岩的地层埋深较大，因此，几乎没有来自古近系和新近系的天然气，气藏中的天然气为侏罗系的煤型天然气。

4.2.2　东坪气藏的成藏特征

坪东断层属于一个长期活动的基底断裂(图4-30)，断至烃源岩，是油气长期向上运移的通道，由于抬升剥蚀作用形成的不整合面是油气侧向的运移的通道(图4-31)。结合戴金星和戚厚发(1989)提出的关于R_o与$\delta^{13}C_1$的关系{$R_o=\exp[(\delta^{13}C_1+34.391)/14.12]$}，根据甲烷同位素算得$R_o$值在1.4%～1.5%、1.9%～2.0%、2.5%～2.8%三个阶段。因此，东坪构造基岩地层中的气藏存在多期成藏的特点，不同成熟度煤型气的混合造成东坪1井碳同位素的反序特征。

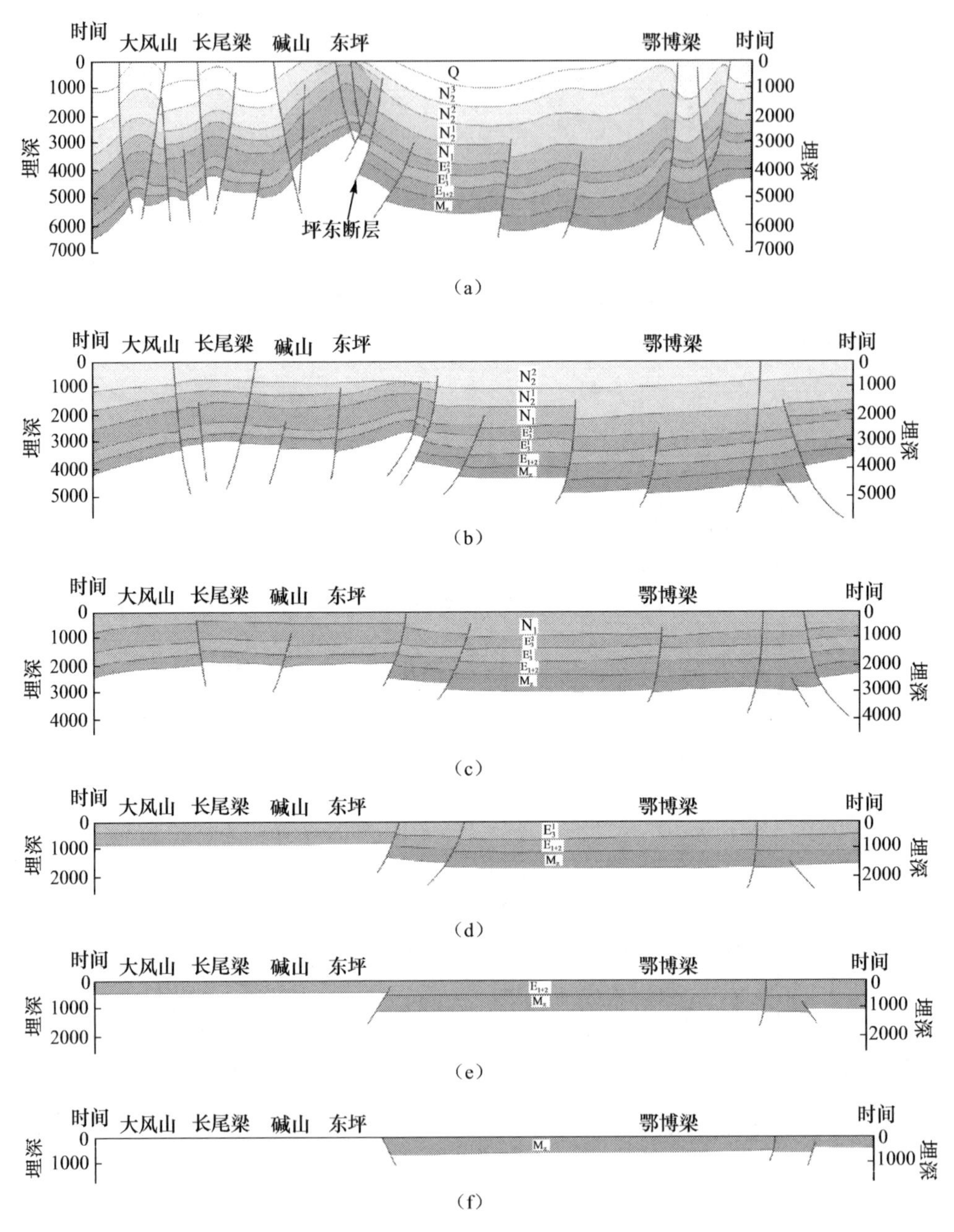

图 4-30 东坪构造坪东断层活动史(剖面为 NE 方向)

(a)现今剖面;(b)N_2^3 沉积前的剖面;(c)N_2^1 沉积前的剖面;(d)E_3^2 沉积前的剖面;(e)E_3^1 沉积前的剖面;(f)E_{1+2}沉积前的剖面

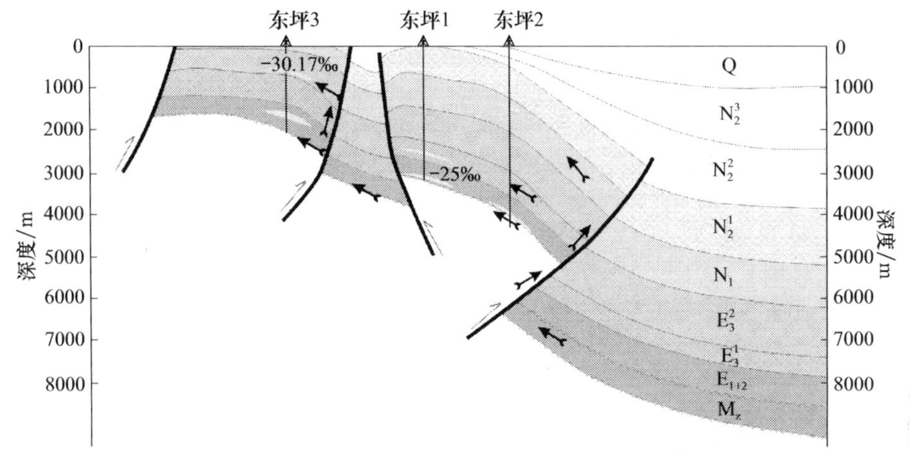

图 4-31　东坪构造天然气运移与甲烷同位素分布(剖面为 SE—NW 方向)(文后附彩图)

综上所述,东坪地区天然气运聚成藏过程可作如下总结:在昆北构造挤压应力、祁连山构造挤压应力和阿尔金山走滑应力复合作用下,坪东、坪西断裂控制了古隆起背景下两断夹一隆东坪构造圈闭的形成,促成了断裂-不整合输导体系天然气运移网络的形成,东坪断裂还对伊北侏罗系煤型气源岩的形成起到重要的控制作用,并沟通伊北断陷侏罗系煤型气源,沿不整合-断裂构成的输层体系长期(E_3^2～今)、多期向古隆起背景下的两断夹一隆东坪构造圈闭运移和聚集,最终在东坪断块构造圈闭的基岩、E_{1+2}、E_3^2 等层位中形成天然气藏(图 4-31)。

东坪气藏的成藏规律可总结为(东坪型)山前古斜坡背景下单源供烃、断裂-不整合输导体系输导、两断夹一隆式源外多期控藏模式,代表盆缘古鼻隆背景下的天然气运聚成藏规律。

4.3　南翼山-碱山斜列断裂系统区

本节以南翼山构造油气藏为例进行分析。

4.3.1　南翼山区域概况

南翼山构造位于青海省柴达木盆地西部北区,属于西部拗陷茫崖凹陷上南翼山背斜构造带内的一个三级构造单元(图 4-32)。地面构造轴线呈北西南东向,整体上表现为一个大而平缓的箱装背斜,构造长度约 39.3km,宽度约 15.7km,面积约 620km^2,两翼形态基本上对称。南翼山构造于 1957 年 5 月发现第一口探井,在 300m 以下发生井喷现象,从而促进南翼山油田的发现。

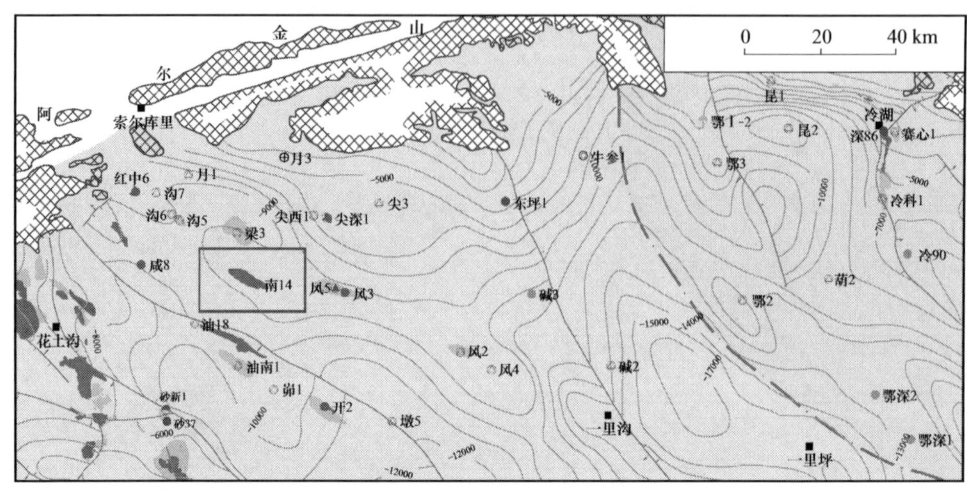

图 4-32　南翼山构造油气藏位置图(文后附彩图)

4.3.2　南翼山天然气藏特征分析

南翼山油气藏具有典型的“两断夹一隆”的构造样式,纵向上由浅至深依次发育油藏、凝析气藏和纯气藏(图 4-33)。整个构造上主要以油藏为主,气藏为辅。目前,还没有明确该构造上油气藏的来源,对其天然气的成因认识不足。漆亚玲等(2006)对柴西地区天然气类型进行分析,识别出在南翼山地区存在煤型气的混入,

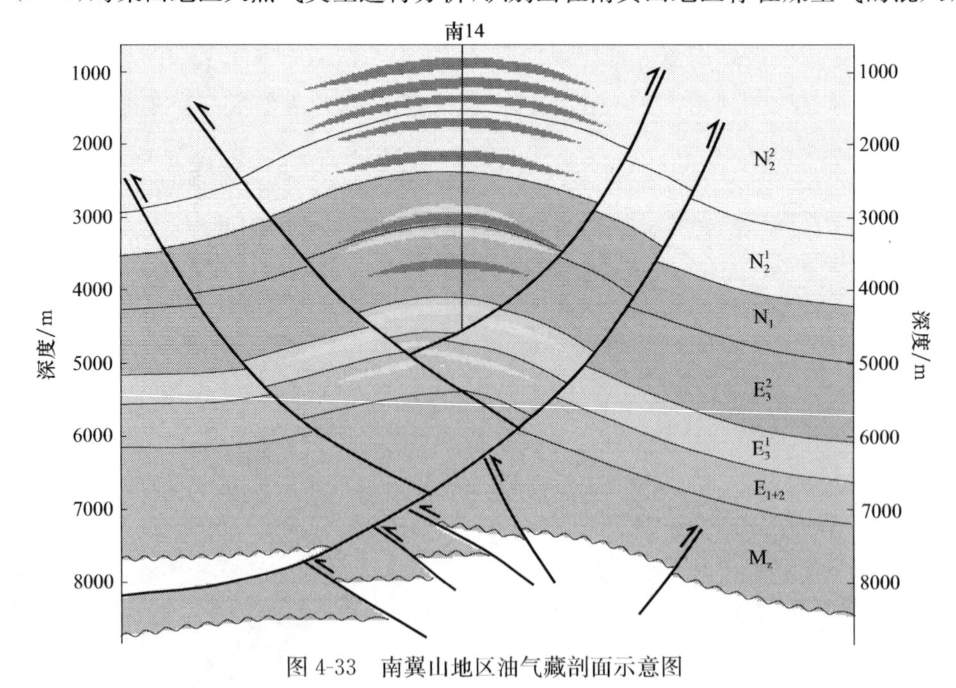

图 4-33　南翼山地区油气藏剖面示意图

但是没有确定该煤型气的来源；马立元等(2004)识别出南翼山存在煤型气，但其认为主要来源于古近纪与新近纪；甘贵元(2004)对油样和生油岩进行分析，认为在南翼山构造上存在深部源岩。

对南翼山多口井天然气中碳同位素进行分析(表4-8)，其中乙烷$\delta^{13}C_2$‰普遍高于−25.5‰，具有典型的煤型气的特征。根据戴金星等(1992)提出的鉴别有机成因天然气的图版进行分析(图4-34)，这几口井的数据主要集中在煤型气或煤型气与油型气的混合区域，煤型气的特征表现较重，而柴西地区古近系和新近系烃源岩类型主要表现为Ⅰ和Ⅱ干酪根，主要表现为油型气。根据这些数据判断的天然气类型与本区古近系、新近系生成天然气类型差别较大。

表4-8 南翼山构造碳同位素特征

构造	井号	层位	$\delta^{13}C_1$/‰	$\delta^{13}C_2$/‰	$\delta^{13}C_3$/‰
南翼山	浅4-2	N_2^2	−38.00	−25.00	−24
南翼山	南5井	E_3^2	−34.90	−21.90	−16.8
南翼山	浅3-1井	N_2^2	−35.10	−22.00	−21.8
南翼山	浅3-1	N_2^2	−40.20	−27.70	−25
南翼山	南5	E_3^2	−35.10	−23.30	−26.9

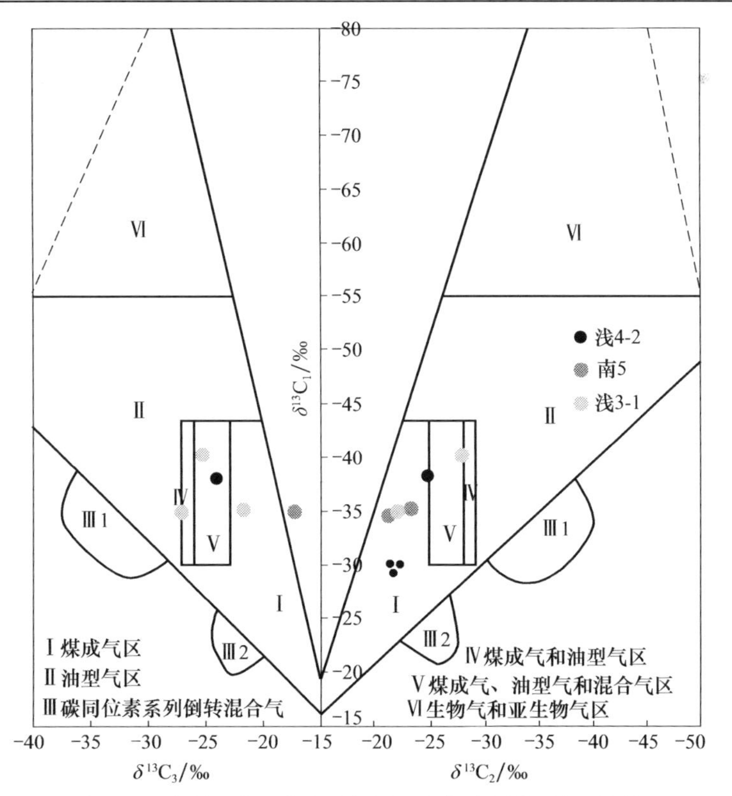

图4-34 南翼山典型井主要气层天然气成因类型识别图版

对南翼山构造古近系和新近系的烃源岩进一步分析(图 4-35),南翼山构造古近系和新近系的烃源岩主要为Ⅰ型和Ⅱ型干酪根,也存在一定的Ⅲ型干酪根,主要集中在南 8 井,镜下鉴定显示:在南 8 井井深 1400～3602m 共分析 44 块样品,其中有 43 块干酪根类型为Ⅲ型。说明南翼山浅部地层古近系和新近系烃源岩自身具有生成煤型气的可能。

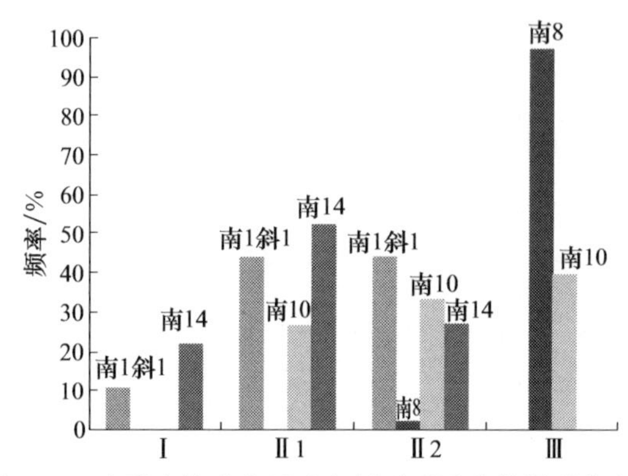

图 4-35　南冀山构造古近系和新近系干酪根类型分布图

在柴西地区古近系和新近系地层中沉积有 4 套烃源岩,其中 E_3^2 烃源岩是埋藏最深的烃源岩,成熟度最高。对南翼山构造 E_3^2 烃源岩成熟度进行分析(表 4-9),其成熟度 R_o 主要分布在 0.60%～0.91%,处在低成熟-成熟阶段,虽然可以生、排出油气,但以生油为主,伴随有少量的天然气生成。因此,认为南翼山构造上的煤型气主要来自中生界的烃源岩,理由如下。

表 4-9　南翼山构造烃源岩成熟度测试数据

井号	井段顶深/m	井段底深/m	层位	R_o
南 1 斜 1 井	3140.00	3190.00		0.63
南 1 斜 1 井	3191.00	3240.00		0.62
南 1 斜 1 井	3291.00	3340.00		0.60
南 1 斜 1 井	3341.00	3390.00		0.67
南 1 斜 1 井	3391.00	3440.00		0.60
南 1 斜 1 井	3444.00	3490.00		0.66
南 1 斜 1 井	3541.00	3590.00		0.69
南 1 斜 1 井	3640.00	3690.00		0.73
南 1 斜 1 井	3741.00	3790.00		0.70
南 1 斜 1 井	3791.00	3840.00		0.71
南 1 斜 1 井	3940.00	3990.00		0.86
南 1 斜 1 井	4041.00	4090.00		0.79
南 1 斜 1 井	4091.00	4140.00		0.85

续表

井号	井段顶深/m	井段底深/m	层位	R_o
南 1 斜 1 井	4241.00	4290.00		0.86
南 1 斜 1 井	4291.00	4340.00		0.78
南 1 斜 1 井	4391.00	4440.00		0.82
南 1 斜 1 井	4440.00	4490.00		0.88
南 1 斜 1 井	4490.00	4540.00		0.87
南 1 斜 1 井	4541.00	4590.00	E_3^2	0.91

(1) 根据现有的钻井资料，南翼山地区古-新近系烃源岩仅处于低成熟-成熟阶段(R_o 小于 1.25%)，尚未进入生气高峰，不能大量生成具工业价值的天然气。

利用南翼山构造上多口井测得的 R_o 值，拟合古近系-新近系 R_o 与深度的关系(图 4-36)，目前已经钻遇地层中的烃源岩 R_o 均小于 1.25%。结合 R_o 与埋深之间的关系，主力烃源岩 E_3^2 在南翼山构造最大埋深约 7000m，因此南翼山构造上的烃源岩的成熟度最大不超过 1.6%，很难形成大规模的气藏，以油藏为主。天然气的来源更有可能来自深部源岩。

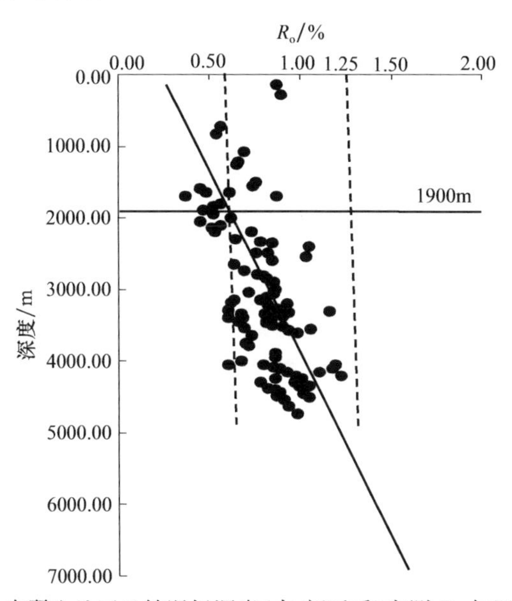

图 4-36　南翼山地区已钻遇烃源岩(古-新近系)实测 R_o 与埋深关系图

(2) 南翼山构造山明显存在两种成熟度的天然气，具有成熟度 R_o 大于 1.8% 的天然气说明存在深部煤型气源岩。

南翼山构造上不同井所测得的甲烷同位素具有明显的差异性(表 4-10)，表格上部井表现出油型气的特征，其下部井表现出煤型气的特征。利用多位学者拟合的 R_o 与 $\delta^{13}C_1$ 的关系，算出的 R_o 也明显表现出两种不同的成熟度，表格上部井表现为低熟气源岩，下部井表现为高成熟-过成熟气源岩。

表 4-10 南翼山构造不同层位天然气碳同位素及预测其气源岩的 R_o 值

井号	层位	$\delta^{13}C_1$/‰	R_o/%			
南 5	E_3^2	−34.9	0.97825908	1.479636471	0.964593839	低成熟气源岩 R_o
浅 4-2	N_2^2	−38	0.906156863	1.169204479	0.774455637	
浅 3-1	N_2^2	−35.1	0.973438892	1.457328017	0.951027343	
南 12	E_3^2	−34.51	0.987727205	1.524124936	0.991607652	
南 4-1	E_3^2	−34.74	0.98213241	1.49772886	0.975586243	
南 4	N_2^2	−26.21	1.212446426	2.863028512	1.784950948	高成熟-过成熟气源岩
南 8	E_3^2	−25.19	1.24337762	3.09367018	1.918663587	
南 1	E_3^2	−23.1	1.309243182	3.625935846	2.224752987	
尖 5	N_1	−23.9	1.283629076	3.412159016	2.102208941	
尖西 1	E_3^2	−23.7	1.289985236	3.46439159	2.132197151	
梁 3	N_2^2	−22.8	1.318979701	3.709511193	2.272526825	
梁 3	N_2^1	−22.5	1.328788627	3.795012894	2.321326548	
	公式来源		$R_o=\exp[(\delta^{13}C_1+34.01)/40.49]$（沈平等，1991）	$R_o=\exp[(\delta^{13}C_1+40.058)/13.165]$（青海油田勘探开发研究院）	$R_o=\exp[(\delta^{13}C_1+34.391)/14.12]$（戴金星和戚厚发，1989）	

利用戴金星和戚厚发(1989)提出的 R_o 与 $\delta^{13}C_1$ 关系的经典公式[$R_o=\exp((\delta^{13}C_1+34.391)/14.12)$]，计算得到该气藏的烃源岩成熟度 R_o，其中有多口井的成熟度超过 2%，属于高-过成熟阶段。利用 R_o 与深度的关系，对高成熟-过成熟度的天然气进行预测(图 4-37)，其埋深已经接近 10000m，进一步说明中生界煤系烃源岩存在的可能性。

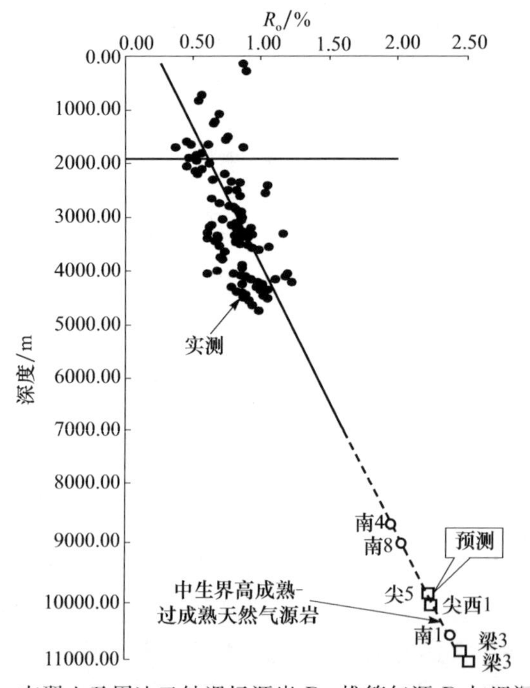

图 4-37 南翼山及周边已钻遇烃源岩 R_o、推算气源 R_o 与埋深关系图

（3）结合多条地震剖面，解释南翼山构造深部存在中生界地层（图 4-38、图 4-39）。

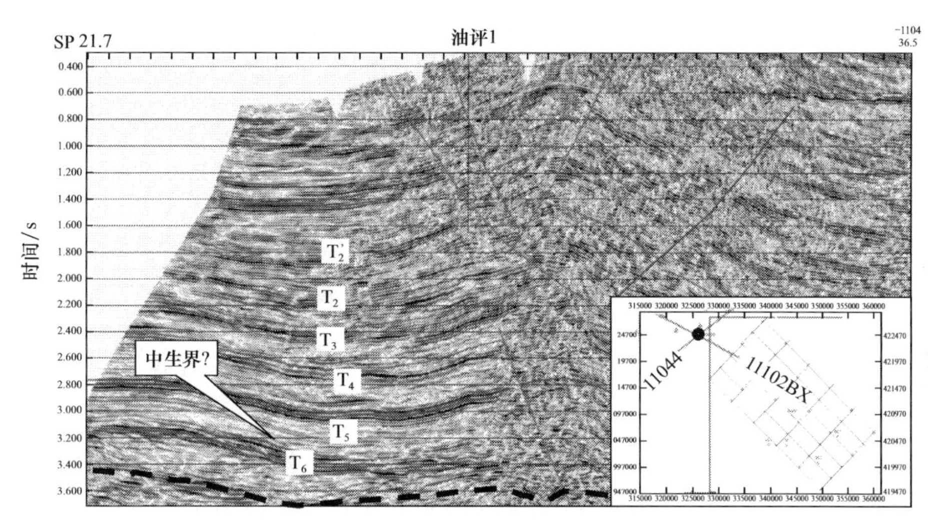

图 4-38　南翼山地区 11044 测线地震解释剖面（文后附彩图）

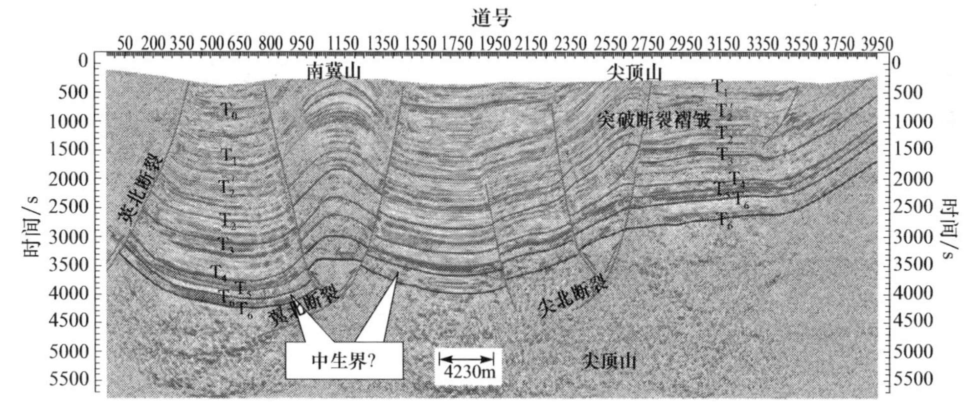

图 4-39　中生界地层向南可能延伸到英北断裂（文后附彩图）

南翼山构造深部地层在地震剖面上存在显示，具有一套明显的沉积地层，认为就是中生界的一套地层。

综上分析，认为南翼山构造上的气藏形成是由多源混合供烃：侏罗系煤系烃源岩、古-新近系油型烃源岩和古-新近系煤型烃源岩。形成的天然气主要是煤型气，煤型气主要是由中生界侏罗系的烃源岩经过高演化作用形成的，古-新近系煤型烃源岩的供烃作用相对较弱。通过分析柴西地区中生界地层的存在，结合地震资料解释，对柴西地区中生界煤型气的有利区进行预测，其受中生代基底断裂控制，是下一步在柴西地区寻找煤型气的潜力区(图 4-40)。

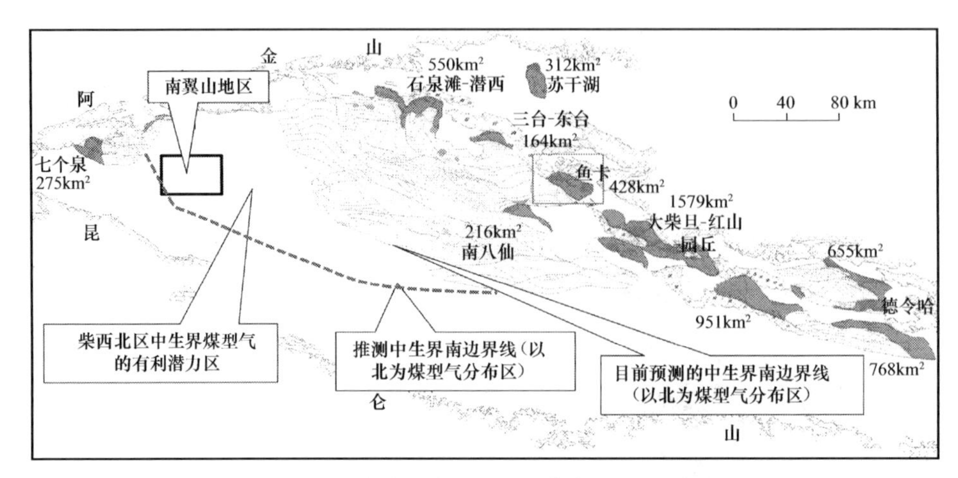

图 4-40　柴达木盆地中生界地层分布图(文后附彩图)

4.3.3 南翼山构造输导体系研究

柴西地区中浅层主要沉积一套湖湘碳酸盐岩(图 4-41),由于后期构造作用,在

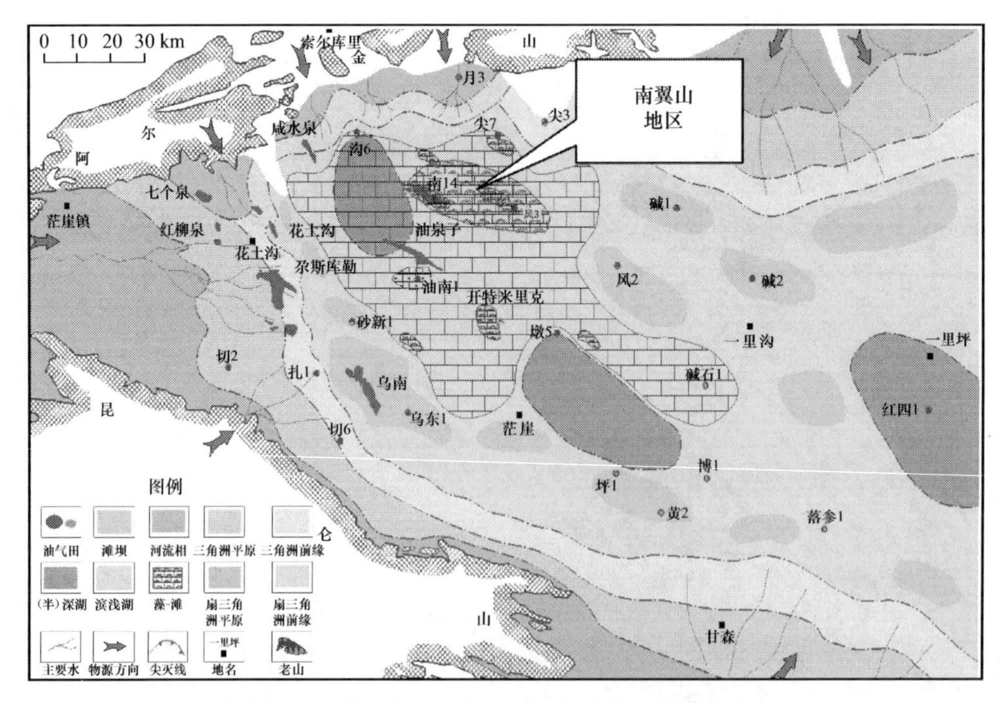

图 4-41　柴西北区 N_2^1 沉积相平面图(文后附彩图)

南翼山构造上形成了许多构造裂缝(图4-42),是天然气侧向运聚的优势通道。南翼山构造上N_2^2气藏储层孔隙度为13.4%～39.2%,整体上属于高-特高孔隙度储层;平均渗透率为9.82mD①,整体上属于特低渗-低渗透率储层,油气横向输导主要取决于裂缝。在晚期强烈挤压下断裂控制的背斜裂缝发育(图4-42),与碳酸盐岩储层溶蚀缝、活动的断裂构成断裂-裂缝输导体系,为南冀山中浅层构造圈闭提供气源,控制南冀山中浅层气藏的形成。这里,断裂不仅控制南冀山构造圈闭的形成,也控制断裂-裂缝输导体系的形成与源上中浅层圈闭气源的供给。

图4-42　南冀山构造浅607井428.06m10×10构造缝照片

4.3.4　成藏模式的建立

对构造发育史和成藏演化史的研究表明,南翼山构造上的气藏形成主要经历3个演化阶段:烃源岩形成阶段、中生界煤型气成藏阶段和煤型气、油型气混合成藏阶段。烃源岩形成阶段:柴达木盆地在燕山早期拉张背景下,处于断陷阶段,中生界煤系烃源岩开始沉积,侏罗纪末期盆地抬升剥蚀;直到古近纪地层再次接受沉积,沉积E_{1+2}地层时,局部地区中生界的烃源岩开始进入生烃门限,到E_3^2这套煤-油型烃源岩沉积后,中生界烃源岩整体进入生烃门限。中生界煤型气藏阶段:在N_2^2沉积前,古近系和新近系以沉积烃源岩为主,此时中生界煤系烃源岩开始生成煤型气,古近系和新近系的烃源岩处于低成熟阶段,尚未大量生、排油气,只有少量伴生天然气,长期发育的深大断裂作为向上运移的通道,把中生界煤系烃源岩生成的天然气运输到浅部地层中聚集成藏,此阶段煤型气大量聚集成藏。煤、油型气混合成藏阶段:N_2^2沉积至今,南翼山受到强烈挤压,断裂活动强烈,褶皱变形加剧,形成“两断夹一隆”的构造圈闭的,同时裂缝发育增加,古近系和新近系的煤-油型烃源岩进入生烃高峰期,生成一定的油型气和煤型气,沿断裂-裂缝输导体系进入其

① $1D=0.986923\times10^{-12}m^2$。

控制的圈闭中，与先期中生界生成的煤型气混合成藏或独立成藏，此阶段中生界煤系烃源岩，进入过成熟阶段，其进一步生成天然气，但生烃能力逐渐消退(图 4-43)。

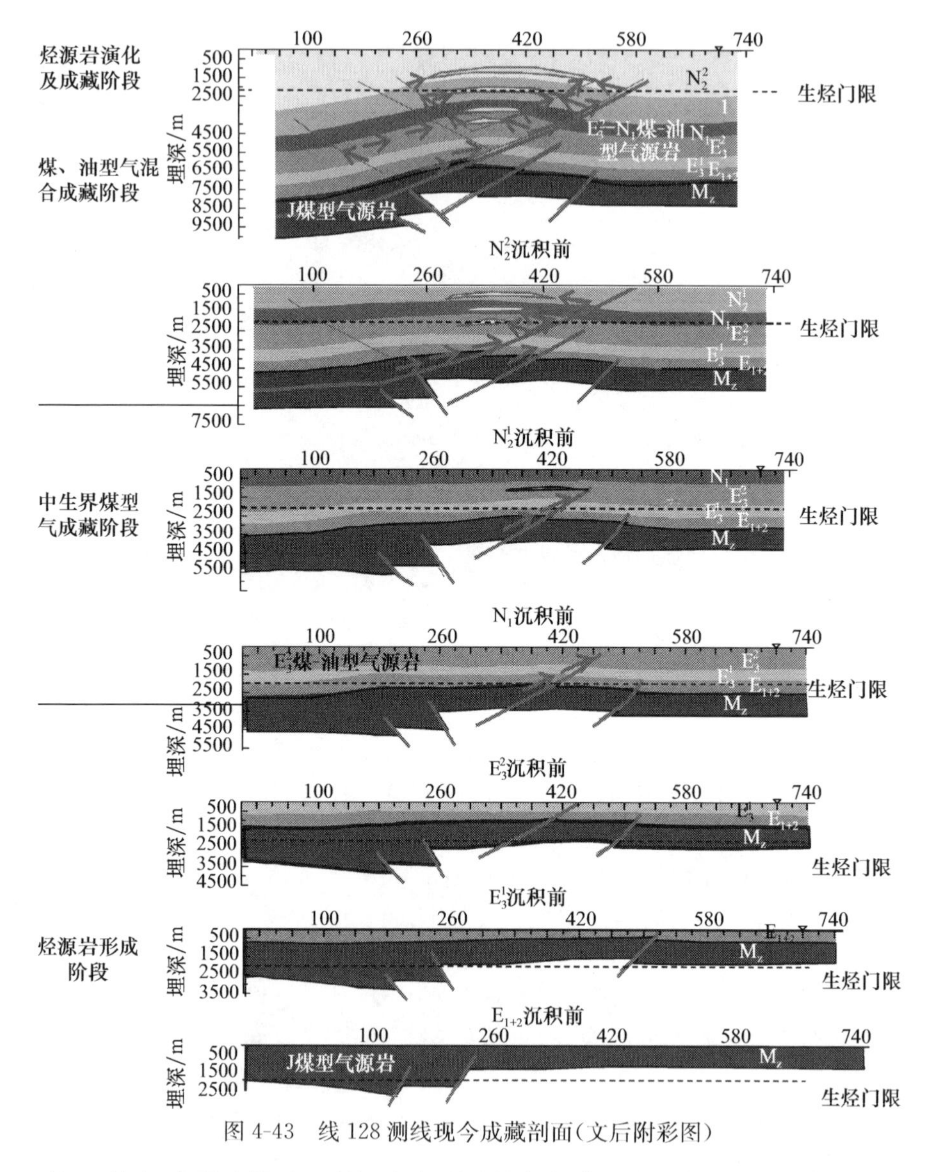

图 4-43　线 128 测线现今成藏剖面(文后附彩图)

综上所述，南翼山构造上的深大断裂是控制气藏形成的主控因素，断裂的发育沟通了深部的烃源岩和浅部的圈闭，是油气向上运移的主要通道；控制了断裂-裂缝输导体系的形成和分布，强烈的构造挤压形成大量的构造裂缝，断裂的沟通形成良好的断裂-裂缝输导体系；控制了两断夹一隆背斜圈闭的形成和分布，构造挤压使地层发生弯曲，形成背斜圈闭，断裂的发育控制了该圈闭的有效性，使油气能够在该圈闭中有效地聚集成藏。最终总结为多源复合、断裂(纵向)-裂缝(横向)输导体系输导、晚期构造混合聚气成藏模式(图 4-44)。

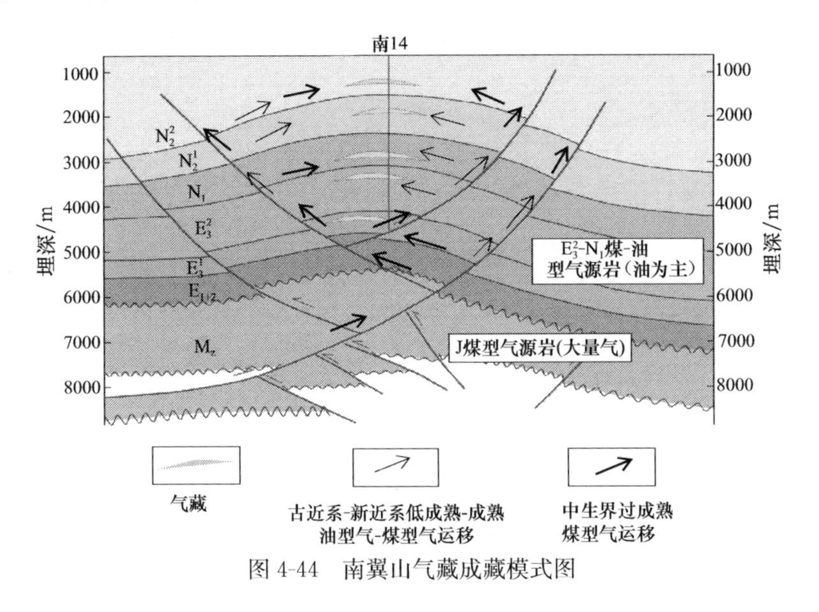

图 4-44　南翼山气藏成藏模式图

4.4　祁连山山前冲断断裂系统区

本节以平台构造气藏为例进行分析。

4.4.1　概况

平台构造位于祁连山山前，受祁连山山前冲断断裂系统控制，平西 1 号圈闭部署钻探平 1 井，E_{1+1}、E_3^1 共解释油层为 12.5m，气层 17.8m，储层平均孔隙度为 13.3%；平均渗透率为 7.57mD。2011 年 5 月对解释的 3 个油气层段试油，均获工业油气流，其中 1157.5～1161.0m 井段试油，4mm 油嘴，油压 5.2MPa，日产气 10624m^3，发现平台气藏(图 4-45)。

4.4.2　源储组合

平台气藏远离伊北侏罗系源岩中心，两者不在同一源储系统内，为典型的远源成藏特征(图 4-46)，气藏的主力储层 E_{1+2}、E_3^1 通过断裂-不整合-输导层复合输导体系与伊北烃源中心的侏罗系气源联结在一起，构成远源它储源储组合。

4.4.3　沉积与储层特征

平台古隆起 E_{1+2}、E_3^1 辫状河砂体发育，物性较好。储层以含砾砂岩和粗砂岩为主，孔隙度为6.5%～27.5%，平均为13.3%，渗透率为0.05～45.8mD，平均为7.6mD，是良好的横向运移输导层(图4-47)。

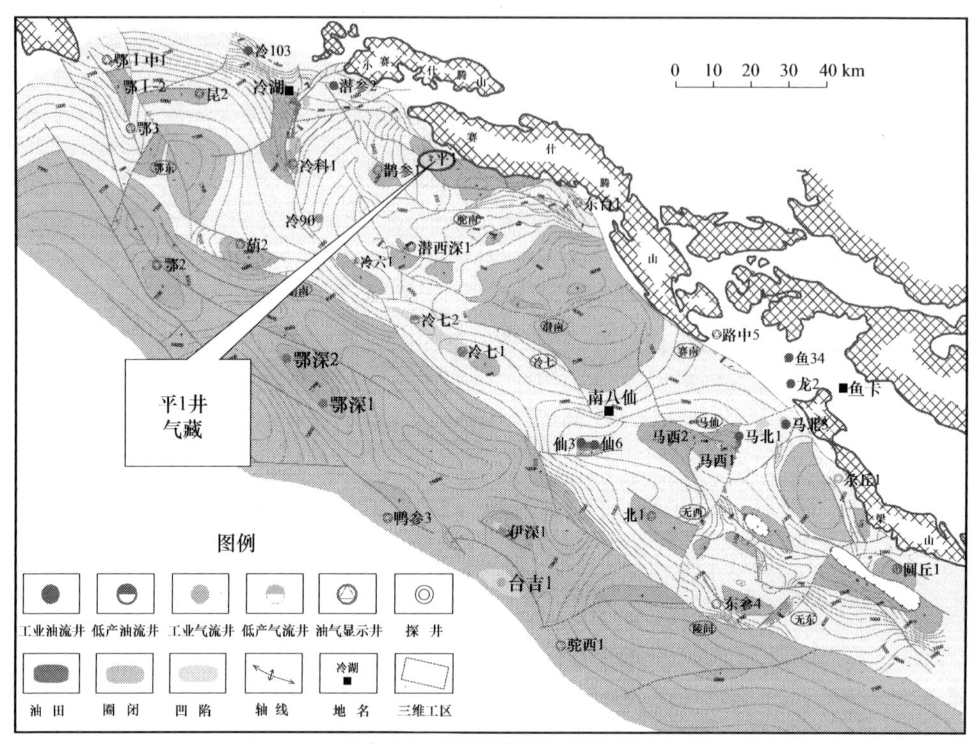

图4-45 平台(平1井)气藏位置图(文后附彩图)

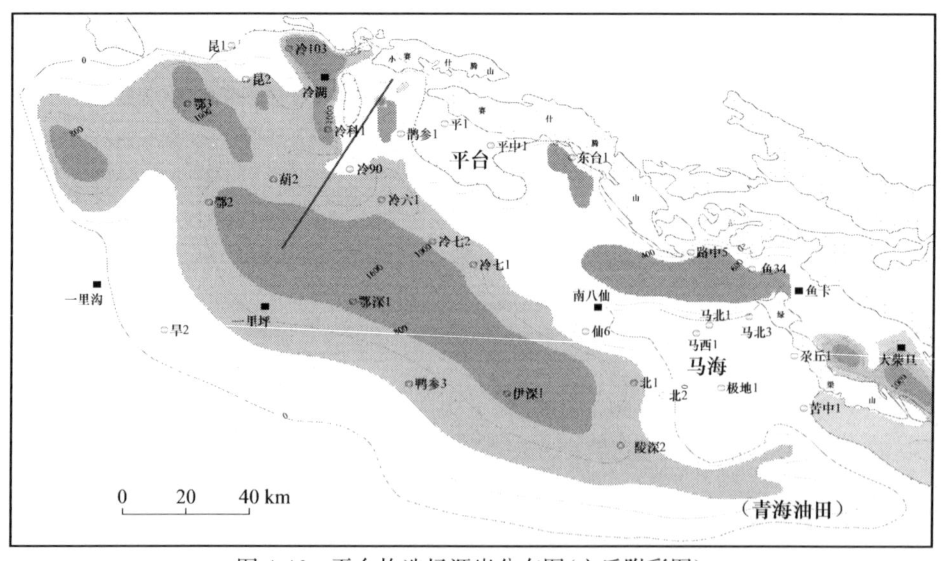

图4-46 平台构造烃源岩分布图(文后附彩图)

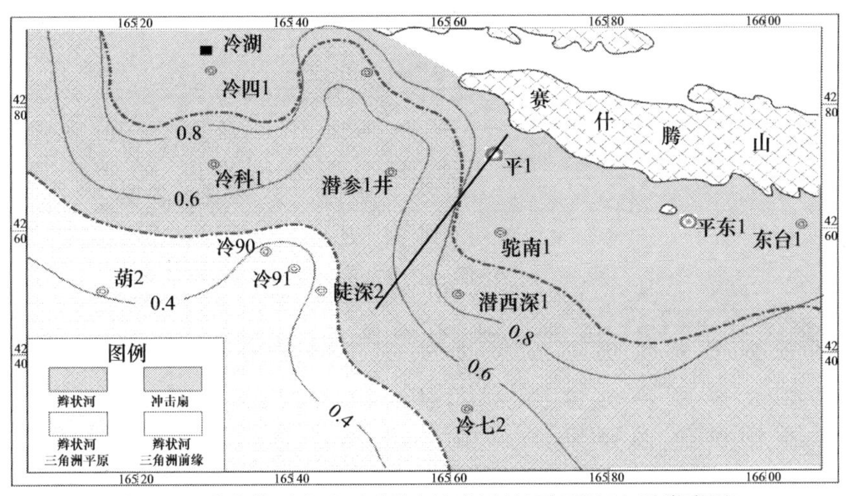

图 4-47　柴北缘平台地区乐路河组沉积相平面图(文后附彩图)

4.4.4　输层体系与天然气运聚成藏恢复

长期、多期同沉积活动的冲断层组合沟通 E_{1+2}底不整合和 E_{1+2}、E_3^1 输导层,形成天然气运移网络,向长期隆起的平台凸起运移,最终聚集在受冲断层控制的构造圈闭中成藏。冲断断裂-输导层-不整合输导体系控制平台地区天然气的生成、运移和圈闭的形成与天然气的聚集(图 4-48)。其成藏规律可总结为山前平台型冲断构造背景下断裂-输导层-不整合输导体系源外长期运聚晚期控藏模式,代表盆缘山前冲断断阶天然气运聚成藏规律的总结。

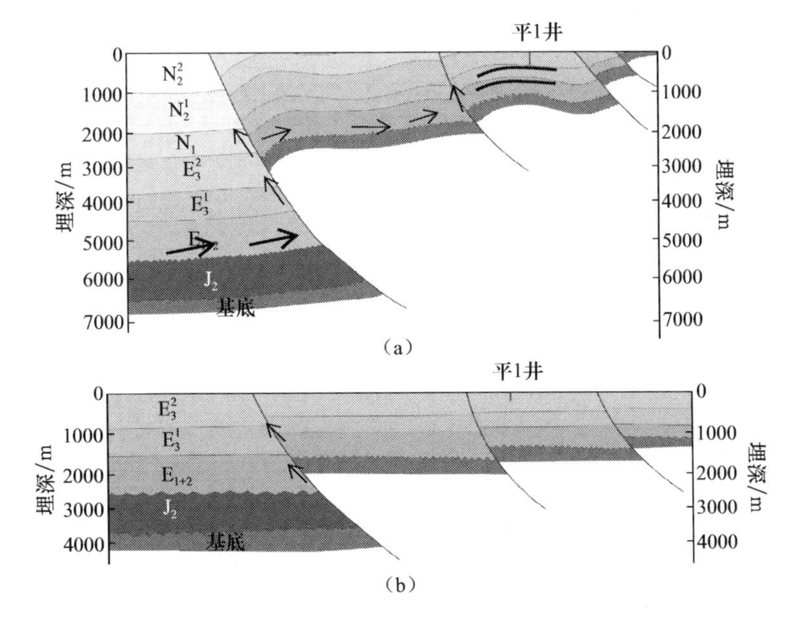

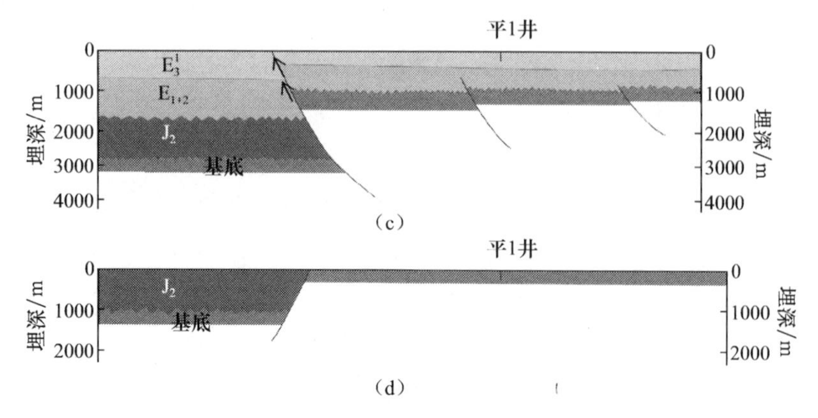

图 4-48 平台构造天然气藏形成过程恢复

(a)现今剖面;(b)新近系沉积前;(c)E_3^2 沉积前;(d)古近系沉积前

4.5 柴北缘浅层滑脱断裂下盘油气富集特征及其控藏模式

本节研究的目的是弄清柴北缘浅层滑脱断裂下盘油气富集的原因及其成藏机制,运用构造解析、断层封闭性分析方法,对研究区断裂系统、断裂带结构及其封闭性、断裂上下盘油气成藏条件的差异进行剖析。研究成果如下:柴北缘发育深层基底断裂和浅层滑脱断裂两大断裂系统,目前发现的 6 个浅层油气藏均位于滑脱断裂下盘;浅层滑脱断裂带垂向渗透性的分带特征是造成断裂上、下盘油气运聚成藏巨大差异的主要原因,滑脱断裂带中带致密层阻止了深层油源向滑脱断裂上盘圈闭的运移使之不能成藏,而滑脱断裂下渗透带的油气运移的通道作用是为下盘圈闭聚集深层运移来的油气形成油气藏创造有利条件;总结出南八仙-冷湖五号型、冷湖七号-葫芦山型等四种滑脱断裂下盘聚油成藏模式,认为有油源断裂沟通的滑脱断裂下盘圈闭是柴北缘下一步勘探的重要目标。

研究区发育深层基底断裂系统与浅层滑脱断裂系统勘探表明,油气藏均位于深层断裂系统控制的断展背斜构造圈闭和浅层滑脱断裂的下盘断裂遮圈闭中,浅层滑脱断裂上、下盘均存在构造圈闭。为什么油气均聚集在其下盘圈闭中。上盘圈闭难于聚集油气成藏的原因是什么呢?

4.5.1 柴北缘断裂基本特征

1. 断裂平面分布特征

柴北缘中新生界断裂有 50 余条,均为逆断层,成排成带分布(罗群和庞雄奇,2003;罗群和陈淑兰,2004),据延伸方向发育有 NW—NWW 向、近 EW 向和 NE-NEE 向 3 组断裂,以 NW—NWW 向断裂发育占优势;如沿冷湖-南八仙-马海构造带发育冷湖-南八仙-马海断裂带，沿鄂博Ⅰ号-葫芦山、鄂博梁Ⅱ号-鄂博梁Ⅲ号-鸭湖构造带发育鄂博梁Ⅰ号-葫芦山断裂带、鄂博里Ⅱ号、Ⅲ号-鸭湖断裂带；褶皱平缓区（凹陷区，斜坡区）断裂不发育，如果昆特依凹陷、伊北凹陷。

2. 断裂系统

纵向上，以 E_3 地层为界，发育深层和浅层两大断裂系统（图4-49）。深层断裂系统的断裂由基底断裂组成，向上大多消失在 E_3-N_1 的地层中，均为基底卷入型逆冲断裂。从时间上看，这类断裂又分为早—中期（中生代—古近系与新近系时期）、同沉积型反转断裂和早期逆冲断裂，前者如冷湖东断裂、鄂东断裂等，它们在中生代早侏罗世时期为区域张性应力下的拉张同沉积正断层，对早侏罗世的形成和展布有重要的控制作用，中后期（中生代末～古近纪与新近纪）受挤压而反转（转化为逆断层），有的断裂还长期同沉积逆生长，直到 E_3 或 N_1。后者如早期基底逆冲断裂，发育于中生代末期，受来自北部祁连山挤压应力场作用，不具生长断裂性质。

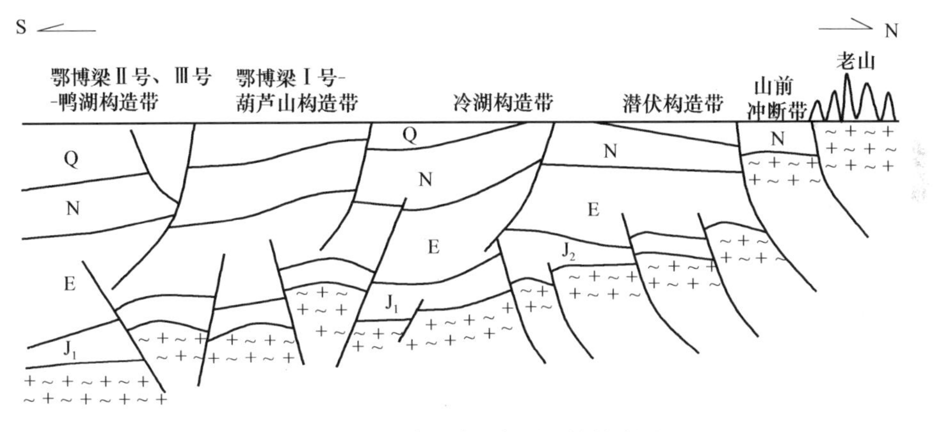

图4-49　柴北缘深浅层断裂系统样式图

浅层断裂系统指发育于 E_3 地层及其以上的断裂组成的断裂系统，由浅层滑脱逆冲断层和地表附近的一系列派生正断层组成，形成于古近纪与新近纪末期，应力来自南部因印度板块向北碰撞中国大陆产生的强烈挤压运动，这次构造运动一方面使中浅层地层发生强烈褶皱，形成北翼陡南翼缓的不对称背斜，而且在这些构造部位因 E_3^2 巨厚泥质岩塑性地层水平滑脱产生沿塑性地层上、下层地层水平错动，错动面在背斜发育部位的北翼或顶部向地表延伸，断至地表，形成犁式的浅层滑脱逆断层。同时在滑脱断裂的上盘形成滑脱断裂控制的断滑背斜，断滑背斜往往叠置在基底逆断层上盘的断展背斜之上，形成双重叠加背斜构造，如鄂博梁Ⅰ号、Ⅱ号、Ⅲ号，冷湖四号、冷湖五号，南八仙构造和鸭湖构造等。浅层褶皱包括断滑背斜和挤压背斜，顶部因产生局部张性应力场而形成一系列派生张断裂，与浅层滑脱断裂系共同组成浅层断裂系统。浅层滑脱断裂均为北冲南倾断裂，向上产状变陡，常断至地表，向下变缓并消失于 E_3^2 地层中。浅层滑脱断裂系统广泛发育于冷湖-南八仙构造带及其以南的褶皱构造顶部，在其下盘因地层起伏常形成受滑脱断裂遮挡的断鼻构造圈闭，成为柴北缘断裂发育及其控制构造圈闭和油气藏的一个重要特征。深、浅层断裂系统构造样式见图 4-49。

4.5.2 柴北缘油气藏分布特征

勘探表明，柴北缘已发现冷湖三号油田、冷湖四号油田、冷湖五号油田、冷湖七号西高点（低产油藏）、冷湖七号东高点（低产气藏）、南八仙油气田、鸭湖低产气藏、鄂博梁Ⅱ号低产油藏、马海西南低产气藏、马海气田和鱼卡油田等 11 个油气藏（田），它们都分布在冷湖-南八仙-马海-鱼卡构造带和鄂博梁-鸭湖构造带上，严格受断裂控制而沿断裂分布（图 4-50）；在构造部位上，这些油气藏均分布于浅层滑脱断层下盘和深层基底断裂的上盘圈闭中，其中冷湖五号、冷湖七号西高点（低产油藏）、冷湖七号东高点（低产气藏）、南八仙油气田、鸭湖低产气藏、鄂博梁 Ⅱ 号低产油藏 6 个油气藏（田）均位于浅层滑脱断裂下盘，浅层滑脱断裂下盘控藏特征十分明显。

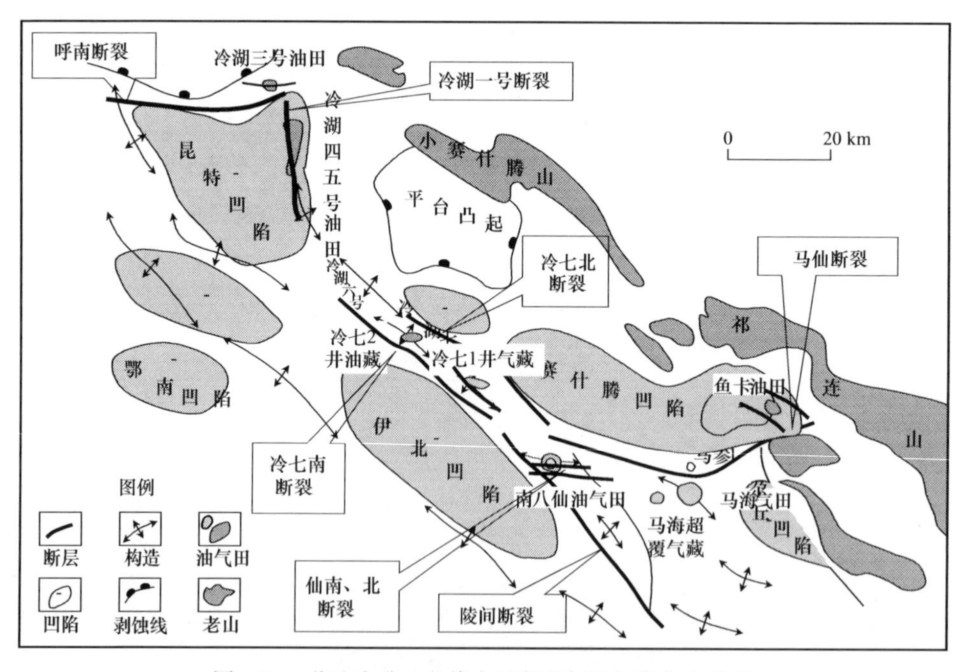

图 4-50 柴达木盆地北缘主要断裂与油气藏分布关系

4.5.3　柴北缘浅层滑脱断裂下盘富集油气的原因及其成藏模式

为什么柴北缘已找到的 6 个浅层油气藏均位于浅层滑脱断裂下盘,滑脱断裂上盘不能聚集油气而成藏? 这是由柴北缘地质特征及滑脱断裂的油气地质条件所决定的。

1. 柴北缘浅层滑脱断裂(带)垂向上分带性及其控制作用

和柴达木盆地南缘昆北地区狮子沟-油砂山滑脱断裂一样,柴北缘地区的浅层滑脱断裂也是向下切割 N_2 层、N_1 层和 E_3^2 层并滑失于 E_2^3 地层中,所不同的是柴北缘地区的烃源岩发育于深部的中、下侏罗统。因此,柴北缘浅层滑脱断裂本身不是油源断裂,不能直接向其周围的圈闭(包括上盘圈闭和下盘圈闭)提供油气来源。

值得注意的是,柴北缘浅层滑脱断裂(带)在垂向上因封闭性不同具有分带性,即主断裂带封闭性最强,其上、下层带封闭能力变差。这为主断层面之上无油气运移、主断层面之下有油气运移提供地质条件。

图 4-51 是冷科 1 井钻遇滑脱断层上、下盘附近的补偿中子和声波速度曲线的

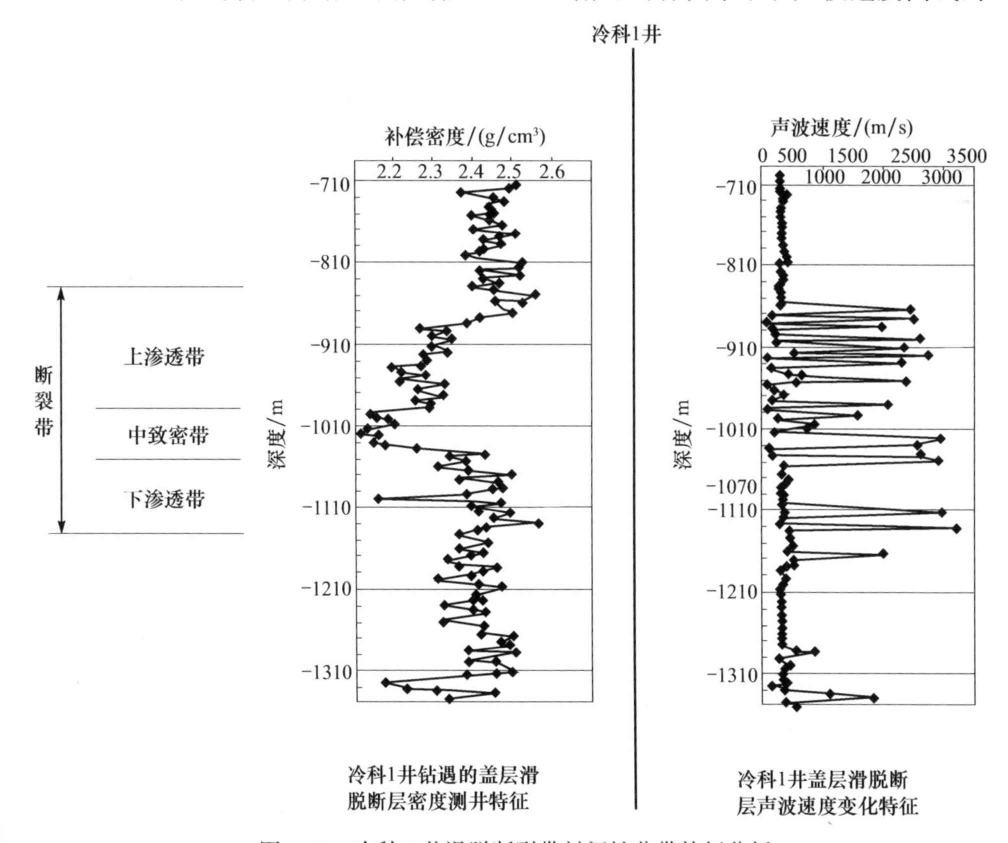

图 4-51　冷科 1 井滑脱断裂带封闭性分带特征分析

特征变化情况。冷科1井在1050m钻遇滑脱断裂主断面。补偿中子曲线在1000m处断点之上的100余米外，补偿密度明显降低，由2.5g/cm³迅速降低至1.0g/cm³左右，而声波速度曲线出现明显的跳跃，跳跃范围为500～2500m/s，反映断点之上存在近百米的大量裂缝带顺断层分布，说明渗透性好；断点之下100余米补偿密度曲线基本恢复正常，声波速度跳跃减少，反映断点之下100余米裂缝发育程度降低，但仍具一定的渗透能力，钻井测试的压力数据表明，断点之上为正常流体压力，断点之下为超压，主断裂带本身具有很好的封闭能力和分隔性。

分析可知，滑脱断裂带本身从上到下可进一步分为3个带；主断裂面上的上带封闭性差，裂缝发育，为高渗透带，可作为油气运移有利通道；主断面之下的下带有一定程度的裂缝发育，有一定的渗透性，也可作为油气运移的通道；主断裂面带有很强的封闭性和分隔性，是上、下两个不同渗透系统的分隔面。推断南八仙、鸭湖、冷湖七号等构造顶部发育的滑脱断裂带都具有这种分带性特征。

从前面的研究结果可知，滑脱断裂与下部基底深层断裂系统的油源断裂是相连的，沿基底油源断裂运移上来的油气进入滑脱断裂后，由于主断裂面的封隔性，油气难以穿过主断裂面进入断裂带的上带，因此滑脱断裂的上盘就难以有大规模油气运移聚集，而主断面之下的下带具有一定的渗透性，油气可沿其运移，在下盘圈闭中聚集成藏。

2. 柴北缘滑脱断裂下带封闭性的变化及对聚集油气成藏的影响

沿滑脱断裂下带向上运移的油气，早先都散失于地表，由于以下原因，断裂下带的封闭性发生变化，出现由上到下封闭性由早到晚逐渐变好的变化序列(图4-52)，将油气挡遮起来，形成断裂下盘多个油气层(藏)共存的局面，如南八仙中浅层次生油气藏就发育N_2^2、N_1^2和N_1多层油气藏。

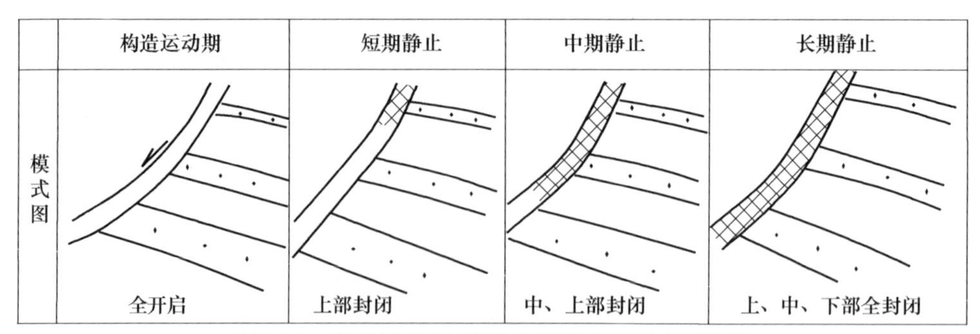

图4-52 滑脱断裂不同部位封闭序列及其成因解释

(1) 油气被氧化而沥青化，首先在地表附近形成沥青封堵。沿滑脱断裂下带向上运移的油气最初散失于地表，由于氧化作用，运至地表的油气被氧化为沥青脉，将断裂封堵起来，从而阻止了油气进一步散失而聚集在断裂下盘的圈闭中。

(2) 钻井的资料统计表明，北缘地区地层中泥质岩含量的总趋势是由下而上逐渐增加，导致浅层地层比深部地层塑性大，而塑性大的地层先将断裂闭合。同时，由于上部地层泥质岩比例高，断层两盘泥质岩对置的可能性要大于下部地层，因此断层上部形成封闭性的可能性比下部大，时间上也要早于下部。

（3）在“通天断裂”近地表处，由于存在向上与向下两种流体的混合，温压条件及物质的化学反应可能导致大规模的沉淀作用，沉积物主要分布于断裂两侧，从而形成侧向封堵，且由上而下进行。

（4）滑脱断裂剖面上均呈犁型，上陡下缓，而喜马拉雅期以来强烈的水平挤压作用必然使受挤压力大的断裂上部先闭合，下部则因断面产状的变缓而受挤压力减小，断面（带）闭合滞后。正是断裂由下而上、由早到晚变好的封闭性导致下盘多层油气藏的形成。

4.5.4　柴北缘滑脱断裂下盘控藏模式

以上分析均表明，柴北缘滑脱断裂上下盘具有不同的油气运移、聚集条件，油气主要富集在滑脱断裂下盘的圈闭之中，而上盘油气富集程度很低，这是因为上、下盘具有不同的聚集条件，下盘聚油的优势是：①有基底油源断裂沟通；②滑脱断裂下带有一定的渗透性，为油气运移通道；③与下盘地层构成反向断层易形成各类断层圈闭；④由于滑脱断裂下带与下盘地层形成反向遮挡，易形成封闭；⑤不发育次级通天断层，保存条件良好。

图 4-53 为总结的柴北缘滑脱断裂上、下盘油气差异聚集示意图，给出了滑脱断裂下盘控制油气运聚成藏的 4 种形（模）式。

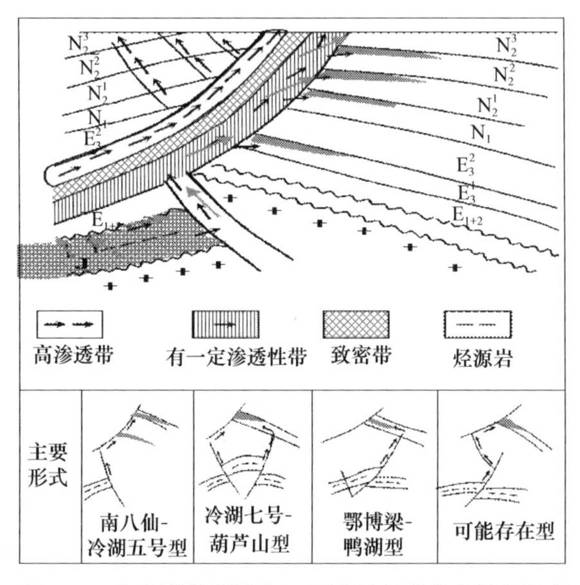

图 4-53　柴北缘滑脱断裂上、下盘油气聚集差异的因素

以上模式说明，只要深层有油源断裂沟通，油气就很可能在滑脱断裂下盘圈闭中聚集成藏。有油源断裂沟通的滑脱断裂下盘圈闭成为柴北缘下一步勘探的优选目标，滑脱断裂上盘则存在较大的勘探风险。

4.6 油气成藏与断裂关系

4.6.1 天然气成藏与断裂关系

通过剖析柴达木盆地不同类型天然气运聚成藏过程和分布规律，明确天然气成藏具有以下两个明显特点。

1. 具有“长期挤压、单旋回成藏”的地质背景

区域成盆演化与构造发育史研究表明，柴达木盆地自中生代以来受南部昆仑山、北部祁连山和西部阿尔金山三大构造动力系统的联合作用，经历了早-中侏罗世拉张断陷、晚侏罗世-白垩纪挤压挠曲、古近系—新近系挤压拗陷和新近系末—现今强烈挤压褶皱4个构造演化阶段，其中最后一个阶段的构造运动最为强烈，其导致了柴达木盆地几乎所有的构造圈闭的形成和最后定型，这是因为自新生代以来，尤其是新近系以来，随着印度板块向欧亚大陆持续不断地挤压，青藏地区不断隆升，向北挤压的昆北构造应力不断增强，到新近系末及以后达到最强，柴达木盆地几乎所有构造圈闭最后形成和定型，进而有条件聚集大规模运移的天然气，导致柴达木盆地天然气普遍存在的“后期挤压，晚期成藏”的聚集特征和地质背景。尤其是在柴达木盆地腹地，这种特征最为典型。区域上长期挤压隆升导致了柴达木盆地的高原盆地特征。

除了长期挤压导致的高原盆地成藏地质背景外，“单旋回成藏”是柴达木盆地天然气成藏的另一个地质背景。“单旋回”指盆地的含油气层系在纵向上只经过了一个单一的沉积旋回演化过程。如柴达木盆地西部，其沉积演化过程表现为E_{1+2}时期的粗碎屑沉积，到E_3^1、E_3^2-N_1的细粒沉积，再到N_2-Q沉积物变粗，整个沉积旋回宏观上只出现了“粗-细-粗”的单一的岩性组合，这种单旋回沉积的结果导致有利的源储组合方式单一，源上组合类型分布少，不利于天然气的运移和聚集。柴北缘地区存在侏罗系、古近系-新近系两套沉积旋回，但这两套沉积旋回均表现为由老(下)到新(上)、粗到细再到粗的单旋回沉积组合，导致各自的源储组合(主要是侏罗系旋回)类型单一，数量稀少，也不利于天然气的运聚成藏。断裂沟通不同的单旋回源储组合，使纵向上不同类型源储组合的相互沟通，促使了丰富多彩的天然气藏的形成。

2. 具有"有源无储、有储无源"、"断裂输导"的特点

柴达木盆地是典型的高原盐化湖盆,由于气候干旱,缺乏水源和物源,柴西地区生烃中心主要烃源岩(E_3^1、E_3^2、N_1 等)内部及周边缺乏储层,形成"有源无储"的"一盆泥"的沉积结果,导致源储组合不发育,储层缺乏,烃源灶中造成的油气难以运移聚集,极不利于天然气的运移成藏。另一方面,在柴北缘及盆缘地区,古近系-新近系储集层发育,但是缺乏烃源岩,导致广大领域"有储无源"的"一盆砂"尴尬局面,烃源岩供给缺乏,也不利于天然气的运移聚集。因此,盐化湖盆的古地理、古气候背景造成柴达木盆地"有源无储"和"有储无源"两个极为不利于油气成藏的先天条件。

但是柴达木盆地的勘探表明,无论是"有源无储"的柴西,还是"有储无源"的柴北缘和盆缘地区,均发现大量的油气藏,这主要是不同类型的油源断裂及其输导系统输导运移油气的结果。因此,"断裂输导"是柴达木盆地油气聚集成藏的一个显著特点,主要表现在:①在盆地腹地的柴西地区,断裂一方面通过产生裂缝改善地层的储集和物性条件,另一方面输导 J 和 E_3^1-N_1 烃源层中成熟油气纵向运移,在上部储层中聚集,形成源上油气藏,典型例子是南翼山浅层气藏,在盆地腹地的一里坪地区,断裂及其连通的输导层,将下部(深部)高-过成熟侏罗系煤型气输导运移到上部古近系、新近系圈闭中聚集成藏,也形成源上气藏,典型例子如鄂博梁Ⅲ号气藏、南八仙浅层气藏;②在盆缘古斜坡、古隆起地区,由于临近物源,储层发育,但远离烃源岩,烃源岩中生、排出的油气只能通过断裂及其输导系统的输导运移,才能达到远离烃源岩的盆缘地区而聚集成藏,形成源外油气藏,阿尔金山南部东段的东坪气藏、祁连山南缘的平台气藏、柴达木盆地南缘的昆北油气藏,都是断裂输导盆内腹部的油气向盆缘长距离运移聚集的典型实例。因此,如果没有断裂的输导,柴达木盆地难以形成大规模的油气聚集。

4.6.2　断裂与典型油气藏关系总结

柴达木盆地已发现 26 个油气田,主要分布于北缘、中部、阿南、昆北几个区带的局部地区。通过解剖各典型油气藏成藏条件,发现断裂不仅宏观上控制柴达木盆地油气生、运、聚、散和分布,对于具体的油气藏而言,断裂的控制作用也十分明显。图 4-54 总结了研究区主要油气藏的基本特征及断裂对它所起的重要作用。

区带	序	名称	示意图	成因分类	基本成藏特征	断层的控制作用
昆北	1	跃进1号	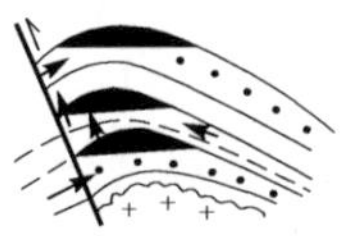	生长断层背斜	E_3^1 砂岩储层，油源来自下盘E源岩层，E_3^2-N_1 泥岩裂缝储层，自生自储；N_2 碎屑储层，油源来自下部 E_3^2-N_1^1	对 E_3^1 油藏为运移窗口，对 E_3^2-N_1 油藏为形成裂缝储层，对 N_2 油藏为垂向运移通道
	2	跃进2号	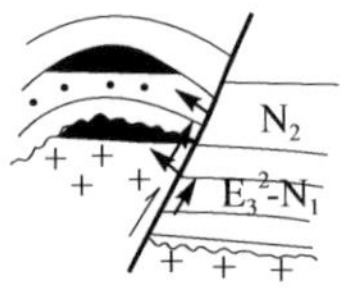	生长断层背斜（E_3^1）古潜山（基底）	E_3^1 砂岩储层，基底以花岗岩风化壳为储层，油源均来自下盆阿拉尔断陷 E_3^2-N_1^1 生油岩	控制上盘潜山和断层背斜，为潜山油藏和 E_3^1 油藏的油源断层
	3	红柳泉	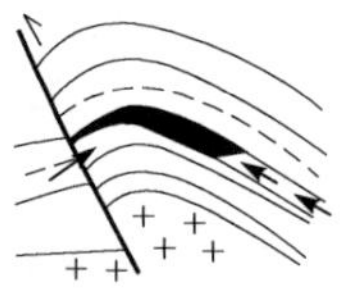	生长断层背斜-岩性油藏（参2井区）	E_3^1 砂，粉砂岩储层，上倾尖灭（在断层背斜背景上），油源来自断层下盘 E_3^2 和本盆侧翼 E_3^2 源岩	控制断裂背斜，为油源侧向运移提供横向通道
	4	花土～油砂山		断滑背斜	N_1^2-N_2^1 砂岩储层，E_3^2-N_1^1 为生油岩，正常或生储层组合；E_3^2-N_1^1 裂缝储层、自生子储	控制断滑背斜形成，次生油藏运移通道，破坏原生油藏，在 E_3^2-N_1^1 中产生大量裂缝，改善储集性能
	5	乌南油藏（浅层）		断层-岩性尖灭（N_1-N_2^1）	N_1-N_2^1 孔隙型储层，断层与砂岩体匹配，自生自储和下生冲储盖组合	控制断块圈闭（遮挡）和岩性分布
中部	1	尖顶山	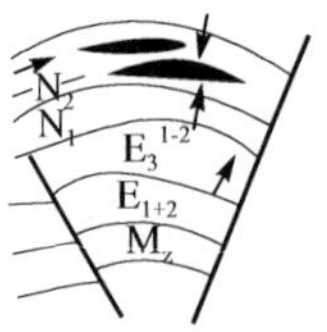	冲起构造-裂缝（或岩性）油藏（N_2）	N_2^1-N_2^2 为生储层，自生自储，构造运动形成裂缝储层，大套泥质岩泥灰岩中夹薄层砂岩储层，断裂可成为下部油源通道	控制尖顶山背斜，改善裂缝储层，下部油气运移通道
	2	南冀山	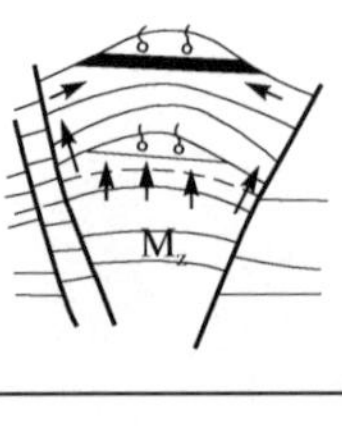	冲起构造-裂缝油气藏	E_3^2 裂缝高成聚凝析气藏，N_2^3 末构造运动产生大量裂缝，原生气藏，N_2，次生裂缝气藏	控制南冀山背斜和形成和裂缝形成，破坏 E_3^2 原生气藏，形成 N_2 次生气藏，运移通道

区带	序	名称	示意图	成因分类	基本成藏特征	断层的控制作用
中部	3	油泉子	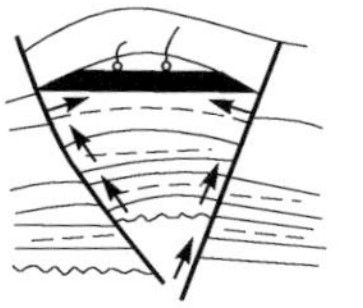	冲起构造裂缝油气藏	N_2 为裂缝储层，E_3^2，E_{1+2} 为烃源岩油气通过断裂垂向运移到 N_2 中的裂缝中聚集(气顶气藏 N_2)	控制油泉子背斜形成，沟通油源的通道，促进裂缝的形成
	4	开特米里克	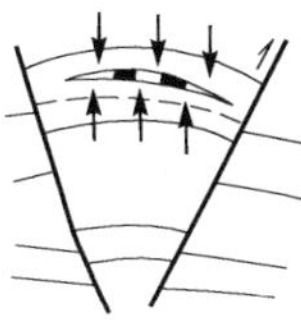	冲起构造裂缝油藏	N_2^{1-2} 泥灰岩裂缝储层，为未熟凝析油藏，埋藏深，比重低，天然气含量少，自生自储	控制冲起构造和裂缝的形成
阿南斜坡	1	七个泉	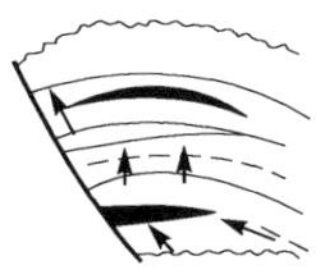	断层背斜-断鼻-地层不整合油藏	E_3^1 断鼻裂缝油藏；E_3^2-N_2^3 地层不整合油藏	控制整个七个泉构造和深层裂缝，是油气垂向运移的通道
	2	干柴沟	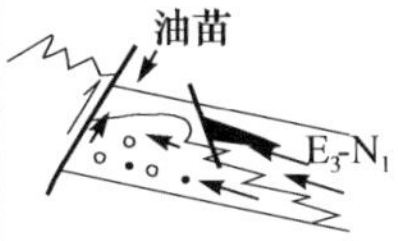 油苗 E_3-N_1	断鼻、断层、岩性	位于盆缘，上倾方向指向盆缘并被断层遮挡，E_3-N_1 为生油层，向盆缘相变为砂，砾岩储层	断层与岩性，鼻状构造配合形成断鼻，断层-岩性油藏
	3	碱水泉		断鼻	N_2^1-N_1^2 储量，以砂岩孔隙，泥岩裂缝为储集空间(泥灰岩，钙质泥岩)，英雄岭凹陷 E_3^2-N_1 为油源	作为圈闭和油藏的遮挡条件
	4	红沟子	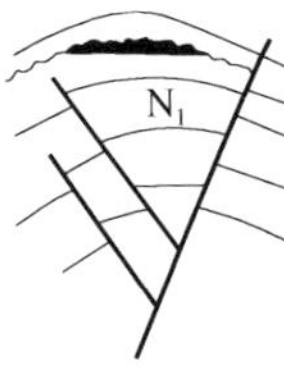 N_1	正花状构造背景下地层超覆油藏	红中 6 井在 N 获工业油气流，为地层超覆油气藏，油气来自东侧小梁山凹陷，地质储量 105 万 t	控制红沟子构造和不整合面的形成
北缘	1	冷湖三号	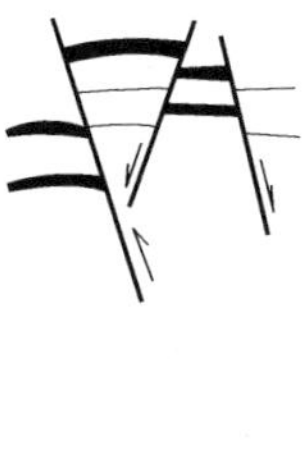	挤压、拉张断块原生油气藏	J_2 大红沟组上部砂岩为储层，源岩层为 $J_{1\text{-}2}$ 湖四山组，小煤沟组湖相泥岩；整体挤压背景下产生多块正向断块区形成断块油藏，受 E_{1+2}/E_3 不整合面遮挡	遮挡条件，控制整个断块构造的形成(冷湖断裂)

北缘	2	冷湖四、五号	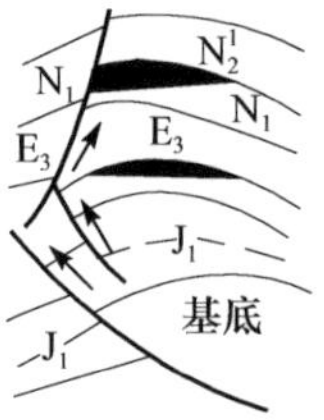	断展背斜背景下的断块油藏	E_3、E_{1+2}、N_1 碎屑岩储层，J_1 优质源岩，断裂为运移通道，次生断块油藏，位于冷湖大断裂（滑脱断裂）下盆；在古近系与新近系末构造运动下，J 源岩的油气沿断裂上升，在 E_{1+2}、E_3、N_1 等封闭断块中聚集	冷湖大断裂及其上的滑脱断裂控制了冷湖四号、五号背斜的形成，也是油气上运动通道和圈闭的遮挡条件
	3	南八仙	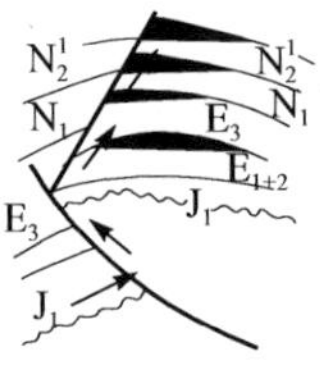	断展背斜背景上的滑脱断裂下盆断块油藏	多套油层：E_{1+2}、E_3^2、N_1、J 为源岩，断层为运移通道和遮挡条件，储层为碎屑岩孔隙型，中浅层为次生油气藏	基底断层控制断展背斜的形成与发育滑脱断层控制油气运移，形成圈闭遮挡条件
	4	鱼卡	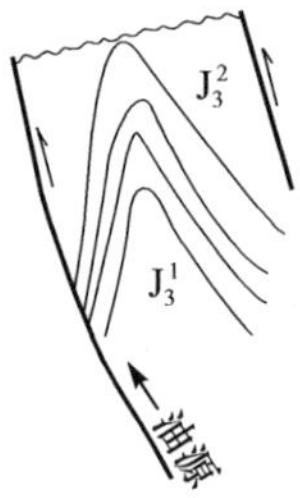	受逆冲断层控制的背斜	储层为 J_3^1 砂岩层，烃源为 J_3^2 泥岩和 J 油页岩，成熟度低，刚进入成熟门限，少数进入生油高峰	控制鱼卡背斜的形成，是源岩向上运移的通道

图 4-54　柴达木盆地中西部地区主要油气藏特征及与断裂关系

总结以上油气成藏的基本特征可知，不同的油气区由于断裂发育差异具有不同的油气藏类型，昆北油气区为断展背斜-断鼻-潜山-断滑背斜、低熟-成熟、深浅为孔隙型中层为裂缝型、原生（深层）-次生（浅层）油气藏分布区；北缘油气区为断展背斜-断块-地层不整合、成熟-高成熟、孔隙型、原生（M_z）-次生（K_z）油气藏分布区；阿南斜坡油气区为断鼻-断层岩性-地层超覆、未成熟-低熟、孔隙型原生油气分布区；中部油气区为冲起构造、成熟-过成熟、原生（深层）-次生（浅层）油气藏分布区。昆北区的断滑背斜的滑脱断裂伸入烃源岩，为油源断裂，其控制的断滑背斜可聚集油气成藏，而北缘的滑脱断裂没有伸入油源，不是油源断裂，其控制的断滑背斜没有油气聚集，油气聚集在下盘圈闭中。纵向上，昆北、中部和北缘三大断裂构造系统区由于断裂探烃的不同而具有不同的油气藏成藏模式：昆北断裂系统区以 E_3^2-N_1 为主力烃源岩，断裂是主要运移通道，油气聚集于断裂上盘的断控圈闭（断展背斜、断滑背斜）之中；北缘断裂系统区以侏罗系为主力烃源岩，断裂为运移通道，油气聚集于滑脱断裂的下盘圈闭中；中部断裂系统区以 E-N 为主力烃源岩，控圈断裂为运移通道，油气聚集于断裂上盘的冲起构造之中，裂缝储层发育。这些规律对于各断裂系统区油气勘探有重要预测作用。

4.6.3　柴达木盆地断裂控烃模式与我国东部含油气盆地断裂控烃模式的比较

由于我国所处的大地构造背景独特，地质情况是极为特殊和非常复杂的，不同区域、同一区域的不同部位，甚至同一盆地的不同位置，以及同一部位在不同演化阶段，地质条件都可能明显不同。因此要用一个或几个模式来反映中国油气地质情况是不可能的。但同一区域由于具有相同(似)的地质背景和演化历史，因而具有共同的基本地质特征，可以抽出其共同性，建立相应的模式，以近似地、宏观地反映它们的地质特征。

中新生代以来，柴达木盆地及我国西部地区总体是在北部西伯利亚板块、南部印度板块的碰撞、挤压作用下进行的，以区域压、压剪应力环境为特征，张生构造不发育。中生代以“断—凹—回返”演化过程为主，与中国东部盆地演化相似；新生代则表现为“长期挤压、一压到底”的区域构造演化过程。断裂控烃特征表现为：断裂活动从拉张—回返(中生代)到“一压到底”(新生代)长期同沉积逆生长再到强烈逆冲作用形势下、油气长期、多期运聚，后期破坏强烈的断裂控烃模式。

由于区域地质背景、应力场特征及演化历史的原因，西部地区的盆地(包括柴达木盆地)成因类型、构造样式及油气藏的形成与东部截然不同，以挤压环境为主，发育挤压环境下的构造样式，逆断层非常发育，并明显控制盆地的演化，以及油气藏的生成、运移、聚集、保存和分布。宏观上，从盆地边缘到中心，依次发育冲断带、前渊和前缘隆起，断裂构造强度由盆缘向盆内减弱，生油凹陷位于冲断带内侧的前洲凹陷，其形成与演化受冲断带断裂控制。由于挤压强度由早到晚由弱到强，使生油区有由前渊向盆地中心迁移的趋势；构造圈闭以逆断层控制下的断展背斜、断弯背斜、反冲构造、滑脱背斜、冲起(断垒)构造、冲断构造、挤压断块为主，它们沿断裂成排成带有规律地展布，使油气藏的排列分布呈现明显的有序性和规律性。由于构造运动由弱到强，断裂活动也由弱到强。因此，西部地区(包括柴达木盆地)后期构造运动对油气藏的破坏严重，次生油气藏发育，这是西部地区含油气盆地的一个特点。先期断裂活动控制油气藏的形成与分布，而后期断裂活动则严重地破坏中、浅层油气藏。断裂对盆地形成演化、油气藏的形成和保存起重要的控制作用。

由于我国东、西部地区区域地质背景和构造演化历史的不同，断裂对油气的控制作用的形式会有差异，如东部以拉张断层、张扭断层或反转断层控烃为主，而西部以挤压、压扭断层控烃为主；东部后期断裂对油气藏的破坏较弱，而西部后期断裂对油气藏的破坏较强，东部发育滚动背斜，而西部发育断展背斜等。但是我国东、西部断裂控烃机理和控烃模式没有本质区别，只有形式的不同。东部表现为“盆地多幕接张一回返”，断裂长期、多期正断活动-反转、油气多期运聚成藏形势下的断裂控烃模式，后期构造破坏相对较弱；西部则主要表现为“早期拉张、中晚期一压到底”、断裂长期同沉积逆生长-强烈逆冲活动、油气多期或晚期运聚成藏-后期大规模破坏形势下的断裂控烃模式。

第5章　柴达木盆地断裂控烃模拟实验

高原咸化湖盆断裂控烃现象普遍，要揭示其控制机理，除了理论分析与典型剖析外，进行物理模拟实验是重要的手段。

5.1　断裂控油模拟实验

5.1.1　问题的提出

油气运聚成藏机理的研究是油气地质学的核心，也是油气成藏动力学研究的一个薄弱环节，长期以来没有得到很好的解决，近年来许多学者（England et al.，1987；李明城，1994；曾溅辉，2000；庞雄奇等，2001）对油气二次运移优势通道机理进行了深入的研究。庞雄奇于2001年提出级差优势通道、分隔槽优势通道、流压优势通道和流向优势通道4种基本优势通道模式，并通过物理模拟实验进行验证，提出油气运移通道的形成主要受油气运移动力（包括自身浮力、流体压力、介质作用产生的毛细管力）及油气运移通过的介质条件（包括孔隙度、渗透率以及孔渗分布特征）两方面因素的控制，为油气运移通道研究提供了新的思路。

自1996年冷科1井在下侏罗统钻遇近千米烃源岩以来，随着地震成像技术、测井技术的不断提高和资料的不断积累，柴北缘中、下侏罗统烃源岩的广泛分布及其巨大资源潜力逐渐被肯定。但目前勘探成效与资源潜力不匹配，探明率很低，生、排出的油气运、聚到哪里去了？为什么油气只聚集在冷湖—南八仙—马海—鱼卡一带？其他广大的地区是否也有油气富集区带？为什么油气大多分布在滑脱断裂的下盘，与柴达木盆地昆北地区及西部地区油气主要富集在滑脱断裂的上盘相反？当油气运移到多个分叉路口时，主要向哪条通道运移？这些问题的回答在于弄清柴北缘地区油气运聚成藏的机理。

5.1.2　地质模型

柴北缘断裂极为发育，对油气运聚成藏控制作用十分明显，这已被勘探所证实，柴北缘发育基岩顶，下、中侏罗统顶，白垩系顶及古近系与新近系顶等多个不整合面，是油气横向运移的良好通道。另外，柴北缘北邻祁连山，西邻阿尔金山两大物源区，碎屑岩输导层发育，也是油气横向运移的主要通道之一，三者在空间上相互交叉，构成了柴北缘复杂的油气运移的通道网络系统。图5-1是反应柴北缘油气沿断裂及其联通的不整合、输导层形成的网络输导体系与油气运聚成藏关系的地质模式。

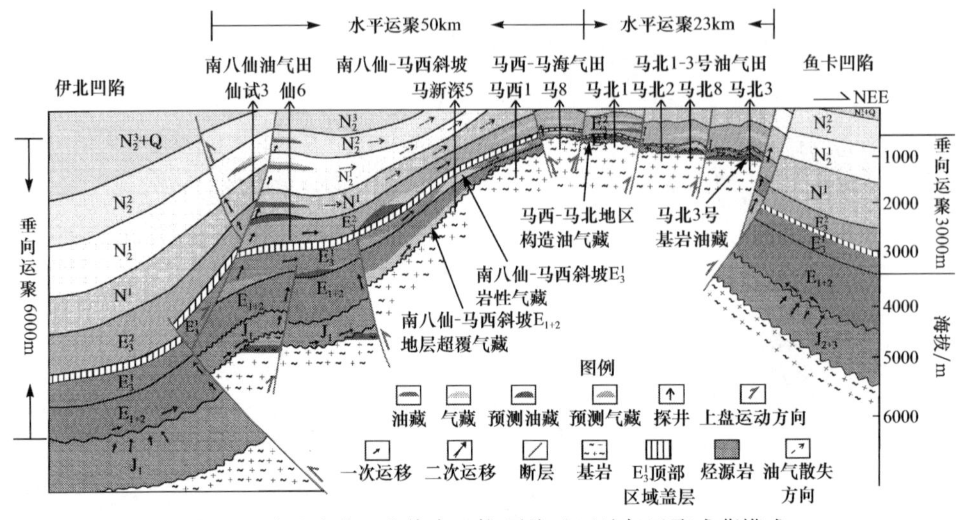

图 5-1 柴达木盆地北缘南八仙-马海地区油气运聚成藏模式

油气运移是沿着优势通道进行的。对柴北缘来说,油气的运移也应沿着由断裂、不整合面、砂岩输导层构成的优势运移通道系统进行。寻找柴北缘具体地质条件下油气运移的优势运移通道系统对于揭示本区油气运聚成藏机理至关重要。本次物理模拟实验就是根据柴北缘地区具体地质条件,以马海-南八仙、冷湖四号、五号、七号及鄂博梁-葫芦山-鸭湖构造带的油气运移成藏研究为原型(前详),分南八仙-马海型(图 5-2)和两断夹一隆型(图 5-3)两种实验模型,前者主要模拟冷湖-南

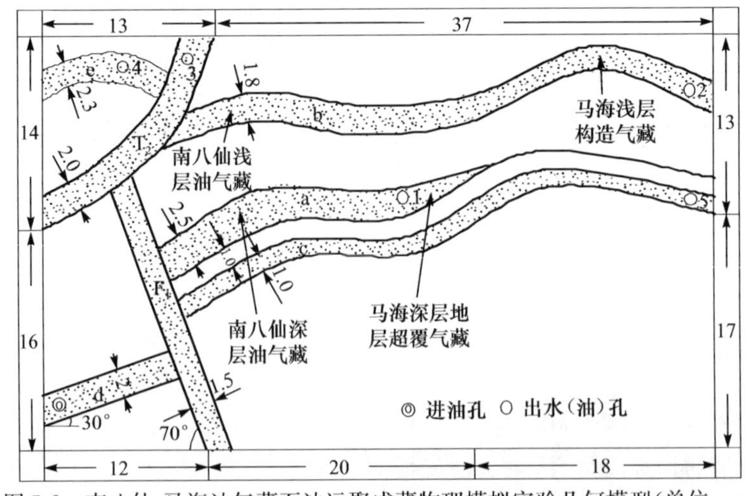

图 5-2 南八仙-马海油气藏石油运聚成藏物理模拟实验几何模型(单位:cm)

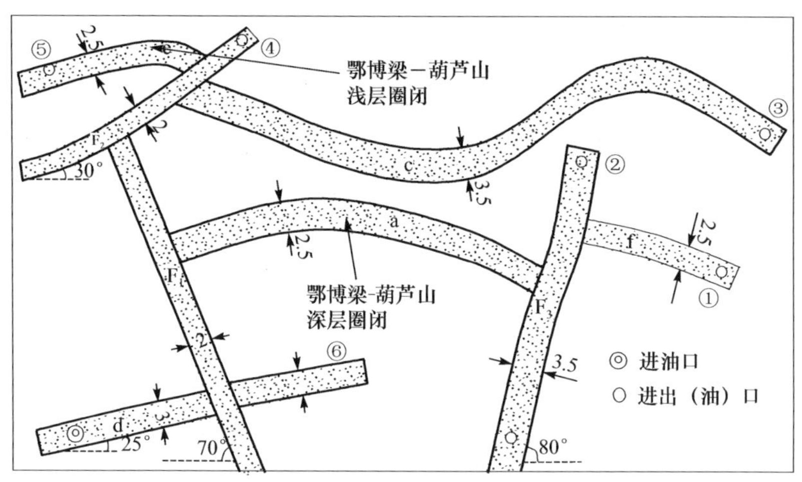

图5-3　两断夹一隆油气运聚成藏物理模拟实验模型几何尺寸

①～⑥为出水（油）口编号；a～f为输导层；F_1～F_3为断层

八仙-马海构造及其以北地区的油气运移聚集过程，后者主要模拟冷湖-南八仙构造带以南（鄂博梁-葫芦山-鸭湖）地区油气运移聚集过程。有关它们的油气成藏条件分析及地质模型已在前面章节详细阐述。

5.1.3　柴北缘地区油气运聚成藏物理模拟实验

1. 装置介绍

本次实验依托中国石油大学（北京）石油天然气成藏机理教育部重点实验室，采用该实验室研制的油气二次运移和聚集二维可视模拟实验模型（装置），这套模型具有如下特点。

（1）有可视性，通过肉眼、摄像或摄影可直接观察及记录模型中油气的运移和聚集过程，这是一维线性模型和三维模型还没有做到的。

（2）进行按比例的或不按比例的模拟实验，因此研究范围较广，可以针对具体油藏的具体成藏过程进行模拟研究，亦可利用它进行油气运移和聚集机理研究、各种现象的观察分析。

（3）结构简单，使用灵活，这种模型既可以模拟从垂直到水平各种情况下的油气运移和聚集过程，也可以模拟构造差异升降运动对油气运移和聚集的影响。

（4）根据实验目的，在模型中可以构造各种实验模型，如背斜圈闭模型、岩性圈闭模型、断层圈闭模型等各种单一或复合圈闭模型，探讨油气的运移和聚集规律。

二维模型实验装置如图5-2所示，它主要由模型本体、流体注入系统、测量系统和数据采集处理系统四部分组成。

1）实验本体

二维模型为钢体结构，其边框和后壁用环氧酚醛玻璃布层压板制成，使模型有足够的强度和良好的热性能（图5-4）。模型的前壁由钢化玻璃或有机玻璃制成，通过玻璃可直接观察实验现象或进行摄影和摄像。玻璃板与框架之间有橡胶密封圈，外侧是一对矩形钢法兰，用螺栓加力达到密封的目的。为了防止在模型有内压的情况下玻璃或酚醛层压板向外凸出，钢法兰的边框按50mm×50mm的间隔有横一竖栅板网格，栅板高30mm，厚2.5mm。

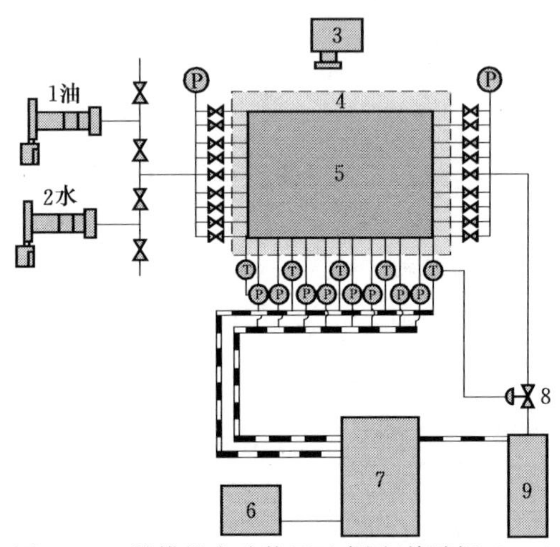

图5-4　二维模拟实验装置示意图（曾溅辉，2000）

1、2. ISCO泵；3. 摄影机；4. 压力壳；5. 实验本体；6. 计算机；7. 数据采集系统；8. 背压调节阀；9. 产出液收集器；P. 压力测点；T. 温度测点

在长度为30cm的模型两侧边框上分别开8个孔，各引出一根短管，短管外各装有阀门，可以方便地模拟注入井和产出井各种射开情况，在50cm长的两侧各开有2个清洗孔。所有开孔处均有丝网覆盖，以防止砂子漏出。模型背面按50mm×25mm的矩形点阵开60个测孔。这些测孔可按需要灵活地布置测量温度的热电偶或测量压力的传感器。多余的测孔可以用堵头堵住。必要时这些孔还可以接管道，作为模型的注入或输出口。

在做热试验时，整个模型用玻璃棉毡包起来，尽量减少对外的热损失。二维小模型通过两端短轴装在一个支架上。模型可绕轴转到任何倾角，然后再锁紧。这样可模拟从垂直到水平的各种情况，大大扩展了研究范围。如模型处于垂直位置时可研究与垂直相关的各种现象，如浮力作用、油的弥散现象等。

2）流体注入系统

流体注入系统主要有注水、注油、注气和注添加剂等支路。根据试验对象不同，这些支路可作适当调整。除了注气支路用气瓶通过减压阀直接注气外，其他支路都用泵输送流体。目前使用的注入泵为美国ISCO100DX微量注射泵。流量和注入压力大小可通过注射泵调节和计量。

3）测量系统

测量系统主要包括注入、输出流体流量测量，以及温度测量和压力测量。注入流体流量和压力由注射泵控制器调节和测定，输出流体测量用玻璃量筒收集并计量，温度测量用热电偶测定，压力用电容式压力传感器测定。

4）数据采集和处理系统

数据采集和处理系统主要由HP公司HD-2000型数据采集器、Olympus数码相机和计算机组成。其中温度和压力均由HD-2000型数据采集器采集和处理。油气运移和聚集图像采集利用Olympus数码相机和计算机完成。

2. 油气运移通道的设计

实验模型是依据地质模型在一块黑色橡胶板上切出不同形状、不同大小的深槽子，槽子空间填满不同粒级的沙子，之间的橡胶为隔层。

(1) 输导层：采用不同粒级的砂粒模拟不同疏导能力的输导层，沙子粒径越大、孔渗性越好，疏导能力越强。

(2) 断层：在橡胶块上切出的断层凹槽中填上沙子，模拟断层带的填隙物。沙子粒径大小模拟断层(带)本身的疏导能力。在"断层"槽的顶部都设有一个出口。当打开出口时，模拟断层的开启状态，将出口堵塞，模拟断层的封闭状态；或在断层槽中填上不同粒径的细砂，以模拟不同封闭性的断裂。

(3) 不整合(面)：不整合是由下部基岩、中部半风化壳和上部风化黏土三层结构组成。实验室条件下，基岩由橡胶替代，半风化层由粒径较细的沙(填充)替代，如模型(图5-2)中的c层风化黏土用橡胶隔层替代。一般在不整合面的上部往往发育较粗的砂砾岩沉积，如柴北缘地区侏罗系顶部不整合面之上发育路乐河组底部砂砾岩(如图5-2模型中的d)，油气沿不整合面的运移实际上是沿不整合面之上的粗碎屑输导层运移。

3. 实验前的准备工作

根据地质模型，准备两个实验模型：南八仙-马海油气运聚成藏物理模拟实验模型和鄂博梁-鸭湖(两断夹一隆)油气运聚成藏实验模型(图5-2、图5-3)，图5-5是模型1的模拟实验装置。

用橡胶代替阻挡层，用二维可视模型实验装置来做实验，先把橡胶用玻璃胶固定在模型上，橡胶固定在模型上需要24h的压实。实验前，需要检查所用到的注油、排水、排气孔是否畅通，如果都没问题，用纱布把留出的口盖住，防止进入砂子；堵塞孔道，在模型内倒入一定量的水，然后按着实验要求开始装砂，砂面不低于橡胶的高度；装好砂后，围着砂在橡胶上涂704乳白胶，并检查模型四周是否已经封住,如果没密封好,也要涂上 704 乳白胶,然后盖好玻璃,把装置装好。由于实验装置封闭性较差,用石油进行实验。装置准备好后,先注水,排出沙层里面的气并将沙层用水饱和。再通过泵注油进行实验。

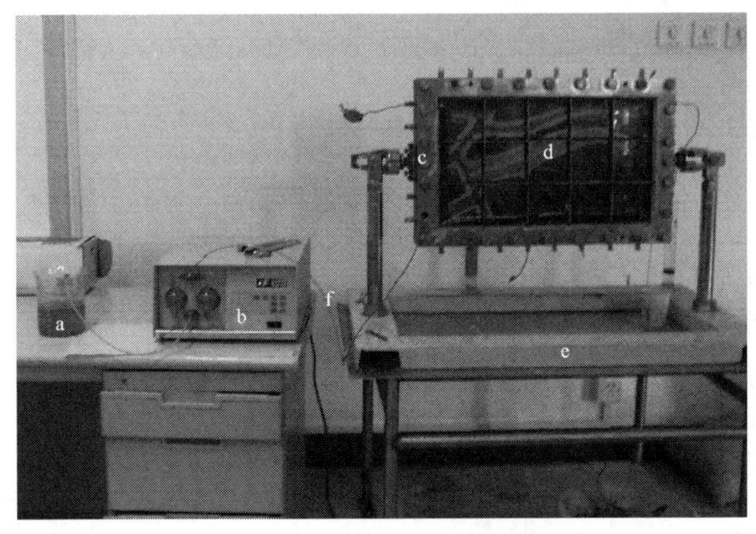

图 5-5 油气运聚成藏物理模拟实验装置

a. 实验油;b. 注油气泵;c. 实验装置;d. 实验模型;e. 实验台;f. 注油气管

选用的砂子粒径:① d_1(0.6～0.7mm),渗透率为 3126.5D;② d_2(0.35～0.45mm),渗透率为 1184D;③d_3(0.15～0.25mm),渗透率为 296D;④d_4(0.05～0.1mm),渗透率为 41.625D。砂体的孔隙度都为 28%～32%。

渗透率的计算公式:$k=d\times7400\times10^{-3}$D,式中,$k$ 为渗透率;d 为粒径。

图 5-2 中,a 层是模拟不整合面上的 E_{1+2} 粗粒底砾岩,b 是模拟 E_3^2 砂岩输导层,c 模拟基岩顶部半风化层,a 层与 c 层之间的橡胶模拟风化壳黏土层,它与 c 层共同模拟的是基岩顶部不整合运载层。

图 5-3 中,a 层是模拟冲起构造地层(储层),c 是模拟冲起构造上部地层砂岩输导层,e 是模拟断滑背斜地层(储层),F_1 与 F_3 模拟冲起构造两侧的断层,从 d 层开始注油。

4. 实验一 模拟马海深层超覆油气藏石油运聚成藏过程

实验目的:观察实验条件下,石油沿断层、不整合面运移的情况,发现运移规律。实验模型见图 5-3。

注入方式:连续充注。

相态:连续油相。

注入速度：1.5mL/min。

实验条件：a 层用粒径为 d_1 的砂，模拟不整合面上的 E_{1+2} 砂砾岩；b 层用粒径为 d_4 的砂，模拟 E_3^2 砂岩储层；c 层用粒径为 d_3 的砂，模拟半风化层；d 层用粒径为 d_2 的砂；e 层用粒径为 d_4 的砂，模拟断滑背斜储层；基底断层 F_1、滑脱断裂 F_2 用粒径为 d_2 的砂。所有的出口都开启。

实验过程：油首先从注油口进入 d 层，在浮力作用下逐渐向 d 层的上倾方向运移[图 5-6(a)]；进入 F_1 断层后，主体(90%)沿 F_1 作垂向向上运移[图 5-6(b)]，表明开启断层的垂向向上方向为相对优势通道；途径 c 层时，因为 c 层砂的粒径较小，无分流进入 c 层[图 5-6(c)]。到 a 层的分叉口时，油的主体 80%转向 a 层(不整合面上部的砂砾岩)的上倾方向流动，在其尖灭处聚集(形成地层超覆油气藏-马海深层油气藏)，另一部分继续沿 F_1 向上运移，但速度很慢[图 5-6(d)、5-6(e)]。

a 层充满后，因没有油分流进入 a 层，油都沿 F_1 断裂向上运移，滑脱断层 F_2 开始有油出现。此时 c 层的油浸染距离只有约 2～3cm，反映油很少进入 c 层(半风化壳)流动[图 5-6(f)]，表明这个时期 a 层为优势通道，导致油大部分分流。

以上模拟在 F1 开启的情况下，石油沿 F_1 断层、c 层和 a 层运移情况。

关闭所有出口，只打开 5 号口(此时除进口外，只打开 5 号口)，即 F_1、F_2 断层均封闭，仅 c 层有出口，这时 c 层为优势通道，注油速度 2mL/min，c 层石油运移速度明显增大[图 5-6(g)]，达到 1.5cm/min，c 层很快充满油[图 5-6(h)]，在这个过程中，其他层位未有明显变化(此过程是模拟 F2 断层封闭，a 层充满油饱和，注油速度加快的情况下，半风化层内油的运移情况)，表明只有在其他所有通道都封闭时，构成不整合的半风化层才可能作为运移通道，说明不整合面是很难作为运移通道的，所谓油气沿不整合面运移实际上是沿不整合面之上地层底部的粗碎屑岩输导层运移。

2 口、4 口打开，其余关闭，模拟滑脱断层下盘南八仙中浅层油气藏和马海浅层气藏及滑脱断层上盘断滑背斜聚油气过程。注油速率增加到 4mL/min，油在 b 层、

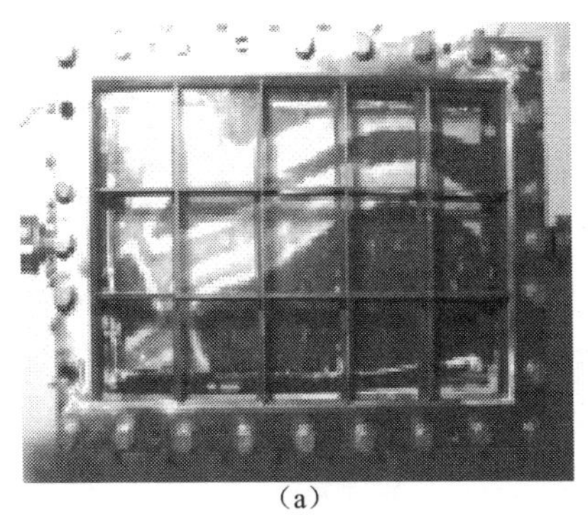

(a)

(b)

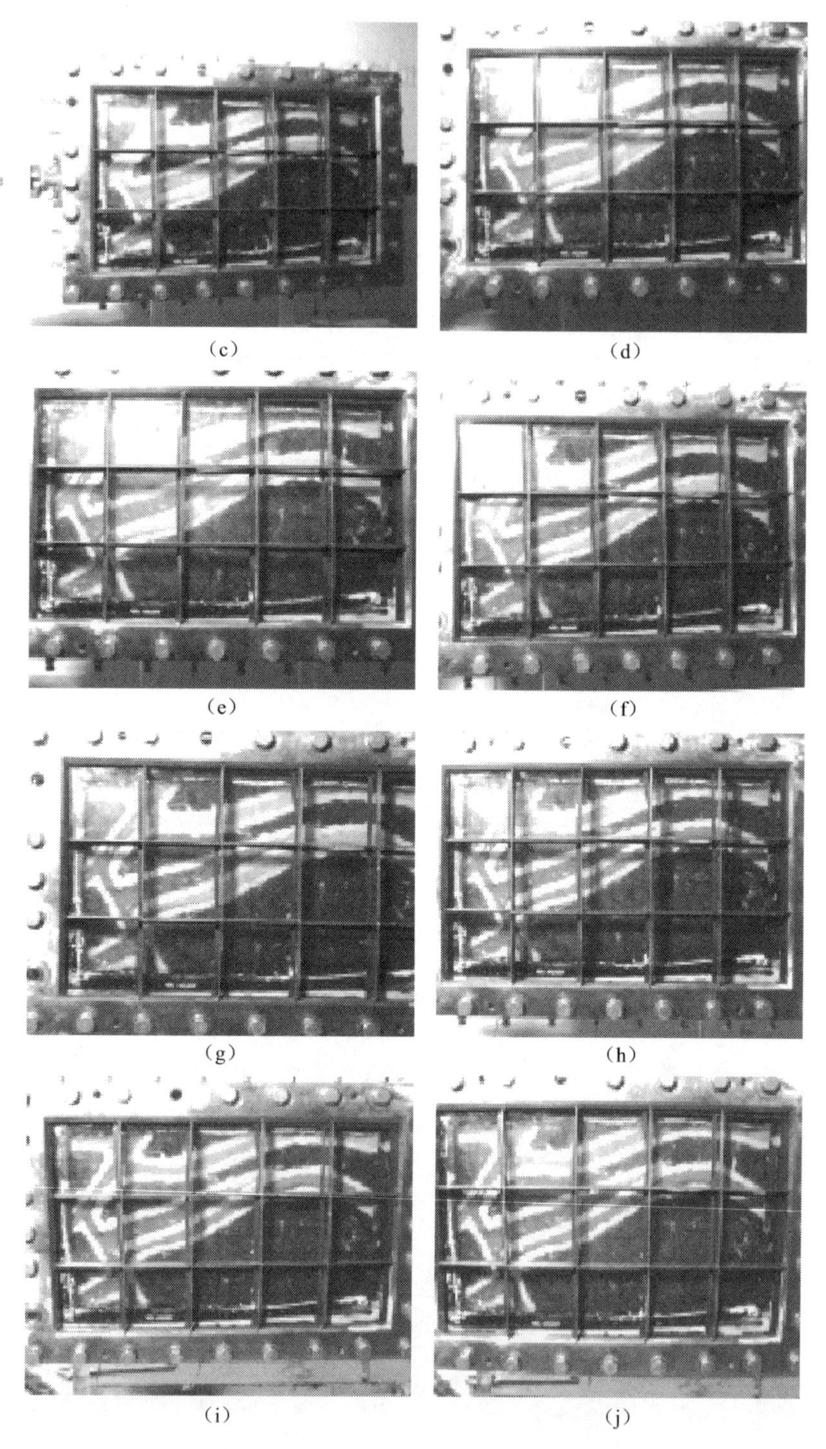

图 5-6　模拟马海深层超覆油气藏石油运聚成藏过程图

e层交叉处同时被分流，e层的分流比b层要大一些，占70%，表明上盘为油气优先运移的方向，两者的速度都有明显的变化，F_2断层下盘的c层背斜圈闭中充满油后，油继续向高部位的背斜构造（模拟马海浅层背斜圈闭）运移，15min后，b层、e层都充满油[图5-6(i)、图5-6(j)]。

实验小结如下。

(1) 油在运移过程中，经过开启断层时，即沿断层向上做垂向运移。

(2) 油在沿断层的垂向运移过程中，遇分支通道，若分支通道的孔渗性小于断裂带，油继续沿断裂向上运移，若分支通道的孔渗性大于断裂带，油主体将沿分支通道分流，分流的多少与其和断裂的夹角、两者渗透性的级差有密切的关系。

(3) 当运移中的油遭遇断层突然封闭时，将改变优势通道的路径（如断层F2封闭时，油的主体将沿a层运移）。

(4) 当原来的优势通道失去优势运移的条件时，油气将转向原来不是优势通道而现在是优势通道的方向运移。优势通道一旦形成，具有一定的稳定性，但随地质条件的变化，优势通道也因此而变化。

(5) 对于被上覆地层底部粗碎屑岩覆盖的不整合面，油气主要沿新地层底部粗碎屑岩运移，底部粗碎屑岩为油气运移优势通道，而不整合面之下的半风化层难以成为油气的优势运移通道，这可能是因为半风化层的裂缝大多是垂直地表的，其横向疏导、渗透性很差。

(6) 开启的断层和其底砂岩层的风化壳不整合面构成了油气运移的优势通道网络系统，为马海深层地层超覆气藏的形成提供良好的通道条件，实验表明，马海深层不整合油气藏形成最早，南八仙中浅层油气藏形成于后，其圈闭装满油后多余的油从其中溢出后再在浮力作用下向更高部位的构造圈闭中聚集形成马海气田。

5. 实验二　模拟马海浅层构造油气藏石油运聚成藏过程

实验目的：观察实验条件下，石油沿断层、输导层运移情况，总结有关运移规律。

充注方式：连续充注。

相态：油相。

充注速度：1mL/min。

实验条件：a层、c层和e层用粒径为d_4，即0.05～0.1mm的砂，b层、d层及断层F_1、F_2用粒径为d_2(即0.35～0.45mm)的砂。

所有开口全部打开。模拟F_1、F_2都开启，b层砂岩输导条件好，其余各层相对致密。断裂与输导层构成畅通的油气运聚优势通道。

实验过程如下。

8:37，开始注油。

8:42，进口处砂体微黄[图5-7(a)]，表明石油已进入d层。

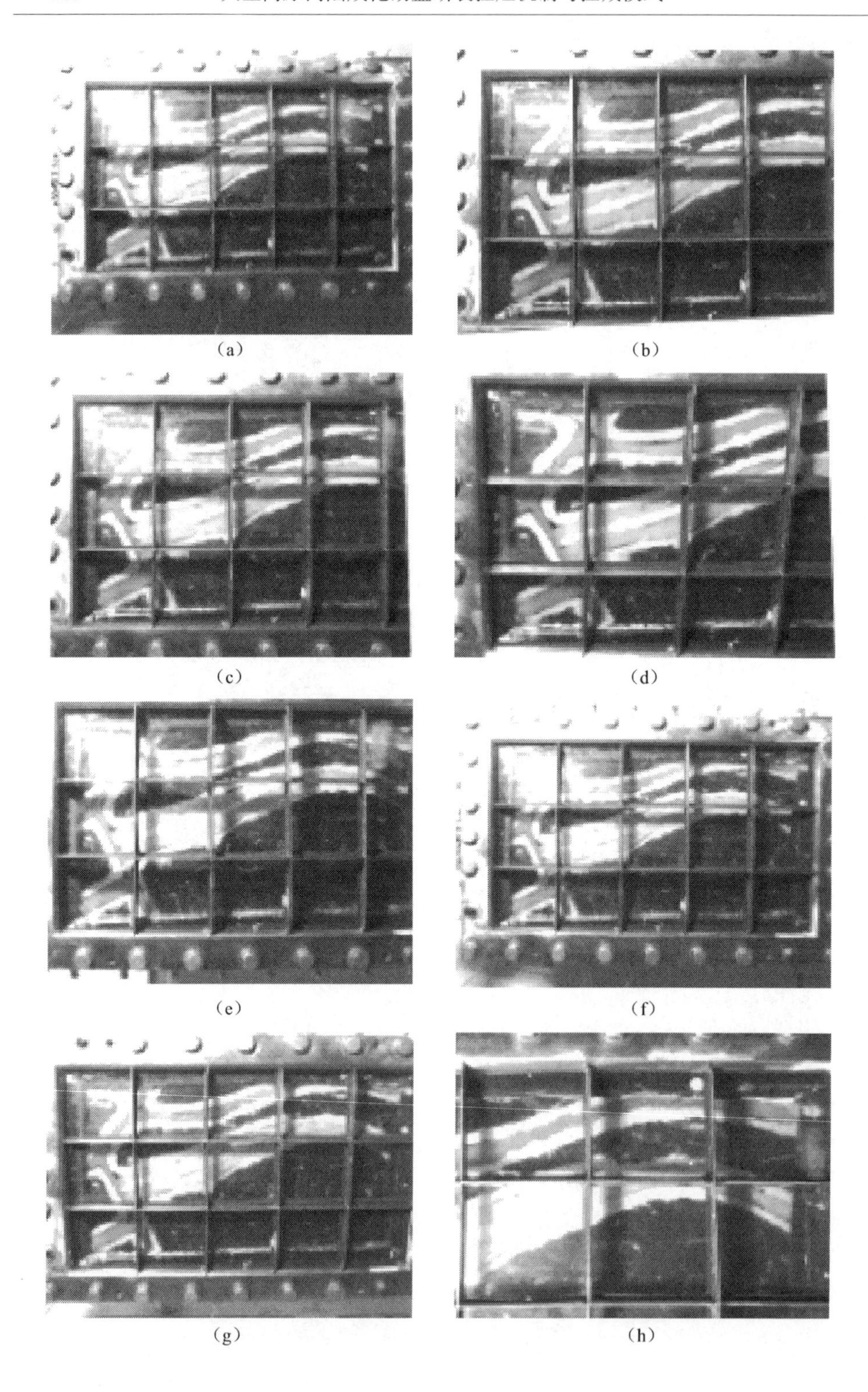
(a)　(b)　(c)　(d)　(e)　(f)　(g)　(h)

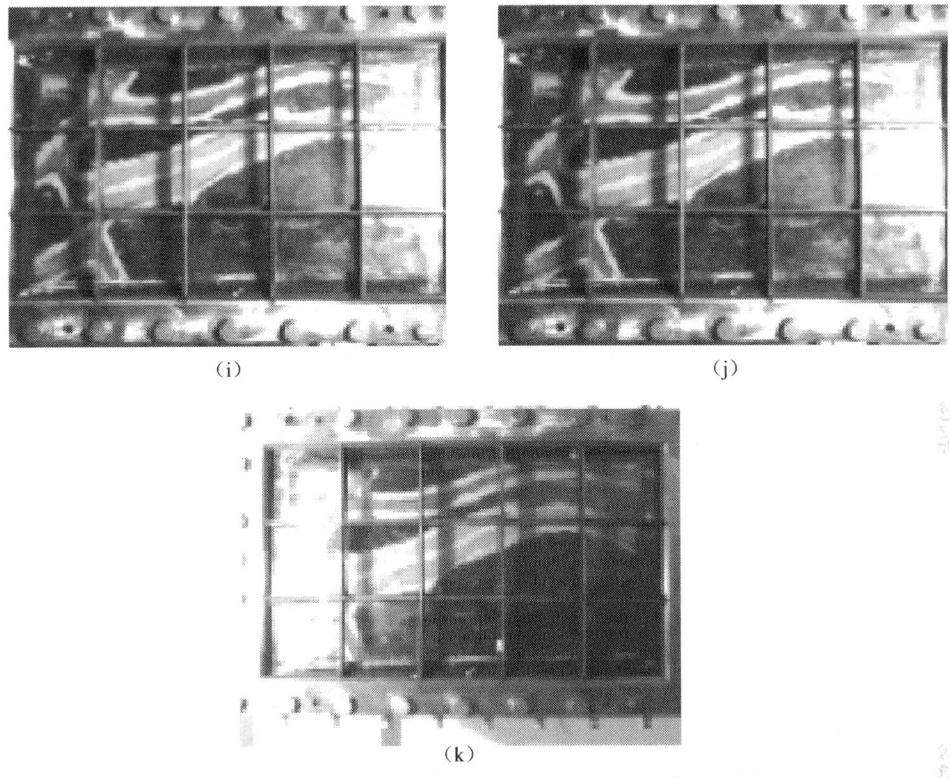
(i)　(j)

(k)

图 5-7　模拟马海浅层构造油气藏石油运聚成藏过程图

8:44,石油进到断层 F1,并沿断层向上运移

8:46,经过 a 层和 c 层基本不分流,继续向上运移[图 5-7(b)]

8:48,在继续沿 F_1 向上运移过程中,油气也沿断层 F_1 向下扩散,速度很慢,表明 F1 断裂为优势通道[图 5-7(c)]。

8:52,进入 F_2 后,沿 F_2 继续向上倾方向运移,F_1 运移时间 6min,距离 10cm,则速度 1.7cm/min[图 5-7(d)]。

8:54,油沿 F_2 向上运移过程中,在与 b 层分叉处,油气分流,一部分继续向上运移,一部分进入 b 层[图 5-7(e)],先将断裂下盘的构造圈闭充满,再继续向上运移,向高部位的构造圈闭(马海浅层构造)中运移。

9:12,2 号出口出水量相对较小,反映油主要从 F_2 号断裂向上运移,F_2 开启情况下,油向上沿断裂运移是主要趋势,b 层分流量较少,难以形成油气藏。e 层未见油,3 号开口同时排出油和水,表明沿 F_2 向上运移的油气通过 3 号出口流失(模拟通天断裂导致油气散失于地表)。

9:19,发现 b 层油气运移速度明显加快,3 号出口出水出油速度明显减慢,这表明油在断裂运移过程中,在恒定的充注速度下,也具有幕式充注的特点[图 5-7(f)]。

9:23，油气在 b 层运移速度明显增大。同样在 b 层中，油的运移速度也是忽快忽慢，比如 8:55～9:16 运移 2cm，速度约 0.1cm/min，9:16～9:23 运移 14cm，速度为 2cm/min，表明在同一充注速度和同样的渗透层中，石油的运移也呈现幕式运移的特点[图 5-7(g)]。

9:29，3 号出口处出油量明显增大，反映油沿 F_2 号断裂向上运移速度加快。幕式运移由 b 层转向 F_2 运载层，可能的原因：①与渗透层的倾角有关系；②油在刚分流进入一个新的路径的时候，在刚进入时速度比较慢，在新的分叉口处有一个临界压力，随着压力的积累，一旦分流的油突破临界压力，进入新储层，运移的速度会明显增加；③可能是最主要的原因，即毛细管力的原因（当浮力和外力小于或等于毛细管阻力的时候，油运移速度很慢，随着浮力和外力的不断积累，当二者之和大于毛细管力的时候，运移速度将明显增大，在快速运移的过程中，由于能量损耗，使浮力和外力之和小于毛细管力，此时油的运移速度又减慢或停止，以上过程循环往复，导致油在运移过程中呈现幕式充注的特点）。当 F_2 断层油快速运移，b 层的运移速度明显减慢，反之 3 号出口出油量小的时候，b 层油的运移速度增大，两者之间是个平衡关系。

9:57，b 层油的运移速度仍然很慢[图 5-7(h)、图 5-7(i)]反映 F_2 断裂仍处于幕式运移的快速运移阶段。

10:20，从 9:16 开始，2 号口基本没有排出水，以上现象表明，一旦 F_2 开启，形成优势通道，石油很难沿 b 层向右运移。

10:35，此时加大注油速率至 2mL/min。

10:48，石油在断层的幕式运移只存在油进入运载层的初级阶段，一旦形成稳定的运移状态，幕式充注的现象消失。

10:50，2 号出口无水排出，表明石油全部沿 F_2 断层向上运移，此时注油速率调为 1mL/min。关闭 3 号出口，3 号出口关闭是模拟 F_2 断层上部封闭的情况（模拟实际情况的石油因风化而沥青化，封堵断裂）。

10:56，石油开始沿 b 层向右运移，2 号出口有水排出[图 5-7(j)]，表明 F_2 渗透性变差，失去优势通道条件，优势通道由 F_2 转到 b 层。

11:05，油沿 b 层从 2 号出口排出，运移速度约 0.5cm/min。石油在 a 层和 c 层向右浸染，浸染距离 3cm 左右，表明石油沿 a 层和 c 层运移很难[图 5-7(k)]，e 层几乎没有石油运移迹象。

11:14，油运移到（马海构造）构造顶部，2 号出口开始排出石油。

11:19，石油继续往高部位运移，2 号口出油速度 1mL/min，以上现象表明，当 F_2 断层上部封闭时，石油迅速沿 b 层向构造顶部运移，表明 F_2 断层封闭对形成马海油气藏十分有利。

11:27，a 层和 c 层，部分油气运移，c 层运移 5cm。颜色显示，流量很少，e 层未见任何油气运移现象。

由于2号开口开启，油从2号开口直接排出。关闭2号出口，石油在该构造圈闭(马海构造)中聚集。

本实验表明，F_2断裂开启时油气沿断裂散失于地表，因风化而沥青化，使断裂封闭，从下部沿断裂运移上来的油气因F_2断裂封闭而改变油气运移途径，沿新的优势通道——b层通道运移，首先聚集于滑脱断层下盘的构造圈闭之中，形成南八仙中浅层油气藏，随着多余的油气从圈闭中溢出，溢出的油气继续沿优势通道运移，最终在马海圈闭中聚集，形成马海气田。这个过程中断裂与输导层构成的优势运移通道系统起至关重要的作用，与前面的地质分析十分吻合。

实验小结如下。

(1) 开启的断层倾角越大，油气沿断裂向上运移的优势越强。

(2) 油气运移过程中遇到分叉时，与原运移方向越一致越具有优势通道的条件。

(3) 油在一条优势通道运移的初期，往往具有幕式运移的特征(忽快忽慢)，其原因有三点：①与渗透层的倾角有关系；②油在刚分流进入一个新的路径的时候，在刚进入时速度比较慢，在新的分叉口处有一个临界压力，随着压力的积累，一旦分流的油突破了临界压力，进入新运移通道，运移的速度会明显增加；③可能是最主要的原因，即毛细管力的原因。当浮力和外力小于等于毛细管阻力和重力时候，油运移速度很慢，随着浮力和外力的不断积累，当二者之和大于毛细管力的时候，运移速度将明显增大，在快速运移的过程中由于能量损耗，浮力和外力之和小于毛细管力和自身重力，此时油的运移速度又减慢或者停止。

(4) 油在断层的幕式运移只存在于油进入运载层的初级阶段，一旦形成稳定的运移状态后，幕式充注的现象消失。

(5) F_2断层的封闭对马海浅层构造气藏的形成十分有利，因为F_2断层的封闭，使优势通道转为b层。

(6) 本实验再次验证开启的断层F_1和输导条件好的输导层c层共同组成油气向马海浅层构造圈闭运移的优势通道，为油气长距离(横向近50km，垂向7km)运移和马海浅层构造气藏的形成奠定基础。

6. 实验三　模拟两断夹一隆及背斜油气藏石油运聚成藏过程

实验目的：观察断层—疏导层运移网络石油运移特点，总结油气运移规律。实验模型见图5-3。

注油方式：连续充注。

相态：油相。

注油速率：1mL/min。

实验条件：除c层、F_2里砂的粒径为d_2(0.35～0.45mm)和e层为d_4(0.01～

0.1mm)外，其余a层、b层、d层、f层、F_1层、F_3层用d_1(0.6～0.7mm)，全部出口打开。

实验过程如下。

9:07，开始注油。

9:11，油进入d层(注油口距离F_1断层10cm，则油在d层中运移速度为2.5cm/min)。

9:15，油进入F_1断层，油到分叉口处发生分流，主体(约75%)沿F_1断层向上运移，一部分继续向b层运移[图5-8(a)]，表明同等条件下垂向运移比侧向运移更具优势。

9:19，沿F_1向上运移速度1.5cm/min，沿F_1断层向下运移的速度0.25cm/min，b层里油运移速度0.75cm/min，说明油气运移过程中运移到开启的断层油气主要沿开启断层向上运移，开启断层充当油气向上运移的主要通道，油气沿断层向下运移的速度和量是最小的[图5-8(b)]，除非断层上倾方向封闭或有向下的异常高压，导致油气沿断层“倒灌”。

9:24，油气沿F1向上运移的速度较慢，主要聚集在上个阶段油气的前部，几乎没有前进，运移速度只有0.7cm/min，处于幕式运移的缓慢阶段。

9:35，油气仍在a层与F_1的交叉口处不动，此时注油速率调为2mL/min[图5-8(c)]。

9:40，油在分叉口a层处分流[图5-8(d)]，部分石油进入a层。

9:48，油主体70%往a层运移，运移速度0.75cm/min，30%沿断层继续向上运移，运移的速度0.375cm/min。造成此现象的原因可能是F_1断层带变窄，或断层带的F_2断层的孔渗性变差，而a层较宽，通道较畅通，这一现象也说明优势通道的相对的含义：①通道较开阔；②优势通道前方的孔渗性变小的梯度相对较小[图5-8(e)]。

10:04，油进入F_3断层，并迅速向上运移，反映了油向上的优势通道(浮力>重力)，运移速度1.6cm/min，大于油在F_1断层中的速度(1.5cm/min)，说明相同条件下角度越大，向上运移速度越快[F_3的角度(80°)大于F_1角度(70°)][图5-8(f)]。

10:07，F1向上的油已经突破F_2断层阻隔，进入F_2，主体向F_2上倾方向运移，运移量占70%，速度0.2cm/min，向下占30%，速度很小，反映了当油从下部进入开启断层时油的主体沿上倾方向运移，表明上倾方向与下倾方向相比是优势通道，F_3也是如此，从a层进入F_3的油几乎100%沿上倾方向运移，之所以这样是因为F_3断层接近垂直，而F2倾角只有30°。所以其分流量只有70%，而不是100%，再次说明断层倾角越大，形成优势通道的能力越强。

10:25，从F_3与f层的聚集来看，f层只分流了30%左右，说明F_3断层的上倾方向为油的优势通道[图5-8(g)]。

10:38，油开始进入c层。

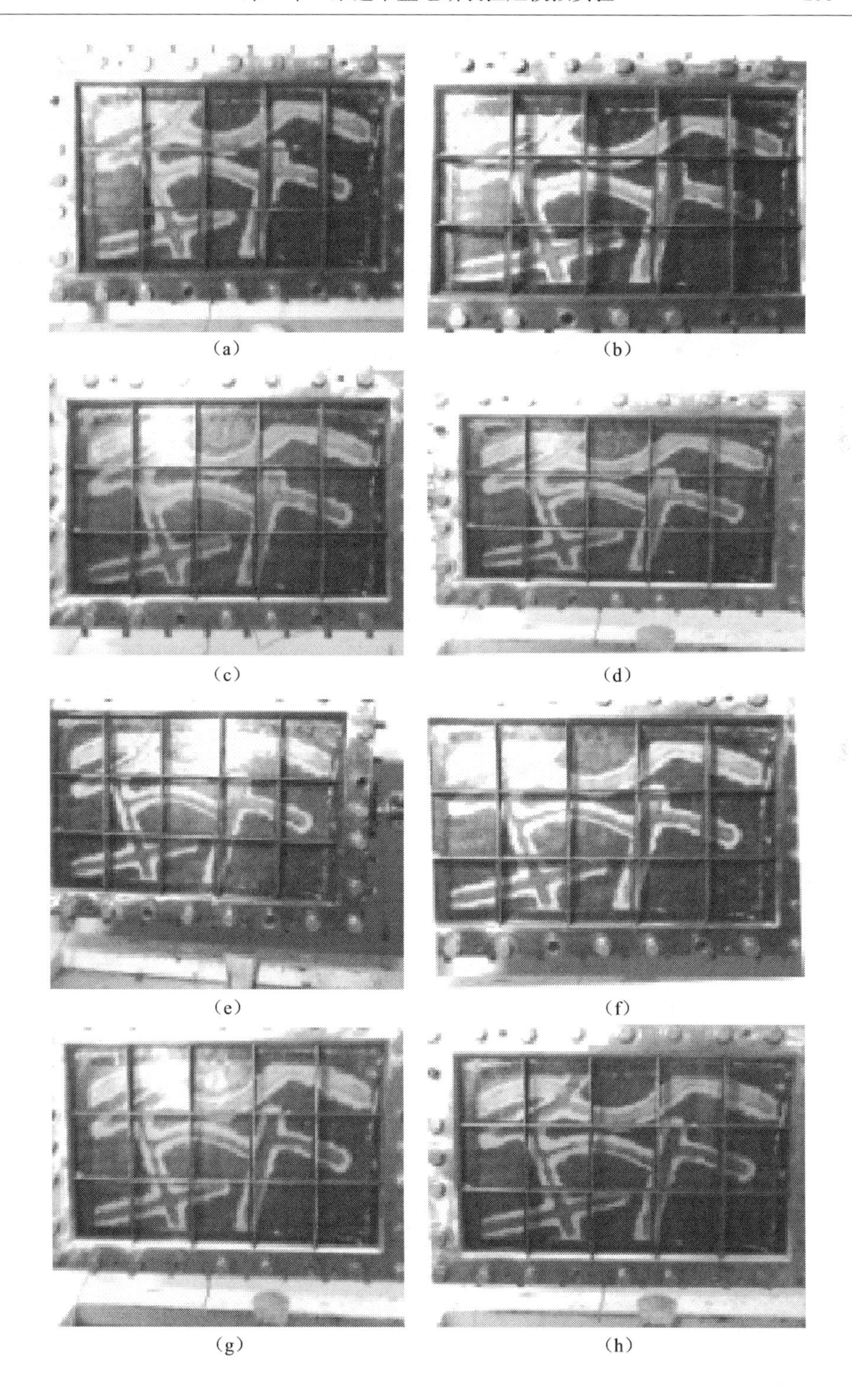

(a)　(b)　(c)　(d)　(e)　(f)　(g)　(h)

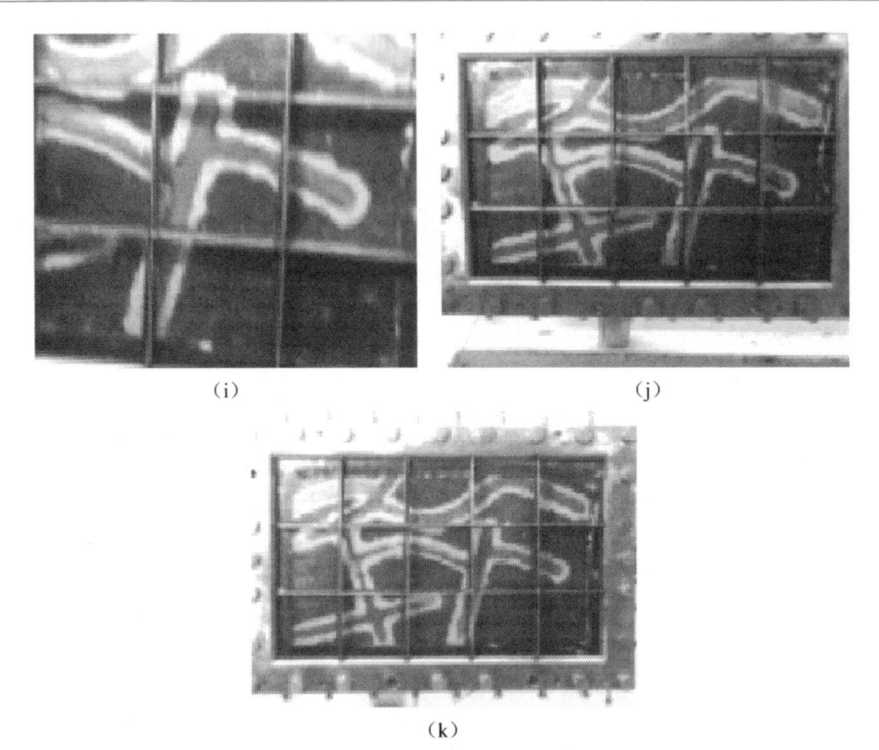

(i) (j)

(k)

图 5-8 模拟“两断夹一隆”及背斜油气藏运聚成藏过程图

10:48,3、4、5 口开启,其余关闭,沿 F_2 断层运移的石油在运移过程遇到 c 层分叉口后,主体(80%)沿断层上倾方向运移,运移速度 1.3cm/min,少部分进入 c 层,运移速度只有约 0.4cm/min(马海气田位于断层下盘,含气较少,可能有类似原因),e 层没有油气进入[图 5-8(h)]。

油在 F_3 断层带中聚集形成断裂带油气藏[图 5-8(i)]。e 层有油气进入趋势,但由于太致密,油气实际难以进入[图 5-8(j)]。

图 5-7(k)可以反映不同路径的输导层油气运聚后含油饱和度的情况。实验小结如下。

(1) 同等条件下,石油沿断裂垂向向上运移比侧向继续运移更具优势。

(2) 运移通道的畅通程度(平直程度、变化曲率、变化梯度等)也是影响通道优势运移的重要因素之一,通道越平直,变化越缓慢,变化速度越慢,越具有优势运移条件。

(3) 沿运移路径的渗透率变差的梯度影响油气运移对运移路径的选择,渗透率变差的梯度越大,越可能导致油气运移的改向。

(4) 关于断裂带圈闭油气藏:在实验过程中,发现当断裂带顶部和侧翼封闭的时候(关闭出油口),石油在断裂带中逐渐聚集,形成一个以断裂带为聚油气空间的断裂油气藏,当这种以断裂带为聚油气空间的油气藏达到一定规模时必然具有一定的经济价值，是今后值得重视的新的油气藏类型。今后要注意寻找以断裂带为聚油气空间的断裂油气藏，其很可能成为今后油气勘探的新领域。

7. 实验四　模拟断滑背斜及断层下盘褶皱圈闭油气藏石油运移成藏过程

实验目的：总结石油沿断裂、输导层组合运移的过程和规律。实验模型见图5-3。

充注方式：连续充注。

相态：油相。

注油速率：2mL/min。

实验条件：a层、F_3、f层、F_2 用 d_2(0.34～0.45mm)粒径的砂，d层、F_1、c层、e层用 d_1(0.6～0.7mm)粒径的砂，b层用 d_4(0.05～0.1mm)的砂，全部出口打开。

实验过程如下。

4:15，开始注油。

4:19，油经过d层与 F_1 的分叉口，几乎全部向上运移，分流量达95%以上[图5-9(a)]。

4:25，由于在a层形成优势通道，油主要通过a层的分叉口向右进入a层运移，油进入 F_2 较晚，和a层相比 F_2 不是优势通道，因此进入 F_2 的石油相对较慢，进入量较小，a层油速1.4cm/min，F_2 油的速度0.1cm/min。

4:33，油沿a层向右运移到与 F_3 的分叉口，石油主体(80%)沿 F_3 垂向向上运移，运移速度0.6cm/min，只有少量的油进入f层，几乎没有油沿着断层向下运移。

4:40，此时关闭1口、2口、6口，F_2 石油运移速度加快，变为优势通道，沿 F_2 向上运移到c层、e层交汇处，主体沿断层向上运移，少量进入e层，几乎没有进入c层，说明油气沿断裂运移，下盘方向不是优势运移方向。e层与 F_2 上倾方向相比，沿 F_2 上倾方向的油占70%以上，这是因为 F_2 上倾方向与平面倾角大，浮力大，其次 F_2 上倾方向与原来的流向近于一致，因此是优势通道方向，而e层就不具备上述条件[图5-9(b)]。

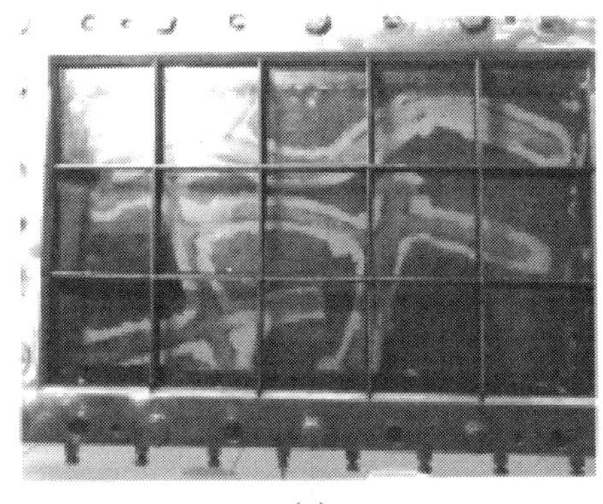
(a)

(b)

(c) (d)

图 5-9 模拟断滑背斜及断层下盘褶皱圈闭油气藏石油运移成藏过程图

4:56，关闭 4 号出口（F_2 断层上倾方向变为封闭），油主要进入 e 层，在 e 中聚集，不到 10%的油进入 c 层[图 5-9(c)、图 5-9(d)]。

实验小结如下。

(1) 渗透性好坏明显影响运移速度。

(2) 一旦形成优势通道，石油将主体沿优势通道运移，直到优势通道失去优势条件，石油将寻找新的优势通道运移。

(3) 当石油运移到多条分支的交叉口时，石油将依据优势通道条件进行分流。

(4) 在分叉路径的方向与石油原方向一致时优势通道能力越强。

(5) 油气运移优先原则：在石油运移路径上如果有两条分叉路径（条件相同），石油将优先进入与它最近的路径进行分流，这条路径比第二条更具有优势通道能力，尤其是这两条路径条件比原石油运移路径渗透性好的时候，石油将选择第一分叉路径作为优势通道进行运移，而很难进入第二条分叉通道。

5.1.4 石油运聚模拟实验结果总结及其地质意义

1. 实验总结

本次实验针对柴北缘油气成藏地质条件，在全面分析主要典型油气藏成藏条件和过程基础上，设计出针对冷湖-南八仙-马海构造带及其以北的南八仙-马海实验模型和针对鄂博梁-葫芦山-鸭湖地区的两断夹一隆石油运聚实验模型两个实验模型，模拟了冷湖三号、四号、五号、七号、南八仙、马海油气藏（田）、石油运聚成藏的过程和鄂博梁、葫芦山、鸭湖地区石油运移成藏的可能过程，重点模拟了石油在断层、不整合面和输导层及其组合构成的运移通道网络体系中的运移机理。结果表明，对已知油气藏的运聚过程的模拟与地质条件分析结果比较吻合（如对南八仙、马海等油气藏），并取得一系列的认识。

(1) 柴北缘地区,断裂和不整合面是油气长距离运移成藏的关键因素。

(2) 当断层、不整合同时存在时,油气首先沿两者做垂向和横向运移,当没有断层或不整合时,油气只好沿输导层做横向运移,当三者都存在时,油气沿三者构成的网络运移,当同时有不整合面和输导层时,油气优先沿不整合面做横向运移。

(3) 当石油运移到多条分支通道的交叉口时,石油将依据各分支通道的输导条件进行分流,石油主体将沿优势通道继续运移。

(4) 石油在一个优势通道中运移的初期往往呈幕式状态,一旦打通通道后,转化为稳定的连续运移。

(5) 石油运移的优势通道并不是一成不变的,地质条件的变化使其失去优势通道的条件时,石油将改变运移的方向,转向新的优势通道运移。

(6) 第一套模型中 F_2 断裂上段的封闭对马海浅层构造气藏的形成十分有利,沿 F2 运移的油气因 F_2 断裂封闭而使优势运移方向转向有利于马海浅层构造油气藏形成的方向。

(7) 开启的断裂和具底砂砾岩的不整合面,开启的断裂和具良好渗透层的输导层共同构成了油气向马海构造区运移的优势运移网络通道,为油气长距离运移至马海形成马海深层地层超覆气藏和浅层构造油气藏提供良好的条件。

(8) 不整合面(风化壳)中的半风化壳(残积层)由于只发育垂向裂缝,横向裂缝不发育,因而不利于油气的长距离横向运移。促进油气沿不整合面长距离运移的载体是不整合面上覆的粗碎屑底砂砾岩层。

(9) 石油运移的优先原则:多条输导条件相同的优势通道同时存在时,石油将优先选择离它最近的那条优势通道继续运移。

(10) 优势通道的控制因素有(图 5-10):①通道介质的渗透性及其变化梯度;②通道倾角;③与原来油气运移方向的夹角(与油气原来运移方向的一致程度);④相对于断裂的位置(上盘或下盘);⑤通道的畅通程度。

2. 几个问题讨论

1) 关于油气运移优势通道

传统的优势通道是指某一输导层内的油气沿一定的通道运移,这类运移通道的体积大约只占全部输导层体积的 1%～10%。通过本次物理模拟实验可将优势通道的含义作进一步延伸:当正在运移中的油气沿某一通道运移过程中遇到两个或两个以上的分叉通道的交叉口时,油气的主体将优先进入其中的某一通道继续运移,这条通道叫优势通道,它可以是开启的断裂带、高孔渗的不整合面或高渗透且连续延伸的输导层。优势通道分流油气的多少与其输导能力及与原来通道的关系有关。优势通道的充分必要条件是与其他通道相比,具有更畅通的输导条件,即更高的孔渗性、更小的运移阻力和更好的连通性。优势通道一旦形成,具有相对

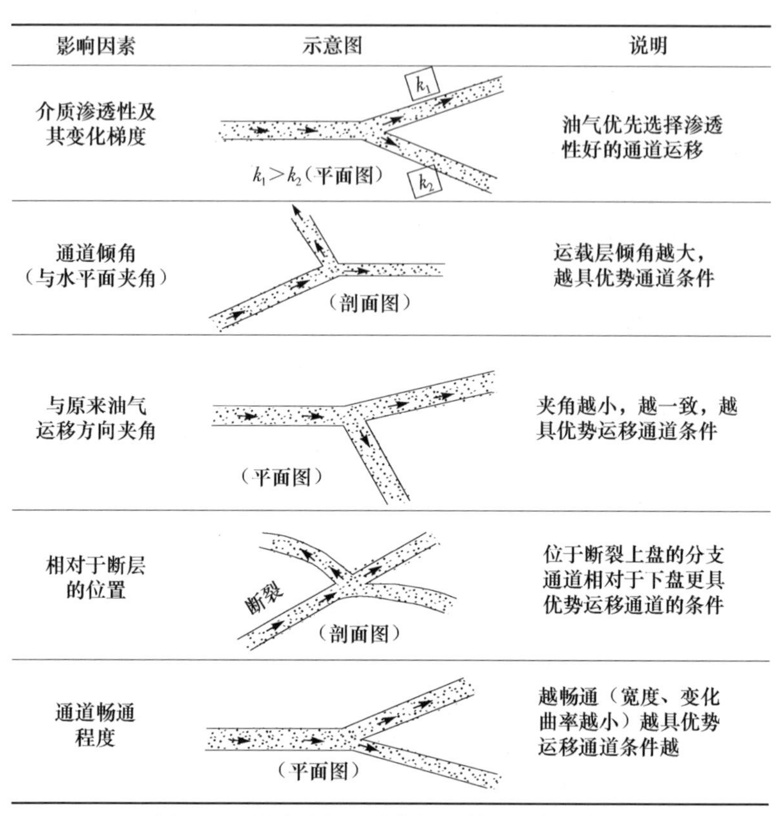

图 5-10　影响油气运移优势通道的因素示意图

k_1 和 k_2 为渗透率

稳定性，但当地质条件发生重大变化时，原来的优势通道会失去输导油气运移的优势条件，油气将改道沿新的优势通道运移。油气在新的优势通道中运移的初期具有幕式运移（忽快忽慢）的特点。

优势通道往往只有一条。判断一条通道是否优势，需要从介质的性质、通道的倾角等多方面考虑。这就提出一个问题，当倾角和介质的性质都不同时，如一条通道的渗透性好而倾角小，另一条通道的渗透性略差而倾角大，就很难知道哪一条是优势通道，再加上通道与原来油气运移方向的夹角（与油气原来运移方向的一致程度）、通道相对于断裂的位置（上盘或下盘）和通道的畅通程度等多个方面的因素，就更难以判断。这需要大量的工作去实验总结得出结论，由于本次实验时间短，没有得出具体的结论。

2）断层与不整合面在油气运聚成藏的作用

断层、不整合面输导油气运移的本质与输导层（孔渗性地质体如各种砂、砾岩、裂缝泥岩）输导油气的本质是一样的，靠连通的孔隙、裂缝在运移动力（如浮力、流体压力或毛细管压力）作用下向流体势降低最快的方向运移。开启的断裂是油气垂向运移的唯一优势通道，高孔渗的区域不整合面是油气横向大规模运移最重要的优势通道。由于陆相地层相变剧烈，高孔渗的连通砂体在平面上的展布非常有限，这决定了输导层对油气侧向运移范围和距离具有很大的局限性，从而决定开启断裂和区域性的不整合面对油气纵侧向运移和聚集成藏起决定性的控制作用，它们沟通烃源岩，相互联通及与输导层的联结共同构成油气运移复杂的网络体系，其中具有优势运移条件的运移通道构成优势运移网络，促使大部分油气沿其运移和聚集，优势运移通道网络往往比较简单，是油气运移的主要路线。比如，油气沿断裂或裂缝构成的运移网络具有优势运移通道，这可以从油气包裹体沿裂缝分布的丰度得到证明，图 5-11 是冷科 1 井侏罗系油气储层的包裹体照片，表明岩石样品中发育多组裂缝，构成裂缝网络，但并非每条裂缝都是油气运移的有利通道，油气运移的优势通道往往只有一个。

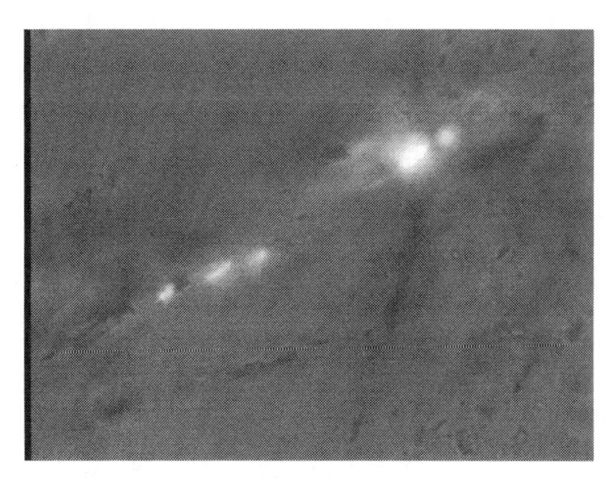

图 5-11　冷科 1 井(4415m)黑色中砂岩中的包裹体(文后附彩图)

油包裹体-亮光色，气包裹体和盐水包裹体，硅质胶结物中，透射光+反射荧光×500

断层一旦形成，其在地史过程中总是要开启的，与构造运动密切相关，区域性的不整合面往往长期受风化、淋滤、剥蚀，输导条件好，尤其是其上分布的粗碎屑(砂砾岩)输导层，与不整合面共同构成油气长距离侧向运移的优势通道。马海气田距源岩区(伊北凹陷)50km，南八仙浅层油气藏距烃源岩垂直距离达 5～7km，如果没有不整合面和断层的沟通，是不可能成藏的。即使是位于冷湖三号、四号的岩性油气藏，如果没有不整合面和断层将油气从昆特依凹陷中导引过来，也不可能成藏。断裂与不整合面构成的优势运移通道连通各类圈闭，形成今天柴北缘绝大多数的油气藏，包括马海深层地层不整合气藏(不整合与断裂构成的优势运移通道)、马海浅层构造气藏(断裂、输导层优势运移通道)、南八仙深层原生油气藏(不整合、断裂优势运移通道)，南八仙中浅层次生油气藏(不整合、断裂优势运移通道)等，实验结果与地质分析比较吻合。通过物理模拟实验可知，南八仙、马海油气田形成的序列中，即马海深层地层超覆原生油气藏最先形成，其次是南八仙深层原生油气藏，再次是南八仙中浅层次生油气藏，马海浅层构造次生油气藏形成最晚，且是在滑脱断层上部因沥青化封闭之后油气运移的优势通道改道，油气改道向马海浅层构造运移聚集而成的。滑脱断层的封闭造就了马海浅层气田的形成。这其中许多认识是地质分析没有想到，而实验给出了明确的答案。因此实验的好处不仅在于验证正确的认识，更重要的是修正不正确的认识，提供更多的启示和发现的机会。

3）关于断层体油气藏

本次实验表明，断裂带这个地质体本身可以形成良好的圈闭条件，聚集油气而形成油气藏，这种以断裂带为聚集空间而形成的油气藏，暂称之为“断层体油气藏”，在实际地质条件下很可能是存在的。而且当这种断层体油气藏达到一定规模时，完全可以成为具有工业价值的油气藏。冷湖三号石深1井稠油封堵油藏，可能具有断层体油气藏的特征，该油藏原油比重由上到下降低，即由地表（不整合面重油）的0.924，向深层降低，变为0.8075（正常原油），原油黏度也有类似的变化。图5-12是几种可能的断层体油气藏的形式。断层体油气藏的提出不仅具理论意

类型	成藏模式图	基本特征	实例
沥青封堵型	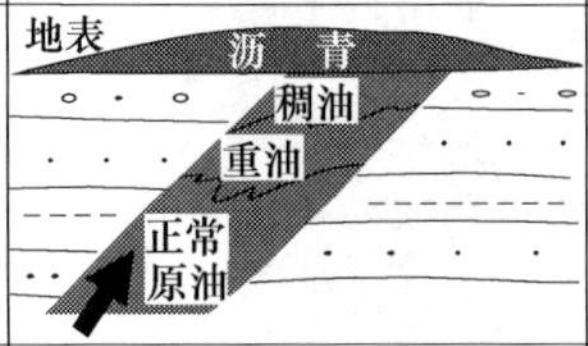 地表 沥青 稠油 重油 正常原油	断层破坏下部油气藏，油气沿断裂散失地表，因沥青化将断裂封闭，从下部沿断裂运移的油气在断层带中聚集形成沥青封堵的断层体油气藏——与常规沥青封堵油藏类似	柴达木盆地石深1井沥青封堵油藏，黑油山油藏？ 塔里木盆地志留系沥青砂之下
断层尖灭型	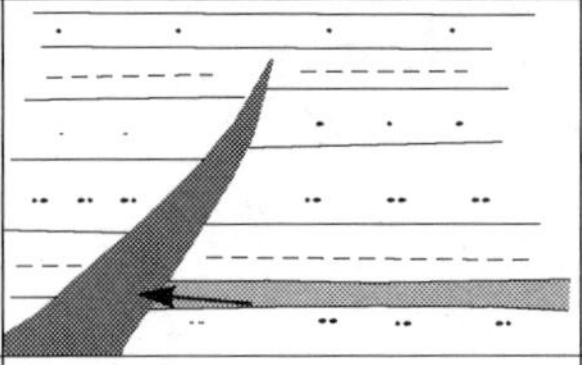	断层向上和四周各个方面变小、消失，在地下形成一个封密高孔渗地质体，并有油气源供给，如早期形成的油源断裂后期不在活动或断开油气层断裂带	东濮拗陷西部斜坡区一台阶的胡105块、胡63块和庆91块
断裂交会型	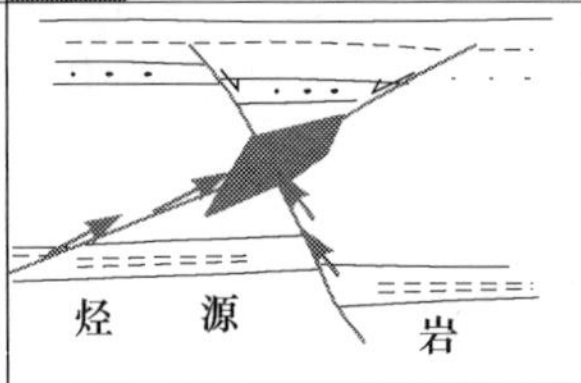 烃 源 岩	多条断层交会处断裂带变宽，形成高孔隙断层体，并有油源供给，断层体向上、向四周变的密封	我国东部油区的复杂断裂发育区
层间滑动型	 挤压 挤压	层间差异性滑动导致层间“增容”，形成层间断层体有利储集空间体，有油源供给	我国西部含油气盆地挤压区

图例　粉砂岩　砂岩　断层体油藏　烃源岩　油气层　油气运移　断盘运动　泥岩　地层　力的方向

图5-12　断层体油气藏的几种可能类型

义,也具实际意义。这为油气勘探提供了一个新的勘探领域和方向。

断层体油气藏的形成条件比较优越,因为断层本身可以是油源断裂,且储集条件可能具备,关键是遮挡、封闭条件和保存条件,因为断层常因构造运动而活动和开启,极易造成断层体油气藏的破坏,这是目前没有断层体油气藏发现报道的重要原因。保存条件的好坏是决定断层体油气藏存在的决定性因素。

尽管如此,寻找油气大量运移期形成的古断裂(后期断裂没有活动)所聚集的断层体油气藏是值得探索的油气领域,这是本次实验的重要启示之一。柴北缘断裂十分发育,且大多与油气关系密切,是否存在断层体油气藏,也是值得思考的。

近年来,中国石化西北分公司在塔里木盆地下古生界碳酸盐岩中发现和开发了一种新油气藏类型——断溶体油气藏,实际上是一种典型的断层体油气藏,进一步证实了本次实验提出的断层体油气藏的存在和意义(罗群等,2004)。

4) 实验启示与油气区预测

实验表明,对柴北缘地区油气运聚成藏的地质分析是合理的,所建的地质模型也是合理的。同时,沿油源断裂发育的圈闭,无论是在断裂下盘还是在断裂上盘,都可能成为油气聚集的重要场所,不仅要继续寻找滑脱断裂下盘油气藏,对滑脱断裂上盘的领域也要引起高度重视;在山前带要注意寻找马海型这类沿不整合面长距离运移成藏的不整合、地层超覆油气藏,在鄂博梁、葫芦山、鸭湖地区要注意寻找冷湖七号型两断夹一隆型的油气藏类型。油气大量运移期优势运移网络通道分析可指导具体的油气成藏的区域和位置的勘探。

5.2　断裂控气模拟实验

5.2.1　模拟装置介绍

笔者自主研发的气藏形成动态实验模拟装置系统——可调式天然气运聚成藏模拟装置(图 5-13)。具体可分为两套模拟装置:一是电动均匀挤压天然气成藏动态模拟装置系统;二是手动非均匀挤压天然气成藏动态模拟装置系统。两套装置主体结构相似,区别在于动力装置的差异,以下简单两套装置的基本构造。

1. 电动均匀挤压天然气成藏动态模拟装置系统

电动均匀挤压装置实物图见图 5-14,其主体包括 3 个方面:实验装置、动力装置和供气装置。

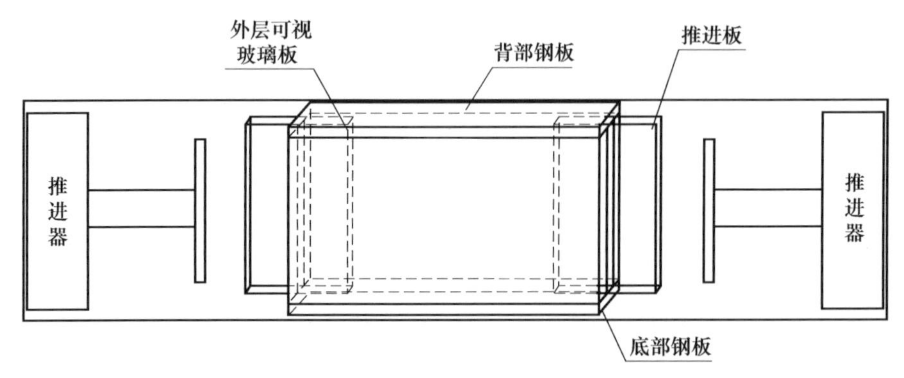

图 5-13　模拟实验装置总体构成图

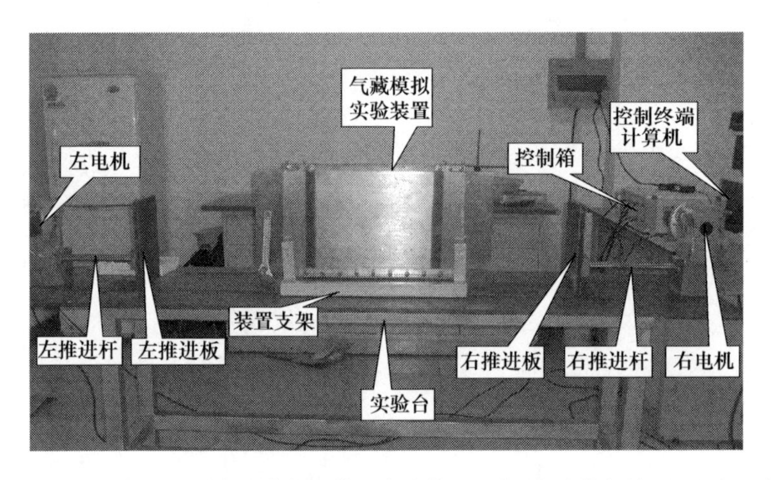

图 5-14　天然气运聚动态成藏物理模拟实验装置系统(电动均匀挤压)照片(正视)

1）实验装置

实验装置主要包括实验台和气藏模拟装置。实验台主要是一个纯钢的桌子(图 5-15)。气藏模拟装置底部由一个支架支撑,上部为一个长 800mm、高 360mm、厚度 200mm 金属箱装[图 5-15(c)],整体重量约为 88kg,内部可以填充地层空间为长 40cm、高 36cm、厚度 5cm,两侧为挡板,前侧为一个厚度为 10cm 的有机玻璃以便于观察现象,顶部为一个开放系统,后面钻有 36 个注气孔[图 5-15(a)、图 5-15(b)]。

2）动力装置

主体包括电机、电脑和控制箱。电机左右各一个,可以用于两侧同时挤压,包括机身,推进杆和推进板(图 5-16)。控制箱连接在电机上(图 5-14),控制电机速度。电脑是用来设定电机推进速度的大小,连接在控制箱上(图 5-14)。

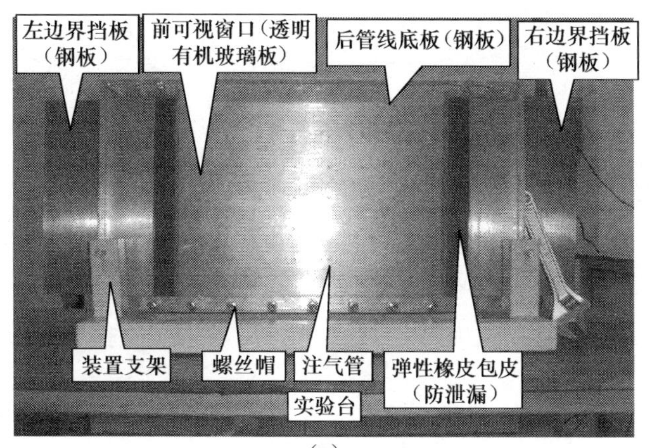

(a)

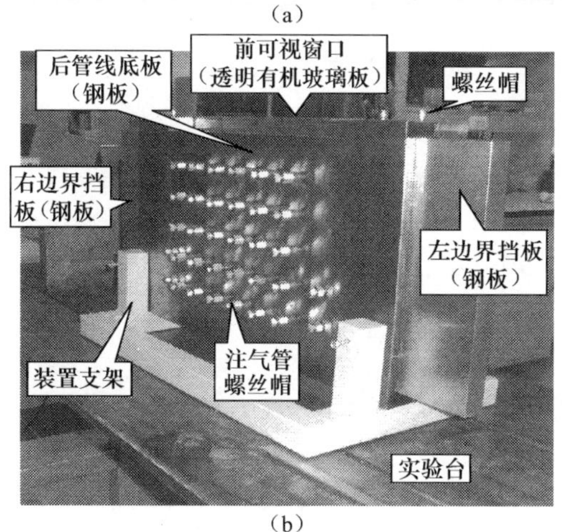

(b)

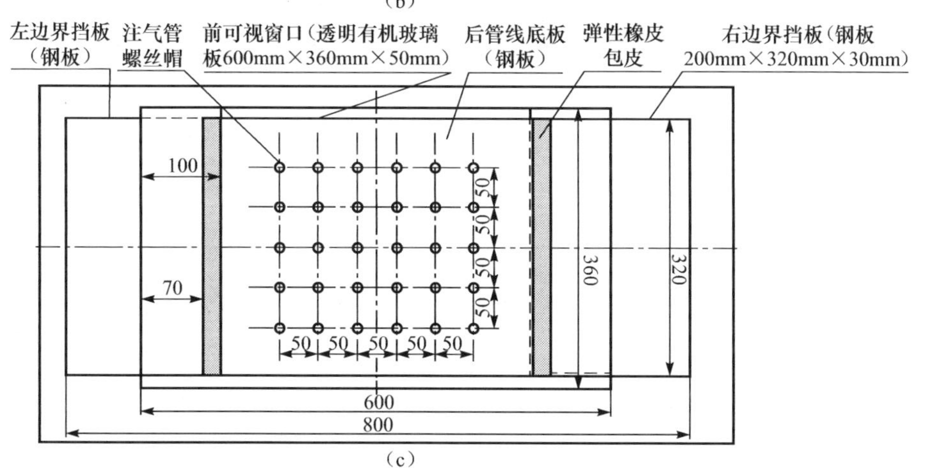

(c)

图 5-15 模拟装置实物图及示意图（单位：mm）

(a)天然气运聚动态成藏物理模拟主体实验装置照片（正视）；(b)天然气运聚动态成藏物理模拟主体实验装置照片（左后侧视）；(c)天然气运聚动态成藏物理模拟实验装置主体几何尺寸图

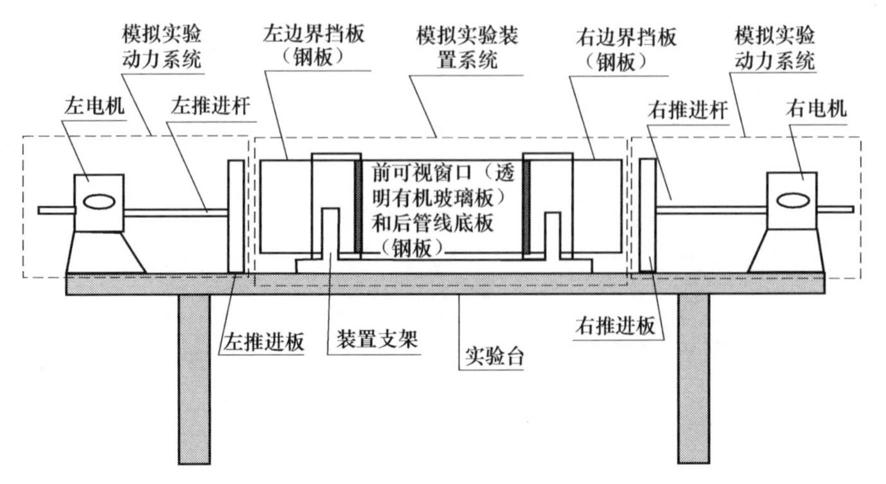

图 5-16　天然气运聚动态成藏物理模拟实验装置系统(电动均匀挤压)示意图

3) 供气装置

主体是一个装满甲烷气体的钢瓶,连接有压力表、阀门和注气管(图 5-17)。

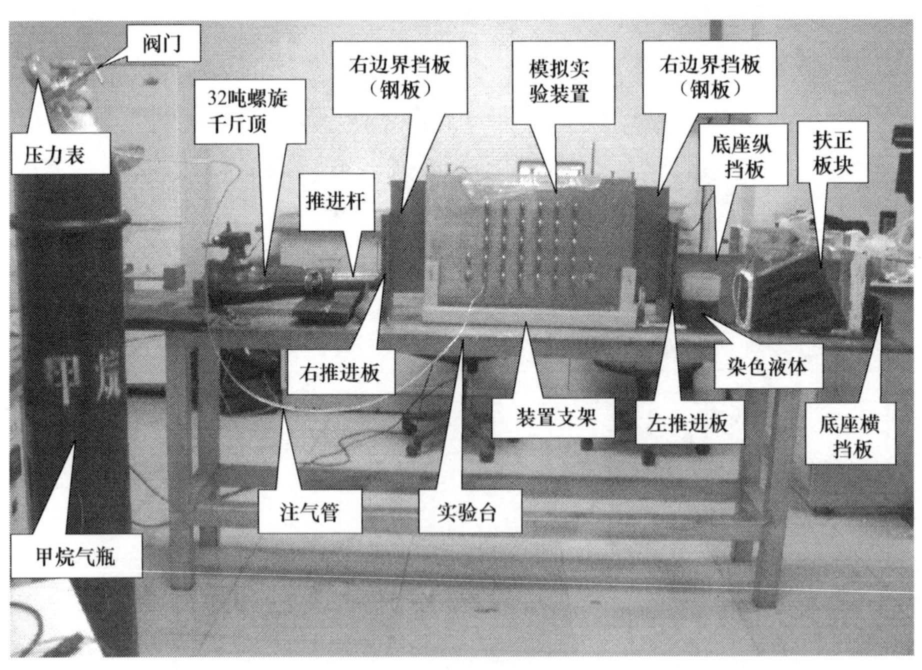

图 5-17　手动非均匀挤压天然气运聚动态成藏物理模拟实验装置照片(背视)

2. 手动非均匀挤压天然气成藏动态模拟装置系统

手动非均匀挤压装置实物见图 5-17,其主体包括 3 个方面:实验装置、动力装置、供气装置。实验装置和供气装置与电动均匀挤压天然气成藏动态模拟装置相同，区别在于动力装置的不同。

动力装置：主要为一个可举32t的螺旋千斤顶。千斤顶固定在一侧，用手摇动挤压实验装置，另一侧用挡板固定，防止仪器滑动(图5-18)。

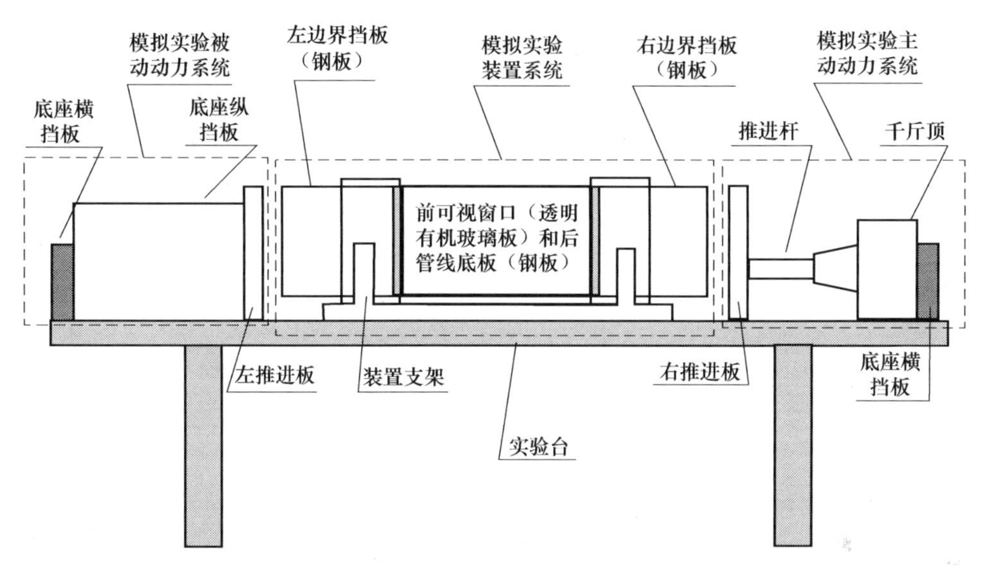

图5-18 手动非均匀挤压天然气运聚动态成藏物理模拟实验装置示意图(正面)

实验条件：通过注气管向实验装置的注气孔注气，在相对封闭条件下，通过动力装置挤压断层两盘或一盘，断层断开层位和压缩距离尽可能与实际地质情况吻合，目的层储盖组合依据实际情况简化，但尽可能接近实际地质条件。

5.2.2 鄂博梁Ⅲ号构造气藏形成过程物理模拟实验

1. 建立地质模型

实验地质模型采用的是一条过鄂深1井的剖面，剖面方位呈NE向，整个构造形态表现为近似对称的两断夹一隆的构造(图5-19)，主要产气层为 N_2^1 和 N_1，N_2^2 地层中也有一定的气显示。相关地质特征前面已经详细描述。

2. 实验参数的选取和设定

依据地质模型，结合侏罗系烃源岩演化史分析，侏罗系烃源岩在 E_3^2 地层沉积后开始生成并排出天然气。因此，实验选取从 N_1 地层开始沉积的时间开始模拟，距今29.8Ma，到 N_2^2(14.5Ma)开始进入生烃高峰，到 N_2^3—Q达排运气高峰，直至现今。

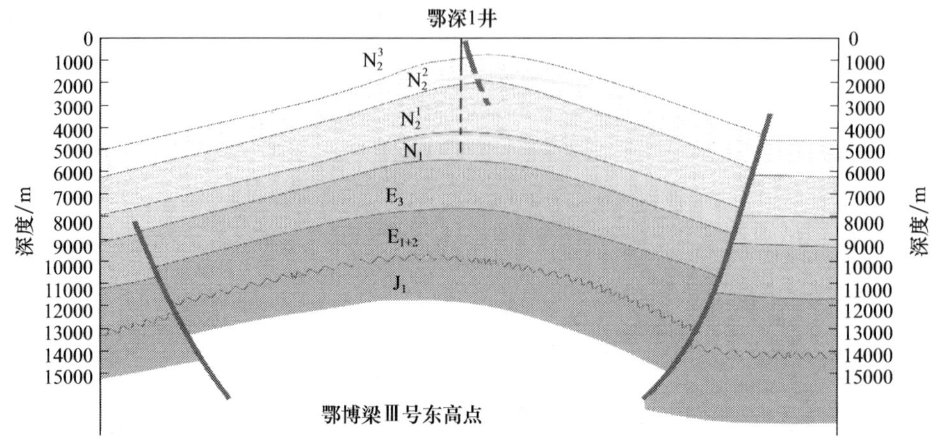

图 5-19 鄂博梁Ⅲ号气藏构造地质剖面

鄂博梁Ⅲ号构造发育史主干剖面横向压缩率 8%，实际实验设计模型长度为 400mm，预期压缩长度为 32mm。预期实验模拟相关参数见表 5-1。

表 5-1 实验参数预期设定

地质年代		实验过程初步设定	地史时间差/Ma	实验时间预期设定/min	预期压缩距离/mm	预期压缩速率/mm	进气量	鄂博梁Ⅲ号成藏过程恢复
距今 65.5 Ma	E	缓慢挤压					无	
距今 23.5 Ma	N_1—N_2^2	缓慢挤压逐渐加速注气阶段	0	0	10	1.08	少量	
距今 3～0Ma	N_2^3—Q	加速挤压大量注气阶段	22.6～29.8	9.3～11.8	22	8.8	大量	

对于储盖组合的划分，结合鄂深 1 井的孔隙度和渗透率的数据(表 5-2，尽量采用岩心数据，没有的就采用测井解释计算数据)，在鄂博梁Ⅲ号构造设计两套实验模型：①3 套储层实验模型；②4 套储层实验模型。

1) 3 套储层实验模型数据

第 1 套储层为 E_{1+2}-E_3^1，把这两套地层整体作为一套储层，目的是对深部没有勘探到的地层做预测，证明深部是否存在完整的气藏。第 2 套储层为 N_1 上-N_2^1，目前在鄂博梁Ⅲ号构造上发现的天然气主要集中在这两套地层中。第 3 套储层为 N_2^2 上，在该地层中具有一定的气显示，同时为了模拟浅层气藏被破坏的实验现象。详细数据见表 5-3。

表 5-2　鄂深 1 井各地层单元储层综合评价表(实际数据)

地层单元	常规岩芯分析		测井解释计算		综合储层评价
	孔隙度/%	渗透率/$10^{-3}\mu m^2$	孔隙度/%	渗透率/mD	
上油砂山组(N_2^2)	18.6	36.2	14.7	9.52	中孔低渗型储层
下油砂山组(N_2^1)	10.5	7.2	11.1	4.05	低孔特低渗型储层
上干柴沟组(N_1)			5.2	0.46	特低孔特低渗型储层

表 5-3　鄂博梁Ⅲ号构造 3 套储层物理模型详细地质参数

地层系统		底埋深/m	厚度/m	储盖组合		储盖层厚度/m	平均孔隙度/%	平均渗透率/mD	储层性质	实验材料参数	
										厚度/cm	石英砂直径/mm
N_2^3		927	927	盖	第3套	927				2.6	
N_2^2	N_2^2 上	1500	573	储		573	18.6	36.2	常规储层	2.2	0.35～0.40
	N_2^2 下	2076	576	盖	第2套	576				1.6	
N_2^1		4204	2128	储		2834	10.5	7.2	半致密储层	8	0.3～0.35
N_1	N_1 上	4910	706				5.2	0.46			
	N_1 下	5500	590	盖	第1套	1590				6.5	
E_3^2		6500	1000								
E_3^1		7500	1000	储		2300			致密储蓄层	4.5	0.2～0.25
E_{1+2}		8800	1300								
J_1		11800	3000	生		3000				3	0.05～0.10

注：基底与盖层用陶泥，断层带用两条砂网及其中间充填 0.5～0.55mm 石英砂代表。

2) 4 套储层实验模型参数

第 1 套储层和第 4 套储层分别对应 3 套储层实验模型的第 1 套储层和第 3 套储层，其目的和作用相同。第 2 套储层和第 3 套储层主要是对 N_2^1 地层进一步细化一下，将其划分为一套厚的储层和一套较薄的盖层。详细参数见表 5-4。

表 5-4 鄂博梁Ⅲ号构造 4 套储层物理模型详细地质参数

地层系统		底埋深/m	厚度/m	储盖组合		储盖层厚度/m	平均孔隙度/%	平均渗透率/mD	储层性质	实验材料参数	
										厚度/cm	石英砂直径/mm
N_2^3		927	927	盖	第4套	927				2.6	
N_2^2	N_2^2上	1500	573	储		573	18.6	36.2	常规储层	2.2	0.4～0.45
	N_2^2下	2076	576	盖	第3套	576				1.6	
N_2^1	N_2^1上	4000	1928	储		1928	10.5	7.2	半致密储层	8	0.35～0.4
	N_2^1下	4204	200	盖	第2套	910					
N_1	N_1上	4910	706	储			5.2	0.46			0.25～0.3
	N_1下	5500	590	盖	第1套	1590				6.5	
E_3^2		6500	1000								
E_3^1		7500	1000	储		2300			致密储蓄层	4.5	0.2～0.25
E_{1+2}		8800	1300								
J_1		11800	3000	生		3000				3	0.05～0.10

注：基底与盖层用陶泥，断层带用两条砂网及其中间充填 0.5～0.55mm 石英砂代表。

3. 3 套储层物理实验模型

图 5-20(a)为物理模型的实物正面图，其中红色部分为储集层，填充地层前用红色墨水事先染成红色；图 5-20(b)为物理模型的实物背面图，其中三根外接的塑料管是用来测定气藏压力和排水所用的；图 5-20(c)是 3 套储层模型的示意图，详细标注各地层的物性情况及设计情况。

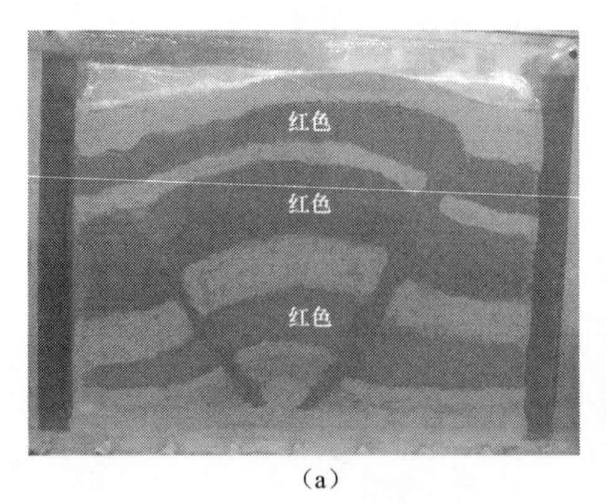

(a)

(b)

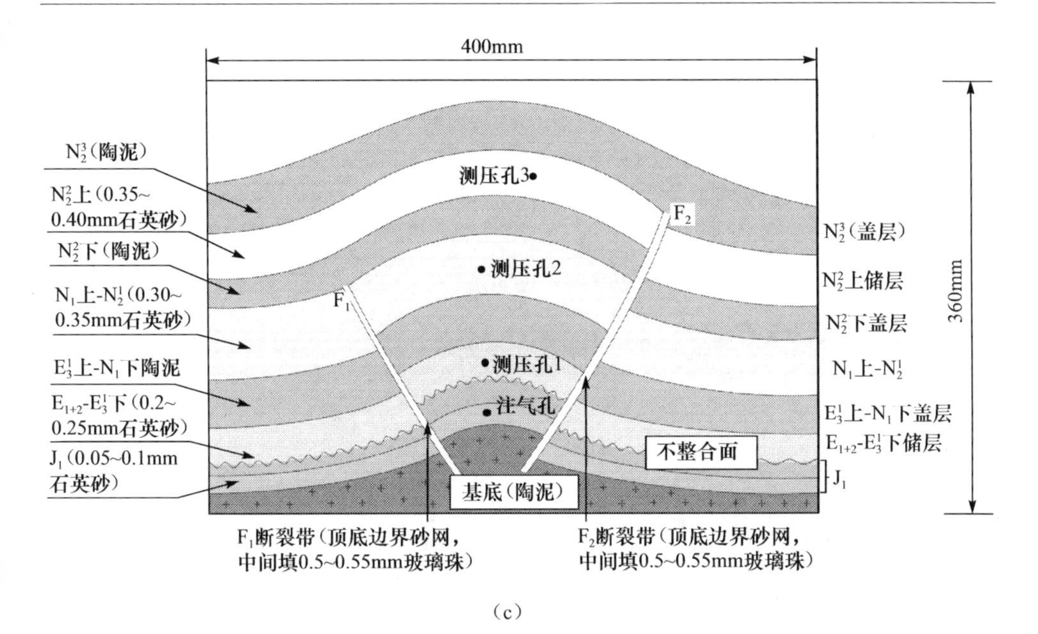

(c)

图5-20　鄂博梁Ⅲ号构造三套储集层物理实验模型

(a)模型正面图;(b)模型背面图;(c)物理模型示意图

1) 3套储集层物理实验模型实验现象观测

整个实验过程采用的是手动非均匀挤压装置,实验过程主要分为3个阶段:第1阶段,缓慢挤压阶段;第2个阶段,缓慢挤压逐渐加速注气阶段(时间为0～9.3min);第3个阶段,加速挤压大量注气阶段(时间为9.3～13.5min)。

(1) 第1阶段,缓慢挤压阶段。

该阶段主要是模拟烃源岩排烃以前的现象,实验过程主要是缓慢摇动千斤顶,没有气体注入,仅为构造变形阶段。

(2) 第2阶段,缓慢挤压逐渐加速注气阶段。

实验开始前(0min),地层被红墨水全部侵染为红色,水柱高度处在同一个平面上,说明实验装置地层断裂体系处在统一压力系统(图5-21)。

2min时候压缩2mm,没有发现有明显气运移的现象,三个水管的水柱高度基本上没有发生改变(图5-22)。图5-22千斤顶上的红线为压缩前位置的标记。

5min的时候,压缩距离为4mm,其中两条断层带上部先逐渐变白,表明气体在浮力的作用下首先沿开启的断层向上运移,先在断裂带的顶部聚集(图5-23)。

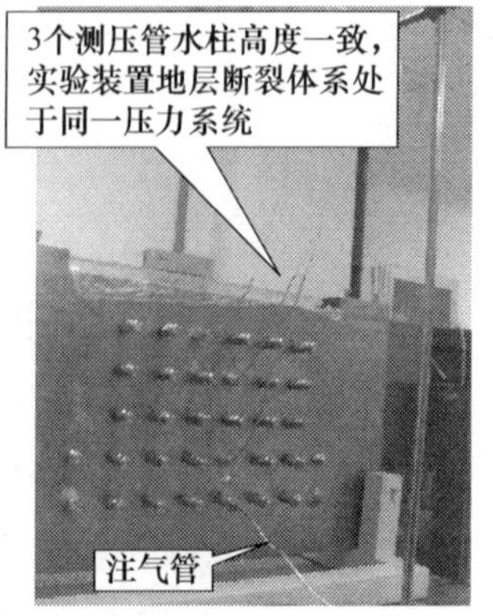

图 5-21　实验开始前现象及水柱高度(文后附彩图)

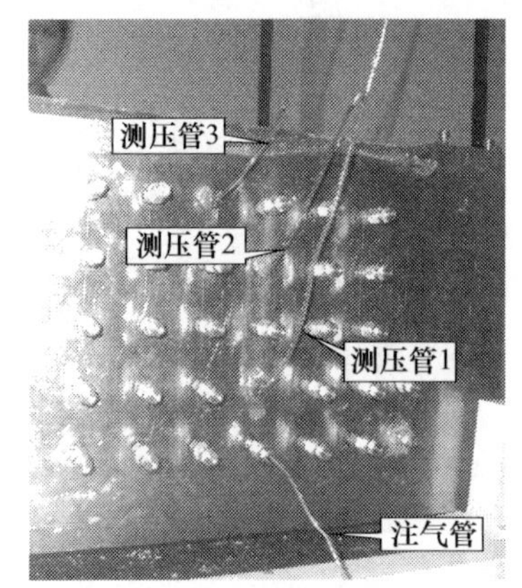

图 5-22　2min 时候水柱高度和压缩距离

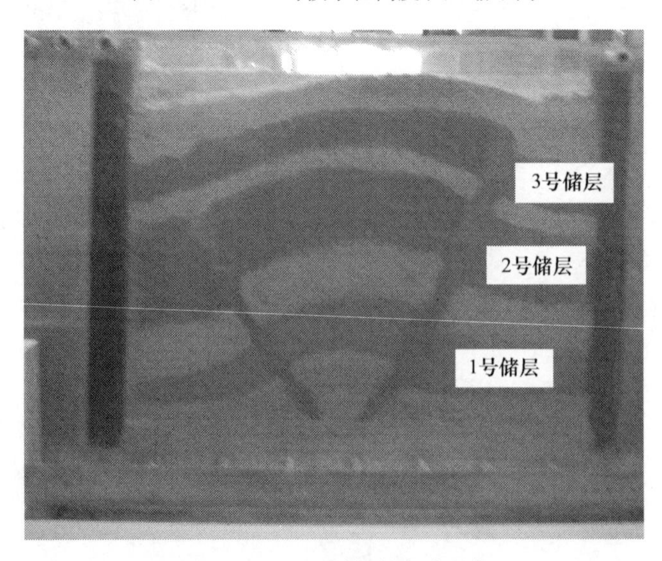

图 5-23　5min 时候的实验现象

7min 的时候，压缩距离为 7mm，3 号储集层顶部因挤压作用产生虚脱现象的。2 号、3 号目的层水柱高度变化相对较大，分别上升 170mm 和 160mm，表明在气体浮力的作用下先沿开启的断层向上运移，先进入上部的地层中，造成上部地层中水柱高度先增加的现象。1 号管水柱高度相对变化较小，水柱上升 65mm，表明 1 号储层中进入的气体相对较少(图 5-24)。

图 5-24　7min 时的实验现象

(3) 第 3 阶段，加速挤压大量注气阶段。

9min 过后，开始加大挤压力度[图 5-25(e)]，同时进一步将甲烷气体的供应量增加。首先三个水柱管依次发生管喷[图 5-25(f)]，接着观察到断裂自上而下逐渐变白，说明气体先由两侧的断裂向上运移，先在断裂带中聚集[图 5-25(a)～图 5-25(c)]。当断裂带全部变白时，气体先在储集物性好的上部地层中聚集，导致上部地层先褪色变白，同时由于挤压力度增加，3 号储集层顶部的虚脱空间进一步增加[图 5-25(d)]。

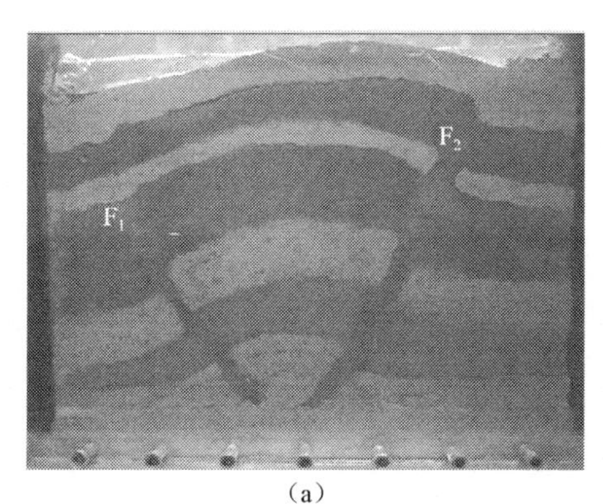

(a)

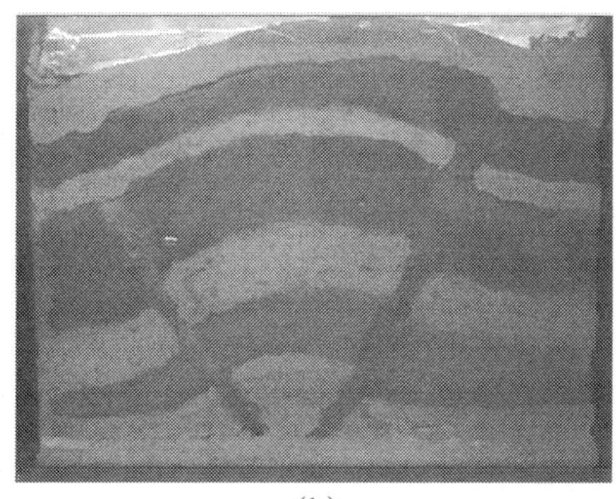

(b)

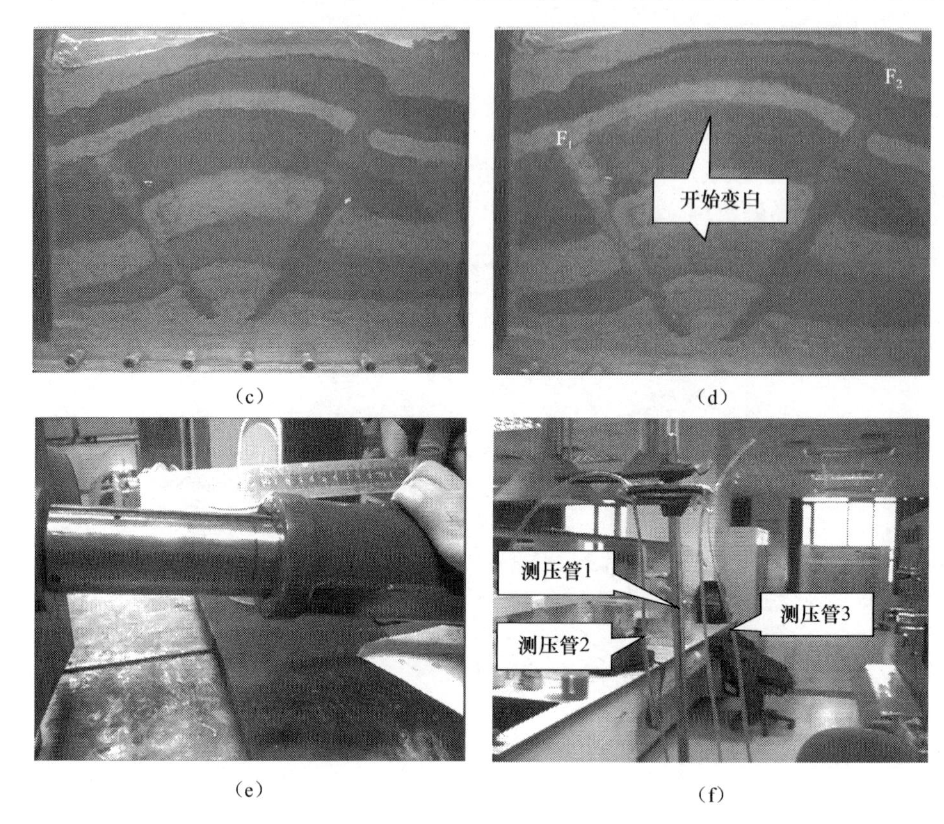

(c)　　(d)

(e)　　(f)

图 5-25　9～12min 时的实验现象

(a)10min36s;(b)10min39s;(c)10min40s;(d)11min3s;(e)压缩距离;(f)水柱变化

12min09s～13min30s 时,千斤顶挤压产生的压缩距离逐渐由 27mm 增加到 31mm,F_2 断层带进一步变白,并见有气流沿断裂自下而上涌动,形成拉长气泡[图 5-26(a)],同时上部地层 1 号、2 号储层进一步变白[图 5-26(a)～图 5-26(c)],尤其是 2 号储集层,表明此时气已经在储层中大量聚集。由于挤压程度的进一步加大,在 3 号储集层顶部的虚脱空间进一步加大,可见大量的气泡通过 F2 断裂向上运移进入虚脱空间,虚脱空间与 3 号储集层相接处形成气泡串[图 5-26(d)],导致 3 号储集层中没有明显的褪色现象。

时间为 15min30s,停止注气 2min。2 号和 1 号储层重新变成红色,红墨水在重力作用下向下转移,同时气体不断排出,说明此时气体已在大量散失,尤其是浅层(图 5-27)。表明气藏形成以后,供气量不足,气藏将衰竭,这时浅层气藏比深层气藏衰竭更甚。预示鄂博梁构造深层存在保存较好的气藏,是有利的勘探目标。

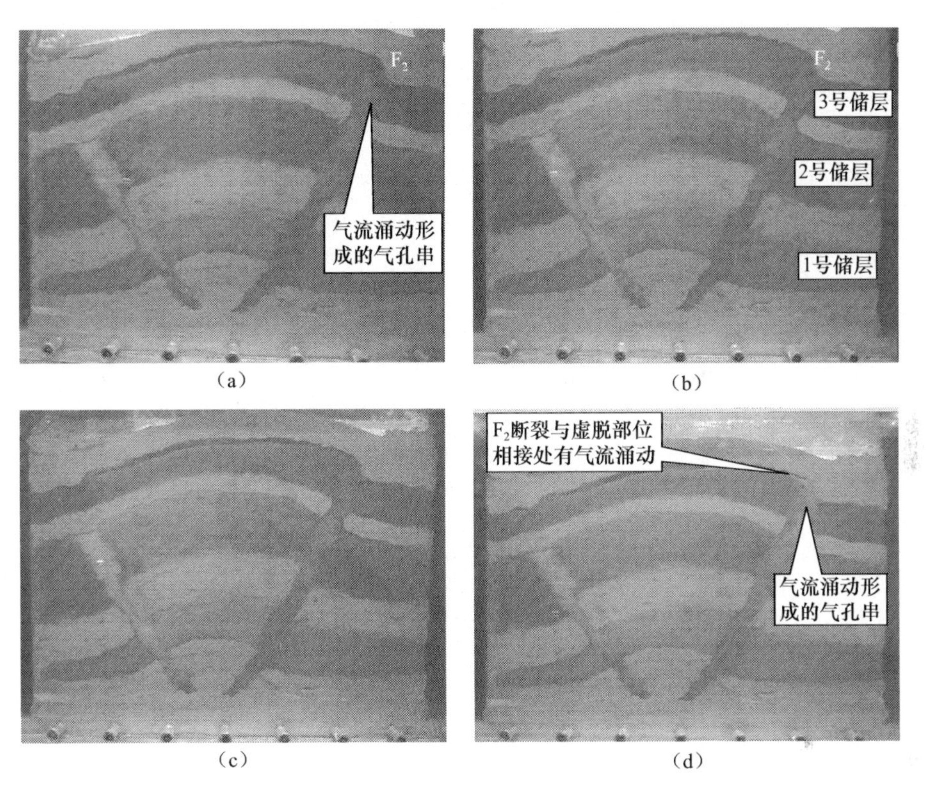

(a)　(b)

(c)　(d)

图 5-26　12～13.5min 时的实验现象

(a)12min9s;(b)12min17s;(c)12min24s;(d)13min30s

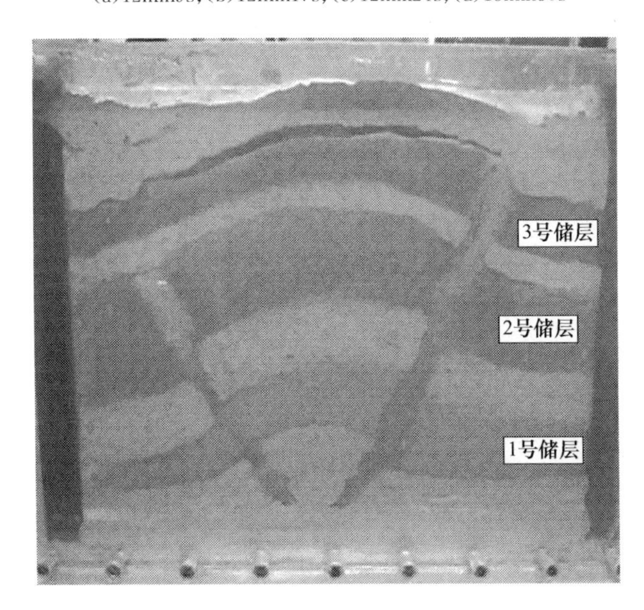

图 5-27　15min30s 时的实验现象

2）实验现象的地质解释

（1）第 1 阶段，缓慢挤压阶段。

缓慢挤压时，无气体充注，并无明显现象（图 5-28）。

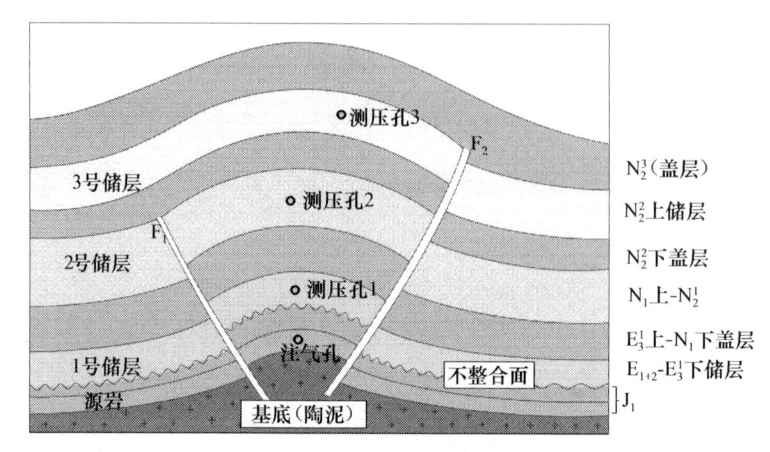

图 5-28　注气前实验模型示意图

（2）第 2 阶段，缓慢挤压逐渐加速注气阶段。

在注气初期阶段，注气量较少，气体主要从烃源岩中排出向断裂中运移［图 5-29(a)］，主要在浮力的作用下沿断层向上运移，先进入 F_1 断层［图 5-29(b)］。

在注气中期阶段，注气量逐渐加大，气体在扩散力、浮力和气体膨胀力共同的作用下进入两侧的断层 F_1、F_2，沿断裂向上运移，先在上部的储层中聚集成藏［图 5-29(c)］，随着上部气藏逐渐的充满，气体进一步聚集突破下部断层两侧储层的毛细管力，进入下部储层中，聚集成气藏［图 5-29(d)］。

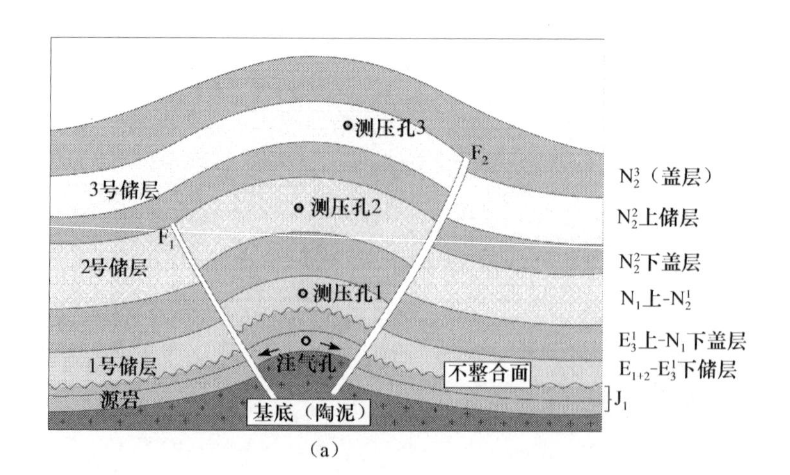

(a)

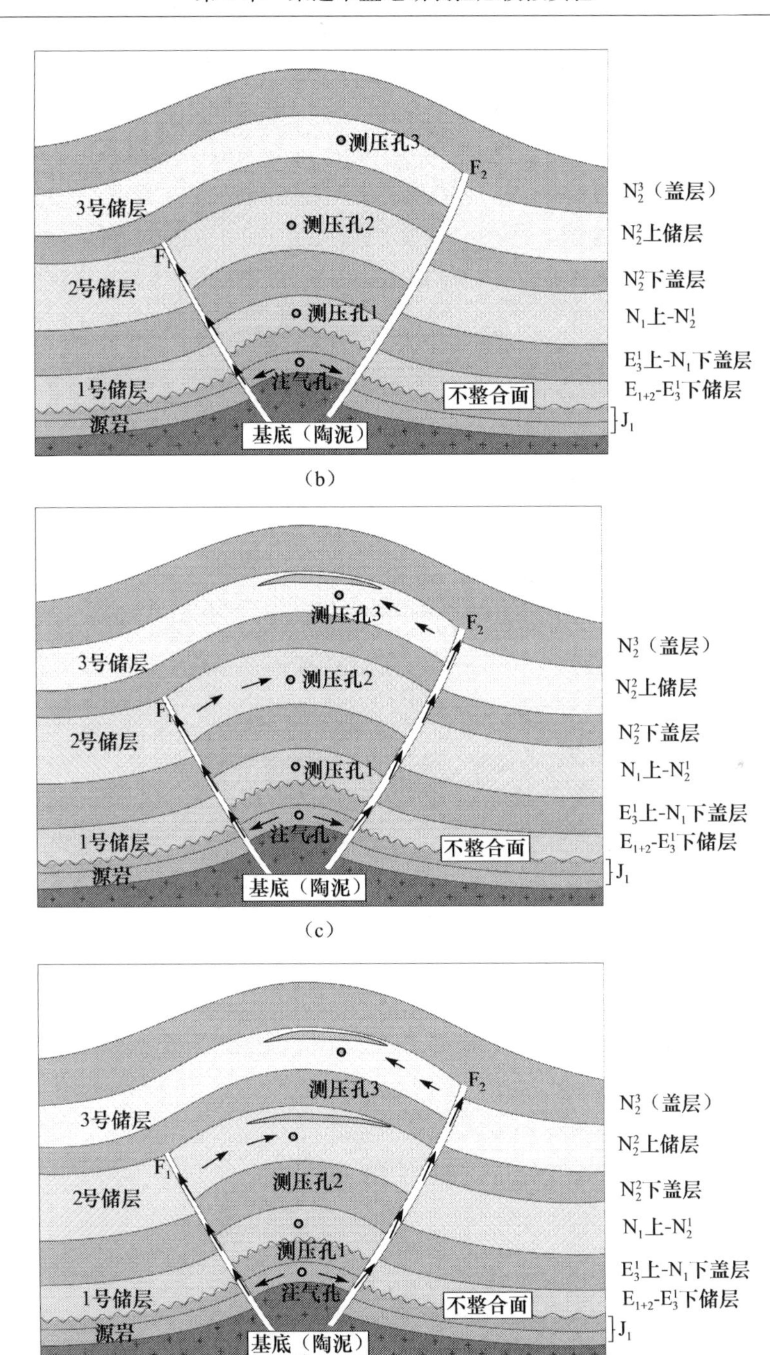

（b）

（c）

（d）

图 5-29　缓慢挤压逐渐加速注气阶段的实验现象地质解释图

(3) 第 3 阶段，加速挤压大量注气阶段。

在注气晚期阶段，加大注气量和挤压速度，气体通过 F_2 断层运移到上部地层，造成 3 号储集层中的气藏规模变大[图 5-30(a)]，随后气藏逐渐向下转移，下部气藏规模逐渐变大[图 5-30(b)，图 5-30(c)]。停止注气后，没有气体的供应，各储

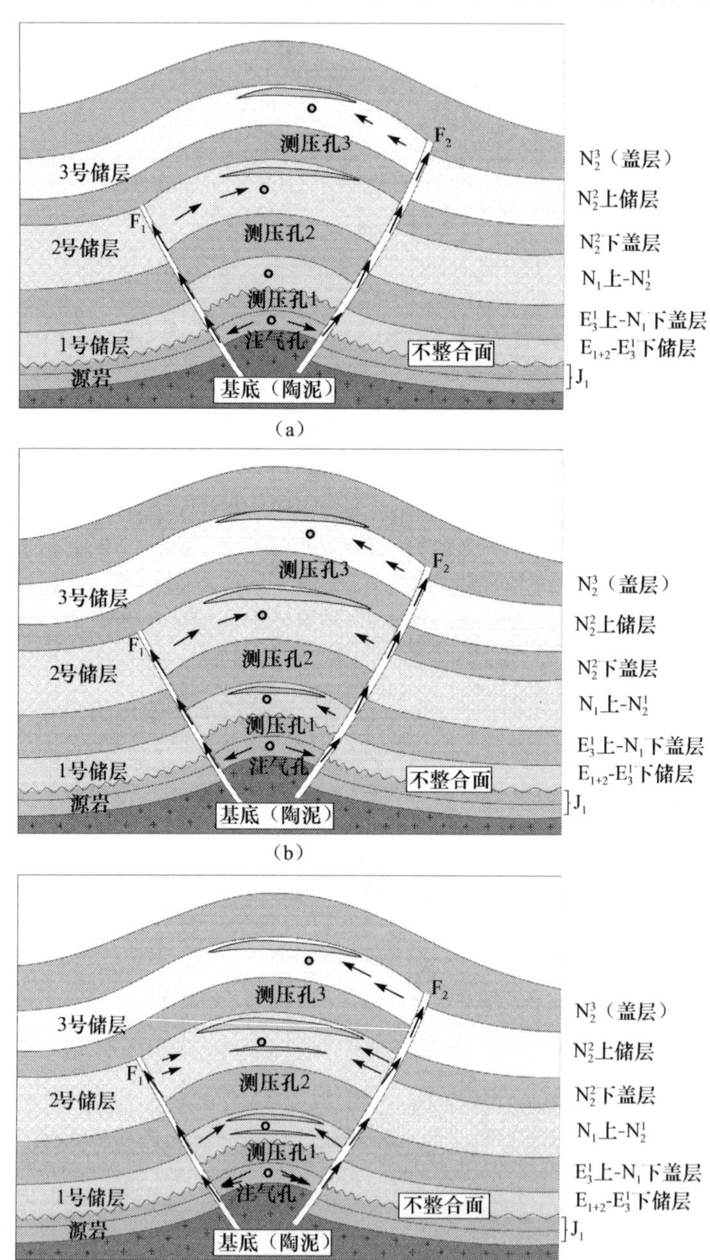

(a)

(b)

(c)

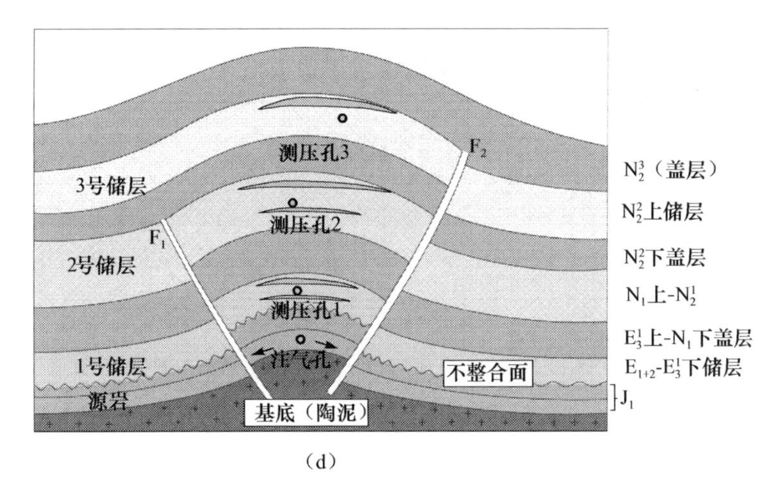

(d)

图 5-30　加速挤压大量注气阶段

集层的气藏开始逐渐萎缩消失，先是3号储层中的气藏开始变小[图 5-30(d)]，然后是深部气藏，其散失是先浅后深的过程。由此推测鄂深1井在中浅层勘探效果不好，可能与气藏长期衰竭有关。同时，目前过成熟的气源岩自身的排气能力较差，但深层可能存在保存较好的整装气藏。

(4) 水柱高度变化分析。

3号水柱高度最先升高(表 5-2)，表明气体最先通过断裂进入上部(浅层地层)，大量注气后水柱高度稳定了一段时间，原因是发生管喷时，构造挤压在上部地层中(浅层)产生的滑脱空间，天然气进入虚脱空间，减缓3号管的喷出时间(图 5-31)。气藏建设时期，气体在浮力的作用下沿断裂向上运移，先在上部的储层中聚集(表 5-5)，反映了水柱高度变化的先后顺序。

表 5-5　压缩距离与各测压管水注高度数据

时间	3号水注/mm	2号水注/mm	1号水注/mm	压缩距离/mm
0min	0	0	0	0
5min	145	140	64	4
8min	170	160	65	7
9min	190	185	80	9
10min	220	230	160	13
10min20s	225	250	240	16
10min30s	225	260	250	20
11min40s	225	管喷	管喷	22

4. 模拟4套储层气藏形成动态物理模型实验

图5-32(a)为4套储层物理模型的正面图，红色部分为储层，填充过程中用红色墨水染色。图5-32(b)为其背面图，测压管为红色管，测压管4号、5号、6号和7号管分别接在四套储层之中，测压管1号、2号和3号管分别接在F_2断层中，用以观察F_2断裂带中水柱(压力)变化，测压管8号管则接在F_1断层中，用以观察F_1断裂带中的水柱(压力)变化。图5-32(c)是4套储层模型的示意图，详细标注各地层的物性情况及设计情况。

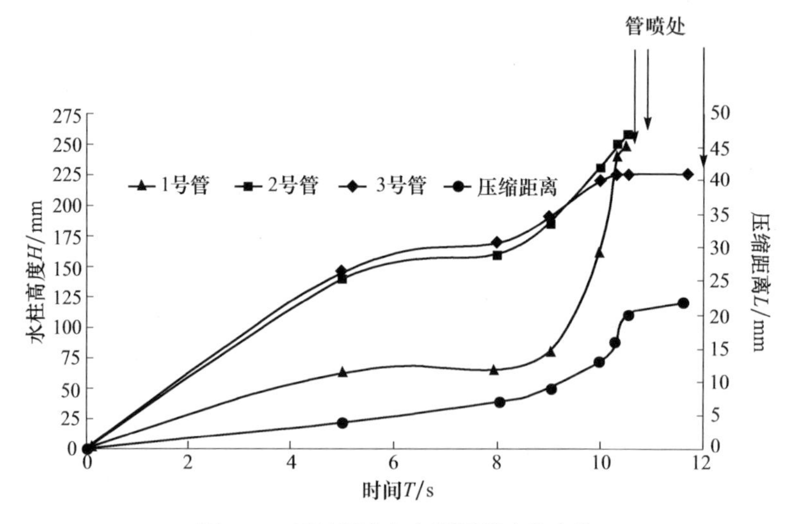

图5-31 压缩距离与各测压管水注变化

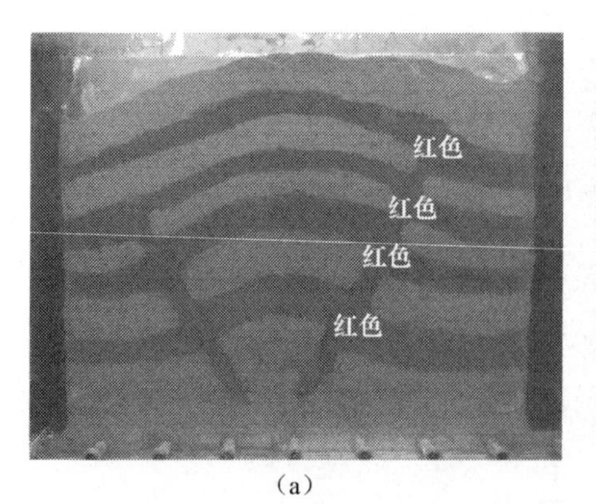

(a)

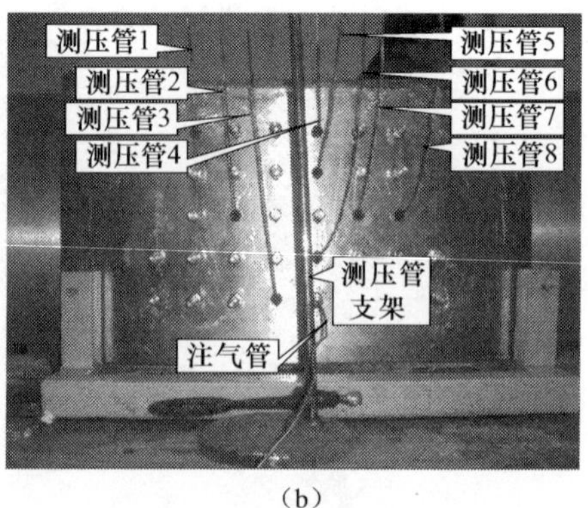

(b)

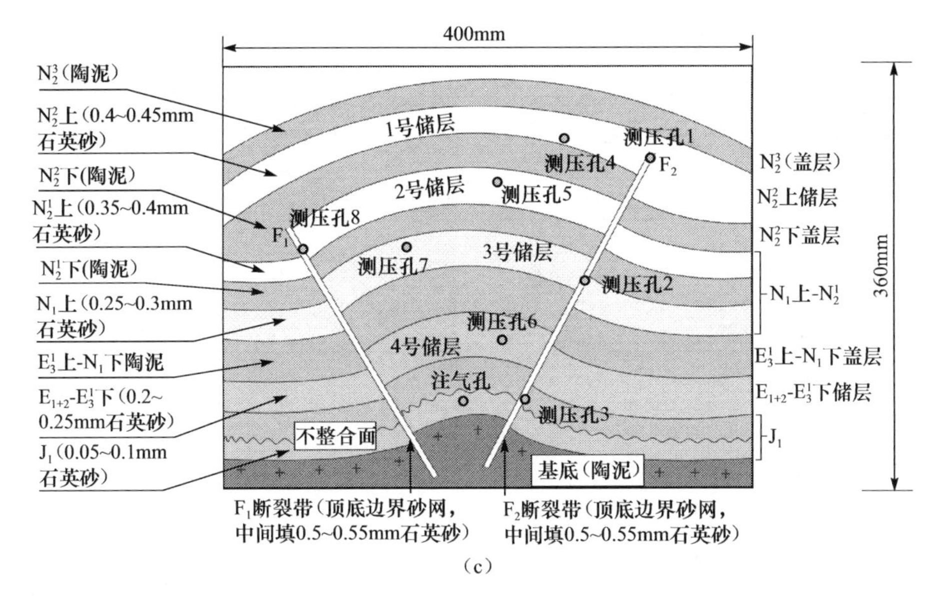

(c)

图 5-32　鄂博梁Ⅲ号构造四套储集层物理实验模型

(a)模型正面图；(b)模型背面图；(c)物理模型示意图

1) 4 套储集层物理实验模型实验现象观测

整个实验过程采用的是手动非均匀挤压装置，实验过程主要分为 3 个阶段：第 1 阶段，缓慢挤压阶段；第 2 个阶段，缓慢挤压逐渐加速注气阶段(时间为 0～15min)；第 3 个阶段，加速挤压大量注气阶段(时间为 15～27min)。

(1) 第 1 阶段，缓慢挤压阶段。

该阶段主要模拟烃源岩排烃以前的现象，实验过程主要是缓慢摇动千斤顶，没有气体注入，仅为构造变形阶段。

(2) 第 2 阶段，缓慢挤压逐渐加速注气阶段。

在 0min 时，地层被红色墨水完全浸透为红色，8 个管的水柱高度基本保持在同一高度，保持千斤顶继续缓慢挤压[图 5-33(a)]。

0～15min 时，物理模型并没有什么明显的实验现象。压缩距离为 7mm，顶部 1 号储集层与上部的盖层之间产生滑脱现象。同时，8 个水管中水柱高度都有不同程度的增加，变化范围大致相同[图 5-33(b)～图 5-33(d)]。

(3) 第 3 阶段，加速挤压大量注气阶段。

15min 时，开始加大注气量，同时增大挤压力度[图 5-34(a)]。到 16min40s 时，在 F_1 断裂中开始出现变白的现象[图 5-34(b)]，说明气体进入到 F_1 断裂中运移，压缩距离增加到 20mm。16min50s 时，F_2 断裂带也开始变白，表明气体进入 F_2 断裂中，同时 2 号储集层靠近 F_1 断裂的一侧开始褪色变白，说明气体现在浮力的作用下沿断裂向上运移至断裂带的顶部，当期聚集到一定程度，超过储层的毛管

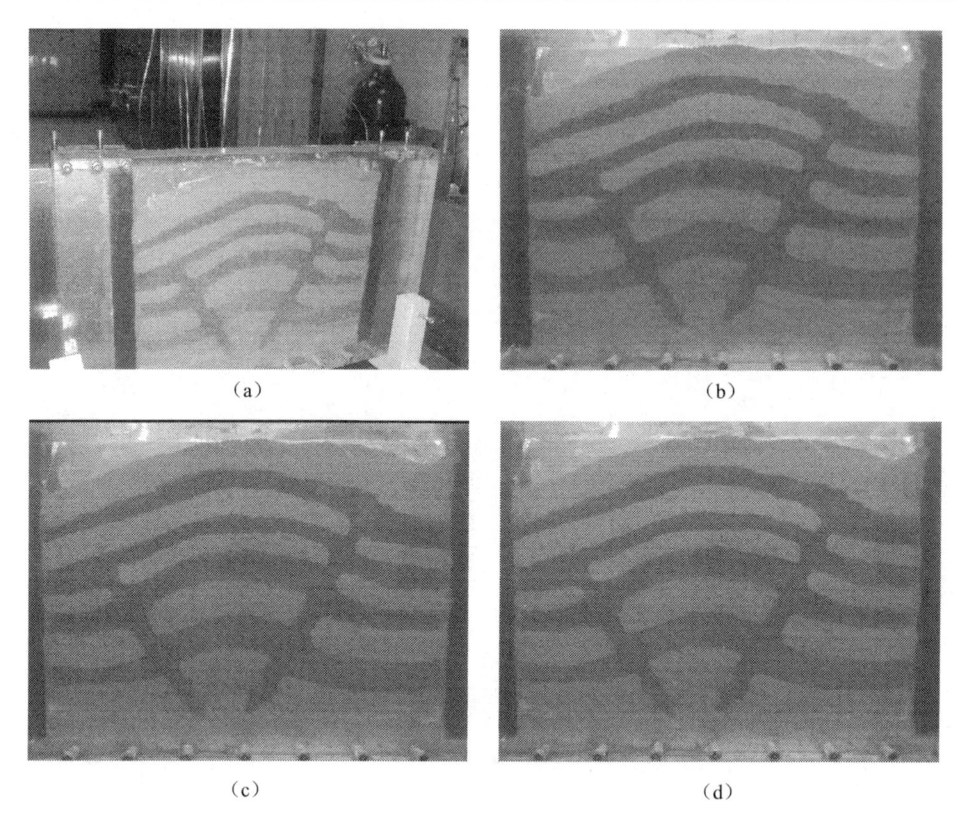

图 5-33　0～15min 时的实验现象

(a)0min；(b)2min；(c)6min；(d)12min

阻力时，就发生侧向运移，向储集层中充注[图 5-34(c)、图 5-34(d)]。同时由于强烈的构造挤压，在 1 号储层的顶部盖层中产生裂缝(相当于浅层产生滑脱断层)，即产生浅层通天断裂，顶部发生漏气和漏水的现象，说明浅部通天断裂(滑脱断层)破坏了浅部气藏的完整性。

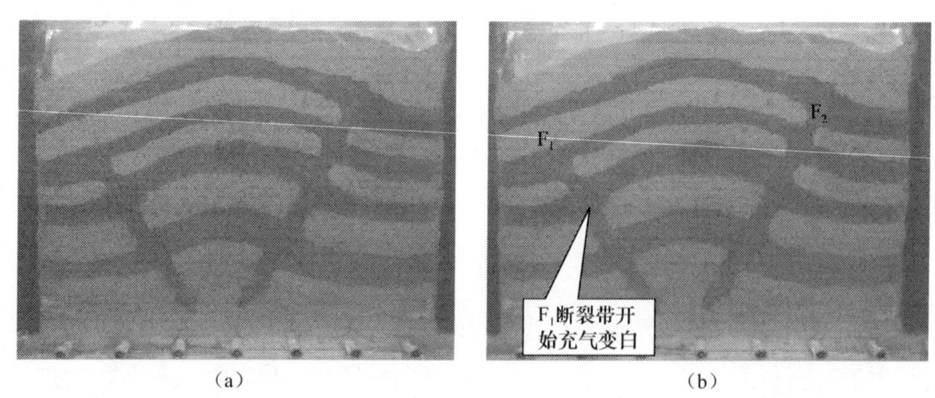

(a)　　(b)

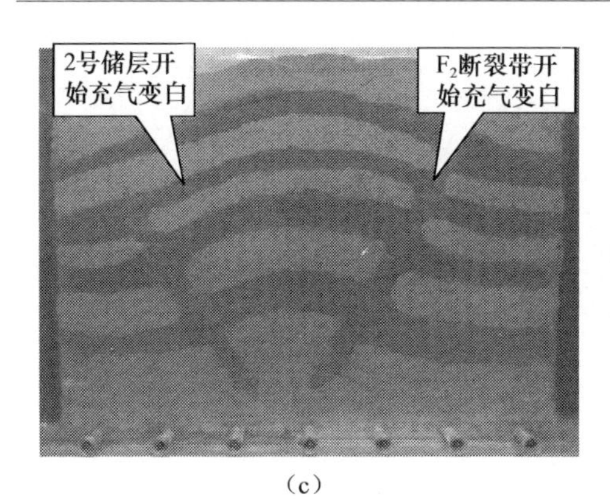

(c)

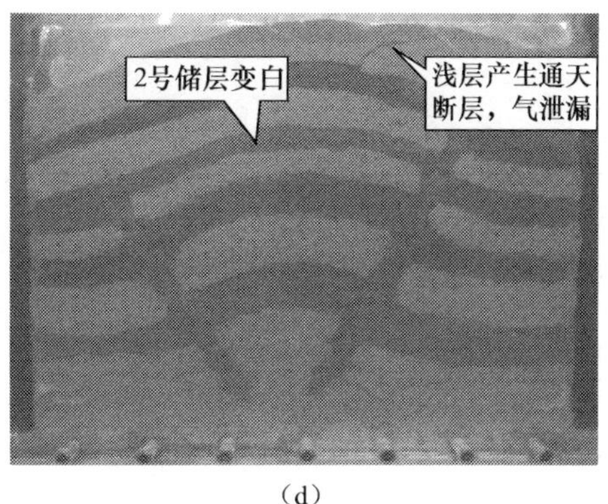

(d)

图 5-34　15～17min 时的实验现象

(a)15min；(b)16min40s；(c)16min50s；(d)17min

随着实验继续进行，持续挤压，大量供气。19min25s 时，压缩距离增加至 35mm，F_1 和 F_2 两条断裂已完全变白，2 号储集层也完全变白，说明其中已经完全充满气体，同时观察到 1 号、2 号和 3 号管自下而上依次发生管喷现象，反映断层以下到上对压力的传递作用，进一步说明气藏形成初期，气体先在浮力作用下沿开启的断裂向上运移，先在孔渗性较好的浅部储集层聚集成藏[图 5-35(a)、图 5-35(b)]。19min50s 时，3 号储层顶部开始变白，4 号储集层顶部有变白的现象(不太明显)，说明气体开始进入到下部储集层，在其中聚集成藏[图 5-35(b)]。在 23～27min 的时候，3 号和 4 号储集层逐渐开始变白，形成气藏[图 5-35(c)、图 5-35(d)]，但整个过程中，1 号储集层始终没有退色，其主要原因是在其顶部形成了浅层滑脱断裂，即通天断裂[图 5-35(d)]，破坏了浅部气藏的完整性，气体沿断裂运移至上部地层中，不能有效地储集起来，通过通天断裂伴随着红墨水运移至地表造成散失，导致在 1 号储层中没有明显的气藏的聚集现象，反映浅层滑脱断裂对浅层气藏破坏程度大。

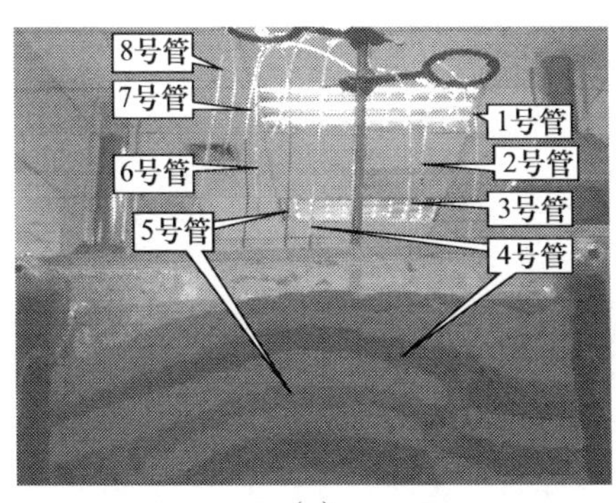

(a)

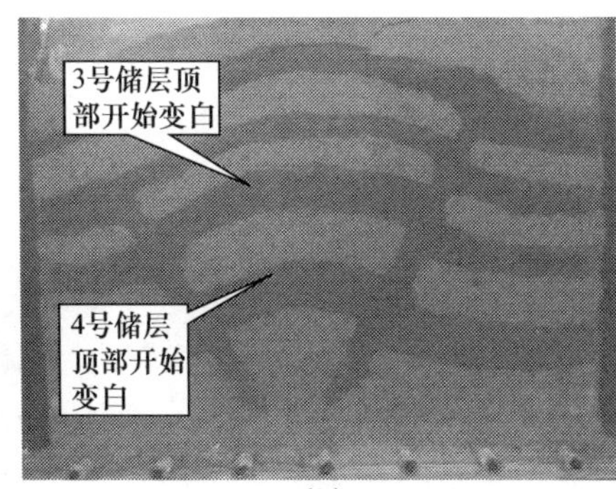

(b)

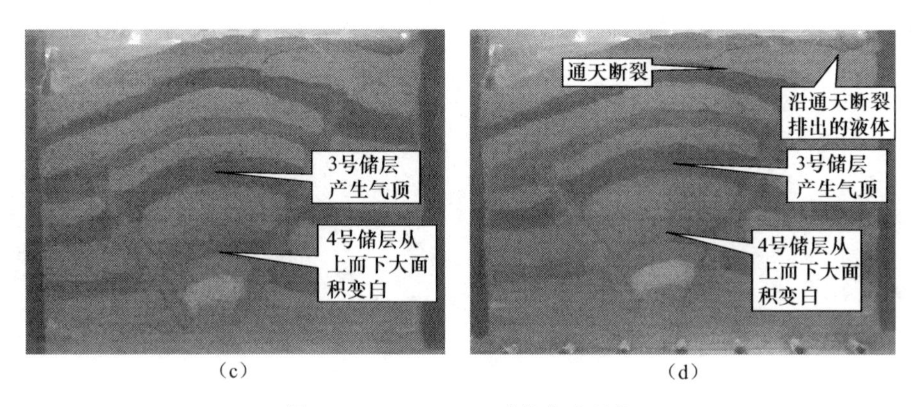

(c) (d)

图 5-35 17～27min 时的实验现象

(a)19min25s;(b)19min50s;(c)23min;(d)27min

2) 实验现象的地质解释

(1) 第 1 阶段,缓慢挤压阶段。

缓慢挤压地层,没有注气阶段,无明显的实验现象(图 5-36)。

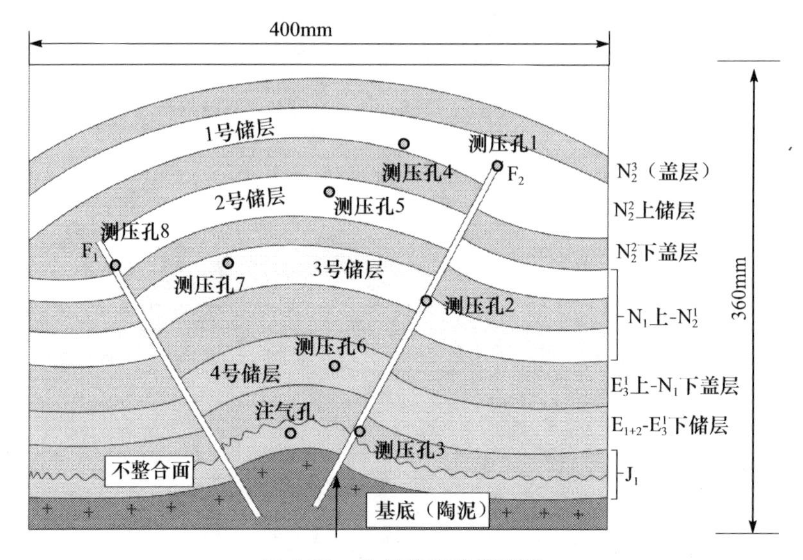

图 5-36 注气前实验模型图

(2) 第 2 阶段,缓慢挤压逐渐加速注气阶段。

注气初期阶段,注气量相对较少,气体主要在扩散力的作用下沿着烃源岩层侧向运移,向 F_1 和 F_2 断裂中缓慢移动[图 5-37(a)]。在注气中期阶段,随着气体量不断增大,不断向断裂带运移,进入断裂中后气体就在浮力和扩散力的作用下沿着开启的断裂带向上运移[图 5-37(b)、图 5-37(c)]。气量的进一步增加,气体随断裂运移至断层顶部，当聚集到一定量时突破储层的毛细阻力管力进入断裂两盘，尤其是上盘的储集层中，并在其中聚集，由于强烈的构造挤压作用，在 1 号储集层顶部的盖层中形成浅部滑脱断层（即通天断裂），导致 1 号储集层的保存条件差，因此没有在该层中形成有效的气藏。由于浅部断层没有破坏深部地层，在 2 号储层中就有气藏的聚集[图 5-37(d)]。

（3）第 3 阶段，加速挤压大量注气阶段。

到晚期注气阶段开始大量注气，同时加大挤压。一方面气体在气体膨胀力作

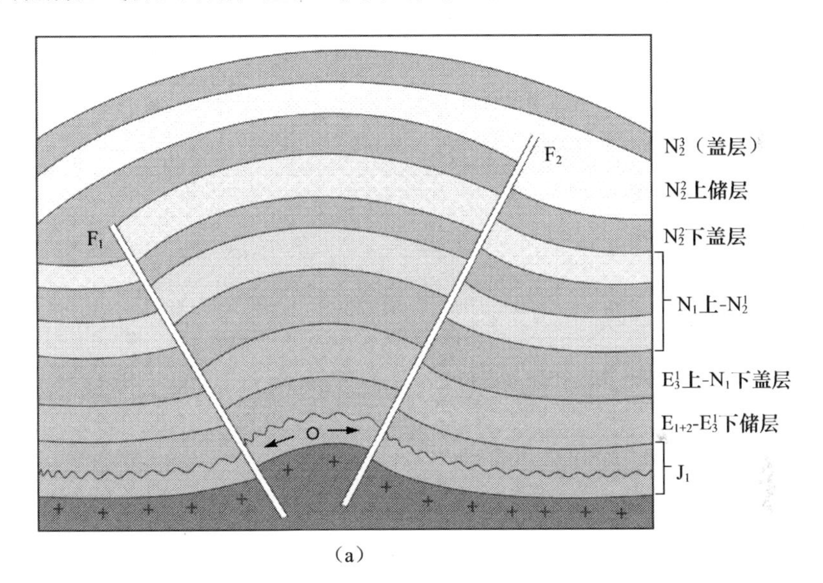

(a)

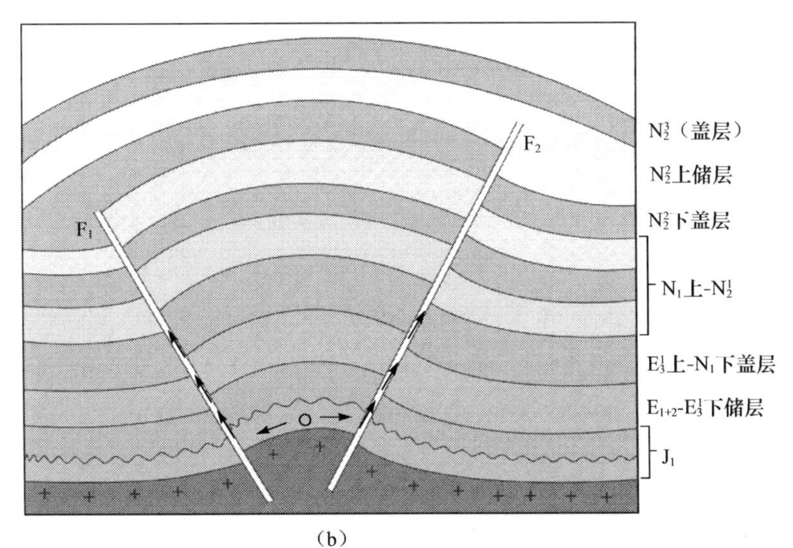

(b)

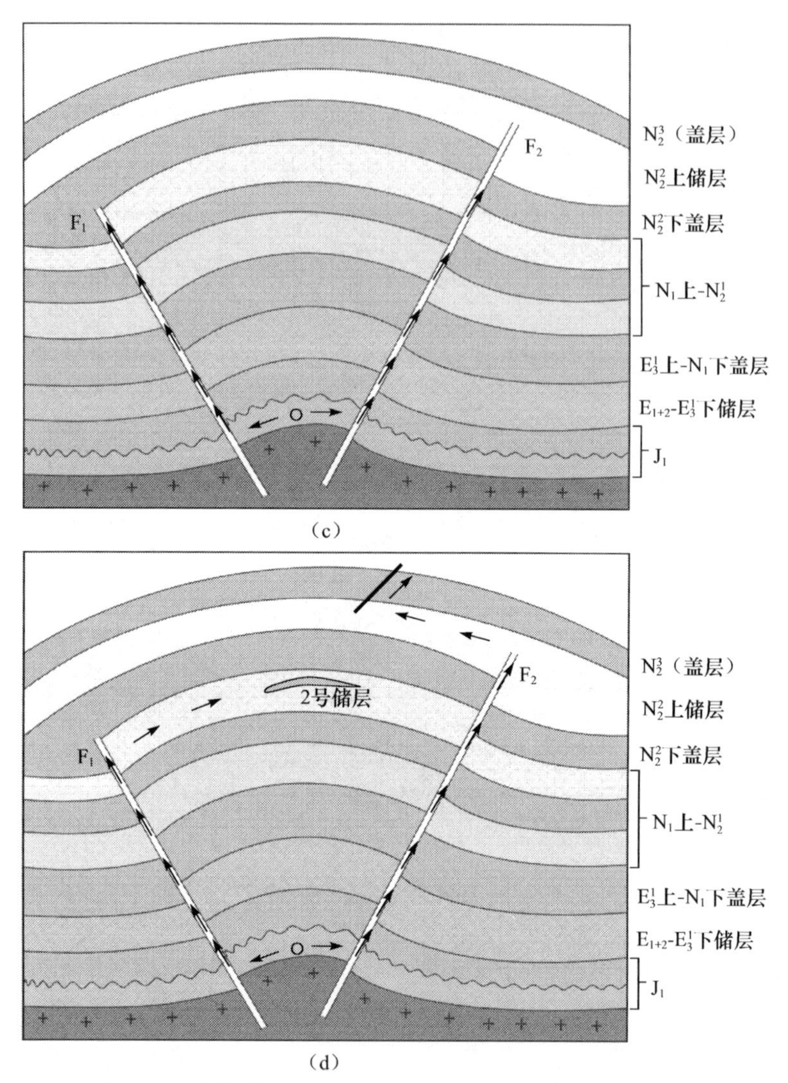

图 5-37 缓慢挤压逐渐加速注气阶段实验现象地质解释图

用下不断通过断裂向上运移至 1 号储集层，并经过通天断裂散失地表；另一方面通过断裂运移至上部储集层，先在顶部 2 号储集层聚集（由于 1 号储集层以散失为主，聚集过程中将 2 号储集层看做顶部储集层），在 2 号储集层聚集饱和之后逐渐向下部 3 号和 4 号储集层中聚集[图 5-38(a)、图 5-38(b)]，表现出先浅层后深层的气藏形成顺序。随着气体的不断充注，气藏逐渐增大，同时可以观察到两种不同输导体系的不同作用：①断裂-输导层-断裂输导体系，主要表现其对气体的散失作用，破坏浅部气藏的保存条件；②断裂-输导层输导体系，有利于气藏的形成，将深部的天然气输导至浅部的优势储集层中聚集成藏[图 5-38(c)]。停止注气后，气藏开始逐渐衰竭，先浅部气藏消失，再深部气藏消失，表现出先浅层后深层的气藏散失顺序[图 5-38(d)]。鄂深 1 等井(浅层)勘探效果不好，可能与气藏长期衰竭有关，过成熟的气源岩本身排气能力就差。根据其散失顺序来看，鄂博梁构造上的中-深层储集层中很可能有保存较好的大型整装气藏。

5. 鄂博梁Ⅲ号构造实验小结

(1) 天然气在运移初期由于气量小，主要运移动力是浮力和扩散力，到大量排

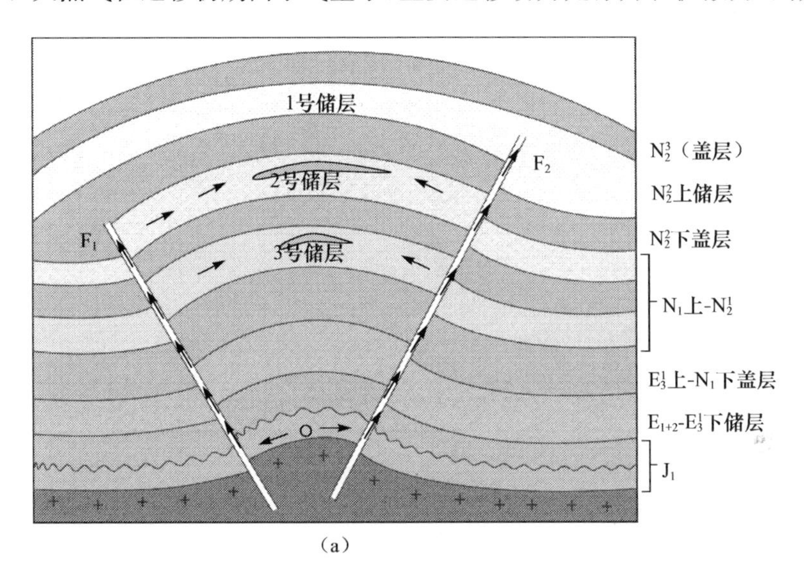

(a)

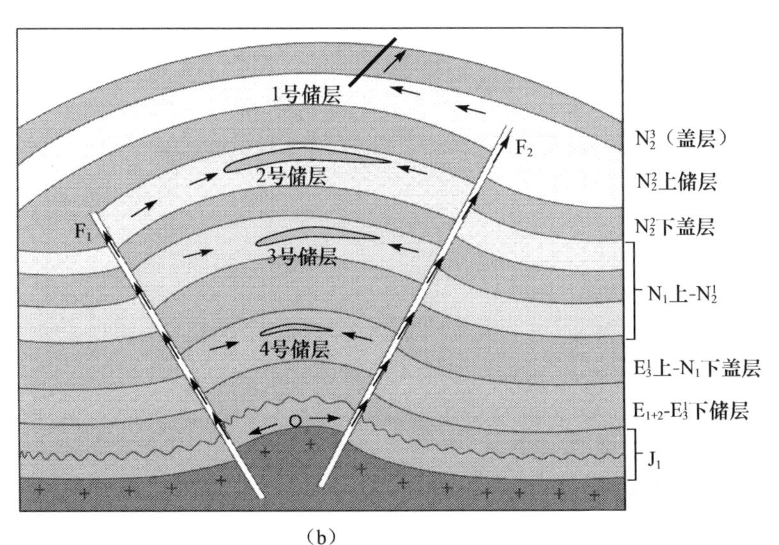

(b)

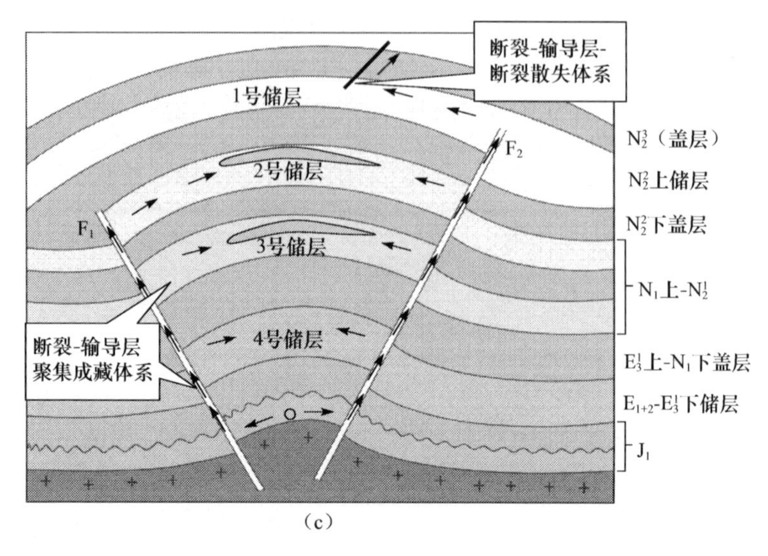

(c)

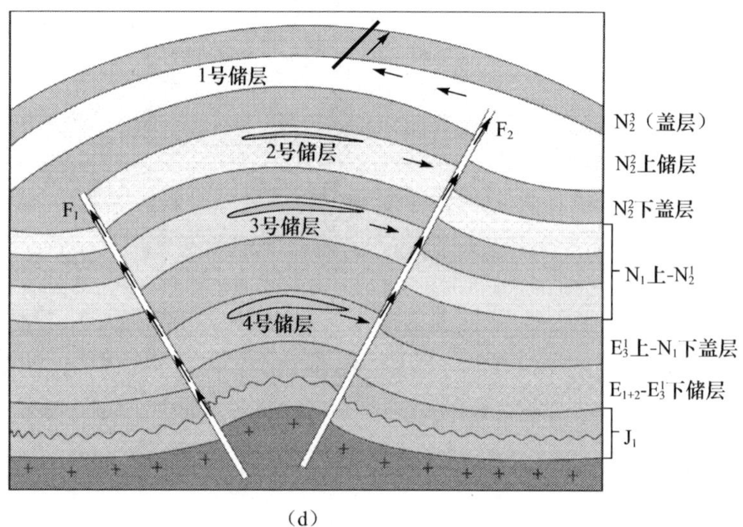

(d)

图 5-38　加速挤压大量注气阶段实验现象地质解释图

运时期主要动力是热膨胀力，天然气在异常高压差作用下沿断裂带向低势区的储层运移，断裂具有明显的从下而上传递压力的作用。

（2）天然气沿活动断裂运移时主要贴近断裂上带进行，浮力作为主要动力时总体沿断裂向上带运移，膨胀力作为动力时可突破断裂带上盘储层排潜压力而进入其中，在压力差作用下沿上盘储层上倾方向运移并在其中的圈闭中聚集成藏。

（3）随着天然气排运不断进行，排运气量不断增大，断裂-输导层输导体系会因排气不畅通而使体系内的压力不断增高，形成异常高压，通过断裂向上传递，逐渐成为天然气运移主要动力。具有异常高压的天然气很可能首先在中浅层突破物性相对好的上盘储层阻力而进入其中运移、聚集，形成中浅层气藏；随着异常压力的进一步增高，断裂输导体系中的天然气可能突破物性较差的中、深层储层的阻力而进入其中运移、聚集成藏，形成所谓的“浅先深后”天然气成藏序列，这是建设型气藏时期(多层位)断层气藏形成特点。

(4) 活动断裂带中仅靠浮力、扩散力运移的天然气很难进入两盘储层中运聚成藏，在异常高压下(深断裂传递的深部高压流体的压力)沿断裂输导体系运移的天然气很可能突破断裂上盘致密储层排潜压力而进入其中运聚成藏，即所谓的致密储层“断传高压驱动”天然气成藏机理。

(5) 气藏形成后期，当供气量小于散失量时气藏压力降低，规模减小、直至消失，气藏损失的顺序是先浅层后深层，深层气藏保存最好。鄂深1井气藏为晚期气藏，主要聚集过成熟煤型气，又长期衰竭，因此气量不大。由实验可知，鄂博梁构造深层可能存在保存较好的较大气藏，即所谓的“浅差深好”的天然气藏保存序列。由此规律可知，有浅层气藏一定就有深层气藏，且深层气藏保存条件好于浅层气藏，浅层气藏(即使被破坏殆尽)是寻找深层气藏的指示标志。

5.2.3　东坪构造气藏物理动态模拟实验

1. 建立地质模型

实验地质模型采用的是一条过东坪1井的剖面，剖面方位呈NEE，整个构造形态为不对称的两断夹一隆的构造(图5-39)，主要的产气层为基岩层，在E_{1+2}、E_3^1和N_1地层中也有良好的气显示。由于基岩层岩性无法模拟，因此选取上部气显示层进行模拟。

2. 实验参数的选取和设定

依据地质模式，侏罗系源岩在E_3^2沉积后、N_1沉积时开始生排气，实验从N_1沉

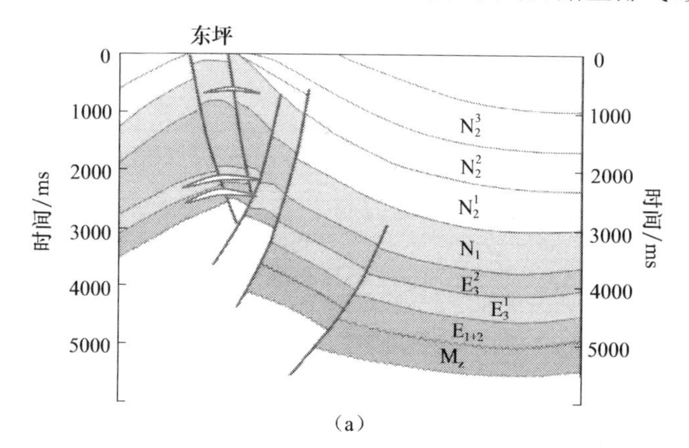

(a)

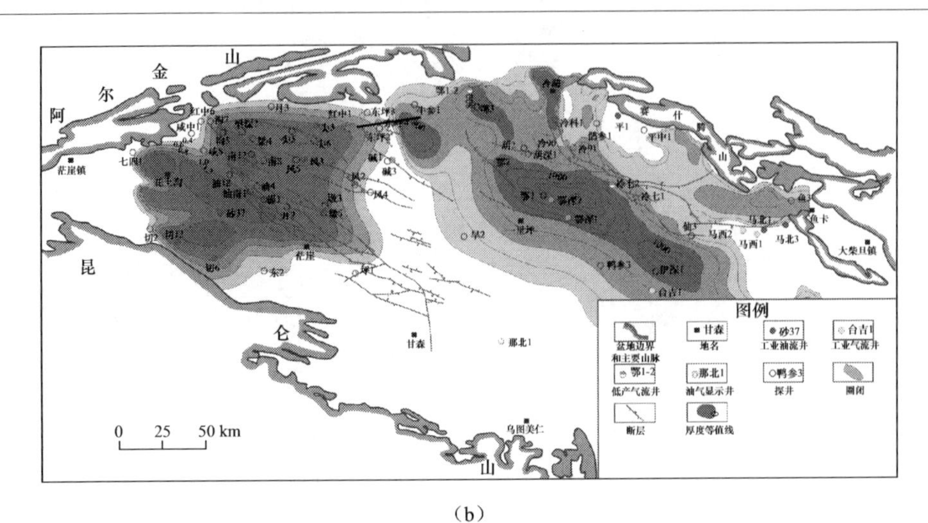

(b)

图 5-39　东坪构造地质剖面及其剖面位置图(文后附彩图)

积时开始,距今 23.5Ma。N_2^1(5.3Ma)后开始大量排、运气,到 N_2^3(2.6Ma)达排运气高峰,进入 Q 后持续排运天然气,但强度有所减弱,直至现今。

东坪构造发育史主干剖面横向压缩率 15.0%,实验剖面长度 400mm,实验实际压缩距离 60mm。预期实验模拟相关参数见表 5-6。

表 5-6　实验参数预期设定

地质年代		实验过程初步设定	地史时间差/Ma	实验时间预期设定/min	预期压缩距离/mm	预期压缩速率/(mm/min)	进气量	东坪构造成藏过程恢复
距今65.5Ma	E	缓慢挤压					无	
距今23.5Ma	N_1	缓慢挤压逐渐加速注气阶段	1	0	10	0.55	少量	
距今5.3 Ma～0	N_2—Q	加速挤压大量注气阶段	18.2～23.5	9.1～11.8	50	18.5	大量	

对于储盖组合的划分，结合东坪 1 井的孔隙度和渗透率的数据(表 5-7)，以及关于坪东断层两侧地层孔渗性测井解释(图 5-40)，将东坪构造划分为四套储盖组合。

表 5-7　东坪 1 井孔渗数据统计表

层位	孔隙度/%	平均孔隙度/%	渗透率/mD	平均渗透率/mD
N_1	9.4～10.9	10.0	0.26～0.76	0.44
E_3^2	2.3～7.4	4.8	0.05～1.86	0.39
E_3^1	2.5～5.9	4.0	0.05～1.40	0.34
E_{1+2}	1.6～4.8	3.5		<0.05

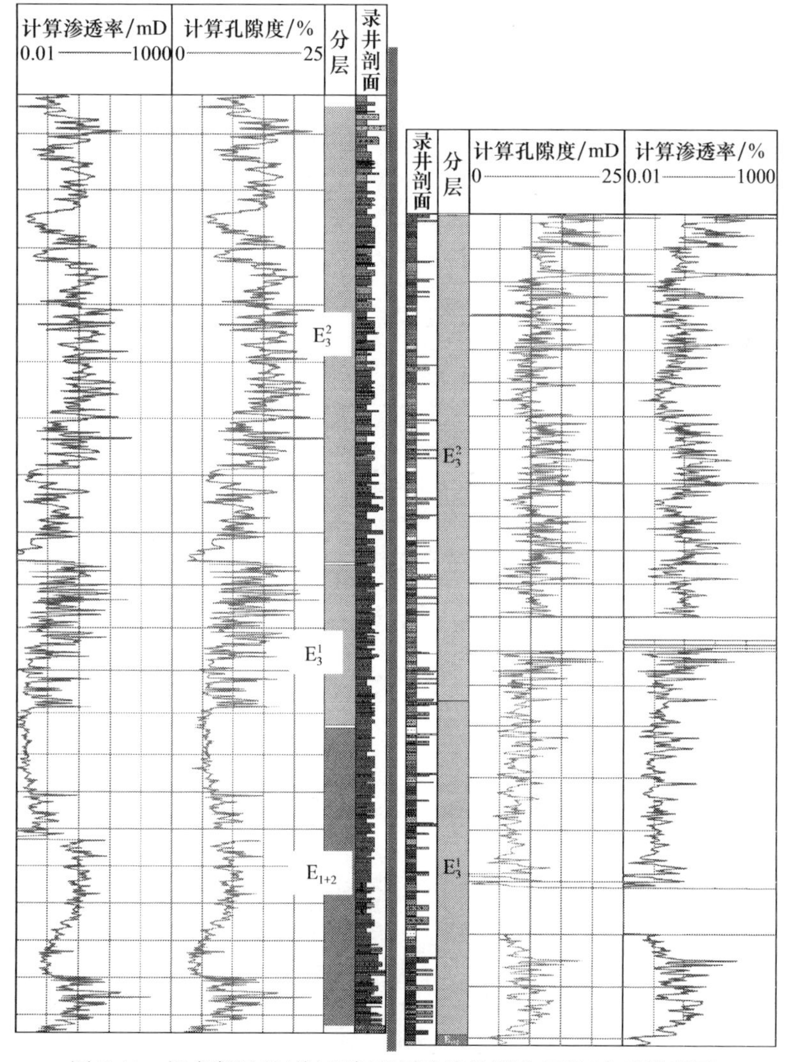

图 5-40　坪东断层(红线)两侧地层孔渗性测井解释(文后附彩图)

第 1 套储盖组合为 E_{1+2}，将 E_{1+2} 分为两套地层，其下部作为储集层，上部作为盖层；第 2 套储盖组合为 E_3^1-E_3^2 下，将 E_3^1 作为一套储集层，E_3^2 下部的泥岩作为下面储集层的一套盖层；第 3 套储盖组合为 E_3^2，将 E_3^2 中部孔渗性较高的部位作为储集层，其上部孔渗性较低的地层作为盖层；第 4 套储盖组合为 N_1-N_2-Q，将 N_1 作为一套储集层，把 N_2—Q 整体作为一套上部盖层，详细情况见表 5-8。

表 5-8　东坪构造物理模型详细地质参数

地层系统		底埋深/m	厚度/m	储盖组合		平均孔隙度/%	平均渗透率/mD	储层性质	实验材料参数	
									厚度/mm	石英砂直径/mm
N_2-Q		50		盖	第 4 套			半致密储层		
N_1		1268	1218	储		10.1	0.44		45	0.35～0.4
E_3^2	上		1330	盖	第 3 套					
	中			储		4.8	0.39	致密储蓄层	35	0.3～0.35
	下	2598		盖	第 2 套					
E_3^1		3020	422	储		4	0.34		30	0.25～0.3
E_{1+2}	上	3159	174	盖	第 1 套					
	下	3194		储		3.5	<0.05		16	0.2～0.25

注：基底与盖层用陶泥，断层带用两条砂网及其中间充填 0.45～0.5mm 石英砂代表。

3. 东坪构造四套储层物理实验模拟

图 5-41(a)为依据坪东断层两侧地层孔渗性测井解释结果所设计的东坪构造模型正面图，红色部分为储集层，黄色部分为泥岩盖层。设计有两条断层 F_1 和 F_2，F_2 代表实际地层中的坪东断层，作为油源断层，处于开启状态，对油气起输导作用。F_1 断层在整个实验过程中对油气的运聚不起作用，仅作为模拟实际地质形态所设计的，对于 F_1 断层没有设计断裂带，作为封闭断裂，仅用砂网代替。在 1 号和 4 号储集层中分别留有两个出水口，在 J 和 E_{1+2} 地层之间放置了一张砂网，为了模拟 J 与 E_{1+2} 之间的不整合面，注气口设在 J 的地层之中，模拟烃源岩排气，用砂子填充便于油气从烃源岩中排出[图 5-41(b)]。

1) 东坪构造物理实验模型实验现象观测

整个实验过程采用的是手动非均匀挤压装置，实验过程主要分为 3 个阶段：第 1 阶段，缓慢挤压阶段；第 2 个阶段，缓慢挤压逐渐加速注气阶段(时间在 0～11min48s)；第 3 个阶段，加速挤压大量注气阶段(时间在 11min48s～13min20s)。

(1) 第 1 阶段，缓慢挤压阶段。

该阶段主要模拟烃源岩排烃以前的现象，实验过程中缓慢摇动千斤顶，没有气体注入，仅为构造变形阶段。

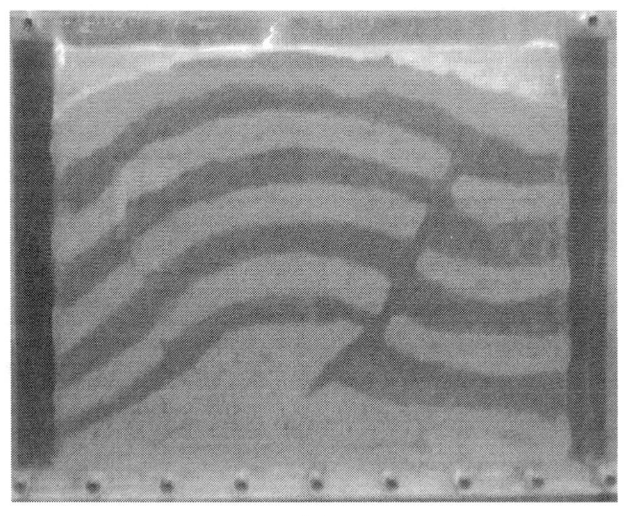

(a)

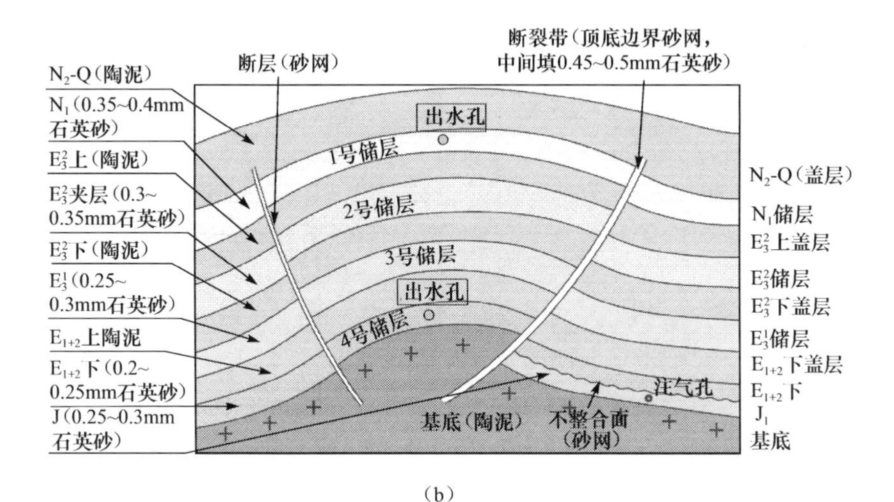

(b)

图 5-41　东坪构造物理模拟实验模型

(a)模型正面图；(b)模型正面示意图

(2) 第 2 阶段，缓慢挤压逐渐加速注气阶段。

0min 时，地层全部为红色，没有明显的实验现象，继续缓慢挤压和注气[图 5-42(a)]。

1min13s 时，由于构造挤压的作用，1 号储集层与其顶部的泥岩盖层产生滑脱现象，同时在其上部泥岩盖层中产生了裂隙[图 5-42(b)]。

1min34s 时，可以看到挤压作用已对模型产生一定的构造变形，推进杆上已产生一段位移[图 5-42(d)]。

实验继续进行，继续注气和挤压地层，到 7min15s 时，模型中仍然没有明显的气体运聚现象[图 5-42(c)]。

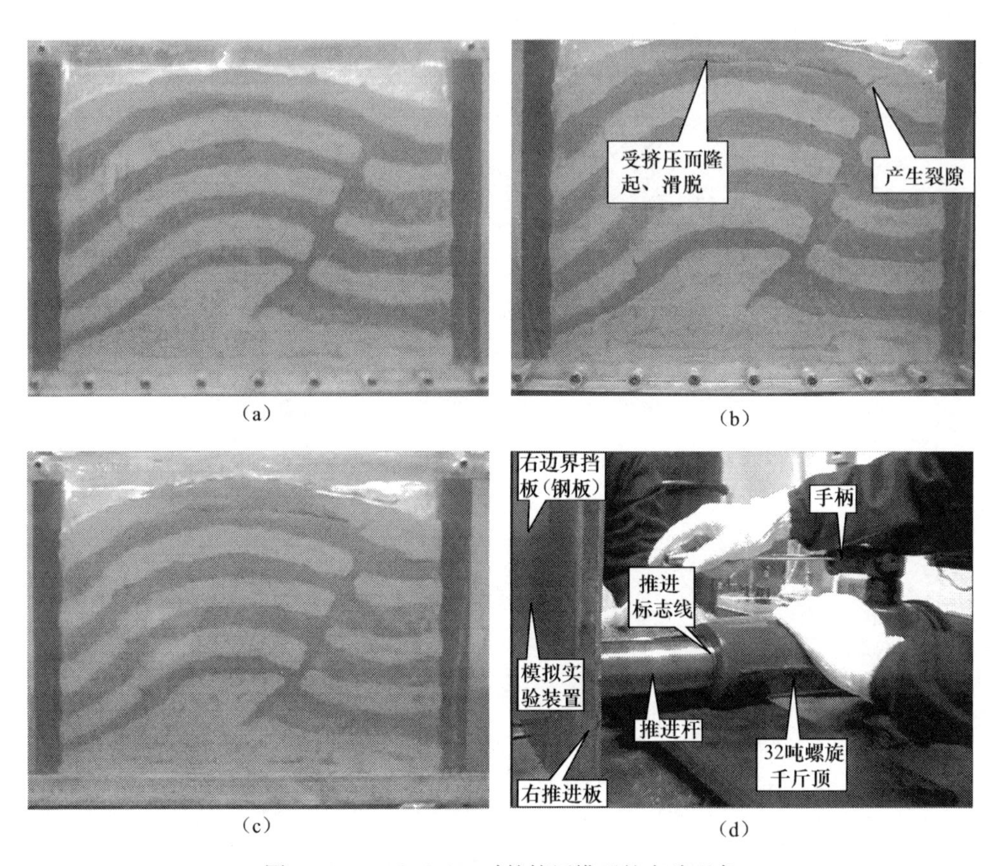

(a) (b) (c) (d)

图 5-42 0～7min15s 时的挤压模型的实验现象

(a)0min；(b)1min13s；(c)7min15s；(d)1min34s

继续挤压，到 9min56s 时看到不整合面优势运移通道周围的砂体有变白的现象，同时在 F_2 断裂中出现白色条带，表明气体在浮力的作用下沿着不整合面和断裂向上运移[图 5-43(a)]。到 10min1s 时，发现在紧挨不整合面之上砂体中有串珠状气孔带，表明气体沿不整合面发生运移，同时在 F_2 号断裂中变白现象进一步明显，由于不断挤压 1 号储集层顶部的泥岩盖层不断隆起，滑脱程度不断加强[图 5-43(b)、图 5-43(c)]。

(3) 第 3 阶段，加速挤压大量注气阶段。

11min59s 时，1 号储集层已几乎完全变白，表明其中已经聚集大量的天然气，同时由于构造挤压地层进一步的在隆起，断裂带上部也几乎变白，2 号储集层中也开始有褪色现象，此时的压缩距离为 30mm[图 5-44(a)、图 5-44(b)]。

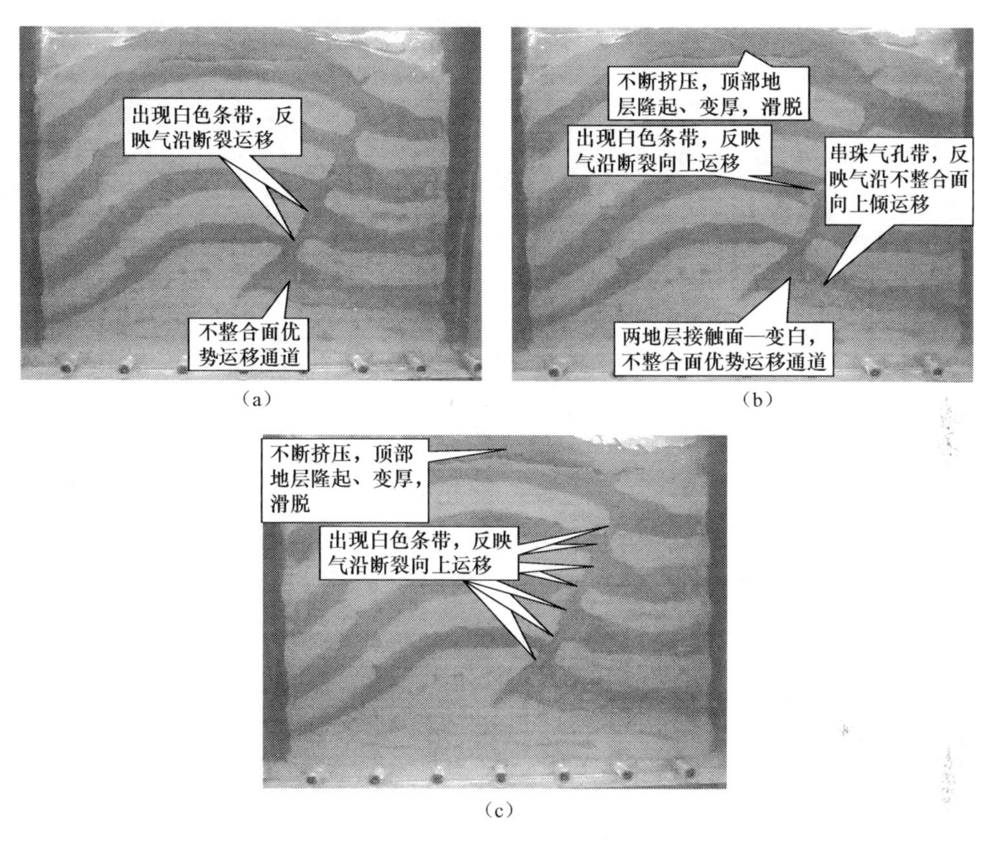

(a)　(b)　(c)

图 5-43　9min～11min48s 时挤压模型的实验现象

(a)9min56s;(b)10min1s;(c)11min48s

12min41s～12min54s 时，气体不断地从烃源岩中排出，穿过不整合面沿地层上倾方向运移进入到断层，沿断裂再进入到储集层，当 1 号储集层全部变白时，气体逐渐向下部的储集层中聚集，2 号储集层中逐渐出现气浸(相当于模拟东坪 3 井在 3164～3182m 日产 605 万 m^3 的气藏)，4 号储集层有局部变白的现象[图 5-44(c)、图 5-44(d)]。

12min58s～13min20s 时最终压缩 55mm，可以明显观察到目的层 E_{1+2} 有大量的气体进入，同时发现在 4 号储层中产生明显的气孔，有砂体和水快速喷出，说明气藏形成过程异常高压。还可以看到，气体沿断裂向上输导的过程中，断裂带的上带颜色明显浅于下带的颜色，说明气体在浮力的作用下趋于靠近断裂带的上部运移[图 5-44(e)、图 5-44(f)]。

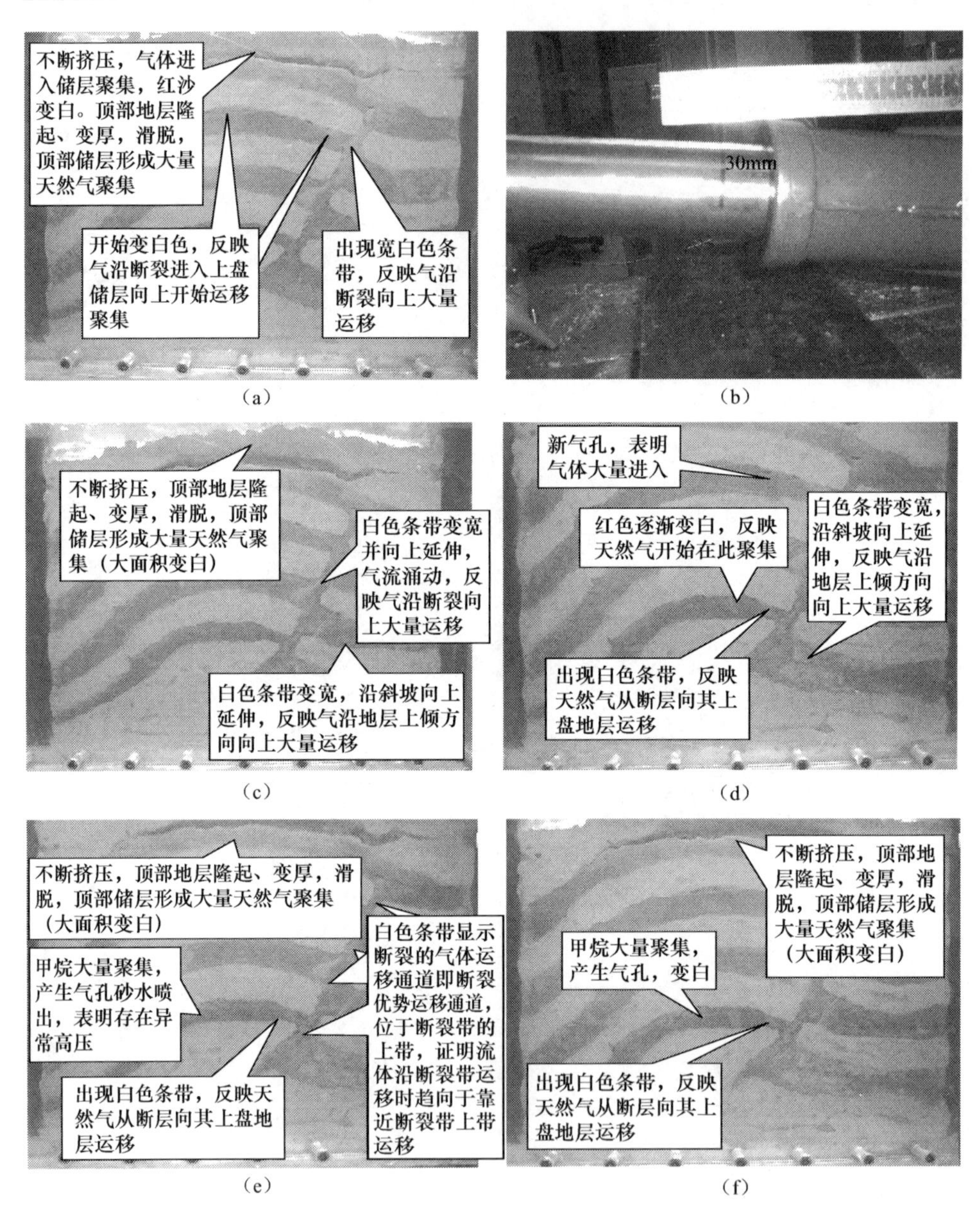

(a)　(b)　(c)　(d)　(e)　(f)

图 5-44　11min48s～13min20s 时挤压模型的实验现象

(a)11min59s；(b)11min59s；(c)12min41s；(d)12min54s；(e)12min58s；(f)13min20s

2）实验现象地质解释

(1) 第 1 阶段，缓慢挤压阶段。

缓慢挤压时，无气体充注，并无明显现象(图 5-45)。

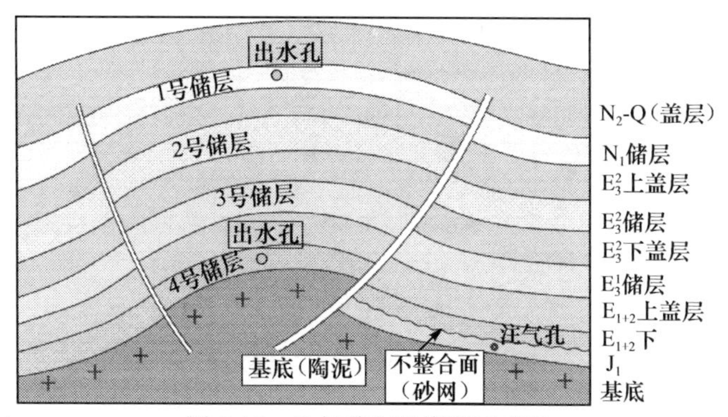

图 5-45　注气前实验模型示意图

(2) 第 2 阶段,缓慢挤压逐渐加速注气阶段。

在注气初期阶段,气量相对较少,气体从注气口进入以后,先通过不整合面进入 E_{1+2}底部的砂体,沿地层上倾方向发生侧向运移,进入断裂带。注气的中期之后,随着气体的不断增加,在浮力的作用下气体沿断裂带向上运移[图 5-46(a)],在顶部的 1 号储集层中优先聚集成藏图[5-46(b)]。

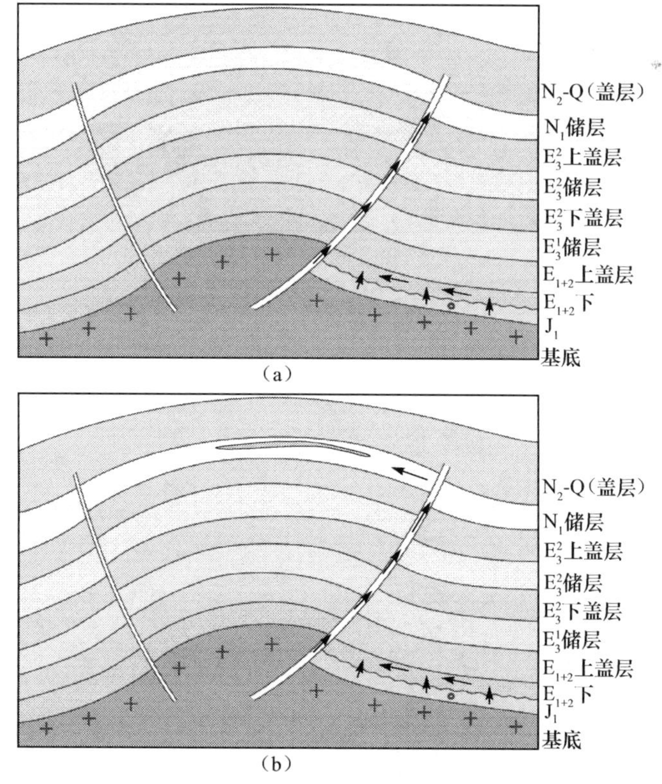

图 5-46　缓慢挤压逐渐加速注气阶段实验现象地质解释图

(3) 第 3 阶段,加速挤压大量注气阶段。

到注气晚期,随着气量的加大,气体由 1 号储集层逐渐向下面的储集层中充注形成气藏(图 5-47),也就是说,在气藏形成的过程中,其形成顺序是由浅层向深层进行的,且气藏形成过程处于一个高压状态。

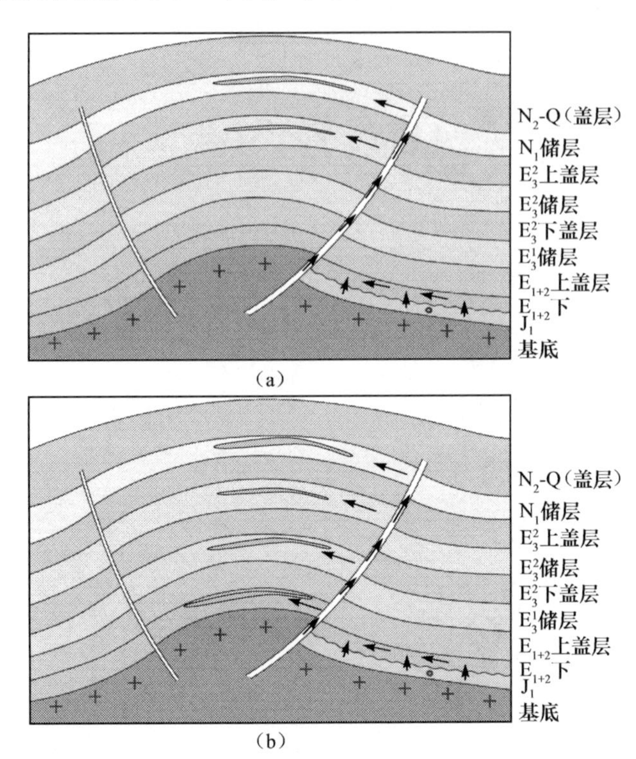

图 5-47 加速挤压大量注气阶段实验现象地质解释图

4. 东坪构造实验小结

表 5-9 是对东坪天然气藏晚期成藏模拟结果总结,反映了气藏形成不同阶段断裂活动与气体运移聚集的耦合关系。

表 5-9 东坪天然气藏晚期成藏模拟结果总结

时代	演化阶段	天然气运聚成藏示意图	主要特征
N_2—Q	第 3 阶段	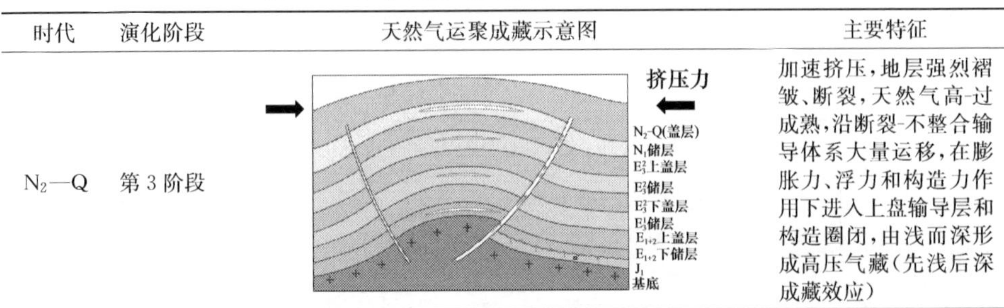	加速挤压,地层强烈褶皱、断裂,天然气高-过成熟,沿断裂-不整合输导体系大量运移,在膨胀力、浮力和构造力作用下进入上盘输导层和构造圈闭,由浅而深形成高压气藏(先浅后深成藏效应)

续表

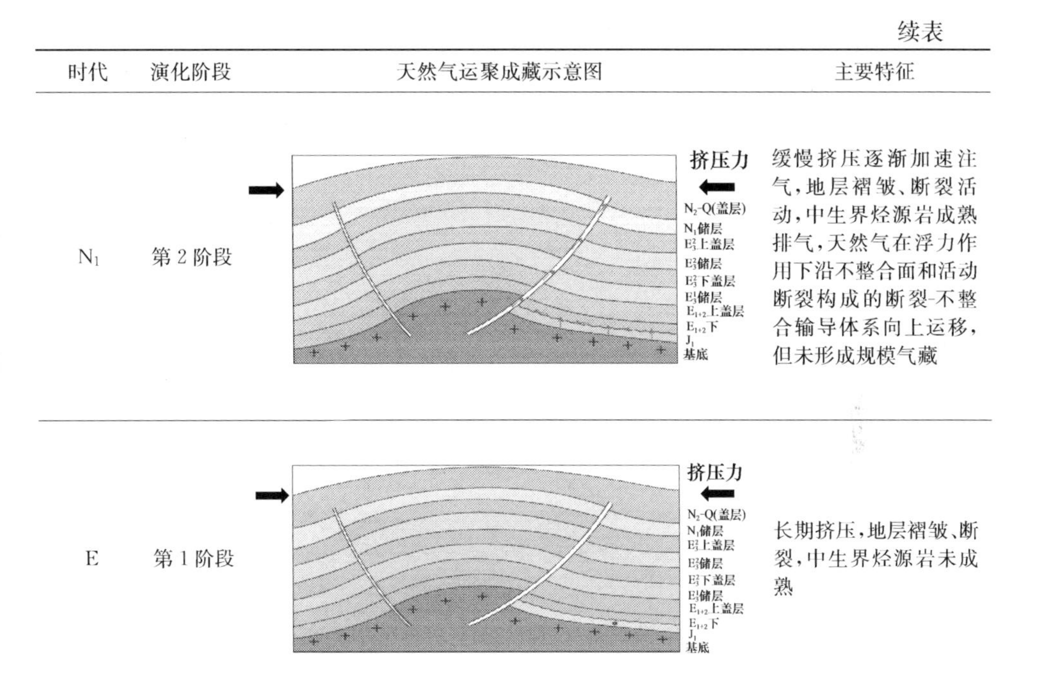

时代	演化阶段	天然气运聚成藏示意图	主要特征
N_1	第2阶段	挤压力 N_2-Q(盖层) N_1储层 E_3^2上盖层 E_3^2储层 E_3^1下盖层 E_3^1储层 E_{1+2}上盖层 E_{1+2}下 J_1 基底	缓慢挤压逐渐加速注气，地层褶皱、断裂活动，中生界烃源岩成熟排气，天然气在浮力作用下沿不整合面和活动断裂构成的断裂-不整合输导体系向上运移，但未形成规模气藏
E	第1阶段	挤压力 N_2-Q(盖层) N_1储层 E_3^2上盖层 E_3^2储层 E_3^1下盖层 E_3^1储层 E_{1+2}上盖层 E_{1+2}下 J_1 基底	长期挤压，地层褶皱、断裂，中生界烃源岩未成熟

5.2.4 马仙构造物理实验模拟

1. 建立地质模型

实验地质模型采用的是一条过仙6井的剖面，剖面方位大致呈东西向，位于马西斜坡上的一个隆起(图5-48)，目前已发现的含油气层位较多，包括 E_3^2、N_2^1、N_2^2。

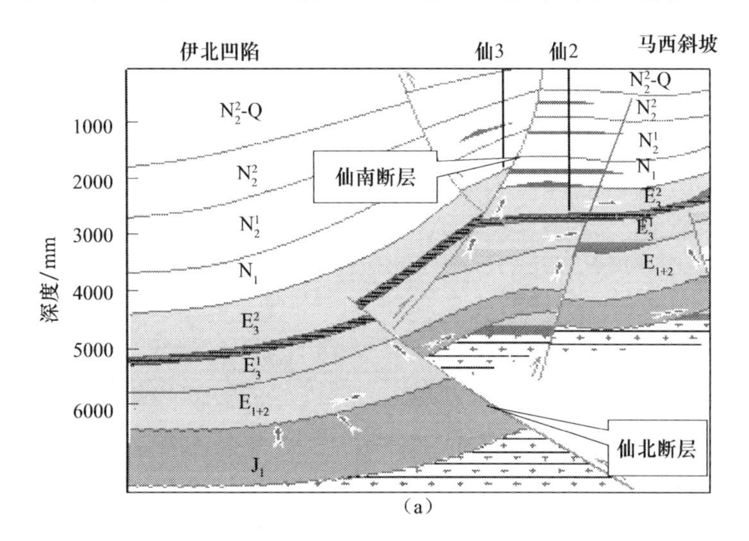

(a)

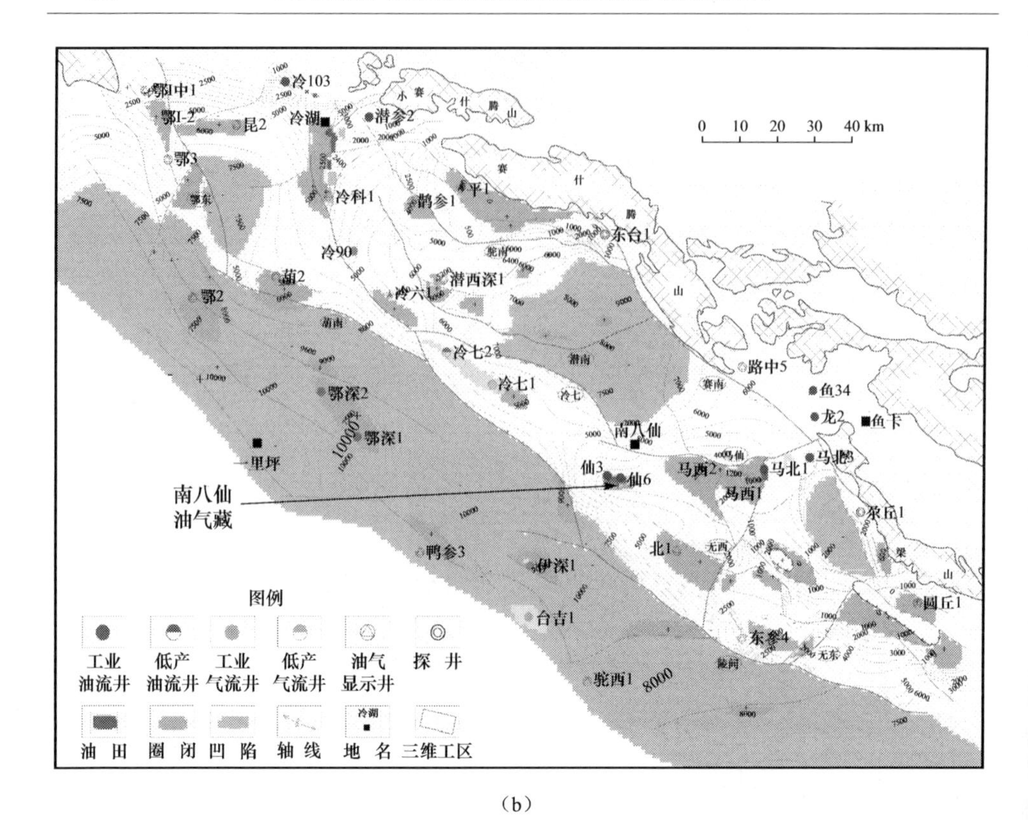

（b）

图 5-48　马仙构造地质剖面及其位置图（文后附彩图）

2. 实验参数的选取和设定

依据地质模式，侏罗系源岩在 E_3^2 沉积后、N_1 沉积时开始生排气，实验从 N_1 沉积时开始，距今 23.5Ma，到 N_2^2（3Ma）开始大量排、运气，到 N_2^3-Q 达排运气高峰，直至现今。

马仙构造发育史主干剖面横向压缩率 8.0%，实验剖面长度 400mm，实验实际压缩距离 32mm。预期实验模拟相关参数见表 5-10。

对储盖组合划分，结合马仙构造上多口井的孔隙度和渗透率的数据（表 5-11），算得各层的平均孔渗性如下：E_3^1 平均孔隙度为 8.8%，平均渗透率为 2.3mD；E_3^2 平均孔隙度为 15.6%，平均渗透率为 18mD；N_1 平均孔隙度为 15%，平均渗透率为 23mD；N_2^1 平均孔隙度为 19.7%，平均渗透率为 55mD；N_2^2 平均孔隙度为 20.5%，平均渗透率为 65mD。根据其孔渗性，将马仙构造划分为 4 套储盖组合。

表 5-10 实验参数预期设定

地质年代		实验过程初步设定	地史时间差/Ma	实验时间预期设定/min	预期压缩距离/mm	预期压缩速率/mm	进气量	马仙构造成藏过程恢复
距今65.5Ma	E	缓慢挤压					无	南八仙油气藏形成与演化过程恢复图
距今23.5Ma	N_1—N_2^2	缓慢挤压逐渐加速注气阶段	0	0	10	0.8	少量	
距今5.3～0Ma	N_2^3—Q	加速挤压大量注气阶段	18.5～23.5	8.0～22.0	22	1.57	大量	

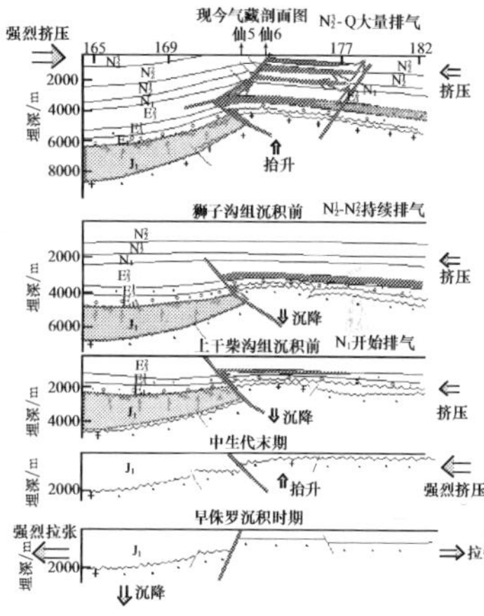

表 5-11 南八仙地区储层物性统计表

井号	层位	井段/m	孔隙度/%			渗透率/mD		
			最小	最大	平均/样品数	最小	最大	平均/样品数
仙深2	N_1	2083.5～2088.48			28.4/1			<0.1/1
仙3	N_1	1793～1923	12.3	18.7	14.2/6	0.5	110	22/6
	E_3^2	2300～2910	3	20	13.1/40	<0.1	271.8	51.3/40
仙4	N_2^2	389～396.5	3.2	32.9	15.8/3	0.05	45.8	15.6/3
	N_2^1	1068～1071	26.5	28.7	27.6/2	238.1	458.8	348.5/2
	N_1	1806.35～1807.55	20.8	28.7	4.4/7	40.7	563.4	252.1/7
仙5	N_2^1	787.01～794.68	10.7	31.2	24.9/6	0.04	1071.6	346.2/6
	E_3^1	2835.24～2887.51	1.3	13	5.9/25	0.03	686.4	43.9/23
仙6	N_2^1	924.97～951	6.6	15.8	11.7/12	0.02	47.3	4.5/12
	E_3^1	2837.87～2845.67	2.1	19.4	6.25/75	0.003	10.9	0.17/69
仙7	E_3^1	2898～2915.46	2.8	11.2	6.62/24	0.006	12.6	0.684/24
仙8	N_2^1	1220～1300	9.3	34.2	21.5/44	0.017	3103.5	339.7/44
	N_1	1527.41～1585	7.3	33	25.6/67	0.028	1788.1	368.2/67
仙9	N_2^1	802～1470	3.6	37.2	19.6/381	0.01	1865.6	97.86/381
	N_1	1470～1710	3.8	29.8	15.3/309	0.01	1265.6	77.96/309
仙中39	N_2^1	1284.13～1434.40	9.3	27.7	18.06/12	0.013	242.3	63.58/12
仙中44	N_1	1518.78～1546.85	5.5	26.3	17.58/14	0.014	217.8	48.52/14

第1套储盖组合为 E_{1+2}，将 E_{1+2} 分为两套地层，其下部作为储集层，上部作为盖层；第2套储盖组合为 E_3^1-E_3^2 下，将 E_3^1 作为一套储集层，E_3^2 下部的泥岩为一套区域盖层，可作为下面储集层的一套盖层；第3套储盖组合为 E_3^2 上-N_2^1 下，将 E_3^2

和 N_1 作为储集层，将 N_2^1 下地层作为盖层；第 4 套储盖组合为 N_2^1 上-Q，将 N_2^1 上和 N_2^2 作为一套储集层，把 N_2^3-Q 整体作为一套上部盖层。详细情况见表 5-12。

表 5-12　马仙构造物理模型详细地质参数(根据仙 6 井分层数据)

地层系统		底埋深/m	厚度/m	储盖组合		平均孔隙度/%	平均渗透率/mD	实验材料参数	
								厚度/mm	石英砂直径/mm
N_2^3-Q			775	盖	第 4 套				
N_2^2		775		储		20.5	65	45	0.4～0.45
N_2^1	上					19.7	55		
	下	1420	645	盖	第 3 套				
N_1		1990	570	储		15	23	35	0.35～0.4
E_3^2	上					15.6	18		
	下	2840	850	盖	第 2 套				
E_3^1		3140	300	储		8.8	2.3	30	0.3～0.35
E_{1+2}	上	未钻至		盖	第 1 套				
	下			储				16	0.2～0.25

注：基底与盖层用陶泥，断层带用两条砂网及其中间充填 0.5～0.55mm 石英砂代表。

3. 马仙构造气藏 4 套储层物理实验模拟

图 5-49(a)为马仙构造模拟实验的正面图，其中红色部分储集层，填充模型时将砂体全部染成了红色，黄色部分为泥岩盖层和基底。设计有 3 条断层：F_1、F_2 和 F_3。F_1 和 F_3 设计为开启的断层，起输导油气的作用，两侧用砂网与地层砂体隔开，其中填充 0.5～0.55mm 的石英砂。F_2 断层主要表现为封堵作用，输导油气作用相对较弱，两侧用砂网与地层隔开，中间填充陶泥[图 5-49(a)、图 5-49(c)]。设计有四个测压口，一个位于 F_3 号断裂带中，其他 3 个分别位于 2 号、3 号和 4 号储集层中[图 5-49(b)、图 5-49(c)]。烃源岩与上面的地层用砂网隔开，用以表示不整合面，进气口和烃源岩位置见图 5-49。

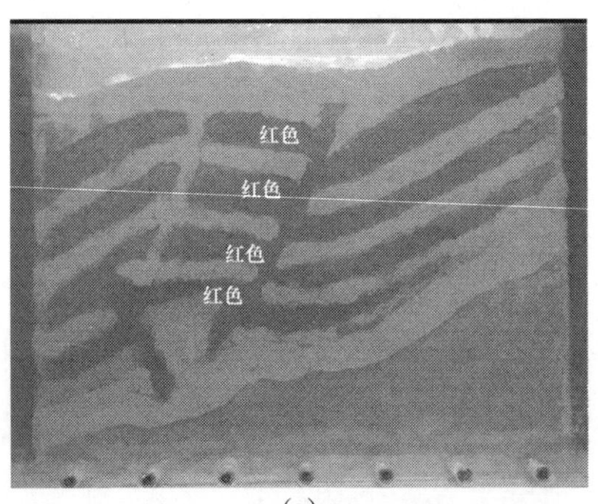

(a)

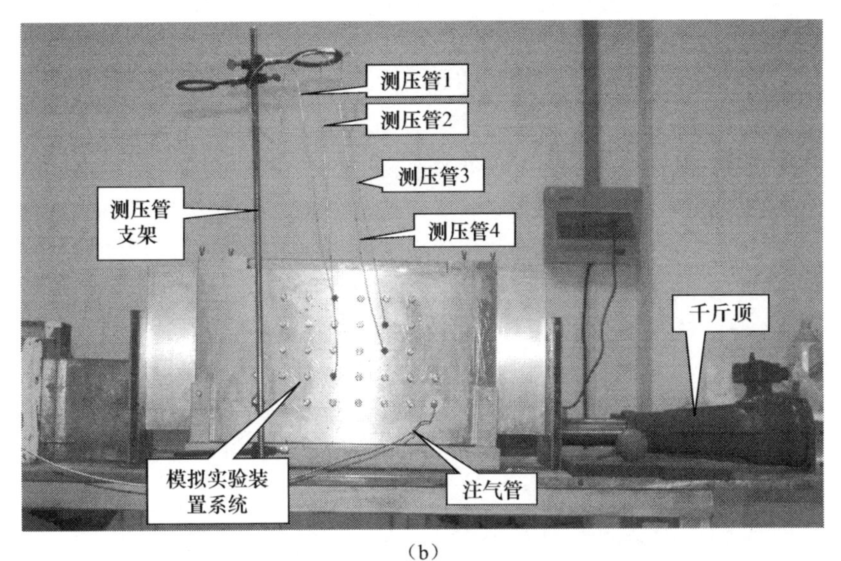

(b)

F₂断裂带(顶底边界砂网，中间填陶泥)
F₃断裂带(顶底边界砂网，中间填0.5~0.55mm石英砂)
N_2^3-Q(陶泥)
N_2^2-N_1^1上(0.4~0.45mm石英砂)
N_2^1下(陶泥)
E_3^2上-N_1(0.35~0.40mm石英砂)
E_3^2下(陶泥)
E_3^1(0.3~0.35mm石英砂)
E_{1+2}上陶泥
E_{1+2}下(0.2~0.25mm石英砂)
J(0.05~0.1mm石英砂)
F_2
F_3
F_1
测压孔1
1号储层
测压孔3
2号储层
测压孔4
3号储层
J源岩
4号储层
测压孔2
砂网(不整合面)
基底(陶泥)
注气孔
F_1断裂带(顶底边界砂网，中间填0.5~0.55石英砂)
320mm

(c)

图 5-49　马仙构造物理模拟实验模型

(a)模型正面图；(b)模型背面图；(c)模型正面示意图

1) 马仙气藏物理实验模型实验现象观测

整个实验过程采用手动非均匀挤压装置，实验过程主要分为 3 个阶段：第 1 阶段，缓慢挤压阶段；第 2 个阶段，缓慢挤压逐渐加速注气阶段(时间在 0～8min)；第 3 个阶段，加速挤压大量注气阶段(时间在 8～20min)。

(1) 第 1 阶段，缓慢挤压阶段。

该阶段主要模拟烃源岩排烃以前的现象，实验过程中缓慢摇动千斤顶，没有气体注入，仅为构造变形阶段。

(2) 第 2 阶段，缓慢挤压逐渐加速注气阶段。

在注气初期阶段，缓慢挤压同时缓慢注气[图 5-50(c)]，在 0～6min 时，整个模型没有明显的变化，仅表现为水柱升高和构造变形[图 5-50(a)，图 5-50(b)]。

在注气中期阶段，随着注气量的不断增加，气体由注气口进入砂体，沿着不整合面发生侧向运移，进入到 4 号储集层(最下面的那层储层)，导致 4 号储集层(相当于马海深层 E_{1+2}不整合气藏)开始有变白现象[图 5-50(d)]。

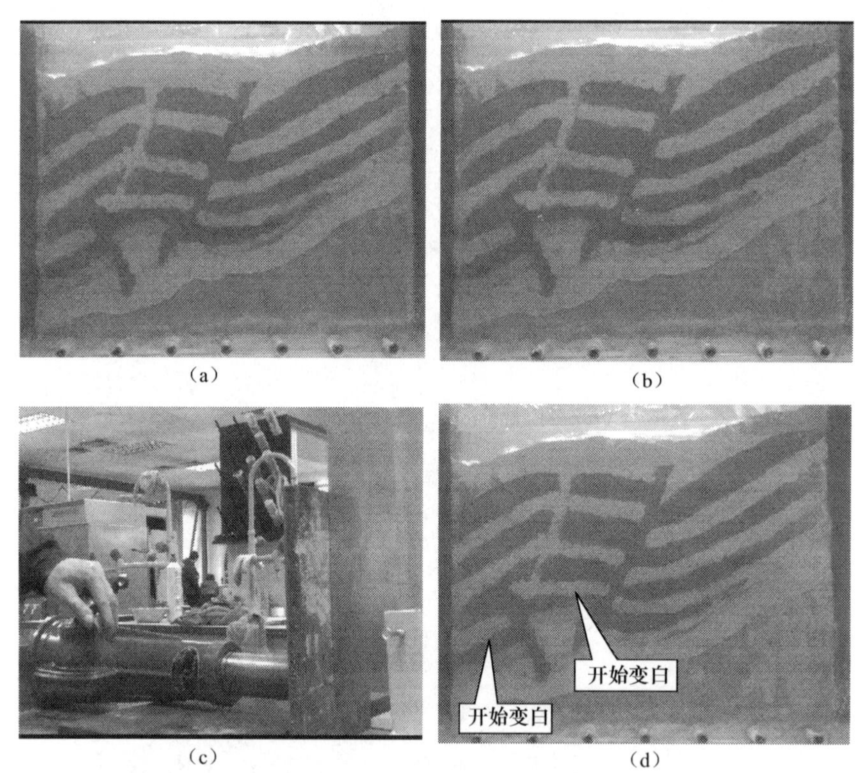

(a)　(b)　(c)　(d)

图 5-50　0～8min 时的实验现象

(a)0min；(b)6min；(c)挤压模型情况；(d)8min

(3) 第 3 阶段，加速挤压大量注气阶段。

在注气晚期阶段，11min50s 时 4 号储集层靠近烃源岩的部分大面积变白(相当于南八仙深层构造气藏)，中部砂体完全变白，右侧上倾尖灭带的砂体(相当于马海中浅层气藏)有开始变白的现象[图 5-51(a)，图 5-51(b)]，表明气体通过断裂-不整合输导体系，先在其气源较近的圈闭中聚集成藏(4 号储层中部砂体，相当于南八仙深层构造气藏)，穿过 F_3 断层进入 4 号储集层右侧上倾尖灭带的砂体中聚集(相当于马海北 E_{1+2}超覆气藏)。

13min10s 时，随着气体进一步的注入，气体进入 F_3 断层中，在浮力的作用下沿着断裂向上运移,在 F_3 断裂的顶部出现变白的现象,同时1号测压管发生管喷现象[图5-51(b)、图5-51(c)]。

16min10s时,F_3 号断层已经几乎完全变白,表明气体已经充满断层,2号储集层和3号储层(相当于南八仙滑脱断裂下盘浅层气藏)右侧上倾方向都已经开始变白,1号储层已经大面积褪色,气体穿过断层进入储集层之后,优先沿构造脊运移,在地层上倾方向上聚集成气藏。同时由于构造挤压作用,可以明显发现1号储集层右侧上部泥岩发生隆起现象[图5-51(d)、图5-51(e)],随着气量的不断增加,其中也开始有气体聚集(相当于马海中浅层背斜构造气藏)[图5-51(f)]。

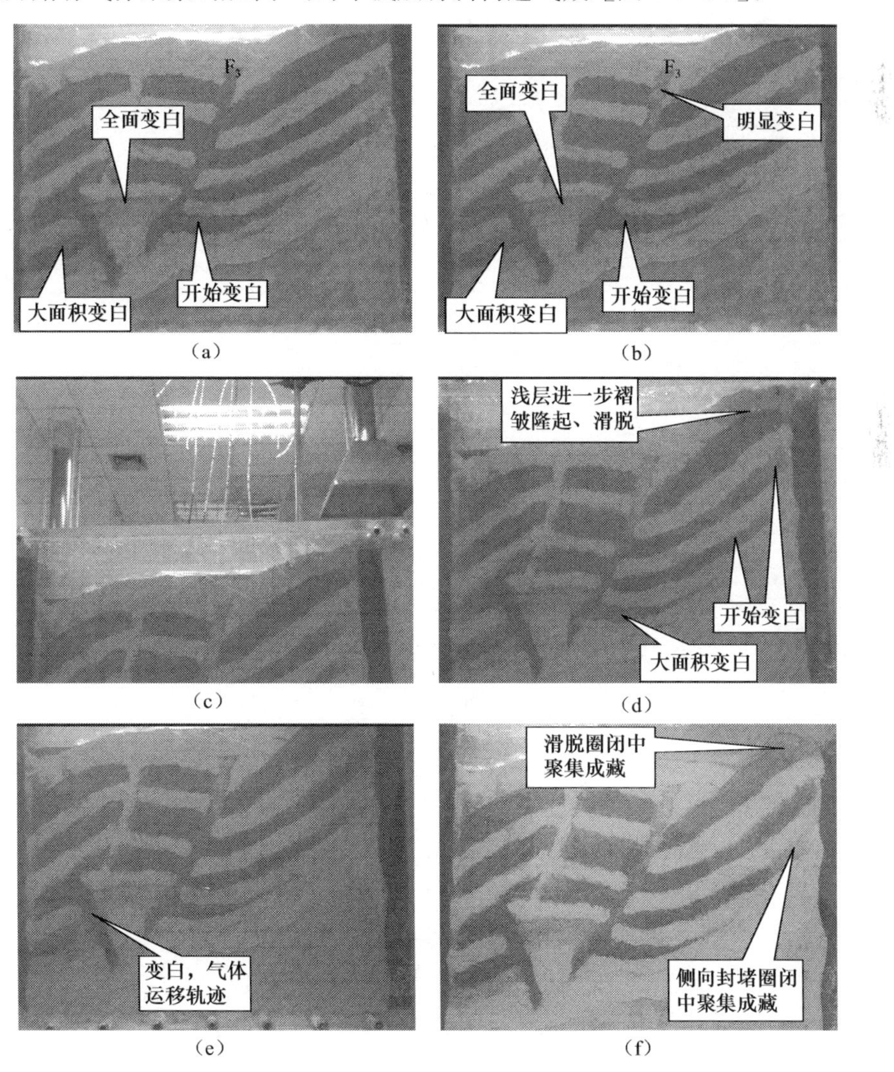

图5-51 11min50s~18min40s时的实验现象

(a)11min50s;(b)13min10s;(c)14min10s;(d)16min10s;(e)17min20s;(f)18min40s

随着气量的进一步增加，各储层的上倾方向上都已被充满，气体开始进入各储层中部和左侧位置，图 5-52(a)中 2 号和 3 号储集层中部和左侧的地层中出现明显的变白现象，随着气体不断充注，其变白现象越来越明显[图 5-52(b)，图 5-52(c)]。由于 F_2 断裂中充填的是陶泥，在侧向上是封堵的，因此 2 号、3 号中部储集层中的天然气是通过 F_3 断裂向上输导再侧向运移聚集成藏的，实验结果预示在浅层滑脱断裂的上盘圈闭也有聚集天然气成藏的可能。

停止注气一段时间后，发现各气藏中白色部分逐渐减少[图 5-52(d)]，但浅部储层中的气藏消亡得相对较快，再次说明“浅差深好”的天然气藏保存序列。

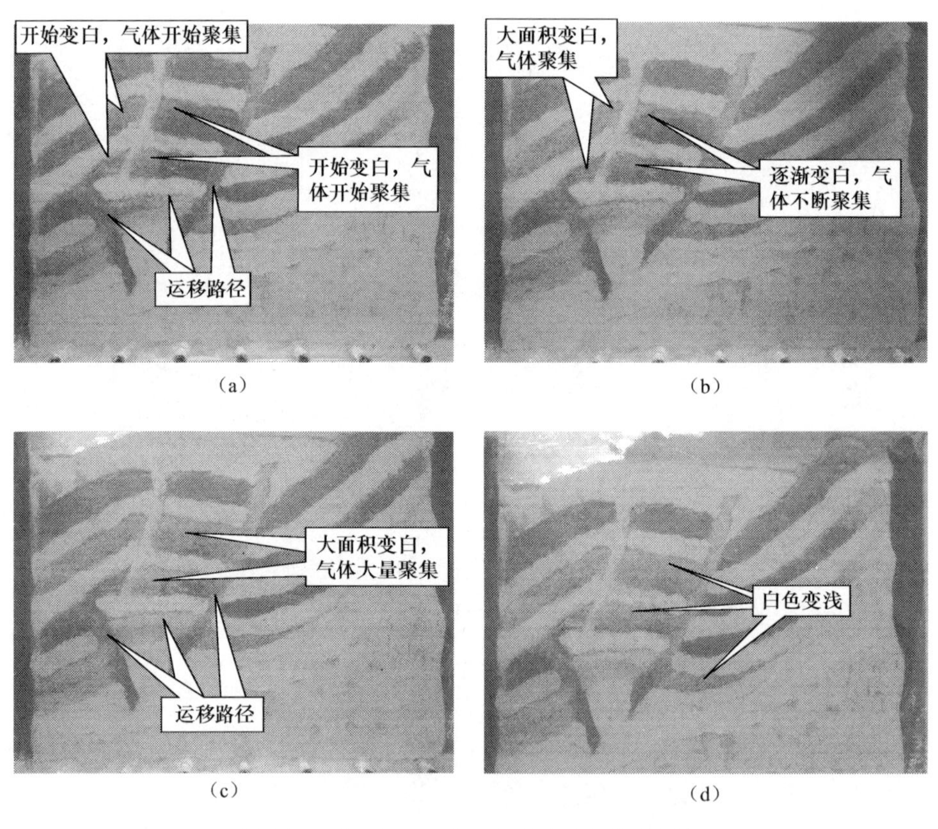

(a) (b) (c) (d)

图 5-52 19min20s～20min 及以后的实验现象

(a)19min20s；(b)19min30s；(c)19min50s；(d)20min 后停止注气、停止挤压时的现象

2）实验现象地质解释

(1) 第 1 阶段，缓慢挤压阶段。

缓慢挤压时，无气体充注，并无明显现象(图 5-53)。

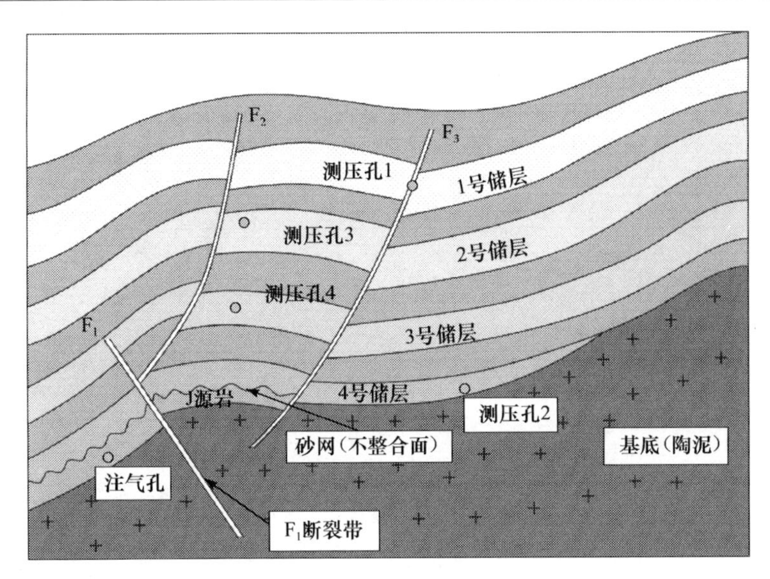

图 5-53　注气前实验模型示意图

(2) 第 2 阶段,缓慢挤压逐渐加速注气阶段。

在注气初期阶段,气量较少,在扩散力、浮力作用下,气体沿开启的断裂-不整合-输导层缓慢运移,没有明显气体聚集现象。

在注气中期阶段,随着气量的逐渐增加,气体优先在气源附近的储层运聚,开始聚集于低势圈闭中,但目前尚无有意义的气体聚集(图 5-54)。

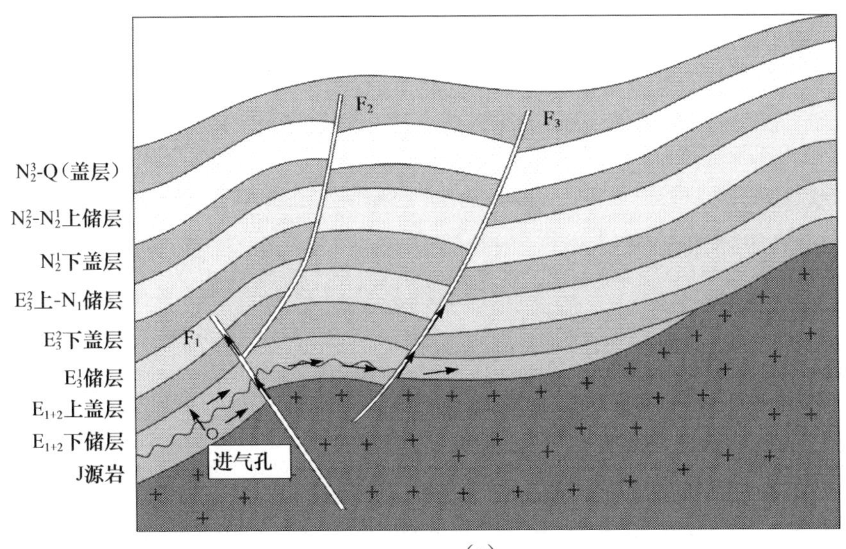

(a)

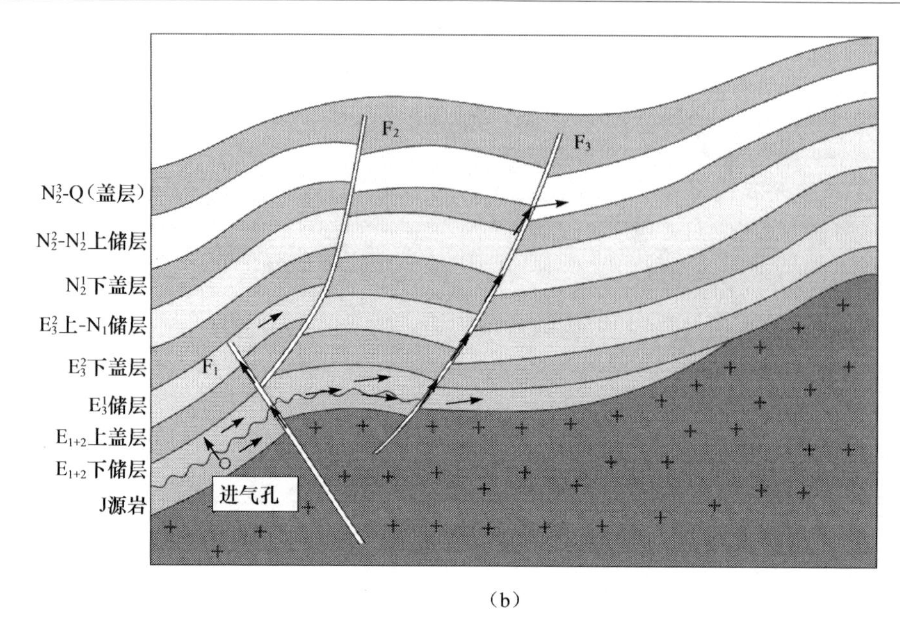

(b)

图 5-54　缓慢挤压逐渐加速注气阶段实验现象地质解释图

(3) 第 3 阶段,加速挤压大量注气阶段。

在注气晚期阶段,气体大量注入,在膨胀力的作用下沿开启的断裂-不整合-输导层加速运移,首先在气源附近圈闭(深层)中聚集成藏(相当于南八仙深层构造气藏)[图 5-55(a)]。在远离气源的断裂输导体系中,气体不断聚集突破断裂上、下盘排潜压力相对小的储层阻力,进入其中并向低势区运移,此时气体的运移可向断裂上盘储层运移,也可向断层下盘储层运移,向哪个方向运移主要取决于储层与断裂带内压力差,与运移动力为浮力时的只向断层上盘储层运移不同。进入储集层后,气体沿着构造脊沿着地层上倾方向向上运移,在其相对低势的圈闭中聚集成藏(先是在 4 号储层的上倾尖灭带形成 E_{1+2} 马海深层不整合气藏,接着气体沿 1 号、2 号和 3 号层储层向高部位运聚,形成马海中浅层构造气藏,再在 F_3 断层下盘中聚集,形成南八仙中浅层气藏,最后在 F_3 上盘聚集)[图 5-55(b)、图 5-55(c)]。

停止注气后,浅部地层由于保存条件相对较差,逐渐消亡,且快于深部地层[图 5-55(d)]。

4. 马仙构造天然气运聚模拟实验小结

输导体系及离气源远近不同,形成了不同类型的油气藏,不同的输导体系控制着油气藏形成的时间,基于实验现象建立马仙地区气藏的成藏模式(图 5-56)。在马海构造上主要形成有两大类气藏:E_{1+2} 超覆不整合气藏和马海背斜气藏,这两类气藏形成时间相对较早。南八仙构造上主要可分为三类:滑脱断裂下盘深层

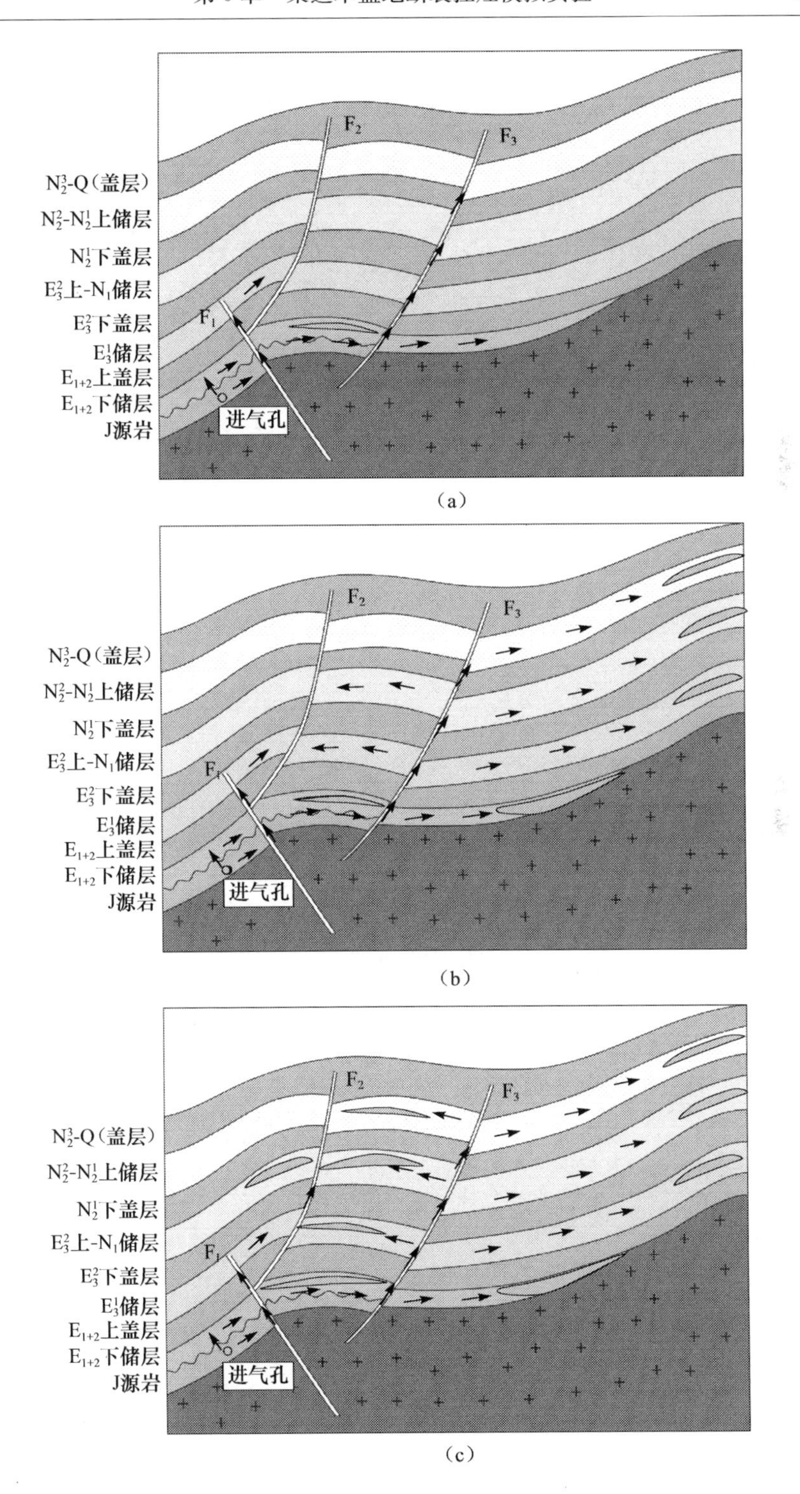
F_2
F_3
N_2^3-Q（盖层）
N_2^2-N_2^1上储层
N_2^1下盖层
E_3^2上-N_1储层
E_3^2下盖层
E_3^1储层
E_{1+2}上盖层
E_{1+2}下储层
J源岩
F_1
进气孔

（a）

F_2
F_3
N_2^3-Q（盖层）
N_2^2-N_2^1上储层
N_2^1下盖层
E_3^2上-N_1储层
E_3^2下盖层
E_3^1储层
E_{1+2}上盖层
E_{1+2}下储层
J源岩
F_1
进气孔

（b）

F_2
F_3
N_2^3-Q（盖层）
N_2^2-N_2^1上储层
N_2^1下盖层
E_3^2上-N_1储层
E_3^2下盖层
E_3^1储层
E_{1+2}上盖层
E_{1+2}下储层
J源岩
F_1
进气孔

（c）

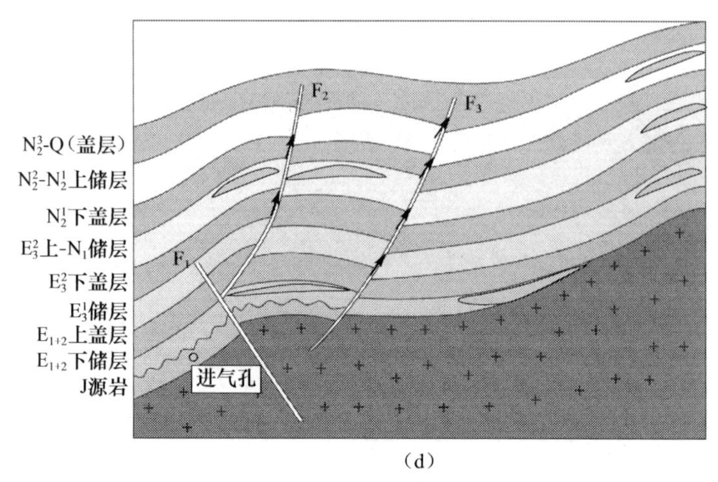

(d)

图 5-55　加速挤压大量注气阶段实验现象地质解释图

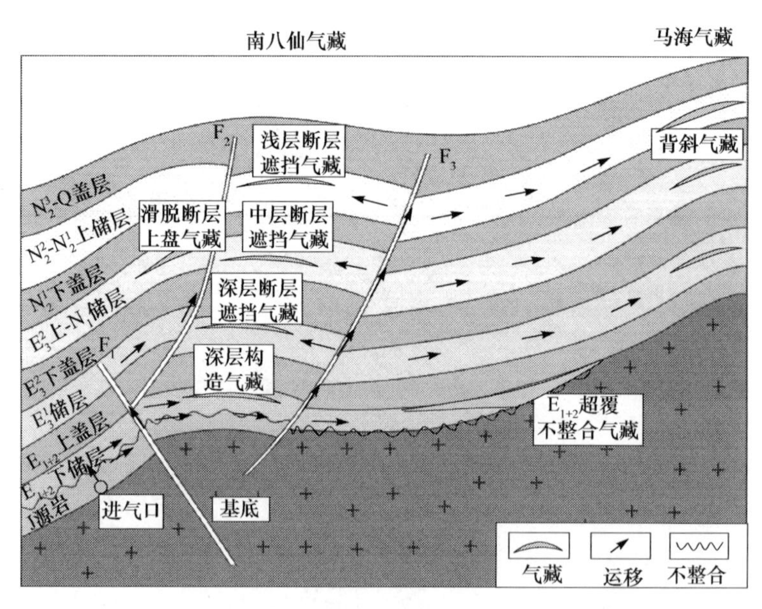

图 5-56　实验模拟得出的南八仙-马海气藏运聚成藏模式

构造气藏、滑脱断裂下盘断裂遮挡气藏和滑脱断裂上盘气藏，其中滑脱断裂下盘深层构造气藏紧邻气源岩，因此形成时间最早，其他两类形成时间相对较晚（表 5-13）。

表 5-13　基于模拟实验的主要气藏成藏机理总结

构造名称	气藏名称	输导体系	形成时期	主要运移动力	遮挡条件
马海构造	E_{1+2}超覆不整合气藏	断层-不整合-输导层	早	浮力和热膨胀力	泥岩、不整合面
	马海背斜气藏	断层-输导层	中	热膨胀力	泥岩
南八仙构造	滑脱断裂下盘深层构造气藏	断层-输导层	最早	浮力为主	泥岩
	滑脱断裂下盘断裂遮挡气藏	断层-输导层	晚	热膨胀力	封闭断层
	滑脱断裂上盘气藏	断层-断层	晚	浮力为主	封闭断层

将实验的认识进一步归纳为以下几点。

(1) 区域挤压是气藏高压形成的重要原因之一，后者明显受控于前者，几乎同步变化。

(2) 气源供气初期气量少，气体运移的主要动力是分子扩散力和浮力，沿开启断裂运移的气体难以进入断层两盘致密储层，随着供气量不断增大并在断裂带中聚集，断裂带中的气体量不断增加，首先突破与断裂相连的不整合面或断裂构成的断裂-不整合、断裂-断裂输导体系，在这两类输导体系控制的圈闭中形成气藏、如南八仙深层气藏、马海西 E_{1+2}超覆尖灭气藏。

(3) 随着气源供给强度的进一步增大，聚集于断裂-不整合、断裂-断裂输导体系中的气体进一步聚集，当断裂带(或不整合)与其两盘(两侧)储层的压力差大于零时，断裂带(或不整合)内的气体将突破储层阻力(主要是毛细管力)进入其中继续运移，并在其相对地势区聚集成藏，如马海浅层气藏，南八仙中浅层断层遮挡气藏。前者构成断裂-不整合-输导层输到体系，其成藏模式可总结为断裂-不整合-输导层复合输导远源后期成藏模式，后者构成断裂-不整合-断裂复合输导体系，其成藏规律总结为断裂-不整合-断裂复合输导源上晚期成藏模式。

(4) 南八仙-马海气藏形成的“先深层后浅层”的气藏形成序列是断裂系统长期、多期控制气藏形成的主要特征，与鄂博梁等晚期短期成藏的“先浅后深”气藏形成序列不同。由此可知，晚期成藏的气藏形成序列是“先浅层后深层”，而长期、多期成藏的气藏形成序列是“先深后浅”。

(5) 浅层残留气藏是深层整装气藏存在的重要标志。从模拟实验可知，气藏的形成不仅在平面上成群成带展布，而且在纵向上是成层、成串分布，而且任何一个气藏都有衰竭、消亡的过程。浅层气藏由于散失快、破坏强、保存条件差，往往先衰竭，而其下部的深层气藏往往保存条件较好，相对整装，是有利的勘探目标。于是提出了“深浅共存”、“浅差深好”的气藏保存序列，用于指导深层气藏的勘探。

5.2.5 马仙天然气运聚模拟实验的创新点及实验机理总结

1. 创新点

(1) 突破了“易泄漏、难观察、难动态”的天然气运聚成藏动态模拟实验瓶颈，自主研发了用于天然气运聚成藏动态模拟的实验装置——可调试天然气运聚成藏动态模拟装置，成功模拟再现了东坪、鄂博梁Ⅲ号构造、马仙等气藏的形成演化过程(图 5-57、图 5-58)。

图 5-57 天然气运聚动态成藏物理模拟实验装置照片

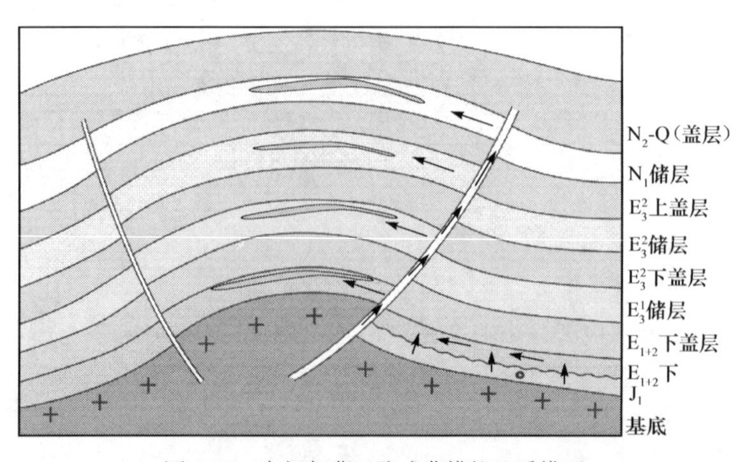

图 5-58 东坪气藏运聚成藏模拟地质模型

(2) 建立了“晚期成藏”和“长期、多期成藏”两种不同于常见类型的天然气藏的形成演化序列模式，揭示了“断传高压驱动”天然气运移成藏机理，明确“深浅共存、浅差深好”的天然气藏纵向保存系列，提出“有浅(浅层天然气藏)必有深(深层天然气藏)”、据“浅”寻找“深”的天然气勘探新理念，预测鄂博梁、葫芦山、鸭湖等构造的中、深层存在整装的天然气藏(图5-59、图5-60)。

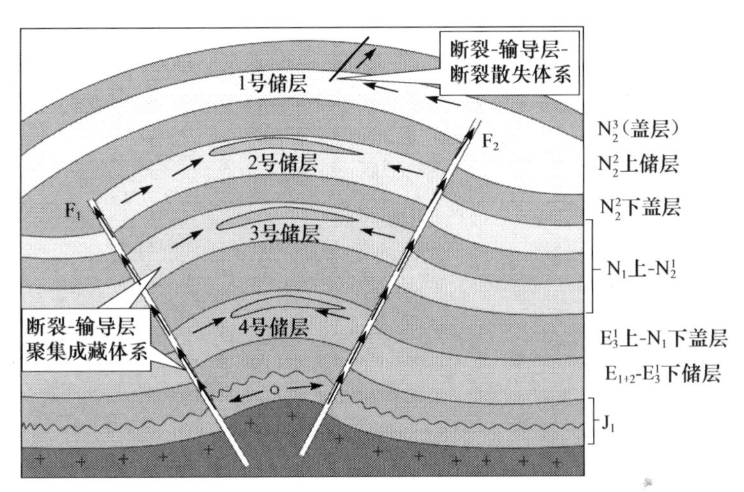

图5-59 实验模拟得出的鄂博梁Ⅲ号气藏运聚成藏模式

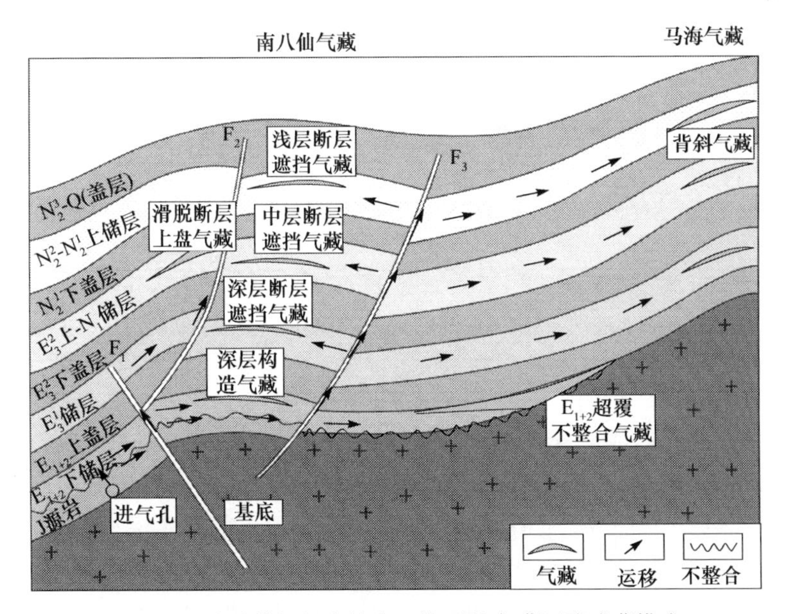

图5-60 实验模拟得出的南八仙-马海气藏运聚成藏模式

2. 天然气运聚成藏机理总结

1）晚期成藏的“先浅后深”气藏形成序列的机理

实验表明，断层输导体系控制的晚期成藏的气藏群往往具有浅层气藏先形成、深层气藏后形成的形成序列。晚期成藏往往与晚期断裂活动密切相关，成藏时间短，但存在先后顺序。晚期断裂活动向上断开的层位高，甚至断至地表。断层活动期的短期内，深部气源的气在强大的压差作用下迅速沿断裂输导体系向浅层运移，由于供气量大于散失量，气体在断裂带内迅速大量聚集，气压迅速增高，在断裂带内形成异常高压，当异常高压超过其两盘储层的排替压力（毛管压力等阻力）时，断裂带内的气体将穿破储层阻力（毛细管力等）进入储层继续运移，并在储层的低势区聚集成藏。浅层储层成岩、压实作用相对较弱，物性相对较好，因此断裂带中的高压气体首先进入浅层储层运聚，形成浅层气藏；随断裂带中气压的进一步升高，高压气体依次进入阻力相对较大深层中运聚成藏，从而形成“先浅后深”的气藏形成序列。当然，这种形成的先后顺序并不是绝对的，当断裂两盘的某一深层储层由于次生孔隙发育，储层排替压力小，断裂带内的高压气体将优先进入这个物性较好的、阻力较低的储层中运聚成藏。断裂带内的高压气体优先进入哪套储层，完全取决于断裂带与其两盘各储层的压力差，只不过从宏观上看，浅层储层相对深层来说物性总体要好，成藏阻力相对小，因此优先成藏。

2）长期、多期成藏的“先深后浅”气藏形成序列的机理

一个长期、多期成藏的气藏序列，往往与控制其形成的断裂的长期、多期的活动有密切的对应关系。断裂的早期活动往往控制气源岩的形成、分布和演化，断裂的中期活动又控制天然气的运移通道系统和聚集空间，从而控制天然气的形成与分布，如南八仙构造的深部气藏，马海西的地层超覆尖灭气藏，这些气藏往往分布于断裂输导体系及其附近的圈闭之中，其成藏动力以气体膨胀力和浮力为主。而断裂的晚期活动：一方面继续输导运移深部气源岩排出的中高成熟度气；另一方面，极可能破坏调整其下部已经形成的原生气藏，通过异常高压的传递和浮力的作用，将其下部气藏泄漏的气输导、运移和聚集在中浅层断裂体系控制的各类圈闭中，如南八仙构造中浅层气藏。或将其下部气藏泄漏的气输导至中浅层的其他输导层中，并在其中继续运移，在适当的圈闭条件下聚集成藏，如马海构造浅层气藏。这类序列的气藏由于形成先后顺序与对应的储层（圈闭）相匹配，时间越早，运聚的层位越深，时间越晚，运聚层位越浅，从而形成“先深后浅”的气藏形成序列。异常高压是这类气藏的主要动力（包括源岩排气膨胀力、欠压实作用、地应力等），断裂输导体系（包括断裂-断裂输导体系、断裂-不整合输导体系、断裂-不整合-输导层复合输导体系等）是这类气藏运移的网络通道，断裂相关圈闭如断块、断鼻、断背斜、断层-岩性、断层-不整合等是这类气藏的聚集空间。气藏的形成时间与断裂活动时

间相对应，气藏分布于断裂输导体系及其附近区域，纵向上呈“层楼式”展布。沿断裂带靠浮力作用向上运移的天然气，只能进入上盘储层中继续运移，而不能进入下盘储层中继续运移，而沿断裂带异常高压运移的天然气则可能突破断层下盘储层的阻力而进入下盘储层中运移、聚集成藏。

3）天然气的断裂传递高压驱动成藏机理

深部高-过成熟的天然气（藏）通过深大断裂与中浅储层和圈闭相连通，形成良好的“源（或藏）-断-储-圈闭”空间匹配关系，断裂及其输导体系传递深部的高压至中浅层，导致强大的源储压力差，成为天然气运移的主要动力。在中浅层，深部天然气因巨大的源储压差突破断裂两盘储层的阻力，进入储层继续运移，在相对低势区（各类圈闭）中聚集成藏，形成中浅层天然气藏。源（或原生气藏）储压差为成藏动力，断裂输导体系（断裂-断裂、断裂-不整合、断裂-输导层或断裂-不整合-输导层）是天然气运移的通道，断裂输导体系及其附近的各类断裂相关圈闭（如断层遮挡、断块、断鼻、断背斜、断层-岩性和断层-不整合等）是天然气聚集成藏的空间，断裂活动与各类圈闭形成的时间耦合决定圈闭的有效性。断传高压驱动成藏是天然气晚期成藏的重要机理，“先浅后深”成藏序列是这类气藏的一个重要特征，也是断传高压驱动成藏机理的作用结果。

第 6 章 柴达木盆地断裂输导体系的控烃控藏作用

高原咸化湖盆构造运动频繁，断裂、不整合、裂缝带发育。勘探与研究表明，柴达木盆地油气藏绝大多数属于源外、源上或源下成藏，烃源岩与油气藏不在同一层位或不在同一区域，烃源岩必须通过断裂及其沟通的不整合、输导层和裂缝带向源上、源外或源下运移，在适宜的圈闭中聚集成藏，构成“源-断-储-圈闭”有利的时间-空间匹配。断裂与不整合、断裂与输导层、断裂与裂缝带及断裂与断裂构成的断裂输导体系起着至关重要的控制作用。

6.1 断裂输导体系的概念与类型

6.1.1 断裂输导体系

断裂输导体指以油源断裂为主导因素，联结与其相关的不整合、输导层、裂缝带或其他断裂，共同构成油气运移的输导网络，以及输导网络体系连接的各类圈闭。断裂输导体系的一端联结烃源岩，另一端沟通各类圈闭，是油气藏形成的由源岩到圈闭的中间环节，起着由源到藏的关键性桥梁作用。

众所周知，断裂、不整合面、输导层是输导油气运移的 3 个主要通道，其中前者是油气纵向上运移的通道，后者是油气横向上运移的通道。由于一个地区的烃源岩往往十分有限，而油气沿地层横向运移的动力十分有限，尤其对于像柴达木盆地这样的陆相盆地，岩性横向变化大，断裂发育，油气在横向上以短距离运移为主，而作为纵向上运移通道的断裂，不仅在纵向起运移输导的作用，而且是连接输导层、不整合面和其他断层等运移通道，是构成三维立体的油气运移网络的关键性桥梁。断裂的这些作用和功能造就了今天丰富多彩的油气聚集的宏伟画面。由于断裂在纵向上巨大的压力差，油气运移的动力十分充足，这些动力通过断裂传递到输导层、不整合面，进而促进整个油气运移输导网络体系的运移效率。在整个输导运移过程中，断裂起主导的控制作用，因此称之为断裂输导体系。一个油气藏可以是一种断裂输导体系供烃，也可能是多种输导体系供烃。相反，一种输导体系可以对一个(种)油气藏供烃，也可能同时(或不同时)向多个(种)油气藏供烃。一个断裂输导体系是由运移网络系统和聚集系统组成的。

6.1.2 断裂输导体系的类型

依据断裂输导体系的概念，将断裂与输导层、不整合面及裂缝等通道因素进行二元、三元组合，可构成多种类型的断裂输导体系。不同地区由于生储盖组合的不同，断裂发育存在差异，因而具有不同的断裂输导体系。针对柴达木西北地区具体情况，结合断裂控藏模拟实验（气藏形成动态模拟实验），将柴达木盆地西北部的断裂输导体系分为以下几类。

1. 断裂-不整合输导体系

这种输导体系主要发育于盆地边缘、断裂发育的斜坡区或古隆起区、盆地内部相对隆起的二级构造带，由于位置相对高，地层发育不全，存在不整合面，它们与油源断裂及其相关联圈闭连通，共同构成断裂-不整合输导体系。盆地内深洼区的烃源岩排出的油气在油源断裂与不整合面组成的断裂-不整合输导体系的输导下，向该输导体系相连接的圈闭中运移、聚集，形成油气藏。

比较典型的断裂-不整合输导体系有昆北断阶带切 6 号构造油气藏的输导体系（图 6-1）、东坪 1 井气藏的输导体系、马海西深层气藏等。

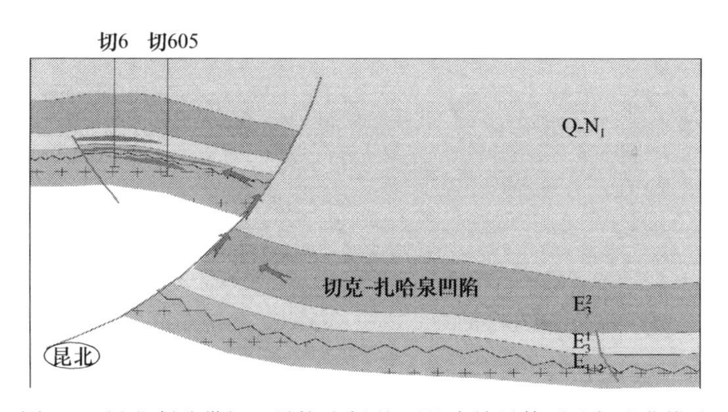

图 6-1　昆北断阶带切 6 号构造断裂-不整合输导体系油气成藏模式

2. 断裂-输导层输导体系

断裂-输导层输导体系是由油源断裂与输导层（包括各种碎屑岩如砂岩、砂砾岩等，碳酸盐岩，变质岩等）及其沟通的各类圈闭共同联结构成的油气运移聚集网络体系，往往发育于盆地内部次级凹陷（往往是生烃凹陷）内部及其周边，生烃凹陷生成的油气沿油源断裂向上向外运移，再通过与油源断裂相连接的输导层进行横向运移，在断裂-输导层输导体系相连通的圈闭中聚集成藏。

断裂-输导层输导体系具有以下特征：①断裂往往是油（气）源断裂，直接连通烃源岩，甚至直接控制烃源岩的形成与演化，为油气垂向运移的有利通道；②输导层物性相对较好，与断裂沟通性较好；③可以是多条油源断裂与一套输导层构成，也可以是多套输导层与一条油源断裂构成,也可以是多条油源断裂与多套输导层共同构成;④所连接的圈闭以构造类、岩性类为主。鄂博梁Ⅲ号气藏、马海中浅层气藏的输导体系就属于断裂-输导层供烃运移网络体系。

断裂-不整合输导体系具有以下特征:①断裂往往为油源断裂,直接连通成熟烃源岩,或为直接与油源断裂沟通的断裂;②不整合面直接与断裂沟通,输导性好;③可以是多条油源断裂与一个不整合面构成,也可以是多条油源断裂与多个不整合面构成;④所连结的圈闭以不整合、岩性圈闭为主,也可连接构造等其他类型的圈闭。

3. 断裂-裂缝输导体系

油源断裂与裂缝型储层共同构成的油气运移网络体系及其相连通的圈闭。油源断裂控制油气的纵向运移,裂缝控制油气的横向运移和聚集。其中,裂缝型储集层包括碎屑岩、碳酸盐岩及其他类型岩石(如变质岩、火山岩等)的裂缝型储层,最为常见的是碳酸盐岩类裂缝性储层。油源断裂输导的油气经裂缝型储层横向运移或经二者构成的运移网络输导运移后再在该运移网络体系内或周边的圈闭中聚集形成油气藏。

断裂-裂缝输导体系的特征:①断裂为油源断裂或与油源断裂直接沟通的断裂;②常常发育于脆性地层沉积的地区,如碳酸盐岩、石英砂岩(变质岩)或脆性矿物含量较高的岩石分布区;③构造运动相对强烈,岩石脆性变形明显,裂缝发育;④断裂可以是多条,裂缝性储层也可是多套,共同构成断裂-裂缝油气运移网络体系;⑤所连通的圈闭类型以裂缝性储层圈闭为主。研究区的南翼山油气藏的供烃输导体系属于断裂-裂缝输导体系。

4. 断裂-断裂输导体系

断裂-断裂输导体系主要由相互沟通深浅两套断裂系统及其连接的圈闭构成,深层断裂带作为油源断层,浅层断裂沟通深层断裂继续将油气纵向运移,两者共同构成油气运移网络体系。

断裂-断裂网络输导体系的特点:①存在于纵向上多套相连通的断裂系统发育的区,其中至少有一套断裂是油源断裂;②以纵向运移为主;③多发育于叠合盆地内部凹陷区(烃源岩分布区);④聚集圈闭类型多以构造圈闭为主。柴西北部、柴北缘西段的一些大型构造带两翼,如冷湖-南八仙构造带、鄂博梁构造带发育此类断裂输导体系,其中南八仙浅层滑脱断裂下盘气藏(仙 6 井气藏)的供烃输导体系是典型例子(图 4-25)。

5. 断裂复合输导体系

凡是两种以上油气输导运移通道（包括输导层、裂缝性储层、不整合面、非油气源断层）与油（气）源断裂（直接沟通油气源并直接输导油气的断裂）相沟通、连接，与其相连通的圈闭共同构成的油气运移网络系统，定义为断裂复合输导体系。其特点是：①必须有油（气）源断裂；②两种以上其他类型运移通道与油（气）源断裂相配合；③由于多种（三种以上）运移通道相互组合，可形成复杂多变的多种断裂复合输导体系，本身也比较复杂，实际运用时可将这些类型都归纳为断裂复合输导体系；④常见于地质条件比较复杂的地区，如盆地边缘地带，既有不整合面，又有因构造运动强烈而发育裂缝、断裂，储层输导条件好，输导层也发育。平 1 井气藏的供烃运移网络体系可能具有断裂-不整合面-输导层构成的断裂复合输导体系的特征（图 4-48）。

断裂输导层体系由以油源断裂为主要因素的油气运移网络系统和与油气运移网络系统相连接的各类圈闭组成的聚集系统组成，开创了“运聚”一体化研究的新模式。断裂输导体系的研究在断裂发育的含油气盆地的地质研究与勘探中具有重要的意义，它抓住了控制源外、源上油气生、运、聚、散和分布的主要地质因素——断裂（包括油源断裂）及其联结的输导系统，前者直接与源沟通，后者直接输导油气运移（方向、路径、数量规模、距离、位置等），同时将“运聚”进行一体化研究为“顺藤摸瓜”，有效避免勘探风险，并提供可靠的依据。断裂输导体系的研究进一步丰富和完善了断裂控烃理论，为源外、源上油气藏勘探指明方向。再者，断裂输导体系研究的不是一个圈闭，而是一类或多类油气圈闭，大大拓宽了找油气的视野和领域。

图 6-2 是柴达木盆地柴西地区地质综合大剖面的断裂输导体系划分图，反映柴达木盆地绝大多数油气藏均受控于某种类型的断裂输导体系控制，合理划分与研究断裂输导体系对于复杂断裂区油气的勘探开发有重要理论与指导价值。

图 6-3 是断裂输导体系的盆花结构模型。断裂输导体系的控藏模式与机理可以用盆养花的例子来形象的比喻。烃源岩就像花盆里的营养泥土，树干相当于油源断裂，树枝相当于输导层、不整合面、裂缝等横向运移的通道，树叶和花（图中的五角星）可比例圈闭和油气藏。断裂输导体系将形成油气藏的有利配合——“源-储-圈”、“生-储-盖”有机地组合、联结起来，实现从源岩到圈闭的油气藏形成的完美结合。

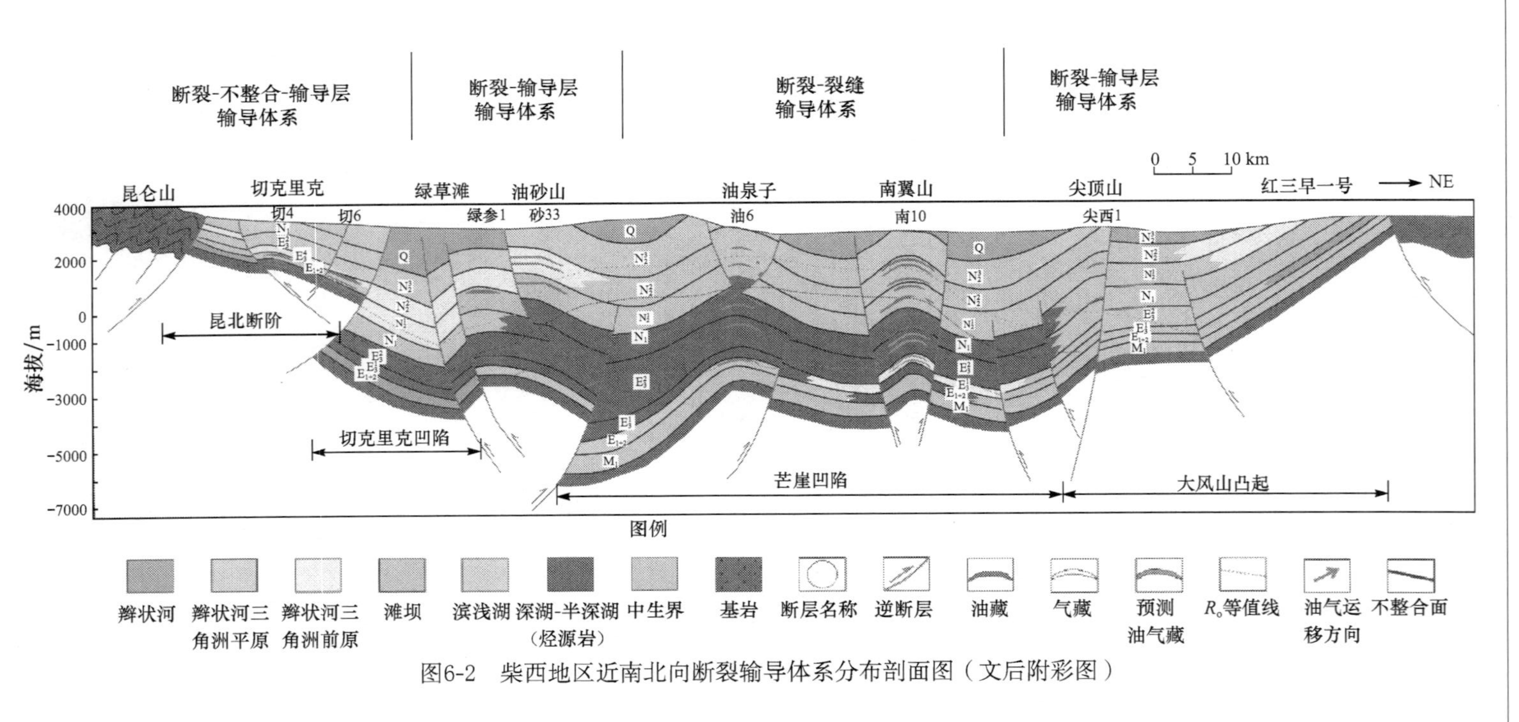

图6-2　柴西地区近南北向断裂输导体系分布剖面图（文后附彩图）

图 6-3　断裂输导体系的盆花结构模型

表 6-1 总结了柴达木西北部断裂输导体系基本类型及主要特征。需要指出的是,一个断裂输导体系往往具有多种类型的运移通道和方式相复合,往往是一个断裂复合输导体系。在具体研究时为了使问题简单化,抓住主要矛盾,往往对其中的一、二个主要运移通道(其中一个是油源断裂)进行研究。

表 6-1　柴达木盆地断裂输导体系基本类型及主要特征一览表

类型	基本特征	示意图	典型例子	分布位置
断裂-不整合	①断裂为油源断裂;②断裂与不整合面相互沟通;③不整合面输导条件好		东坪 1 井 E_{1+2} 气藏、马海西 E_{1+2} 气藏、昆北切 6 号基岩和 E_{1+2} 气藏	盆缘山前斜坡带、冲断带、断阶带;盆内二级构造(隆起带)等相对高部位
断裂-输导层	①断裂为油源断裂;②输导层物性好;③断裂与输导层空间上形成网络		马海中浅层气藏、鄂博梁Ⅲ号构造浅层气藏	盆地内部输导层发育区并叠置于深层烃源岩之上或有油源断裂与之沟通的地区

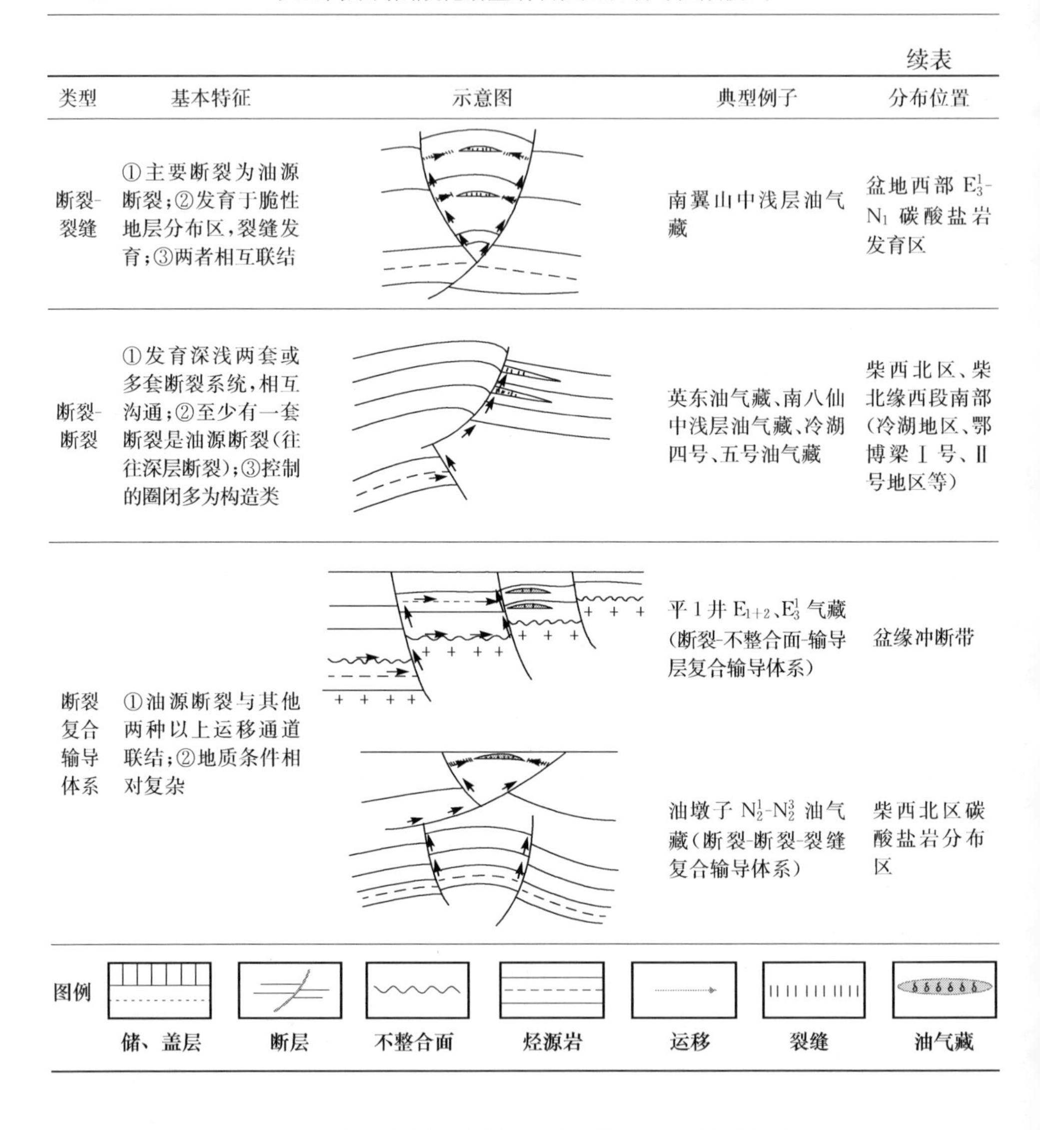

续表

类型	基本特征	示意图	典型例子	分布位置
断裂-裂缝	①主要断裂为油源断裂；②发育于脆性地层分布区，裂缝发育；③两者相互联结		南翼山中浅层油气藏	盆地西部 E_3^1-N_1 碳酸盐岩发育区
断裂-断裂	①发育深浅两套或多套断裂系统，相互沟通；②至少有一套断裂是油源断裂(往往深层断裂)；③控制的圈闭多为构造类		英东油气藏、南八仙中浅层油气藏、冷湖四号、五号油气藏	柴西北区、柴北缘西段南部(冷湖地区、鄂博梁Ⅰ号、Ⅱ号地区等)
断裂复合输导体系	①油源断裂与其他两种以上运移通道联结；②地质条件相对复杂		平1井 E_{1+2}、E_3^1 气藏(断裂-不整合面-输导层复合输导体系)	盆缘冲断带
			油墩子 N_2^1-N_2^3 油气藏(断裂-断裂-裂缝复合输导体系)	柴西北区碳酸盐岩分布区

6.2 断裂输导体系控藏机理与模式

本节重新定义了断裂输导体系，认为它是以油源断裂为基本控制因素，联合输导层、不整合面、裂缝层(带)及与其相关的非油源断裂等运移通道，共同联结组成的油气运移通道网络，以及由通道网络直接相连通的各类圈闭。该体系两部分组成：一是运移网络；二是运移网络联结的各类油气圈闭，两者紧密相连，为有效实现“运聚一体化”研究奠定地质基础并构建地质模型。这为在不缺油源断裂发育区迅速抓住油气运移成藏主控因素、揭示油气成藏机理、总结油气分布规律提供了新的研究思路和方式。

6.2.1　断裂输导体系的控藏特征

断裂输导体系不仅具有输导油气运移的功能，还对烃源岩的发育、圈闭的形成与油气的聚集起到至关重要的作用。

1. 断裂输导体系的控源特征

断裂输导体系的核心是油源断裂，是输导油气向四周运移的起始端，尤其是向纵向上运移。而在柴达木盆地西北部的五类断裂输导体系中，大多数的油源断裂本身就是控源断裂。

位于阿尔金山南的东坪地区断裂-不整合输导体系，其油源(气源)断裂为坪东断裂，本身就是控制柴北缘伊北下侏罗统生烃凹陷的西边界断裂(图 6-4)，并控制其烃源岩的一个次级洼陷的中心；冷湖-南八仙断裂-断裂输导体系的深部油源断裂，是控制伊北下侏罗统生烃凹陷中心北界的边界断裂；平 1 井区山前带断裂复合输导体系的油源断裂也是控源断裂，控制赛什腾凹陷中侏罗气源岩分布的北界(图 6-5)。当然，也有一些断裂输导体系的油源断裂不是控源断裂，如位于柴西北区的南翼山断裂-裂缝输导体系，以及位于鄂博梁 Ⅲ 号的断裂-输导层输导体系，其油源断裂的控源作用不明显。

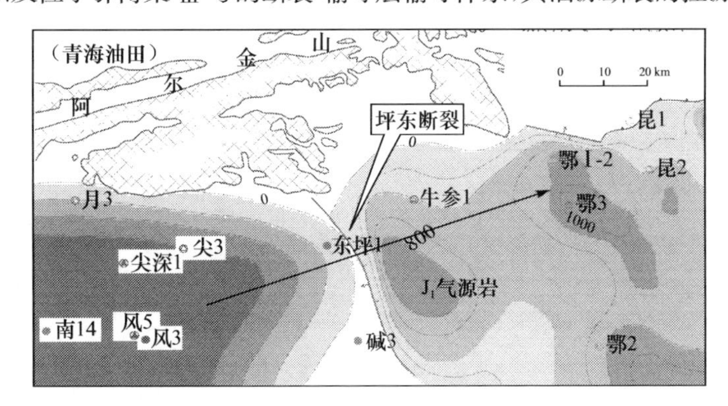

(a)

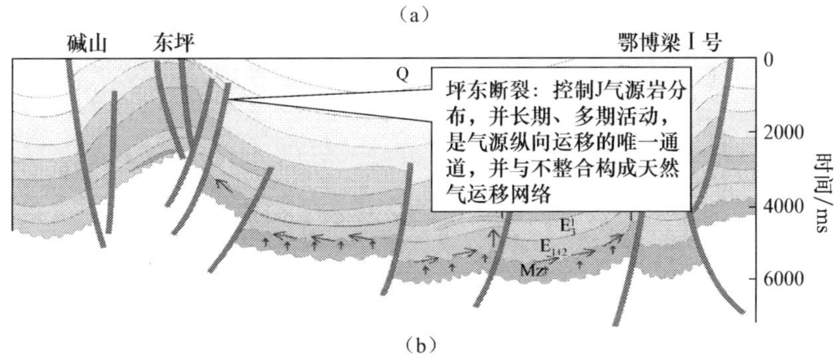

(b)

图 6-4　东坪-鄂博梁Ⅰ号天然气运移成藏剖面模式(文后附彩图)

(a)平面图；(b)剖面图

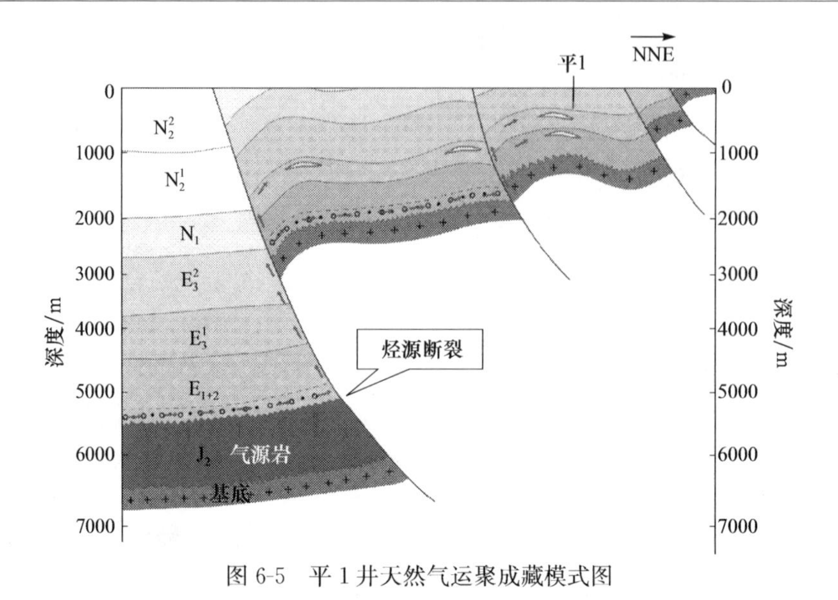

图 6-5　平 1 井天然气运聚成藏模式图

由此可知，断裂输导体系的油源断裂既可以是控源断裂，对烃源岩的形成、演化、分布有重要的控制，也可以不是控源断裂。但在大多数情况下，断裂输导体系的油源断裂对烃源岩有重要的控制作用。

2. 断裂输导体系的输导运移特征

输导运移是断裂输导体系最基本、最重要的本质特征，其中油源断裂的纵向输导往往是油气运移的第一步，引导油气源上成藏；而不整合、输导体系、裂缝层等运移通道将油气进行横向输导，引导油气源外成藏。断裂输导体系的这种网络运移特点，使烃源岩排出的成熟油气可在三维空间中运移成藏，如伊北生烃凹陷的成熟油气通过南八仙—马海断层复合输导体系，可水平运移 50km 至马海背斜圈闭中成藏（E_3），可纵向运移 7km，在南八仙构造浅层断裂遮挡圈闭中形成中浅层（N_1-N_2^2）气藏。南八仙油气藏其成藏过程见图 4-24，其深、浅断裂系统，E_{1+2}底不整合面，E_3、N_1-N_2^2 的输导层所组成的复杂油气运移输导体系对形成南八仙浅层、深层油气藏、马海西 E_{1+2}超覆不整合气藏、马海中浅层油气藏起重要的输导作用，其成藏运聚规律可总结为“冷湖-南八仙反 S 形构造背景下反冲断层-不整合面-输导层输导体系源上、源外成藏模式”。祁连山山前带的平台凸起的平 1 井气藏也是赛什腾凹陷中 J_2 气源岩生、排的天然气，经不整合、断层、输导层输导体系输导，在 15km 以外、5km 以上的山前平台凸起上聚集成藏。这里平台主断裂及其他断裂长期、多期活动，首先控制中侏罗系烃源岩的形成与生、排烃，喜马拉雅运动中晚期，断裂在祁连山向南挤压应力作用下反转为冲断断层，这组冲断断层与侏罗系顶底的不整合面、E_{1+2}砂砾岩输导层组成的断裂输导层网络体系，长期输导南部中侏罗烃源岩生、排出的成熟天然气向平台凸起方向运移，最后在平1井 E_{1+2}、E_3^1 构造圈闭中聚集成藏(图6-6)。其成藏规律可总结为“山前平台型冲断背景下断裂-输导层-不整合输导体系源外成藏模式”。

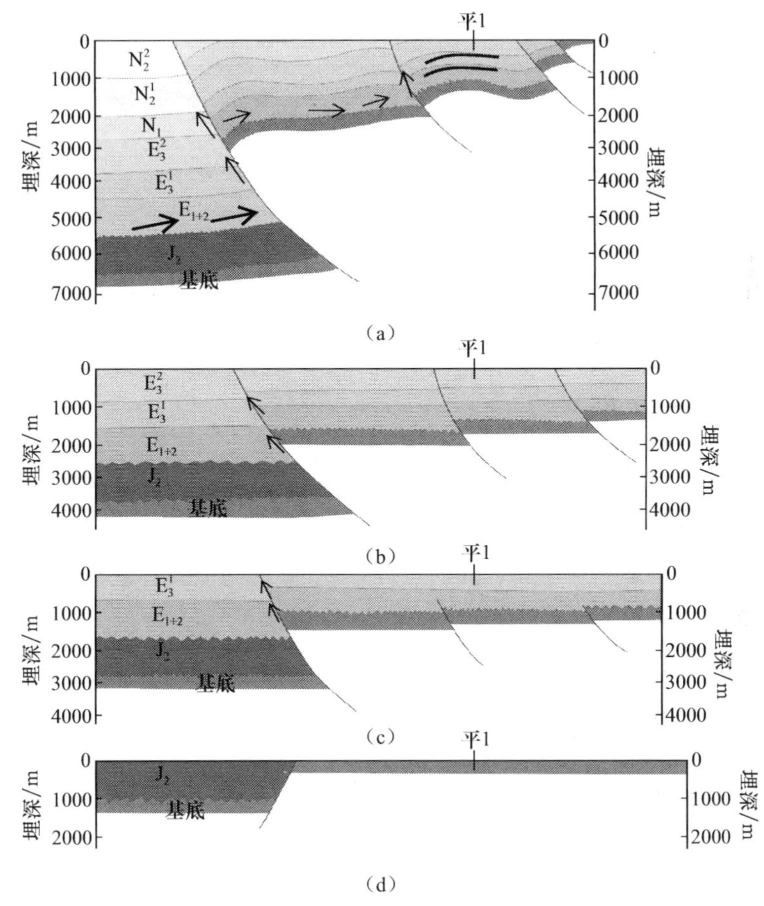

图6-6　平1井天然气运聚成藏史恢复图

(a)现今剖面；(b)新近系沉积前；(c)E_3^2 沉积前；(d)古近系沉积前

南翼山背斜中浅层(E_3^1-N_2^2)发育多套油气藏，区域上受南翼山-碱山斜列压扭断裂系统控制。具体受翼北、翼南控圈断裂控制，形成“两断夹一隆”的冲起构造的样式。E_3^2 层控制天然气地质储量 $25.9\times10^8\,m^3$，由于咸化湖沉积，储层以钙质砂泥岩、钙质泥岩为主，裂缝发育。N_2^2 层探明天然气 $0.54\times10^8\,m^3$，储层以灰色泥岩、深灰-灰色泥灰岩和灰岩为主，裂缝发育，现今为储层，已是有利的输导层，裂缝是油气横向运移的主要通道。图6-7是柴西北区 N_2^1 沉积相图。由此可知，北到尖1井，南到乌东1井被、东到碱1井、西到沟6井大面积发育碳酸盐岩，这些地区的褶皱背斜发育区裂缝将十分发育。大面积分布的裂缝性储集层与纵向上油源断裂向上沟通，形成的断裂-裂缝网络输导体系，正是深部侏罗系煤型气、古近系-新近系油型气向上、向四周运移的通道，在南翼山中浅层形成多层混合气藏的有利运移网络通道。在晚期喜马拉雅运动作用下，翼南、翼北油（气）源断裂输导侏罗系煤型气、古-新近系油型气纵向上运移，在 E_3-N_2 层沿裂缝型储集层横向运移，在翼南、翼北控制的南翼山构造圈闭中聚集成藏，其中侏罗系煤型气成熟度较高，而 E_3-N_2 油型气在 N_2^2 开始生、排，与构造定形期（N_2^3—Q）相匹配，在油源断裂晚期活动下，煤、油型气沿断裂-裂缝输导体系向南翼山构造运移聚集成藏（图 6-8）。其成藏规律可总结为“南翼山型”盆地腹地背景下断裂-裂缝输导体系输导、源上“两断夹一隆”成藏模式（图 6-9）。该模式中，断裂-裂缝输导运移网络体系对南翼山气藏的形成起关键性作用。

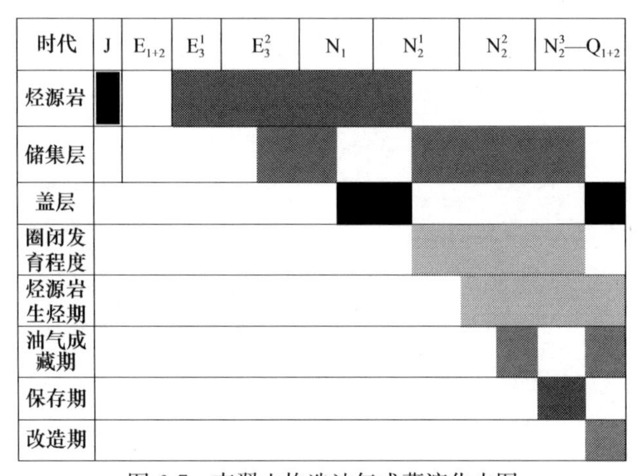

图 6-7 南翼山构造油气成藏演化史图

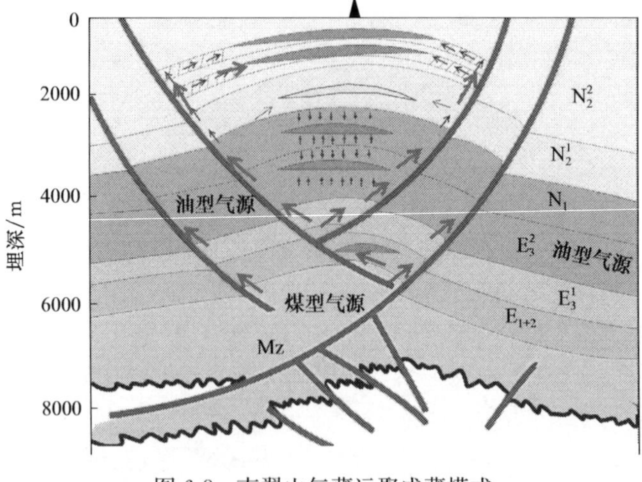

图 6-8 南翼山气藏运聚成藏模式

从前面的分析可知，鄂博梁Ⅲ号浅层气藏可能具有有机、无机等多种成因类型天然气的混合成藏，其深层断裂（鄂南断裂）可靠沟通地壳深部甚至地幔，输导无机成因气向上运移。同时鄂南、鄂北断裂也深切入侏罗系煤系烃源岩，在巨大的断裂深浅层压差作用下，输导煤型气向中浅层运移，进入中浅层碎屑岩输导层横向运移，进入到由深部断裂控制的“两断夹一隆”的鄂博梁Ⅲ号中浅层构造中混合成藏。其成藏过程可以总结为“鄂博梁Ⅲ号型盆地腹地凹陷背景下断裂-输导层输导体系输导、‘两断夹一隆’圈闭、源上混合成藏模式”（图6-9）。这里断裂-输导层输导对深部无机成因气和中生界煤成气向中浅层构造高部位的运移都起关键作用，可以说没有断裂-输导层输导体系的运移输导作用，要形成鄂博梁Ⅲ号气藏是绝对不可能的，这足以说明断裂-输导层输导体系对油气藏形成的重要控制作用（图6-10）。

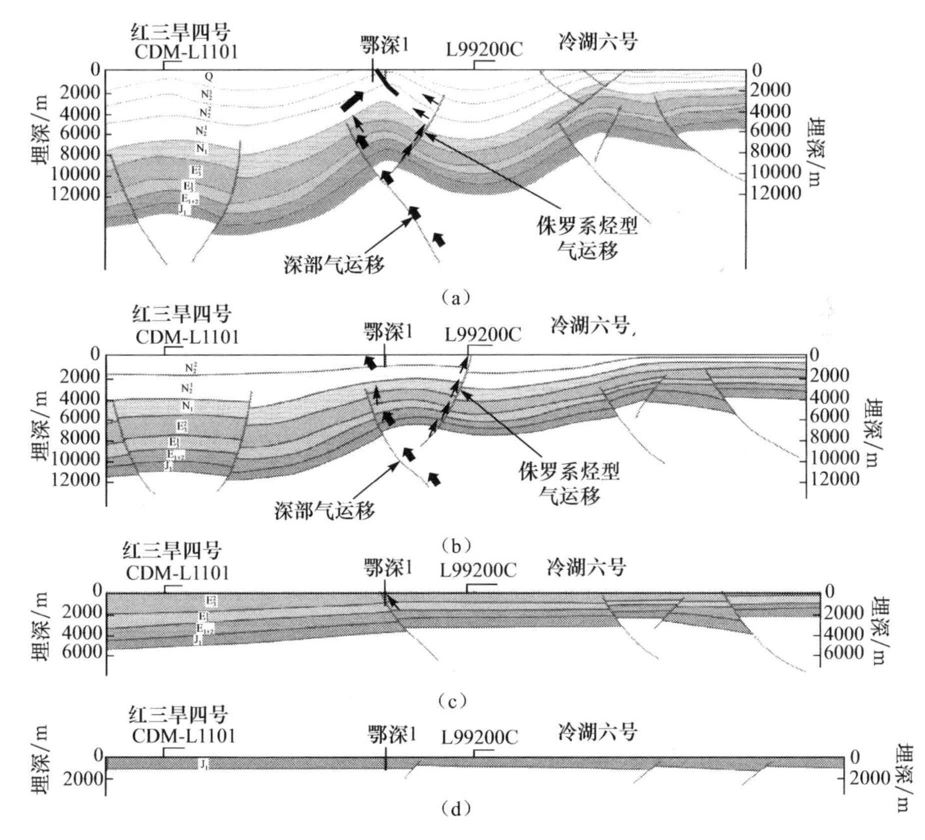

图6-9　鄂博梁Ⅲ号构造浅层混合气藏成藏过程恢复图

(a)现今剖面；(b)N_2^3沉积前剖面；(c)N_1沉积前剖面；(d)E_{1+2}沉积前剖面

同样道理，如果没有断裂不整合输导体系的供烃输导运移作用，也不可能形成今天的东坪1井煤型气藏，碳同位素分析和油源对比都表明东坪气藏的气来自侏

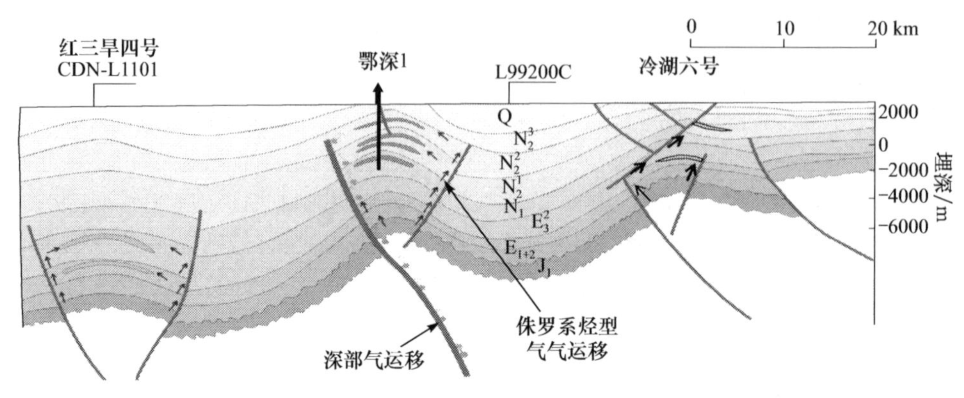

图 6-10 鄂博梁Ⅲ号构造浅层气藏成藏模式图

罗系，断裂通过纵向运移将深部侏罗系煤型气输导至古近系 E_{1+2}，不整合面通过横向运移又将煤型气输导运移入东坪构造 E_{1+2} 构造圈闭中聚集成藏。断裂-不整合输导体系控制东坪气藏的形成与分布，其控制过程是：东坪基底断裂控制侏罗系烃源岩南边界，对烃源岩形成、演化、分布及生烃有重要作用，促成了古隆起背景下“两断夹一隆”的构造圈闭的形成，构建了断裂-不整合输导体系天然气运移网络的形成。E_3^2 沉积以后，侏罗系煤型气沿断裂-不整合输导体系向古隆起背景下的“两断夹一隆”的东坪构造上运移，在 E_{1+2} 构造圈闭中聚集成藏（图 6-11），其成藏过程可总结为东坪型山前古斜坡背斜下断裂-不整合输导体系输导“两断夹一隆”构造源外成藏模式。断裂-不整合输导体系对成藏起关键的控制作用。

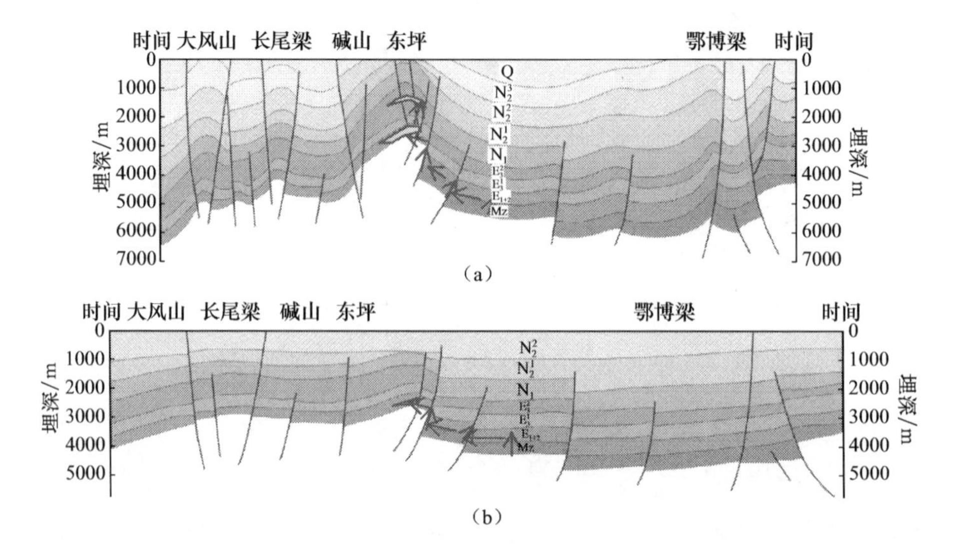

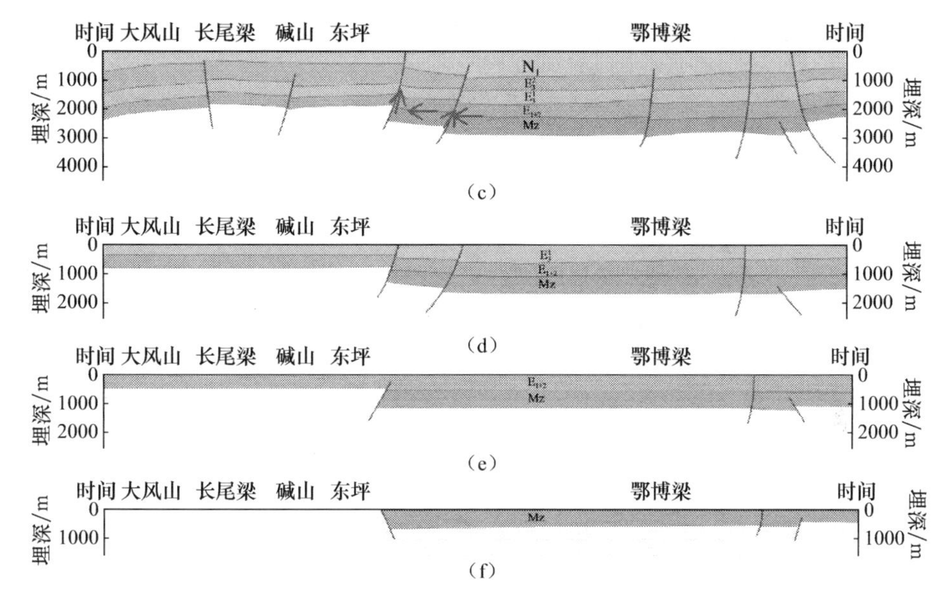

图 6-11 东坪气藏形成演化模式图

(a)现今剖面;(b)N_2^3 沉积前的剖面;(c)N_2^1 沉积前的剖面;(d)E_3^2 沉积前的剖面;(e)E_3^1 沉积前的剖面;(f)E_{1+2}沉积前的剖面

通过对柴达木西北部不同类型典型气藏形成过程剖析,可知断裂输导体系在各类气藏的形成过程起极为关键的控制作用:一是控制油气运移的路径和方向,二是促进油气运移网络的形成,三是引导和输导油气沿输导网络体系的有效运移,使断裂输导体系成为油气藏形成过程从源到藏得桥梁和组带。

3. 断裂输导体系的控圈控藏特征

由断裂输导体系的定义可知,断裂输导体系由运移网络系统和聚集系统两部分组成,作为聚集系统的重要组成部分的圈闭(包括隐蔽圈闭),断裂输导体系也对其形成与分布有重要控制作用。

作为断裂输导体系的基础,油源断裂除了沟通油源,输导油气纵向运移甚至控制油源外,往往对断裂输导体系内部及其周围的油气圈闭的形成与分布有重要的控制作用。东坪气藏的断裂-不整合输导体系,其油源断裂,东坪断裂本身也是控藏断裂;控制鄂博梁Ⅲ号浅层气藏的断裂-输导层输导体系,其有源断裂(鄂南和鄂北断裂)控制鄂博梁Ⅲ号构造的形成与演化;控制南八仙的断裂输导体系,其油源断裂控制南八仙的深层构造,其浅层脱离断裂控制浅层断层遮挡圈闭;制约南翼山油藏的断层-裂缝输导体系,其油源断裂——翼南、翼北断裂严格控制南翼山构造圈闭的形成与展布。已知的各种断裂输导体系中,几乎所有的构造圈闭都受输导体系中断裂控制，或与断裂有密切关系，充分反映了输导体系对圈闭的控制性，同时也充分证明断裂输导体系对油气运聚成藏的重要控制作用。

综上所述，断裂输导体系是控制油气运聚成藏的主要因素，它不仅控制油气的运移、圈闭的形成，而且控制油气的聚集和油气藏的分布。研究断裂输导体系对于寻找和发现新的油气聚集带有重要的意义。

6.2.2　柴达木盆地西北部主要断裂输导体系

依据断裂输导体系定义，结合柴达木不同区带构造、沉积、岩性组合、断裂系统、油气成藏组合特征等，可将研究区划分为5个断裂输导体系分布区，即祁连山山前冲断带的断裂复合体系分布区、冷湖-南八仙断裂输导体系分布区、鄂博梁-葫芦山-鸭湖断裂-输导层输导体系分布区、阿尔金山山前的断裂-不整合输导体系分布区和柴西北部主体的断裂-裂缝输导体系分布区（图6-12）。其中祁连山山前冲断带断裂复合输导系统、阿尔金山山前带断裂-不整合输导系统属于盆缘断裂输导系统，柴西北部断裂-裂缝输导系统和鄂博梁-葫芦山-鸭湖断裂-输导层输导系统，属于盆内凹陷断裂输导系统，冷湖-南八仙断裂-断裂输导系统属于盆内隆起断裂输导系统。将柴达木盆地划分为盆缘和盆内两大类构造单元，各大构造单元断裂输导系统，构成该构造单元的断裂输导体系，那么各断裂输导体系的归属及其主要特征见表6-2。从目前勘探成果看，具有古隆起背景的断裂输导体系分布区最有利于形成油气聚集，如祁连山山前断裂复合输导体系分布区，阿尔金山南断裂-不整合输导体系分布区。

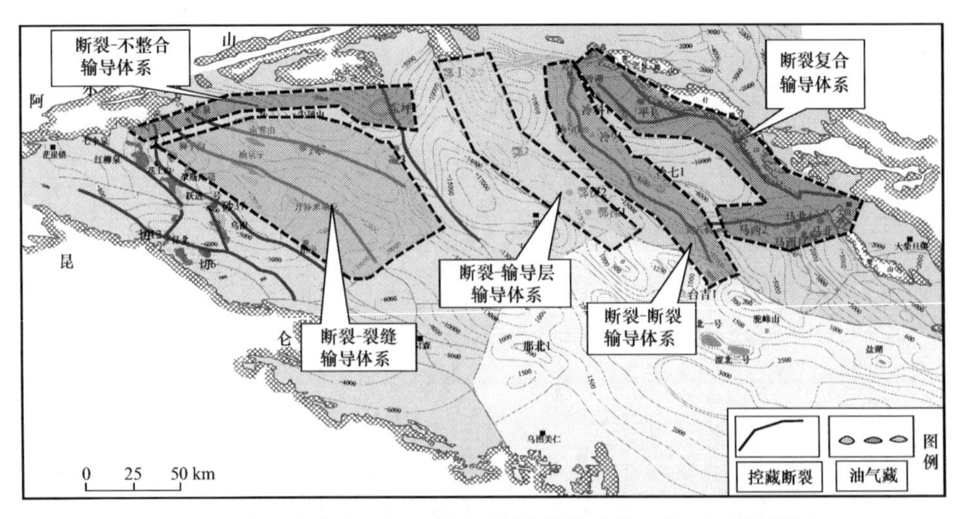

图6-12　柴达木盆地西北部主要断裂输导体系分布图（文后附彩图）

表 6-2　柴达木盆地断裂输导体系类型、分布与基本特征

体系	系统	输导要素	成藏位置	成藏时期	实例	断裂输导系统名称	气源种类	断裂输导系统分布区域
断裂输导系统分布区域	盆缘凸起断裂输导系统	断裂、不整合、输导层	源外远源成藏	长期、多期	平台气藏、昆北油气藏	断裂复合数到系统	单源	祁连山山前带断裂复合输导系统分布区、昆北山前断裂复合输导系统分布区
	盆缘斜坡(鼻)断裂输导系统	断裂、不整合			东坪气藏	断裂-不整合输导系统	混源	阿尔金山南山前斜坡带断裂-不整合输导系统分布区
盆内断裂输导体系	盆内凹陷断裂输导系统	断裂、裂缝	源上	晚期	南翼山中浅层气藏	断裂-裂缝输导系统	单源	柴西北区断裂-裂缝输导系统分布区
		断裂、输导层	源上		鄂博梁Ⅲ号中浅层气藏	断裂-输导层输导系统	单源	鄂博梁-葫芦山-鸭湖断裂-输导层输导系统分布区
	盆内隆起断裂输导系统	断裂、断裂	源上	长期、多期	冷湖油气藏、南八仙气藏	断裂-断裂输导系统	单源	冷湖-南八仙断裂-断裂输导体系分布区
		断裂、断裂、不整合	源上		马海西超覆气藏、马海气藏	断裂-断裂-不整合输导系统	单源	马仙隆起断裂-断裂-不整合输导系统分布区

1. 祁连山山前断裂复合输导体系分布区

位于柴北缘西段祁连山(赛什腾山)山前冲断带，属于祁连山山前带冲断断裂系统分布区，发育山前盆缘断裂及其派生的平台断裂等一系列北倾南冲的冲断断裂，由西向东逐渐收敛，呈 NWW—NW 展布，S 形、反 S 形弧形延伸，由南往北分别控制中侏罗统湖湘烃源岩、上侏罗统湖湘烃源岩分布。由于紧临山前，古凸起发育，地层剥蚀普遍，存在侏罗系、E_{1+2}等多套地层的不整合，它们与多条冲断断裂相互交结，形成断裂-不整合输导体系，再者，E_{1+2}、E_3、N_1 等各地层输导条件好，为有利的输导层。因此，冲断断裂、不整合面、输导层在这个地区相互交织，形成复杂的断裂复合输导体系。该断裂复合输导体系控制赛什腾凹陷 J_2 烃源岩、鱼卡凹陷的 J 烃源岩的形成与分布，油源断裂发育，断裂-不整合-输导层编织的油气运移网络畅通，又长期处于冲断带高部位，成藏条件相对优越，目前已找到鱼卡侏罗系油田，平 1 井 E_{1+2}、E_3 气藏、马海气田等是十分有利的油气成藏区带。

2. 冷湖-南八仙断裂-断裂输导体系分布区

位于柴达木盆地北缘西段冷湖-南八仙反S形断裂构造带，发育深、浅两套断裂系统，纵向上构成反冲断层构成样式，深层断裂控制冷湖早侏罗统烃源岩和伊北早侏罗世生烃中心的北边界，为重要的油源断裂，浅层断裂为滑脱断裂，南(西)倾北(东)冲，往往形成断层遮挡圈闭，这组反冲断层控制冷湖-南八仙反S形构造带的形成与展布，目前已在冷湖三号、四号、五号、七号构造和南八仙构造上发现油气藏。深部基底断裂控源供油，浅层滑脱断裂遮挡成藏是冷湖-南八仙构造带反冲断裂控藏模式的重要特征。由于冷湖-南八仙构造带为一早期(燕山末期)受基底断裂控制的古隆起，且在以后各次构造运动中长期、多期沉积生长，其南是早侏罗统烃源岩，北侧紧临中侏罗系烃源岩，油源充足，断裂-断裂输导体系通畅，圈闭发育，是柴北缘重要的油气聚集区带，并已得到勘探证实。尤其是南八仙构造，已发现深浅两套油气聚集，是一个中型油气田。

3. 鄂博梁-葫芦山-鸭湖断裂-输导层输导体系分布区

该分布区位于柴北缘西段南部，有西北向东南展布，包括鄂博梁Ⅰ号、Ⅱ号、Ⅲ号构造、葫芦山构造和鸭湖构造，形成鄂博梁-葫芦山-鸭湖反S形构造带，主体位于伊北早侏罗统生烃凹陷中心，古近系-新近系多套储集层叠置在早侏罗统生烃中心之上，形成良好的生储盖组合，断裂-输导层输导体系供烃运油，为这几个大型背斜构造圈闭聚集油气提供渠道。目前已在鄂博梁Ⅰ号、Ⅱ号、葫芦山、鸭湖构造上钻到明显的油气层，鄂博梁Ⅲ号构造的鄂深1井、鄂深2井和鄂7井在浅层获得低产气流。

构造研究表明，该构造带发育深层基底大断裂，有的地方还发育浅层滑脱断裂，与深层断裂相沟通形成深、浅两套断裂系统，深层断裂系统往往为两条不对称的对冲断裂，控制背斜构造的形成与演化，形成不对称的“两断夹一隆”的构造样式。沉积发育史研究表明，自古近系-新近系以来，该区处于北部祁连山物源、西部物源的河流-(扇)三角洲沉积背景下，储层(输导层)十分发育，它们与纵向上切割的深、浅层断裂，尤其是深层断裂相互交织，形成断裂-输导层输导体系，深部断裂向下切入伊北生烃凹陷的下侏罗烃源岩，成为油源断裂，可能切入深地壳甚至地幔，沟通、引导无机成因烃往上运移。在巨大的压差下，深部断裂将下侏罗统煤型气甚至无机成因气向上运移，在中浅层输导至孔渗相对较好的输导层，再进行横向运移，至相对高部位聚集起来，形成浅层气藏，同时深部断裂的高压传递作用将深层高压传导至浅层，造成中浅层压力增高，深层流体沿深部断裂向上运移至中浅层释放，在中浅层形成高温高矿化度的水层，这就是鄂博梁Ⅲ号构造高压水层产生的重要原因。至于中浅层气体富集程度不高，可能与后期的破坏有关，依据“深浅共存，浅差深好”的气藏分布规律，预测在鄂博梁-葫芦山-鸭湖断裂-输导层输导体系分布区各大构造的中浅层可能存在相对整装的大中型气藏。因此，此带的勘探方向是各个大型构造的中深层。

4. 阿尔金山南山前斜坡带断裂-不整合输导体系分布区

该分布区位于柴北缘盆地西缘，阿尔金山南斜坡带，是阿南走滑断裂系统控制区，主要断裂由 NEE 阿南走滑断裂及其派生斜列的次生断层组成。由于处于盆地边缘，地层剥蚀普遍，发育中生界顶底等多个不整合面，与阿尔金山前走滑断裂体系相交结，可形成阿尔金南山前斜坡带的断裂-不整合输导体系，由于东临古近系-新近系油型气生烃凹陷，北靠伊北下侏罗统煤型气生烃凹陷，且长期隆起处于油气运移的有利指向，成藏条件十分优越，已发现多处有利的油气显示点，近期在东坪斜坡上发现一个大型气藏，其控制因素正是该区带发育的断裂-不整合输导体系。阿尔金山前斜坡因构造位置相对高，长期隆起，紧临柴西北区 E_3-N_1 生烃中心和伊北 J_1 生烃中心，断裂-不整合输导体系发育是十分有利的勘探潜力区带，东坪 1 井的突破拉开了阿尔金南山前斜坡带断裂-不整合输导体系分布区的勘探序幕。

5. 柴西北区断裂-裂缝输导体系区

该分布区位于柴西北区，柴西古近系-新近系 E_3-N_1 湖湘碳酸盐岩分布区，斜列断裂系统分布区，发育南翼山、大风山、尖顶山、碱山、油墩子等大型背斜构造，其南、北翼多被一对相对对称的对冲断层控制，构成“两断夹一隆”的构造样式，有的部位还发育深、浅两套断裂系统。由于晚期构造挤压强烈，除了形成一排排斜列的背斜构造及其两翼的对冲断裂外，还形成了多套大面积的裂缝性储集层，它们与断裂交织，构成断裂-裂缝输导体系。该断裂-裂缝输导体系形成油气运移的网络，其中断裂(尤其是深层断裂)多为油源断裂，均断入 E_3-N_1 烃源岩，有的深大断裂还断入其下部的中生界煤型气烃源岩，输导其生、排的天然气向上运移，与上部裂缝储层对接，沿裂缝层(输导层)运移在上部断裂控制的圈闭中形成混合油气藏(一部分油气来自中生界煤系烃源岩，另一部分来自古近系-新近系中湖相烃源岩)，南翼山中浅层油气藏就是典型实例。

6.3　断裂输导体系控藏模式——柴达木高原咸化湖盆油气运聚成藏模式

作为青藏高原一部分的柴达木盆地具有特殊的盆地形成、沉积演化特征，必然导致了与众不同的天然气运聚成藏模式与分布规律。

1. 特殊的盆地形成、沉积发育特征

柴达木盆地是典型的高原盆地，“高原”的原因直接与古近系以来印度板块长期逐渐加速地向中国板块俯冲有关，导致包括柴达木盆地在内的青藏高原的长期、持续和加速隆升，这种区域构造应力机制引发盆地南部昆仑山向北挤压、盆地北部祁连山向南挤压和盆地西部阿尔金山压扭走滑三大动力系统作用于它们包围的柴达木盆地，控制柴达木盆地的形成构造演化与沉积发育，一方面在柴达木盆地腹地产生大量的NWW—NW向成排的晚期压扭背斜构造带和控制这些构造带的压扭断裂系统，为柴达木盆地腹地的天然气晚期运移聚集成藏准备了大量的圈闭空间和天然气运移聚集的输导条件。另一方面，在南、北盆缘地区形成复杂的冲断带和在西部盆缘地区形成受走滑断裂控制的盆缘斜坡(鼻状构造)带，这一结果为柴达木盆地昆北、祁连山山前断阶、平台凸起形成和不整合面的发育奠定背景条件，前者为在盆缘地区形成与断阶、平台凸起相关的构造圈闭提供构造条件，后者为盆内、深层天然气的远源运移提供运移通道。除了"高原"特征外，柴达木盆地又是典型的"咸化湖盆"，干旱、水量不充足、盆内物源缺乏，一方面导致柴达木盆地腹地古近系以来烃源岩层较少，平面分布局限，烃源岩含灰质重，储层不发育的"有源无储"的"一盆泥"局面；另一方面又导致大面积的盆缘地区及其向盆内腹地过渡地区有储层，但缺乏烃源岩的"有储无源"的"满盆砂"的局面。显然，无论是"一盆泥"的"有源无储"还是"满盆砂"的"有储无源"，均不利于天然气的运移与聚集。再者，柴达木盆地自古近系以来的"长期挤压"造就了其"单旋回"的沉积演化结果，导致其源储组合单调、源储匹配相对单一的局面，不利于天然气多层系大面积运聚成藏。

2. 独特的天然气运聚成藏主控因素

从前面的分析可知，虽然盆地的构造条件有利于天然气藏的形成，而其岩相古地理，包括古气候极不利于天然气藏的运移与聚集，集中表现在"咸化湖盆"导致的盆内"有源无储"、盆缘"有储无源"和盆地演化单旋回沉积发育。但这并不妨碍柴达木盆地有丰富的天然气资源的事实，这一切主要归功于控制柴达木盆地天然气运聚成藏的主控因素之一断裂输导体系。

断裂输导体系(系统)的沟通与运移改变柴达木盆地不利于天然气成藏的被动局面，激活了柴达木盆地"一盆泥"的"有源无储"和"满盆砂"的"有储无源"的沉寂状况，促使盆内腹地古近系-新近系成熟气源和深层中生界的高熟、过熟气源沿不同类型的断裂输导体系横向上长距离、纵向上高跨度的运移，几乎可以在盆地内的任何地方聚集，形成源外远源、源外近源、源边和源上等多种类型的天然气藏。昆北油气藏、东坪气藏、平台(平1井)气藏等这些过去认为不可能存在的气藏的发现就是最好的铁证。通过断裂输导体系，油气能"不远万里"、"翻山越岭"长途跋涉，在人们过去认为不可能有油气聚集的地方形成大中型规模油气藏，这正是柴达木盆地断裂输导体系的特殊贡献和独特作用。它集中体现了柴达木盆地"高原咸化湖盆晚期成藏”的与众不同的特征。

3. 具有鲜明特色的高原咸化湖天然气运聚成藏模式

正是由于昆北冲断断裂系统、祁连山前冲断断裂系统、阿尔金山山前羽状走滑断裂系统、柴西北区斜列压扭断裂系统，以及冷湖-南八仙反 S 形压扭走滑断裂系统及其控制的各类断裂输导体系的沟通、输导和运移作用，才形成了盆缘山前台阶(昆北油气藏)、山前斜坡(东坪气藏)、山前平台(平 1 井气藏)源外远源油气聚集，盆内凹陷(如南八仙气藏、鄂博梁Ⅲ号气藏等)源上天然气聚集和盆内隆起(如冷湖、南八仙、马海、马海西等油气藏)源边、源上油气聚集，这些油气聚集(带)的形成与分布具有明显的规律性和高原咸化湖盆的鲜明特色，具体表现为：①断裂输导体系起着沟通、连接气源岩与圈闭输导，运送天然气从源到圈闭聚集成藏的至关重要的作用；②控制断裂输导体系的断裂输导体系的断裂系统受盆地构造位置、区域应力场和基底构造的制约，并控制其圈闭(带)的形成与演化，在盆内以晚期活动为主，而盆缘具有长期、多期活动特征；③盆缘与盆内由于基底构造、应力方式与大小、沉积发育、构造演化的差异，天然气的运聚成藏也具有明显不同的特征，但规律性明显。其规律主要体现在：①盆缘断裂输导体系复杂，以断裂复合输导为主，不整合是重要横向运移输导条件之一，其成藏方式以源外远源为主，具有长期、多期成藏特点，形成阶梯(台阶)、斜坡(鼻状)和平台为构造背景的油气藏，如昆北油气藏、东坪气藏和平 1 井气藏，它们成带成群分布于盆缘山前，围绕盆地呈环带展布；②盆内腹地凹陷断裂输导体系相对简单，以油源断裂为主(控制纵向运移)，匹配以一个横向运移的通道，如输导层、裂缝层、断裂等，不发育不整合输导层，形成断裂-输导层、断裂-裂缝、断裂-断裂等输导体系，其成藏方式以源上成藏为主，主体成藏期晚，多为晚期成藏，形成以“两断夹一隆”为主要构造样式的气藏，如南翼山气藏、鄂博梁Ⅲ号气藏等，它们成带分布与盆地腹地(如柴西茫崖凹陷、一里坪凹陷及其附近)，受到构造两翼断裂控制，呈 NNW—NW 向成排展布；③盆缘与盆内腹地之间的盆内隆起区断裂输导体系，其输导特征与成藏特征介于盆缘与盆内腹地，输导要素除了深部油源断裂外，还包括浅层遮挡断裂、输导层甚至不整合面，组合成断裂-断裂输导体系、断裂-不整合输导体系，甚至断裂-不整合-输导层复合输导体系，深浅层断裂常组合为反冲断裂构造样式，如南八仙、冷湖构造，源上或缘边成藏为主，具有长期、多期成藏特征，形成的气藏包括深层基底断裂上盘气藏或浅层滑脱断裂下盘气藏，或源外近源气藏，如南八仙基底断裂上盘气藏、浅层滑脱断裂下盘气藏或马海西超覆气藏，它们受控于冷湖-南八仙反 S 形压扭走滑断裂输导系统而沿其走向成排分布；④“长期挤压、晚期成藏”和“灰质烃源、有源无储”是高原咸化湖盆的鲜明特征，而断裂输导体系正是沟通源岩与圈闭、改善储层和输导油气晚期运聚成藏的关键主控因素。

综上所述，具有高原咸化湖盆特色的柴达木盆地天然气运聚成藏具有“长期挤压隆升、源储匹配欠佳、多层多源供烃、断裂体系输导、缘内有序聚集和晚期成藏为主”的总体规律。“长期挤压隆升”体现柴达木盆地高原特征，“源储匹配欠佳”指干旱气候条件下咸化湖盆“有源无储和有储无源”的沉积背景；“多层多源供烃”指 J_1、J_2、J_3、E_3^1、E_3^2、N_1 等多个层系发育烃源岩，平面上存在多个烃源灶，其中 J_1、J_2、J_3 等侏罗系烃源层(灶)主要存在于柴北缘，E_3^1、E_3^2、N_1 等古近系-新近系烃源层(灶)主要分布于柴西地区；“断裂体系输导”指断裂输导体系形成的运移网络将各个烃源灶中生排的天然气长距离、高跨度地运输到源外、源上圈闭中；“缘内有序聚集”指通过断裂输导体系运移的天然气在盆缘和盆内的各个圈闭带(群)中有规律的聚集，整个盆地包括盆缘与盆内两大构造单元，其构造与沉积、断裂输导体系、源储发育及源储匹配组合、圈闭类型、成藏过程与成藏期次、成藏位置及与烃源岩(灶)的关系等方面既有较大的差异，但有各自有明显的规律性；“晚期成藏为主”指无论是盆内还是盆缘，天然气运聚以晚期成藏为主，尤其是盆内腹地的天然气藏，即使是盆缘或盆内隆起区，天然气藏的形成具有长期、多期的特点，但是主要成藏期大多仍是在新近系后期及以后，这与柴达木盆地晚期构造运动最为强烈、圈闭定型期晚、最终断裂输导体系的形成时间晚有密切的关系。

因此，柴达木盆地天然气运聚成藏过程主要受断裂输导体系控制，其规律可总结为高原咸化湖盆“初期拉张断陷、长期挤压隆升、源储匹配欠佳，多层多源供烃、断裂体系输导、缘内有序聚集、晚期成藏为主”的天然气运聚成藏模式(图 6-13、图 6-14)。

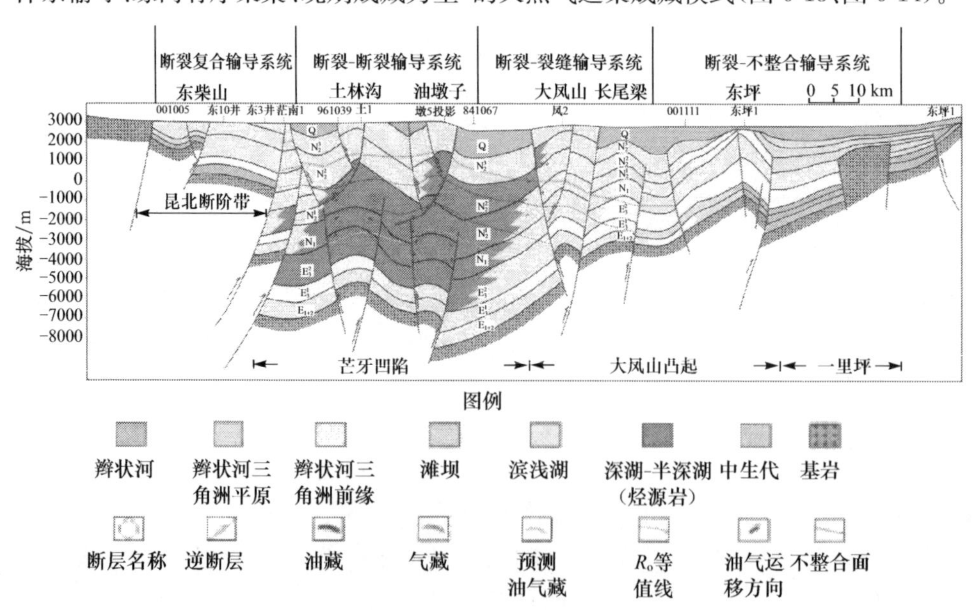

图 6-13 柴达木盆地西部油气成藏模式图(文后附彩图)

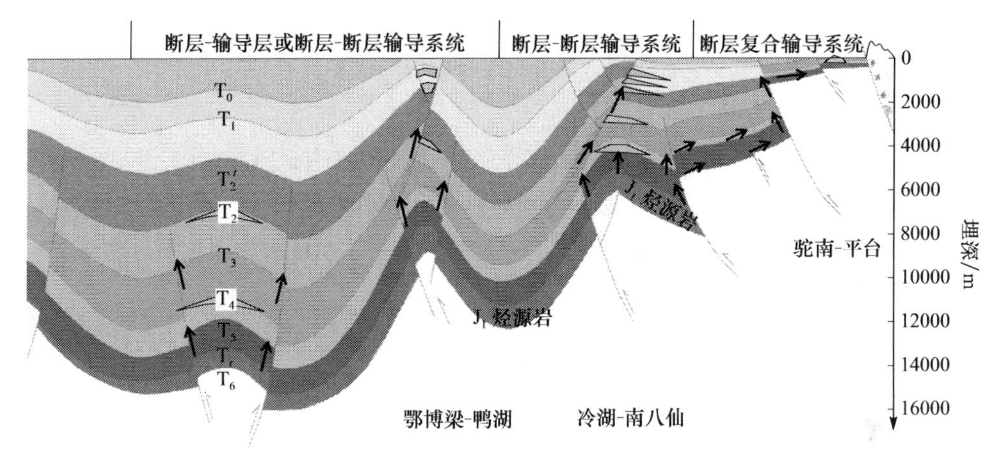

图 6-14　柴达木盆地北缘油气成藏模式图(文后附彩图)

第7章　柴达木盆地复合含油气系统与断裂

高原咸化湖盆地质条件复杂多变，油气成藏条件与分布规律研究难度大，运用系统论进行油气成藏与分布的研究是一个好的思路。含油气系统概念已经成为指导油气有效勘探的理念，运用含油气系统理论分析柴达木盆地断裂控油气特征，评价有利的油气运聚单元是合理确定有利目标的有效途径。

7.1　柴达木盆地复合含油气系统的划分

从前面的分析可知，柴达木盆地构造演化和成藏过程十分复杂，发育多套烃源岩和多个生烃灶（生烃中心），经历多期的运聚成藏过程和多次改造调整阶段，因此，“单一烃源层、单一生烃灶和一次充注成藏”的“含油气系统”的概念不能全面正确反映具有高原咸化湖盆特征的柴达木盆地油气成藏过程和油气分布规律。

7.1.1　复合含油气系统的概念

鉴于我国叠合性含油气盆地的基本特征，即演化历史长、多阶段性、沉积层系多、相变剧烈、断裂发育、构造运动强烈等特征，其中发育的含油气系统常表现出多源、多灶、多期生烃与运聚成藏，以及成藏后多期调整改造的复杂性，形成过程有多个关键时刻，而且由于断层、不整合、砂体和裂缝等通道的连接作用，系统之间可发生烃类流体交换，形成多源油气的混合聚集。何登发等（2000）提出复合含油气系统的概念，指在叠合含油气盆地中，多套烃源岩系在一个或数个负向地质单元中集中发育，并在随后的继承发展中出现多期生烃、运聚成藏与调整改造发行的变化，从而导致多个含油气系统的叠置、交叉与窜通，使含油气系统的评价更为复杂。其内涵至少包括了以下几个方面：①组成复合含油气系统的生烃灶至少有一个，而烃源岩层系至少是两套以上，且在平面上存在重叠和交叉；②两套以上的生烃层系或两个以上生烃灶中的油气藏形成往往表现出多期次，并共享部分石油地质条件，如同一套盖层、同一个油气聚集区带与油气有同一的运移输导层系；③每一个生烃或每一套生烃层系都有隶属自己的独立的油气运聚发生，但相互间又有部分流体的交换，如油气通过不整合面或断裂带运移，在两个烃灶中间的隆起部位混合聚集，使得两个或两个以上的系统既有独立性，又有联系；④复合含油气系统的形成往往有多个关键时刻，包括各生烃层系与各烃灶大规模生烃和排烃的时间，也包括已经形成的油气藏被破坏或被调整到新圈闭中再聚集的时间；⑤复合含油气的边界应该在各相对独立系统边界确定的基础上，根据叠置、交叉与窜通涉及的空间范围，取其最大外边界。

复合含油气系统形成的主要原因是断裂、不整合面、疏导层或裂缝导致两个或两个以上的相对独立的含油气系统共享某些成藏地质条件，从而导致不同含油气系统之间烃类流体的交换和混合。

7.1.2 柴达木盆地复合含油气系统的划分原则

根据复合含油气系统的概念，结合柴达木盆地构造演化与油气运聚成藏的具体地质条件，确定复合含油气系统划分原则如下。

（1）同一个复合含油气系统的油气生、运、聚、散有相似的地质特征和构造控制背景，同属一个沉降单元紧密关系的主体部位。

（2）所形成的油气圈闭（藏）与生烃灶相有密切的成因联系。

（3）不同的复合含油气系统其油气生、运、聚、散和分布模式差异较大。

（4）分区断裂是划分复合含油气系统的重要边界条件（如葫北-菱间断裂、Ⅺ号断裂、黄泥滩-乌图美全断裂）

7.2 划分结果及各复合含油气系统基本特征

根据柴达木盆地具体地质条件和复合含油气系统的划分原则，将柴达木盆地含油气体系划分为北缘、中部和昆北三大复合含油气系统和8个含油气系统，三大复合含油气系统和八个相对独立的含油气系统的基本特征见表7-1和图7-1～图7-8。

表7-1 柴达木盆地复合含油气系统划分及其宏观特征

复合含油气系统	含油气系统名称	基本要素				烃类交流途径	含油气系统复合区
		烃源层	储层	盖层	主要圈闭（带）		
北缘复合含油气系统	昆特依-冷湖含油气系统 $[J_1\cdot(J_1+R)!]$	J_1	古风化壳 J_1 E_{1+2} E_3^2-N_1^1 N_2^1	E_{1+2} E_3^1 N_2	冷湖三号、四号五号、六号、七号构造带	超覆不整合、冷湖北逆断层	冷湖四号、五号、六号、七号构造带
	赛什藤-鱼卡含油气系统 $[J_2\cdot(J_2+E)!]$	J_{2+3}	J_3 E	N	鱼卡、小丘林-玛瑙构造带，驼南-平台构造带	马仙基底大断裂、削截不整合面	马仙构造带、南八仙构造
	大红沟含油气系统 $[J_1\cdot(J_1+R)]$	J_1	J_1 E_3^{1-2} N_1-N_2^1	J_{2-3} E_3^2 N_2^3	马海、北陵丘、东陵丘、南八仙构造	菱间大断裂	鄂博梁-葫芦山构造带、冷湖七号-南八仙-东陵丘构造带
中部复合含油气系统	一里坪-鄂博伊克油气系统 $(J_1+E)\cdot(E+R)$	J_1 E	N_2	N_2-Q	鄂博梁Ⅰ号、鄂博梁Ⅱ号、鄂博梁Ⅲ号、伊克雅乌汝、鸭湖、冷七号、南八仙		

续表

复合含油气系统	含油气系统名称	基本要素				烃类交流途径	含油气系统复合区
		烃源层	储层	盖层	主要圈闭(带)		
中部复合含油气系统	茫崖-中部冲起构造油气系统(E_{1+2}+E_3-N_1^1)·(E_{1+2}+E_3^2-N_{1+2})!	E_{1+2} E_3^1-N_1^1	E_{1+2} E_3^1 E_3^2 N_2^1-N_2^2	E_3^2 N_1^1 N_2-Q	中部冲起构造群南，狮子沟-油砂山构造带	NWW 向断裂裂缝带、局部疏导层	中南隆起构造群
	甘森-中南隆起油气系统(J_1-R)·R?	J_1 E_3^2-N_2^2	E N	N N-Q	中南隆起构造群、台南-涩北构造带		
昆北复合含油气系统	阿拉尔-油砂山油气系统(E-N_1^1)·(E-N_2)!	E_3^1 E_3^2- N_{1+1}	基底 E_3^1 E_3^2 N_1^1-N_2	E_{1+2} E_3^2 N_1^1 N_2^3	七个泉、狮子沟-油砂山、跃进1号、乌南-东柴山构造等	十一号断裂-裂缝带、疏导层	狮子沟-油砂山-北乌斯构造带
	切克里克-阿拉尔跃进油气系统(E_3^2-N!)	$E_3^{1\text{-}2}$	E_3^1 E_3^2 N_2^1	E_3^2 N_1^1 N_2^1	阿拉尔构造、跃进2、3、4号构造、切克里克构造带、乌南构造	阿拉尔断裂裂缝带	阿拉尔-跃进2号、3号、4号构造带

注：括号表示预知的含油气系统；“·”表示假想的含油气系统；“!”表示确定含油气系统；“?”表示未确定的含油气系统。

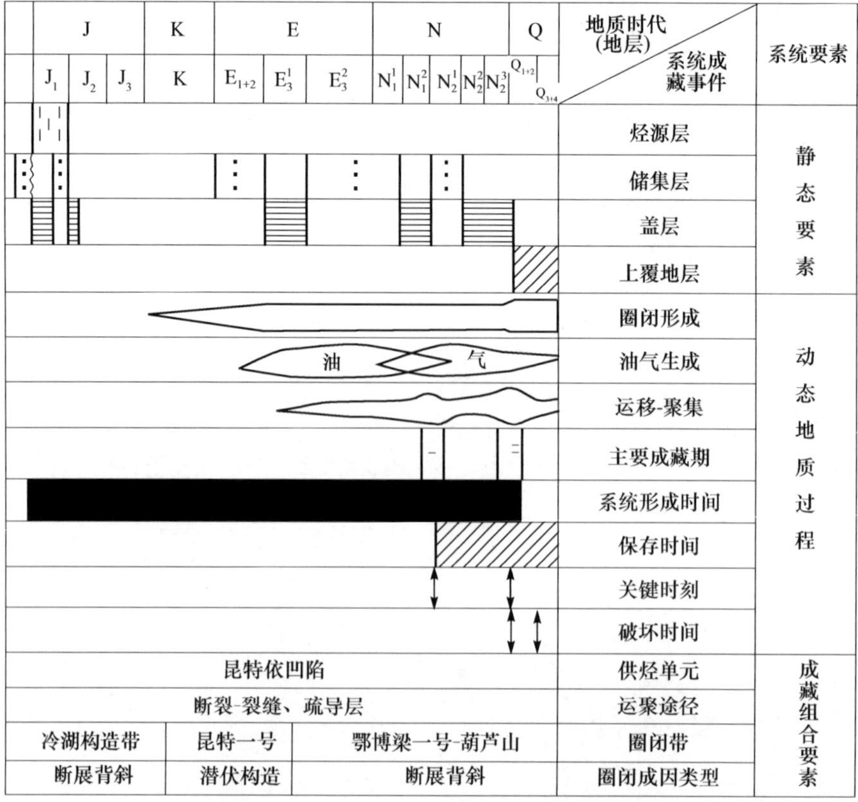

图 7-1　昆特依-冷湖含油气系统成藏事件图

J
K
E
N
Q
地质时代（地层）
系统成藏事件
系统要素
J_1 J_2 J_3 K
N_1^1 N_1^2 N_2^1 N_2^2 N_2^3 Q_{1+2} Q_{3+4}
烃源层
储集层
盖层
上覆地层
静态要素
圈闭形成
油气生成
油
运移-聚集
主要成藏期
系统形成时间
保存时间
关键时刻
破坏时间
动态地质过程
尕丘次凹、北陵丘次凹
供烃单元
基底断裂、不整合面和疏导层
运聚途径
南八仙-东陵丘构造
马海-北极星
尕丘-野马
圈闭带
断展背斜
基岩隆起
断展背斜
圈闭成因类型
成藏组合要素

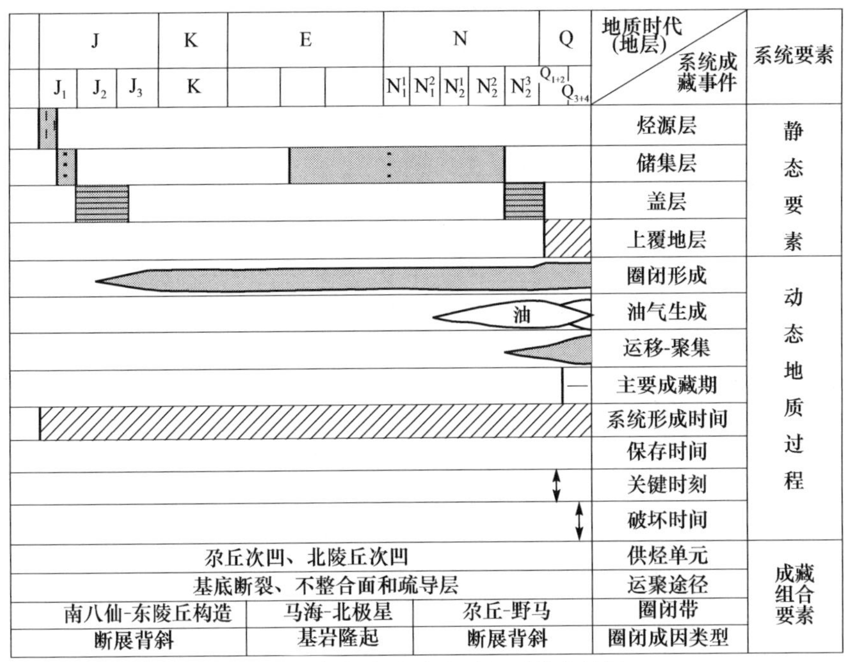

图 7-2　赛什腾-鱼卡含油气系统事件图

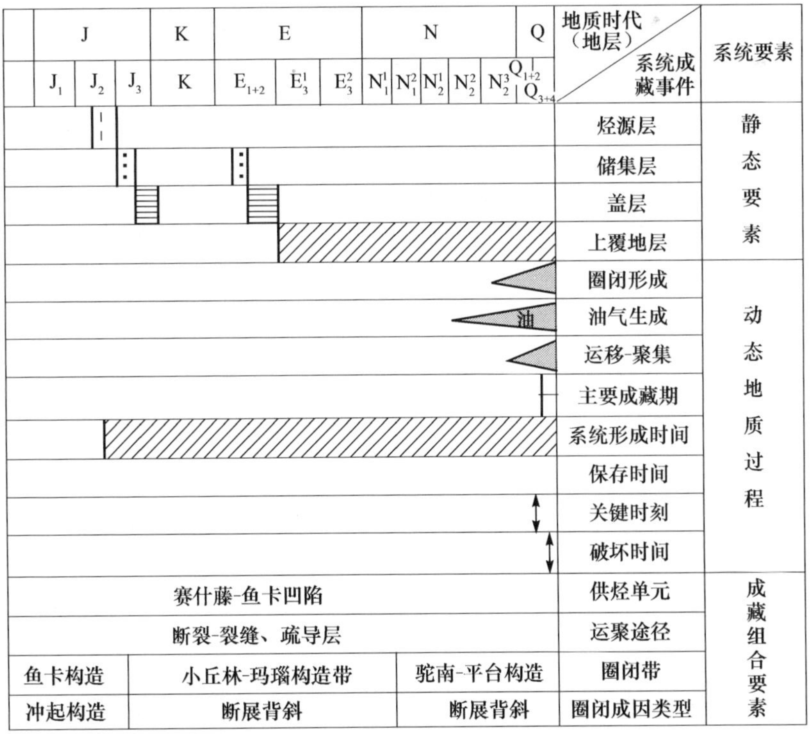

J
K
E
N
Q
地质时代（地层）
系统成藏事件
系统要素
J_1 J_2 J_3 K E_{1+2} E_3^1 E_3^2
N_1^1 N_1^2 N_2^1 N_2^2 N_2^3 Q_{1+2} Q_{3+4}
烃源层
储集层
盖层
上覆地层
静态要素
圈闭形成
油气生成
油
运移-聚集
主要成藏期
系统形成时间
保存时间
关键时刻
破坏时间
动态地质过程
赛什藤-鱼卡凹陷
供烃单元
断裂-裂缝、疏导层
运聚途径
鱼卡构造
小丘林-玛瑙构造带
驼南-平台构造
圈闭带
冲起构造
断展背斜
断展背斜
圈闭成因类型
成藏组合要素

图 7-3　大红沟突起含油气系统事件图

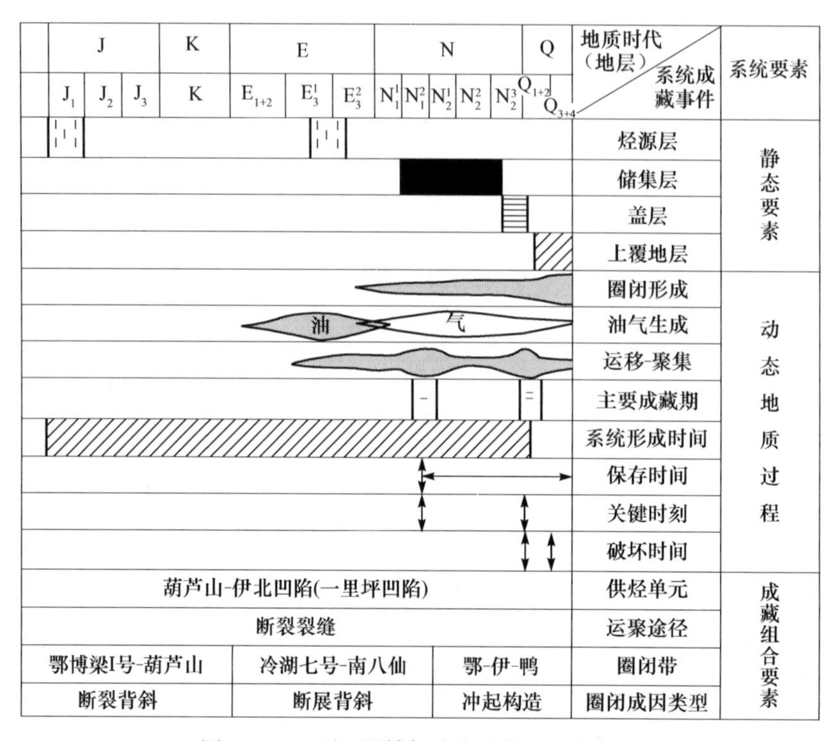

图 7-4 一里坪-鄂博伊克含油气系统事件图

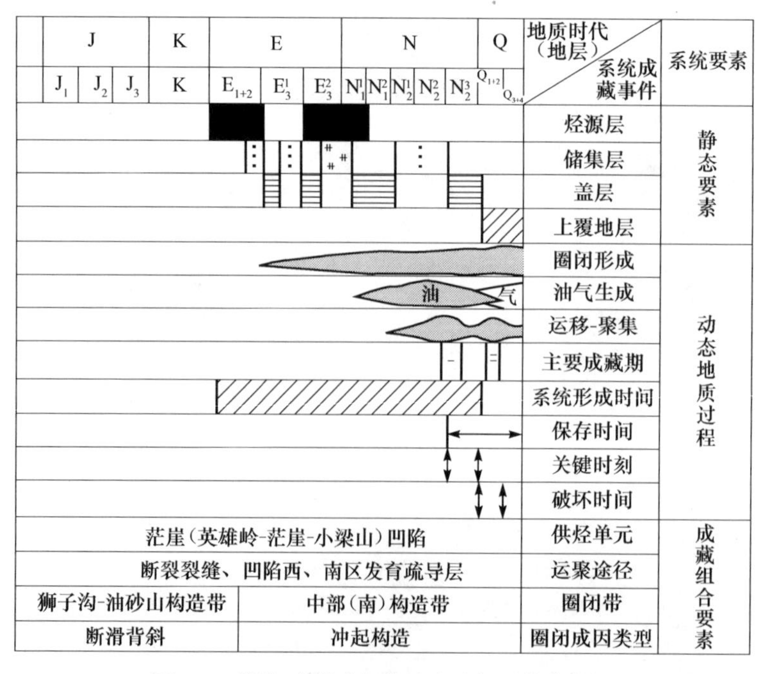

图 7-5 茫崖-中部冲起构造含油气系统事件图

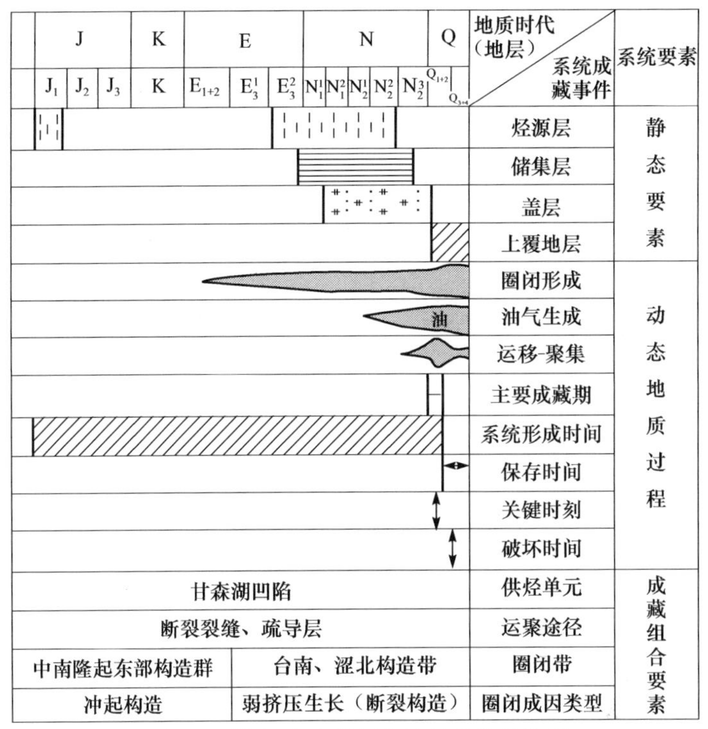

图7-6　甘森-中南隆起含油气系统事件图

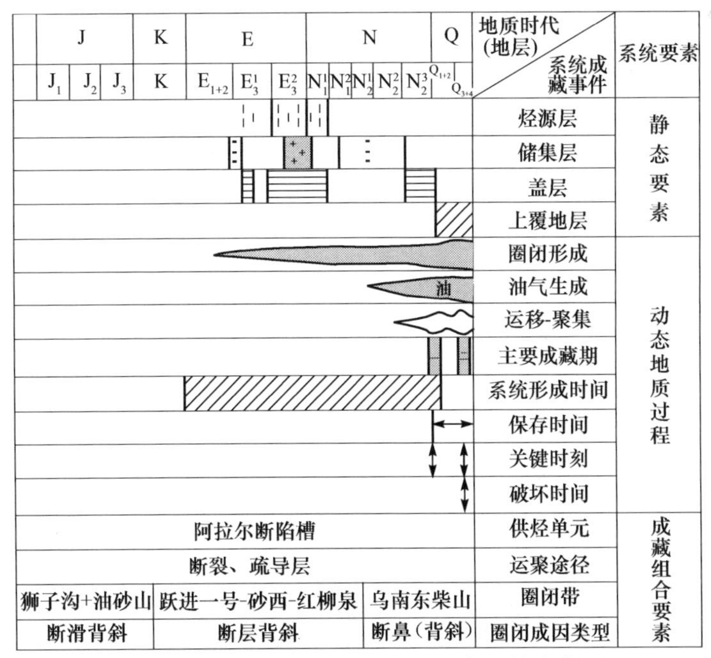

图7-7　阿拉尔-狮子沟油砂山含油气系统事件图

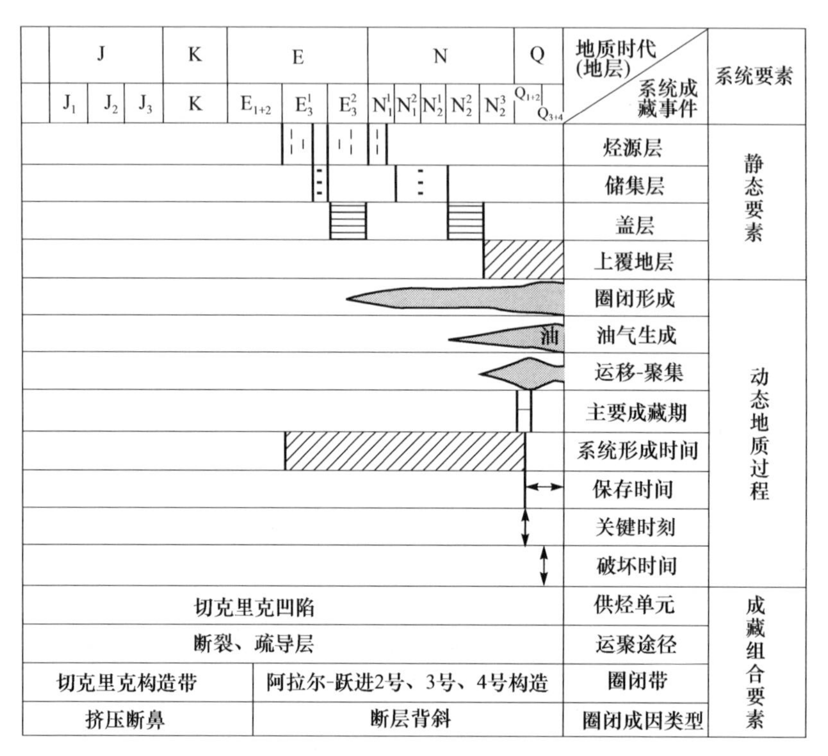

图 7-8　切克里克-阿拉尔跃进含油气系统事件图

7.2.1　北缘复合含油气系统

该油气系统由北缘盆缘断裂、葫北-菱间断裂和黄泥滩-东陵丘断裂所围限，为双源(J_1、J_2)、三灶(昆特依、赛什藤、尕丘凹陷)、二期成藏和多期破坏调整的复合含油气系统，包括昆特依-冷湖、赛什藤-鱼卡和大红沟三个相对独立的含油气系统，主要发育断展背斜，以昆特依-冷湖油气系统(!)油气成藏条件最好，其圈闭发育、烃岩演化程度高，至少两期成藏，但后期破坏也较严重，有两次大规模的破坏时间(图 7-1～图 7-3)。

北缘复合含油气系统区域受北部祁连山构造环境和基底深大断裂及岩性的共同控制，圈闭类型以南冲断展背斜和潜伏构造为特征，中生代 J_{1+2} 烃源岩为油气源，并有由老到新自西向东、自南向北迁移的趋势。油气系统间烃类交换以基底大断裂或不整合面为途径。目前已发现的主要油气藏分布在油气系统间的复合区(混合带)如冷湖三号、冷湖四号、冷湖五号、南八仙、马海等油气藏。

7.2.2　中部(柴达木西区)复合含油气系统

该油气系统四周为分区(或盆缘)断裂所围限，即北界是葫北-菱间断裂、南界为Ⅺ号断裂-昆北断裂，西界为阿南断裂，东界是黄泥滩-乌图美仁断裂。包括一里坪-鄂伊油气系统、茫崖-中部冲起构造油气系统（!）和甘森-中南隆起东油气系统（?）三个相对独立的油气系统（图 7-4～图 7-6）。总体表现为双源（J、R）、三灶（一里坪、茫崖和甘森三个凹陷）、至少两期（N_1^2、N_2^3 或 N_2^3、Q_{1+2}）成藏、两期破坏（N_2^3、Q_{1+2}末）的特征。碎屑岩储层不发育，以泥岩（尤其是碳酸盐岩泥质岩）裂缝为重要的储层空间。区域受北部祁连山、南部昆仑山两大构造应力场共同作用的控制。基底岩性较均一，以古生代变质岩为主，发育 NWW 向基底大断裂。构造类型以“两断夹一隆”的冲起构造为主。J＋E 烃源岩演化程度高，N 烃源岩演化程度适中，为柴达木盆地提供了巨大的油气资源。由于碎屑岩不发育，而以泥岩灰泥为主。因此，油气的横向运移和交换十分局限，而长期或多期发育的基底大断裂及其所控的裂缝带是油气运移、油气系统复合的最主要的纵、横途径。目前勘探成果表明，油气富集区带位于烃源中心及附近的基底断裂所控圈闭上，如油泉子、南翼山、尖顶山、开特米里克、狮子沟、油砂山等油气藏。由于横向疏导层（碎屑岩）不发育，油气系统间的混合带不发育。

7.2.3　昆北复合含油气系统

该系统由Ⅺ号断裂、昆北和阿南断裂所围限，包括阿拉尔-狮子沟油砂山油气系统和切克里克-阿拉尔跃进油气系统（图 7-7，图 7-8），为单源（E_3-N）、双灶（阿拉尔凹陷、切克里克凹陷）、单期（N_2^3 末）成藏为主。基底为花岗岩，区域上受阿尔金山走滑构造系统和昆仑山向北挤压以构造系统的联合控制，碎屑岩储层发育，油气交换和油气系统复合的途径是断裂裂缝带和碎屑岩疏导层。断展背斜和断滑构造是主要的圈闭类型，烃源中心受挤压断槽控制，发现跃参 2 井潜山油气藏新类型。油气主要分布在油气系统间的交叉复合地带或烃源中心（附近）的断控圈闭带，如跃进 2 号、跃进 3 号、红柳泉油气藏。

各复合含油气系统特征对比见表 7-2。

表 7-2　柴达木盆地三大复合含油气系统特征对比

内容	北缘复合系统	中部复合系统	昆北复合系统
组成	昆特依-冷湖油气系统 塞什藤-鱼卡油气系统 大红沟凸起油气系统	一里坪-鄂博依克系统 茫崖-中部油气系统 甘森-中南隆起系统	阿拉尔-狮子沟油系统 切克里克-阿拉尔油砂山油气系统
基底	花岗岩＋变质岩	变质岩	花岗岩
控制性断裂系统	北缘	中部	昆北
构造应力系统	祁连	祁连＋昆北	昆北＋阿尔金
复合系统特征	双源三灶二期成藏多期破坏调整	双源三灶二期成藏两次破坏调整	单源双灶 单期成藏；晚期一次破坏调整

续表

内容	北缘复合系统	中部复合系统	昆北复合系统
主要烃类交换途径	断裂、不整合	断裂、裂缝	断裂、疏导层
关键时刻	N_2^1 末、N_2^3 末、Q_{1+2}末	N_1^2 末、N_2^1 末、N_2^3 末	N_2^3 末
主要储层类型	砂岩屑	碳酸盐岩裂缝、砂岩屑	碎屑岩为主，也有碳酸盐岩裂缝
主要有利圈闭类型	断展背斜、滑脱背斜下盘等	冲起构造、断块等	断展背斜、断滑背斜等
有利油气区带	油气系统复合区（冷湖三号、四号、五号、六号、七号构造带，南八仙-马海构造带）	油气系统复合区（狮子沟-油砂山构造），烃源中心的断裂构造带	油气系统复合区（狮子沟-油砂山构造带），跃进 2、跃进 3 号-乌南构造带，控源断裂背斜带（红柳泉-跃进 1 号构造）

7.3　断裂（系统）在复合含油气系统形成与演化中的重要作用

从复合含油气系统的划分结果和各自特征可知，断裂对其有重要的控制作用，主要表现在以下几个方面。

（1）复合含油气系统的主要边界均为大断裂。这些断裂包括盆缘大断裂（如北缘断裂、阿南断裂和昆北断裂）、分区断裂（如葫北-菱间断裂、Ⅺ号断裂、黄泥滩—乌图美仁断裂）。

（2）三大断裂系统分别控制三大复合含油气系统。三大复合含油气系统正好位于北缘（包括祁连山山前断裂系统和冷湖-鄂博梁反 S 形压扭断裂系统）、中部（包括阿尔金山前羽状剪切断裂系统和南翼山-碱山斜列断裂系统）和昆北三大断裂系统的构造部位，断裂系统的主控断裂明显控制各复合含油气系统中单个油气系统的烃源岩、圈闭带和油气运移的主要途径。三大断裂系统各具特色，导致了其控制的三个复合含油气系统有明显的差异（表 7-2）。

（3）分割两个（复合）含油气系统的重要界线为（深）大断裂，这些断裂也常成为联系两个（复合）含油气系统的“纽带”和“桥梁”，是有利的油气聚集区带。（复合）含油气系统的边界断裂作为油气系统之间的烃类交换的重要途径和场所，成为联系（复合）含油气系统的“纽带”和“桥梁”。这些地带若发育圈闭，很有可能成为多个油气系统共同供烃的场所，而成为有利的油气富集区带，如狮子沟-油砂山油气聚集带、南八仙-马海油气聚集带等、分别受Ⅺ号断裂和马仙断裂控制。

（4）复合含油气系统中各烃源层的发育和演化程度与系统中控源断裂的活动密切相关。如菱间断裂在 J 系和 R 系都很发育，其控制的 J 系、R 系烃源岩的规模和演化程度很高，北缘断裂东段同沉积活动较弱，所控制的 J_2 统烃源岩演化程度不高，有机质丰富也低，规模也不大。

综上所述，断裂控制了复合含油气系统的形成和演化。

第8章　重点区带预测

高原咸化湖盆具有海拔高、古湖水盐度大、古地形高差显著、古气候干燥、古水深变化频繁、古构造样式复杂、现今构造运动强烈等特征，必然导致其独特的油气成藏主控因素、油气藏形成条件与分布规律，如断裂及其输导体系控制油气藏的形成，油气藏沿断裂(带)有序展布、断裂输导体系沟通烃源岩的古隆起，具有优势运移通道的浅层滑脱断裂下盘圈闭可能是最有利的勘探目标，应用这些特征和规律，结合前面章节相关研究成果，可有效地进行重点区带和目标的预测。

8.1　石油勘探重点区带——柴达木盆地腹地

从柴达木盆地油气勘探成果与其盆地规模、成因类型及构造演化、沉积发育看，已经发现的油气藏规模和分布是匹配的。目前，油气藏主要分布在盆地的西南角、西北角、东北角和东部三湖极为有限的局部地区，且油气探明率低，大面积的盆地腹地区域没有获得突破。而盆地腹部深大断裂发育，沉积岩厚度大，不乏烃源岩分布，构造圈闭长期继承发育，断裂输导体系通畅。因此，根据断裂控烃理论及柴达木盆地断裂控油气规律，盆地腹地应该是油气生、运、聚的主要地区，应该成为柴达木盆地今后油气勘探主战场。

8.1.1　柴达木盆地腹地油气成藏条件

柴达木盆地腹地指Ⅺ号断裂以北、葫北-陵向断裂以南、阿南斜坡东界以东、乌图美仁-黄泥滩断裂以西扩大地区(中部复合含油气系统涵盖的范围)，包括一里坪-甘森湖凹陷、中部冲起构造区、中南隆起区和英雄岭-茫崖凹陷。

(1) 基底深大断裂发育，为油气的生、运、聚和分布提供有利条件。

主要基底大断裂有陵间断裂、碱山南、北断裂、大风山南北断裂，以及南翼山-碱石山断裂、油北断裂和Ⅺ号断裂等。这些断裂既是控源断裂，又是油源断裂和控圈断裂，断裂控烃特征明显。尤其是陵间断裂，Ⅺ号断裂东段活动强度大，控制沉积最明显。其控烃特征最明显，油气应该最丰富。最近在风西构造上获得工业油流，就是小梁山凹陷的油气沿大风山南、北断裂大规模横向运移的结果。

(2) 主要的烃源岩区都分布在盆地腹地中，为盆地腹地油气成藏奠定物质基础。

从烃源岩分布图可知，柴达木盆地主要的生烃凹陷为英雄岭-茫崖凹陷、小梁山凹陷、一里坪-甘森凹陷，都位于盆地腹地中的西部、北部和东部地区。尤其是一里坪-甘森凹陷，规模大，源岩层位多，受Ⅺ号断裂、阿南断裂、陵间断裂、碱北断裂控制，提供了盆地大多数的油气资源量。

(3) 构造圈闭发育区储集条件得到改善。

储集条件以裂缝-溶洞型为主。在断一褶构造发育地区此类储层储集条件好。如南翼山油气藏所在的中部冲起构造地区、中南隆起区。

(4) 构造圈闭发育，长期继承生长，为油气聚集提供空间。

中部地区和中南隆起带，受断裂控制的冲起构造十分发育，北部还发育鄂-葫构造带、伊克雅乌汝、鸭湖等受断裂控制的大型的背斜构造。这些构造具有规模大、同生期长、处于生烃凹陷的特点，控制性断裂为油源断裂，捕集油气成藏十分有利。

(5) 预测油气藏类型以冲起构造型为主。

盆地腹地构造圈闭成因以“两断夹一隆”的冲起构造或 Y 型构造为主，以裂缝储层为主要储集条件，中深层发育成熟-高成熟原生油气藏，浅层发育未熟-低熟油气藏。

综合研究认为：有利的油气聚集区带是中南隆起区的碱石山一般形丘、红三旱三-四号、斧头山-落燕山构造带，以及一里坪凹陷的鄂博梁Ⅲ号-伊克雅乌汝-南陵丘、鸭湖-台吉乃尔构造带。

8.1.2 重点区带——中南隆起区成藏条件分析与目标预测

1. 概况

中南隆起区(图 8-1)位于柴达木盆地中南部，南部为黄石隆起，北界是红山旱三号、四号，西临乱山子和油墩子构造，东界为船形丘和那北构造，由 16 个构造组成，面积 1.1 万 km^2，西侧为茫崖生烃拗陷和古近系-新近系油气区，北接一里坪生烃拗陷，与北缘侏罗系油气区遥遥相对，东邻甘森-三湖古近系与新近系至第四系生烃拗陷和第四系含气区，处于中部复合含油气系统的三个含油气系统的交界处，被三个生油拗陷所环绕，是柴达木盆地迄今唯一没有油气藏发现的一个大型整装构造单元，油气具有很大的潜力。

自青海油田 2000 年提出中南隆起区并将其作为一个新的勘探领域后，对中南隆起区及其油气成藏的可能性和勘探前景，有两种截然不同的观点。

第一种观点是中南隆起区不是一个独立的构造单元，勘探前景不乐观，风险大。理由是：①缺乏油源；②构造形成晚；③储层条件差；④构造不落实；⑤勘探目的层深，成本高；⑥数口探井全落空，油气显示差。

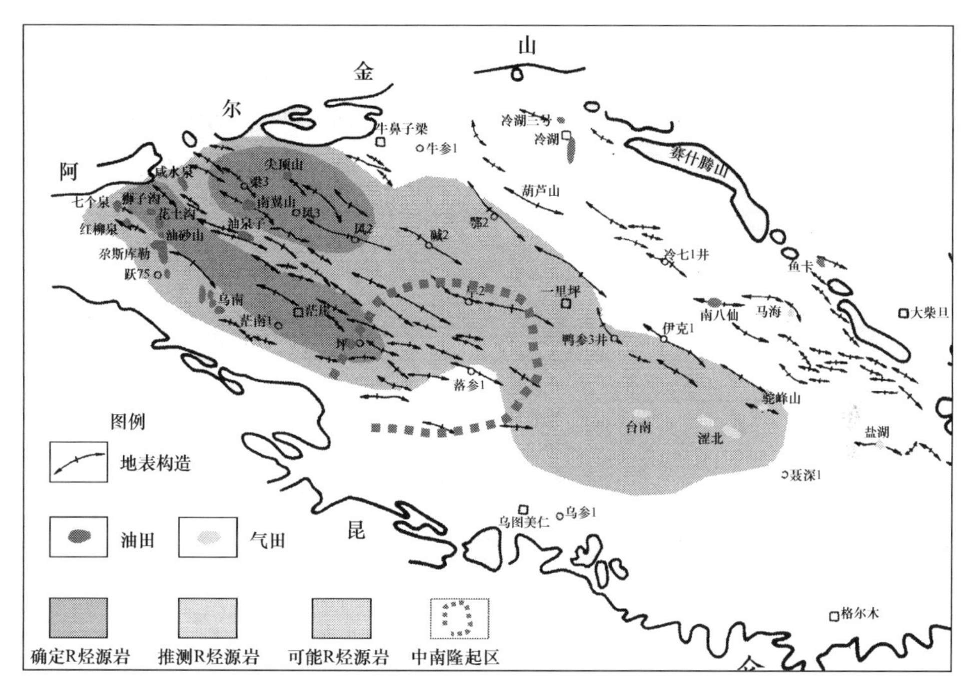

图8-1　中南隆起区的区域背景与烃源岩区关系图(文后附彩图)

笔者认为中南隆起区是一个独立的构造单元，勘探前景乐观但充满风险，因为其具有：①较好的油源条件；②构造发育有继承性；③封盖条件良好；④构造圈闭发育；⑤可能发育裂缝储层；⑥断裂是有利的油气运聚通道，沿沟通油源的断裂分布的圈闭是有利的勘探。

中南隆起区是否具有勘探前景，关键看其油源供给条件。

2. 中南隆起区是一个独立的构造单元

钻探和重磁资料表明，该区具有统一的前中生界花岗岩基底。由柴达木盆地基底断裂分布、深层(侏罗系)地层向南超覆及古近系与新近系地层厚度变化规律可知，中南隆起区是在近NW向隐伏基底大断裂塔尔丁-鱼卡断裂、东柴山-茫崖断裂和红三旱四号断裂基础上发育起来的大型同沉积隆起，构造展布及发育程度，特别是断层展布与西部茫崖拗陷有明显区别，在平面上表现为：①深浅层构造发育程差异明显，中浅层中南隆区以西构造和断裂发育，深层则中南隆起区的断裂和构造相对发育；②构造带总体延伸方向也发生变化，由西部的NNE向转为近EW向；③浅层中南隆起区发育褶皱，断裂不发育，其西侧断裂多。纵向上构造样式和基底背景与其西部地区也明显不同，其西部地区为“两断夹一隆”的构造样式，对称性较好，基底为区域向斜，与本区的两断夹一隆的构造样式不明显，全区具有统一且相对稳定的构造演化史，并具有独特的区域构造背景。中南隆起区北、西、东被沉积凹陷所环绕，南靠昆仑山，为由昆仑山向盆地延伸的大型鼻状构造。以上这些独特的地质特征决定中南隆起区必然成为柴达木盆地的一个区别于其他地区的重要的构造单元。

3. 中南隆起区具备了形成大、中型油气藏的有利条件

1）油源条件较好

油源条件是中南隆起区勘探前景评价好坏的关键。中南隆起区具备较好的油源条件，这是因为中南隆起区本身就具备较好的烃源岩；其周边为三个生烃凹陷所包围，是区域油气运移的主要指向。

（1）南隆起区本身就具备较好的烃源岩。

中南隆起区钻井资料表明本区泥岩十分发育，即使靠近山边的弯参1，泥岩百分含量也在60%以上，其他几口井均发育大套的灰、棕灰、深灰泥岩，如坪1井 E_3^2-N_2^2 暗色泥岩厚达3743m，特别是 E_3^2 为一套深灰-黑色泥岩，有机碳含量最高达0.94%～1.22%，Ⅰ型，为优质烃源岩；落参1井钻遇 N_2^1-N_2^3 厚2093m的暗色泥岩，其中 N_2^1-N_2^2 有机质丰度达Ⅱ类较好的烃源岩标准。旱2井 N_2^3-N_2^1 有2500m深灰、暗紫色泥岩。红四1井 N_2^3-N_2^2 也发育大套灰-深灰泥岩，为较好烃源岩。另外，地震资料显示凤凰台-那扎甘森湖地震剖面新近系见数千米深湖相泥岩沉积。有多口井的地化资料也表明中南隆起区有机质丰度达到有较烃源岩的标准，如TOC指标，坪1井 N_2^2 为0.26%，N_2^1 为0.29%，N_1 为0.33%，E_2^2 为0.79%；落参1井 N_2^3 为0.225%，N_2^2 为0.38%，N_2^1 为0.39%；红四1井的 N_2^3 为0.46%，N_2^2 为0.27%，旱2井指标较低，但向深层有增大的趋势。博1井 N_1-N_2^3 烃源岩总厚度达2838m，$Ⅱ_1$-$Ⅱ_2$ 型干酪根为主，有机碳百分含量 N_2^2 为0.37%，N_2^1 为0.45%，N_1 为0.31%；氯仿沥青A分别为230ppm、225ppm和281ppm，达到有效-优质烃源岩的标准。

（2）中南隆起区周边也发育有利的烃源岩。

中南隆起区周边钻井有茫南1井、墩5井、风2井、碱2井、鄂2井和台吉1井等，这些井在古近系与新近系各层位的有机质丰度说明中南隆起区周边地区发育大套的有较烃源岩，如茫南1井 N_2^2-E_3^2 发育大套有利的烃源岩，TOC为0.36%～0.48%，为较好-好烃源岩；墩5井在 N_2^3-N_2^2-N_2^1 有机质丰度较高（TOC值分别为0.24%-0.26%-0.60%），为较好-好烃源岩；风2井 N_2^1-N_2^2 的TOC为0.31%～0.32%，较好烃源岩；碱2井发育 N_2^1-N_1 烃源岩（TOC为0.27%～0.3%，氯仿沥青A为216～349ppm），总烃为109～159ppm，达到烃源岩标准；鄂2井见气显示及鄂参1井产 H_2S 气体并见油花证明一里坪凹陷存在有膏岩发育的深湖相暗色泥岩沉积，鄂2井 N_2^3 的TOC为0.25%，N_1^1-E_3^1 的TOC为0.41%～0.59%，为较

好-好烃源岩;台吉 1 井、驼峰 1 井见 N_2 可能烃源岩。

(3) 和西部茫崖凹陷相比,中南隆起区有机质丰度也不逊色多少。

和西部有利的烃源岩发育区-茫崖凹陷相比,中南隆起区无论是有机碳还是氯仿沥青 *A* 都不逊色多少(表 8-1,表 8-2)。

表 8-1　中南隆起区与西部凹陷有机碳百分含量图比较

层位	西部凹陷			中南隆起区(茫东地区)				一里坪凹陷
	南区(尕斯)	中区(茫崖)	北区(小梁山)	落参 1 井	坪 1 井	旱 2 井	红四 1 井	
N_2^3				0.225		0.14	0.47	0.19
N_2^2	0.25	0.35	0.28	0.38	0.26	0.19	0.26	0.21
N_2^1	0.26	0.36	0.31	0.39	0.29	0.17		0.22
N_1	0.31	0.37	0.32		0.33			0.27
E_3^2	0.49	0.40	0.30		0.79			0.36
E_3^1	0.51	0.33	0.31					0.42
E_{1+2}	0.64	0.20						

表 8-2　中南隆起区与西部凹陷氯仿沥青 *A* 比较

层位	西部凹陷			中南隆起区(茫东地区)				一里坪凹陷
	南区(尕斯)	中区(茫崖)	北区(小梁山)	落参 1 井	坪 1 井	旱 2 井		
N_2^3				1310			93	130
N_2^2	748	753	465	1573			104	133
N_2^1	593	743	770	1841			172	180
N_1	562	884	947					227
E_3^2	1169	641	392		4622			188
E_3^1	1656	127	373					
E_{1+2}	2876	271						

中南隆起区的五口井中,就有落参 1 井、坪 1 井、博 1 井和红四 1 井四口井各层位的有机碳达到较好-好的标准,落参 1 井和坪 1 井的氯仿沥青 *A* 含量也很高,甚至超过了西部凹陷。

依据 TOC 评价标准:大于 0.4%为优质,0.25%～0.4%为有效。氯仿沥青 *A*(ppm)评价标准:大于 500ppm 为优质,500～200ppm 为有效。由此可知:①中南隆起区古近系与新近系不缺有效烃源岩;②中南隆起区不比西部差多少;③预测中南隆起区中深层有更优质的烃源岩;④一里坪凹陷也是有利烃源岩区,是中南隆起区的供烃区。

另外,从干酪根类型比较看,西部凹陷发育Ⅱ-Ⅲ混合型和Ⅲ类,而中南隆起区发育Ⅱ-Ⅲ类,以Ⅱ类为主,还有Ⅰ类干酪根。因此,中南隆起区不比西部差多少,甚至比西部的干酪根类型更好(表 8-3)。

表 8-3 中南隆起区与西部凹陷干酪根类型比较

层位	西部			中南隆起区(茫东地区)			
	南区(尕斯)	中区(茫崖)	北区(小梁山)	博1井	落参1井	坪1井	旱2井
N_2^3							
N_2^2	Ⅲ	Ⅱ Ⅲ	Ⅲ	Ⅱ Ⅲ			
N_2^1	Ⅱ Ⅲ	Ⅱ Ⅲ	Ⅲ	Ⅱ Ⅲ			
N_1	Ⅱ Ⅲ	Ⅱ Ⅲ	Ⅱ Ⅲ	Ⅱ			
E_3^2	Ⅱ Ⅲ	Ⅱ Ⅲ	Ⅱ Ⅲ			Ⅰ	
E_3^1	Ⅱ Ⅲ	Ⅱ Ⅲ	Ⅲ				
E_{1+2}	Ⅱ Ⅲ	Ⅱ Ⅲ					

由此可知,中南隆起区(茫东地区)不仅本身具有较好的油源条件,而且周边烃源岩也发育,宏观上被西部茫崖、一里坪和甘森三大生烃凹陷所包围,油源条件完全具备。

2) 中南隆起具有较好的圈闭、运聚条件和封盖条件

中南隆起区 16 个构造,深浅层均发育构造圈闭,圈闭类型背斜、断背斜,规模大,一般 20～40km^2,大的上百平方千米,幅度数百到上千米,大多有深层油源断裂连通,并具有好的继承性,统一的演化历史,圈闭和运聚条件好,深层以断块为主,形成时期早,并长期同沉积发育,这些圈闭大多与油气运聚匹配关系好,是有利的构造圈闭。区内井资料表明,本区泥质岩盖层发育,N_2^2-N_2^3-Q 发育盐岩和膏岩,平均厚度达 1300m,地表盐岩和膏岩普遍出露,厚度大且连续分布,如鄂博山地表(N_2^3)盐层 6 层 2.25m;坪 1 井 N_2^2 发现盐层 44 层,总厚 166m,单层最大厚度 8m,一般 4～5m;黄石 N_2^3 地面盐层 35 层,石膏 19 层,共厚 270m;落雁山地面石膏层 12m;土疙瘩 N_2^3 石膏层 36.88m。这些都表明中南隆起区具备了形成大、中型油气藏的区域盖层条件。

另外,总体来看中南隆起区地表油气显示不丰富,也说明本区可能有较好的保存条件。

综上所述,中南隆起区本身发育好-较好烃源岩,油源断裂发育,长期继承性隆起,是西部、一里坪和甘森三大生烃凹陷区域油气运移的主要指向。圈闭条件和封盖条件较好,具备形成大中型油气藏的成藏条件。

4. 中南隆起区油气勘探面临的风险

既然中南隆起区有形成大中型油气藏的有利条件,为什么钻井都落空?这表明中南隆起区地质条件复杂,有着自身特殊的油气运聚成藏条件,如果不能弄清其成藏规律,勘探依然面临巨大的风险。分析各探井落空的原因,中南隆起区面临六大风险。

1) 碎屑岩储层条件差

中南隆起区井的资料表明,除了靠近山边的弯参 1 井粗碎屑岩相对发育外,其

他地区的碎屑岩储层不发育。孔、渗性也很差，即使是靠近物源的弯参1井和黄2井，孔隙度也很低，弯参1井孔隙度古近系与新近系以4%～10%为主，部分10%～16%，黄2井孔隙度古近系为2.8%～5.1%，新近系为2.3%～4.3%。总之，除靠近山边的弯参1井的孔隙度有一部分可达10%～15%及以上外，绝大部分地区的孔隙度小于10%，一般小于5%。中南隆起区碎屑岩储层条件总的较差，是制约本区油气聚集成藏的重要因素，也是导致各井落空的主要原因。油气勘探面临储层的风险。

2）圈闭落实程度有限

中南隆起区中深层埋藏深，地震反射资料品质不高，影响对深层构造和断裂的正确解释，中、深层圈闭的落实存在较大的误差，如旱2井没有获得突破的原因是其所在的“圈闭”没有闭合度。

3）输导层不发育，油气横向运移困难

由于中南隆起区作为输导油气运聚的碎屑岩不发育，油气的横向运移受到限制，加之本区断裂(遮挡或改向断裂)大多呈NNW—近EW向，阻止从一里坪凹陷往南向中南隆起区运移的油气。

4）一些构造圈闭缺乏古隆起，形成时间很晚

有的局部构造由于基底不发育古隆起，构造形成时间很晚，错过了油气运聚的有利时机。如鄂博山构造，基底相对低，构造形成晚(构造反转)，是致使博1井落空的重要原因。

5）有的构造顶部发育“通天断裂”，增大油气藏被破坏的风险

本区一些构造圈闭的顶部有“通天断裂”，这种断裂形成时间晚，对已经形成的油气藏有致命的破坏作用，落参1井的失败很可能与此有关。不在烃源区附近的圈闭，如果没有油源断裂沟通，又处在相变大的区域，则必然会因为缺乏油源的供给而成为空圈闭，如弯参1井的落空。

中南隆起区已钻落参1井、弯参1井、黄2井、坪1井、旱2井、鄂1井等探井，没有一口井取得突破，尤其是鄂1井落空表明本区油气勘探有大的风险。表8-4是各井落空原因的初步分析结果。

表8-4　中南隆起区探井失败的原因初步分析

井名	原因
博1井	构造圈闭形成太晚，错过了油气运聚的有利时机
落参1井	打在目的层(N_2)的上盘；遮挡断裂通天，油气泄漏风险大
黄2井	没有打在构造高点上；缺乏油源断裂
坪1井	没有打在构造高点上
旱2井	圈闭不落实，“圈闭”没有闭合度，缺乏有效储层
弯参1井	远离油源，缺乏油源断裂

5. 有利勘探目标优选

根据以上分析，要提高中南隆起区的勘探成功率，应尽量避免以上的六大风险，依据断裂控油的规律，确定有利的勘探目标。其原则如下。

(1) 寻找储层发育区，包括裂缝储层发育区(断裂带或断控构造的轴部地区)的构造圈闭。

(2) 该圈闭发育油源断裂，尤其是沟通有利烃源岩区和目标圈闭的油源断裂。

(3) 目标构造圈闭顶部避免有通天断裂。

(4) 目的层圈闭一定要落实，最好多个圈闭层叠合在一起。

(5) 圈闭基底要有古隆起，是长期发育的继承性构造。

(6) 近临油源，为此确定碱石山、船形丘为有利的勘探目标。

1) 碱石山构造

该构造位于中南隆起区西北，近年来的研究表明，其具有较好的油气成藏条件，本节研究也是如此。它的浅层为背斜，中深层是受断裂控制的断背斜，NWW 向延伸，发育西、中和东 3 个高点，多圈闭层，圈闭面积 80km^2，幅度 50～450m，高点埋深 2650～2850m，构造圈闭落实，由于其西面为西部生烃凹陷，北临一里坪生烃凹陷，控烃断裂发育，底部有古隆起，为继承性构造，建议部署一口探井，以发现 E、N 油气藏为目标。

2) 船形丘构造

位于中南隆起区最东端，NWW 向延伸，受船南、船北两条相向断裂控制的冲起箱形构造，T_3 层圈闭面积 1.3km^2，幅度 50m，高点位置 99/108，高点埋深 3050m。

船形丘构造深浅层均发育圈闭，中深层有控制性断裂挟持，平面上断裂有向东部的甘森湖生油凹陷伸入的趋势，可能是有利的油源断裂，其北、东、南三面被甘森湖生烃凹陷所环绕，油源条件充足，底部有基底隆起，为继承性发育的构造，圈闭较落实，符合“两断夹一隆”的油气运聚模式，是值得甩开勘探的有利目标，建议部署一口科学探索井，以钻探圈闭发现油气藏为目的，兼取本区 E、N 烃源岩和储层的基本参数，进行烃源岩和储层评价。

8.2 天然气勘探重点区带——柴北缘西区

8.2.1 有利气藏区带预测

1. 有利气藏区带预测的原则与标准

依据本次研究成果，以断裂系统为基础区带划分依据，将断裂输导体系分布区为区带划分单元，除了考虑常规区带预测的一般原则外，重点考察断裂输导体系的类型、油源断裂的发育规模、所处的区域构造背景、供烃单元的落实程度及其生排烃效应、横向输导层畅通程度等。

依据表8-5，将冷湖-南八仙构造带和鄂博梁-葫芦山-鸭湖构造带作为最有利的天然气聚集带。

表8-5　柴达木西北部主要区带评价标准与评价结果

区带	供烃单元	构造演化	输导体系	保存条件	储盖组合	综合评价
祁连山山前冲断带	中侏罗统（赛什腾凹陷）上侏罗统（鱼卡凹陷）	长期隆起	断裂复合	中等	中-好	好
冷湖-南八仙-马海构造带	下侏罗统（伊北凹陷、昆特依凹陷、赛什腾凹陷）	长期、多期隆起	断裂-断裂与断裂复合输导体系	中等	中-好	好
鄂博梁-葫芦山-鸭湖构造带（中浅层）	下侏罗统（伊北凹陷）	后期隆起	断裂-输导层输导体系	中-差	中-好	中-好
阿南斜坡带（中深层）	西段为E_3-N_1（柴西凹陷）东段为下侏罗统（坪东凹陷）	长期古隆起	断裂-不整合输导体系	中-好	中-差	好
柴西北区大型斜列构造带（中浅层）	上部（新生界）为柴西E_3-N_1低熟生油岩，下部（中生界）高-过成熟煤型气源（分布不落实）	后期隆起	断裂-裂缝输导体系	中-差	中-好	中

2. 有利区带预测结果与各区带评述

从柴达木西北部目前的天然气藏勘探现状来看，天然气藏主要分布在山前平台凸起、冷湖七-南八仙构造-马海构造带、阿尔金山前东坪地区，以及柴西北区南翼山、小梁山、开特米里克等几个局部构造。柴北缘地区为煤型气，柴西北区的阿尔金山前东坪气藏也是煤型气，本次研究表明，南翼山中浅层气藏中也混有中生界高-过成熟的煤型气。这表明柴达木西北部天然气应以煤型气为主，主要分布在有中生界地层分布的地区，柴西北区古近系、新近系烃源岩以Ⅰ、Ⅱ型干酪根为主，且演化程度相对比较低，其形成油型气规模有限，即使在柴西北区古近系、新近系烃源岩分布的中心地区，油型气的资源潜力仍然不乐观。柴西目前共探明天然气4.41×10^8m^3，控制天然气24.59×10^8m^3，预测天然气1374.45×10^8m^3，尽管探明率仅0.06%，发现率仅21.33%，未探明、未发现的天然气应该主要是中生界的煤型气。因此，柴西地区寻找天然气应该首先落实中生界煤系地层的分布，在煤系地层的发育区寻找南翼山型断裂-裂缝输导体系控制的有利地带。中生界煤型气将是今后柴西北区寻找天然气的主要类型，紧临或位于大规模中生界地层之上的断裂-裂缝输导体系发育区将是今后柴西北区寻找大中型天然气藏的有利区带。由于目前柴西北区中生界分布不落实,古近系-新近系烃源岩成熟度不高,以Ⅰ、Ⅱ型干酪根为主,以生油为主,尚未大量进入生气窗,因此柴西北区目前难以找到大中型气藏。

阿尔金南断裂-不整合输导体系分布区,近年来在东坪构造上获得天然气勘探突破。2012年,在东坪鼻隆和牛东鼻隆上交预测+控制天然气地质储量共计$1101.28\times10^8m^3$,已形成千亿方储量规模,扭转了柴达木盆地天然长期徘徊不前的困难局面。这个突破与断裂-不整合输导体系优越的成藏条件和阿尔金南独特的地质条件是分不开的。

东坪鼻隆与牛东鼻隆位于阿尔金南断裂-不整合输导体系的东段,南侧及东侧紧临侏罗系烃源岩发育的坪东生烃中心,坪东、鄂西、鄂东等油源断裂发育,断裂-不整合输导体系畅通,长期处于其南部侏罗系煤型气向北运移的有利指向上,且为长期同沉积古隆起,因此是下一步最有利的天然气勘探区。阿尔金南斜坡西段(断裂-不整合输导体系西段)由于中生界不落实,新生界烃源岩(E_3-N_2^1)成熟度低,产气条件不好,尽管其他的条件类似东坪地区,但仍然面临较大的天然气勘探风险。

祁连山山前复杂断裂输导体系受山前断裂冲断带断裂系统控制,发育中上侏罗统烃源岩,断裂、不整合、输导层等构成断裂复合输导体系,其基本成藏特征已在上一节阐述,是十分有利的天然气勘探区带。

鄂博梁-葫芦山-鸭湖构造带位于柴北缘西段中南部,总体位于伊北大型侏罗系生烃中心之上,是目前柴达木西北部唯一没有重大发现的大型构造带,受鄂南(西)、鄂北(东)两条深层对冲断裂系统控制,总体为晚期构造带,其油气运聚成藏受鄂博梁-葫芦山-鸭湖断裂-输导层输导体系制约。目前,在鄂博梁Ⅰ号钻探的鄂Ⅰ-2井、鄂3井,在鄂博梁Ⅱ号构造上的鄂2井,在葫芦山、鸭湖等构造打井,只见到油气显示或低气,生产单位加大了鄂博梁Ⅲ号构造的勘探力度,相继钻探了鄂深1井、鄂深2井和鄂7井,在浅层获得低产气流,没有获得重大突破。笔者认为鄂博梁Ⅲ号圈闭规模大,构造位置有利,气源充足,断裂-输导层输导条件好,储盖组合多,具备形成大中型气藏的有利条件,但是目前勘探效果不好,可能另有原因。

8.2.2 重点目标优选

1. 鄂博梁Ⅲ号失利的原因分析

对于本次预测出的冷湖-南人仙构造带和鄂博梁-葫芦山-鸭湖构造带,有的构造已经发现了高产油气藏,如冷湖三号、冷湖四号、冷湖五号构造和南人仙构造,有的已经揭示了低产油气藏,如冷湖七号、鸭湖构造和鄂博梁Ⅲ号构造,其他的构造如鄂博梁Ⅰ号、Ⅱ号、葫芦山等构造均已有井钻探,但均为油气显示,是寻找目标的重点考虑对象。冷湖-南人仙构造带的勘探程度相对较高,现已发现冷湖三号、冷

湖四号 、冷湖五号和南人仙工业油气藏、冷湖七号低产油气藏。鄂博梁-葫芦山-鸭湖构造带勘探程度相对低，且尚无重大突破，近年来连续在鄂博梁Ⅲ号钻探鄂深 1 井、鄂深 2 井和鄂 7 井，在浅中获得低产气流，但仍与期望相差甚远。鄂博梁-葫芦山-鸭湖构造带区域成藏条件优越，规模庞大，油气显示明显，应该具备大中型以上规模天然气藏的条件。有必要深化地质研究，弄清失利原因，寻找有利目标，不懈勘探。

研究认为，鄂博梁Ⅲ号勘探失利的重要原因之一是因为该构造没有位于断面优势运移通道上（后评），断裂-输导层疏导体系的油层断裂没有向鄂博梁Ⅲ号提供足够的天然气。

值得注意的是，油源断裂在输导油气运移时期有一个优势运移通道的问题，只有位于具有优势运移通道的油断裂之上或附近的圈闭才有可能捕集大量油气聚集成工业性的油气藏。否则，即使开启的断裂，也没有大量油气沿其运移。也就是说，即使断裂输导体系畅通，如果圈闭没有位于断面优势运移通道上或其附近，也不含有商业性的油气聚集。那么什么叫断面优势运移通道？判断和确定断面优势运移通道？鄂博梁-葫芦山-鸭湖构造带中，有没有位于油源断裂的断面优势运移通道上的圈闭和目标？

2. 断面优势运移通道的提出与有利勘探目标优选

断裂发育并对油气运聚和分布具有极为重要的控制作用，是我国含油气盆地油气运聚成藏的基本特征，这逐渐已被越来越多的学者公认。早在 1994 年，Cartwright 就用水力压裂成功地解释北海盆地早新生代超压泥岩高密度分布的层间断层控制含烃流体幕式排出的成因机制，这是断裂控制油气初次运移的最早报道。近年来，断裂与油气关系的报导多集中在描述断裂对油气二次运移控制作用和断裂封闭性研究等方面，Philippi 很早就推断油气沿断层的纵向运移（赵密福等，2001）；Hopper（1991）明确指出，当生长断裂活动时发生流体的运移，对 Texas 南部 Wilax 期含油砂岩矿成作用的阶段性、Wilax 断裂带附近热异带分布及断层流体盐度的分布等研究表明，流体沿生长断层向上运移具有突发性和周期性的特点，在断层活动期，流体能集中涌流，但在平静期，流动受阻滞。王金琪（1997）引用 Barnard 和 Bastow（1991）研究成果，进一步强调断层通道的烟囱作用，因深部的高压在垂直的通道（断层）形成了烟囱作用，把油气从烃厨中垂直上移到新的层位。王金琪（1997）在研究中发现，地震资料显示在烃厨和其上有明显的断层连通的地方，勘探成功率达 40%以上，而没有断层的地方，勘探成功率不到 10%，断层均起到关键的作用，油气在古近系与新近系之前就已在深部的侏罗系地层中生成并聚集，正是断层的烟囱作用将深部地层中的油气吸到浅层地层中聚集起来，烟囱作用的主要动力是深浅层之间的压力差，其次是热差和浮力。“地震泵”模式是较能说明断层负压吸烃效应的例子，早在 1975 年，Sibson 等（1975）应用“地震泵”模式来解释含矿热液的运移过程，认为含矿热液是通过较深古断裂呈幕式运移的，主要受地震作用的控制，地震作用如同泵一样，将较深部热液抽出，通过断裂带运移至较低正应力的张裂隙中，并指出地震泵作用有利于构造活动区油气的运移。目前，多数学者认同断层幕式活动控制流体间歇排放的观点（华保钦，1995；罗群，1998；丛良滋，1999；赵密福等，2001），断层幕式活动期间的地震泵效应使包括烃类在内的流体被间歇地通过断裂抽到储层当中，这是流体沿断层运移的最主要方式（Sibson et al.，1975；Hoopr，1991；Losh；1998；吕延防等，2002）。在地震发生时沿断裂有水涌、气泡产生，断裂附近开发井的油气产量上升，这些现象证实了地震泵作用的存在（华保钦，1995；赵密福等，2001）。他们指出地震泵油气运移的机理：断层的活动使断层附近的应力得以释放，岩石孔隙增大，促使断裂带流体压力下降，导致围岩中的油气向断裂运移。Scholz 等（1973）指出源地震的流体运移能力常在地震发生前后表现得很充分，断裂活动能激发流体在断层或断层附近发生大规模的运移。油气在大规模运移时期，仍在强烈活动的断层纵向上具有开启性，油气沿断层由深层向浅层运移，形成次生油气藏。随着对断裂显微构造研究的深入，越来越多的学者发现断层作用产生的构造岩片改变了岩石的原始孔渗结构，并造成垂直断层方向的渗透率大规模减小，而断裂带的渗透率大规模地增加（付立新等，2000）。曾溅辉和金之钧（2000）模拟油气沿断裂输导系统二次运移的成果，模拟实验条件下油气在断层输导系统中的运移路径、通道、方式、方向及运移量，证实油气沿断裂带运移的结果和条件，得出许多规律性认识。戴俊生（2000）、孙兆元（1985）和关佐蜀（1948）也就断裂与油气运移的关系进行讨论。

不同学者对断裂对油气运聚成藏的关系从不同的角度进行研究，可知断裂对油气的运移具有十分重要的控制作用，但对断裂是如何控制油气的运移的机理和油气沿断裂运移的研究方法缺乏深入的探讨，笔者提出一种新的追踪油气沿断裂运移轨迹的方法，它能帮助我们准确预测断层油气藏的分布。

1）问题的提出

叠合盆地的一个重要特征是沟通不同层位的断裂发育，它们在纵向上跨度很大，甚至切穿不同构造层和不同成因类型的盆地，成为纵向上联系不同成因类型盆地的纽带和桥梁。正因为如此，这些大断裂常沟通烃源岩与不同层位的储盖层和圈闭，将油气运送到其沟通和联结的圈闭中，形成纵向上叠置连片的复式油气聚集带，这已成为中国油气聚集的基本特征。断裂是油气运移尤其是垂向运移最重要的途径，但即使是一条油源断裂，也并不是整个断裂面（带）的任何一处都是油气运移的通道和路径。以往仅凭一条连接烃源岩和圈闭的断裂剖面就判断这是一条油源断裂，油气就是从这里沿这条断裂垂向运移进入圈闭而富集成藏是十分片面的，因为仅仅从切过烃源岩、断层和圈闭的一条剖面看到的现象，相当于一维的视角，而油气在断层面（带）上的运移是极不均匀的，即使断层面（带）是均质的，断层面

(带)本身形态不规则也会导致油气运移的非线性和不均一性,何况断层面(带)往往是非均质的,这些决定了油气在断裂面(带)上的运移是多维的特征。因此,只从一个剖面(一维空间)来判断油气沿断层的运移动向,从而确定勘探方向是十分危险的。如在一条剖面上断层线的形态是向上凹的,实际上油气在此处沿断裂面是发散运移的,不利于其上部圈闭对油气的聚集。那么,如何判断一条断裂何处能输导油气运移、何处不利于油气运移呢?

2) 断面优势运移通道

越来越多的证据表明,油气在盆地内的二次运移是一个极不均一的过程。地质条件的非均质性和各种构造活动使油气运移和聚集的过程复杂化,如较大的水动力作用,输导层和储集层的岩性、物性的空间变化,断裂的分隔和连通等。即便是在十分均匀的孔隙介质内,油气的运移也是沿着一定的通道运移,这类运移通道的体积大约只占全部输导层的 1%～10%,因而其被称为油气运移的优势通道。作为油气二次运移的重要通道之一的断裂,同样存在运移优势通道,这是因为断裂带输导能力存在不均一性。

断裂是岩石的一种破碎带,流体在其中的流动通道和空间是破碎带中的裂缝,流体在断裂带中的流动可以近似看成在裂缝性储层中的流动(柳广弟等,2002)。作为油气运移的重要载体,实际上,任何一条断层都是一个具有长、宽、高(厚)度三维空间的不规则板状地质体,油气在其中的运移是在一个三维空间体中进行。但由于这个地质体的厚度远远小于它的长度和宽度,为了便于地质研究,在进行宏观地质条件分析时,可将其看成一个平面(断层面)。即使如此,油气在这样的断层面上的运移过程也是非常复杂,因为这个面常常是个极不规则的复杂曲面。根据鲁兵等(1996)物理模拟实验可知断裂在不同岩性地层中产生的断层倾角是不同的,在脆性岩层中的断层倾角大,在塑性岩层中的断层倾角小,这表明同一条断层的断层面会因断开不同性质的地层而具有不规则的形态,在流动过程中静止埋藏断层的不同部位必定具有不同的开启性和输导能力,导致油气运移的不均一性。将断层对油气的运移控制作用的分析从一条剖面(一维视角)拿到平面上(断层面的二维视角)进行分析,可以更全面、客观地研究油气沿断层面的运移路径和过程,为勘探选区带和目标优选提供更可靠的科学依据。

不难理解,油气在断层带中的运移不可能是均一的,断裂带物质的非均一性、断裂带几何形态的不规则等都是导致油气在断裂带上不均一运移的重要因素。另一方面,油气在断裂带中的运移也应具有优势通道,即绝大多数的油气将在断裂带中沿着某一有限的通道空间运移,油气将遵循沿着最大流体势降低方向运移而集中在最小阻力的路径上运移,这个通道称为断面优势运移通道。与优势通道相对应,断面上也存在劣势通道,即油气运移量最小的通道。

将油气沿断裂体三维运移的问题归结为油气沿断裂面二维运移,与油气沿某一输导层运移的问题在本质上是一样的。因此研究油气沿断裂面运移过程和机理可采用常规的研究方法。

3）断面优势运移通道的确定及对油源断裂圈闭的含油性评价原理

我国叠合含油气盆地油气藏的形成大多与油源断裂有密切的关系，确定油源断裂面的优势运移通道对寻找与断裂有关的油气藏有重要指导意义。断面优势运移通道，可通过以下几个工作步骤确定。

（1）作油气大量运移时期的断（层）面等深线图。

要确定某一油源断层的优势运移通道，首先要准确确定该断层的位置、产状，这就需要通过钻井、地震资料等在地震剖面上准确标定和合理解释，将断层面在地震剖面上解释出来，通过各条地震剖面上控制断面的控制点的时深转换工作，在平面图上可作出该断裂面的等深线图，作为断面优势运移通道的基本依据，如果油气大量运移时期在地史中的某个时期，应作出大量运移时期该断层面的古等深线图。这可以通过构造发育史剖面获得，显然钻井越多，地震资料品质越好，所做出的断面等深线图越可靠。

（2）作油气大量运移时期的断面流体势（油气势）等值线图。

油气是流体，具有势能，静水条件下其运移符合由高势区向低势区运动的必然趋向，因此，确定油气运移高峰时期断面上每一点的油气流体势对判断油气运移的方向和途径十分重要。

为了定量描述油气运移聚集过程，划分油气运聚单元及油气成藏系统，早在20世纪40年代，Hubbert(1953)就将流体势的观点引入阐述地下流体的运动规律，这一概念在油气勘探中得到普遍重视。至20世纪80年代，England等(1987)提出包括毛细管位能的流体势的概念，并把流体势定义为：相对于基准面单位体积流体所具有的总势能，其表达式为

$$\varphi=-\rho gz+\rho\int_{0}^{p}\frac{\mathrm{d}p}{\rho(p)}+\frac{Z\delta\cos\theta}{r} \tag{8-1}$$

式中，φ为流体势，$\mathrm{J/m^3}$；Z为研究点埋深，m；z为临界深度，m；$\rho(p)$为流体密度随地层压力变化的函数，$\mathrm{kg/m^3}$；ρ为流体密度，$\mathrm{kg/m^3}$；P为研究点地层压力，Pa；g为重力加速度，$\mathrm{m/s^2}$；r为深度Z处岩石毛细管半径，m；δ为界面张力，N/m；θ为润湿角，(°)。

如果认为岩石是亲水的，除油气占据的孔隙空间外，其余孔隙都由地层水充填，对地层水来说，不存在界面张力。如果油、水密度随压力变化很小，近似把水看作不可压缩的流体，$\rho_o(p)=\rho_o$，$\rho_w(p)=\rho_w$，再考虑亲水岩石，$\cos\theta_{w/o}\approx1$，$\cos\theta_{w/g}\approx1$，这对水势、油势、气势可表示为

$$\varphi_w=-\rho_w gz+P_w \tag{8-2}$$

$$\varphi_o=-\rho_o gz+P_o+\frac{2\delta_{w/o}}{r} \tag{8-3}$$

$$\varphi_g = -\rho_g gz + \rho\int_o^p \frac{dp}{\rho(p)} + \frac{2\delta_{w/g}\cos\theta}{r} \tag{8-4}$$

式(8-2)～式(8-4)中，φ_w、φ_o、φ_g 分别为水势、油势和气势，J；ρ_w、ρ_o、ρ_g 分别为水、油、气的密度，kg/m^3；$\delta_{w/o}$、$\delta_{w/g}$分别为油、水、气水界面张力，N/m。

若对具体某一研究点，有已知的 P_w 和 ρ 数据，对烃势可用统一公式：

$$\varphi_h = -\rho_h gz + p_h + \frac{2\delta_{w/h}}{r} \tag{8-5}$$

式中，φ_h 为烃势，J；ρ_h 为烃密度，kg/m^3；$\delta_{w/h}$为烃水界面张力，N/m。

参数的选取如下。

古埋深 Z 及古流体压力 p_h 计算：在断层面埋藏史计算过程中，若选某一地质时期(油气大量运移时期)的沉积表面为基准面，则 Z 为该断面古埋深。古埋深 Z 和古压力 p_h 的计算可根据断层面埋藏史进行计算。

烃(油、气)密度：依据实际地区取样分析结果，必要时进行地下温压校正。

表面张力：伯格和霍喀特总结油水和气水密度差与表面张力的关系，采用最小二乘法得

$$\delta = 38.379\Delta\rho^{0.0994} \tag{8-6}$$

这一系数经验证比较合理。

岩石毛细管半径 r：可采用洪世泽(1985)建立的关系求得，即

$$r = \sqrt{\frac{8K}{\phi}} \tag{8-7}$$

式中，r 为断面物质毛细管半径，m；K 为断裂带渗透率，D；ϕ 为断裂带孔隙度。

获得上述各参数后，依据式(8-5)可得到油气大量运移时期断面各点的油气势能，从而得到断面在油气大量运移时期油气势能等值线图。

应用流体势方法研究流体运移时，其前提条件是必须对研究区储层(砂体)分布了解比较清楚，储层连续性好，均质性越好的地区，运用效果越好。

(3) 依据断面流体势图确定流体(油气)运移的趋势和优势通道——断面汇烃运移通道原理。

油气总是趋向于由高势区向低势区运移，而且运移的方向总是指向势能减小的最大方向，并在低势区的闭合空间内形成油气聚集。有了油气大量运移时期的断面流体(油、气)势等值线平面图，就可以确定流体运移的趋向和运移方向。在流体势等值图上，某一点油、气的运移方向是过该点等值线的法线方向，指向低势区。当大量的点流体势均指向某一领域且汇聚于某一方向和途径时，这条途径就是断面的优势运移通道(图 8-2)，位于运移方向发散区的中轴线附近的通道，即为劣势运移通道，在这个通道中通过油气运移的量最少或没有。由此可知，汇聚型流体势区域的断面具有油气运移优势通道，发散型流体势区域无优势运移通道，只有劣势运移通道，平行型流体势区域优势运移通道不明显。

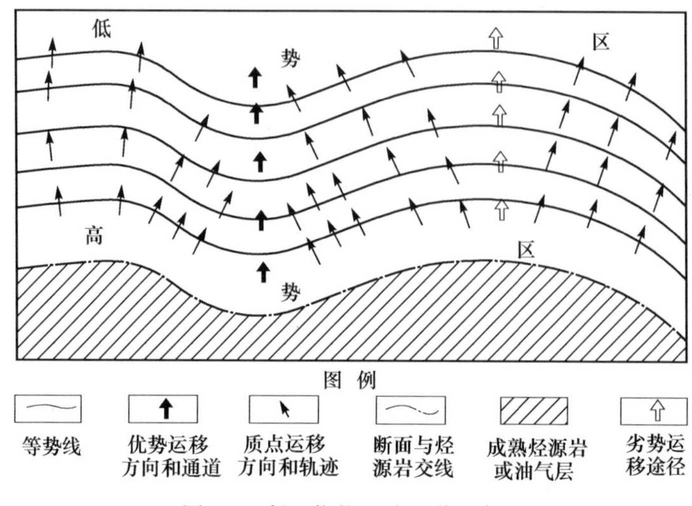

图 8-2 断面优势运移通道示意图

(4) 将待评圈闭(目标)的构造图与断面流体势图相匹配,确定待评圈闭与断面油气优势运移通道的空间关系。

断面优势运移通道确定的目的是为了更好地寻找油气勘探的目标。将待评圈闭所在构造图与油气大量运聚时期的断面等势面图相配置,依据待评圈闭在断面流体势场中的位置,可定性分析油气运移优势通道、待评圈闭聚油气条件的优劣和定量评价待评圈闭聚油气的多少。

依据待评圈闭与其沟通的断面流体势场的关系,得圈闭断面流体势图,可将断面流体势划分为三类:汇聚型、平行型和发散型,各类型基本特征及聚油气结果见图 8-3。由此可知,并不是所有连接油源断裂的圈闭都能聚集油气。只有连接汇聚型势场的油源断裂的圈闭才可能富集油气,因为这种情况存在优势运移通道。需要说明的是,图 8-3 的油气源区,既可以是生排烃区,也可以是油气藏。待评圈闭的构造图应是油气大量运移时期的古构造图。如果古今圈闭具有继承性,则可用现今构造图取代古构造图。将待评圈闭与断面流体势等值线图配置后,得到两者的配置图,即圈闭-断面流体势图,依据断面聚烃原理,可判断待评圈闭的含油气性。

(5) 利用圈闭-断面等势线等值图定性分析与定量评价圈闭含油气性。

依据汇聚型和平行型流体势场的等势线的疏密程度可判断油气向圈闭中运移的速度、效率。显然,等势线越密集,油气运移的速度越快,运移效率越高,进入圈闭中的油气越丰富,据此可以定性分析和比较待评圈闭的含油性。在圈闭-断面流体势等值线图上,依据圈闭的规模和位置、断面等势线的形态,可得到圈闭的汇油气面积 S_0,如果知道整个油气源区的总面积 S,整个油气源区运移量 Q,向圈闭运移过程中油气损失量为 Q_0,则进入待评圈闭的油气聚集量为

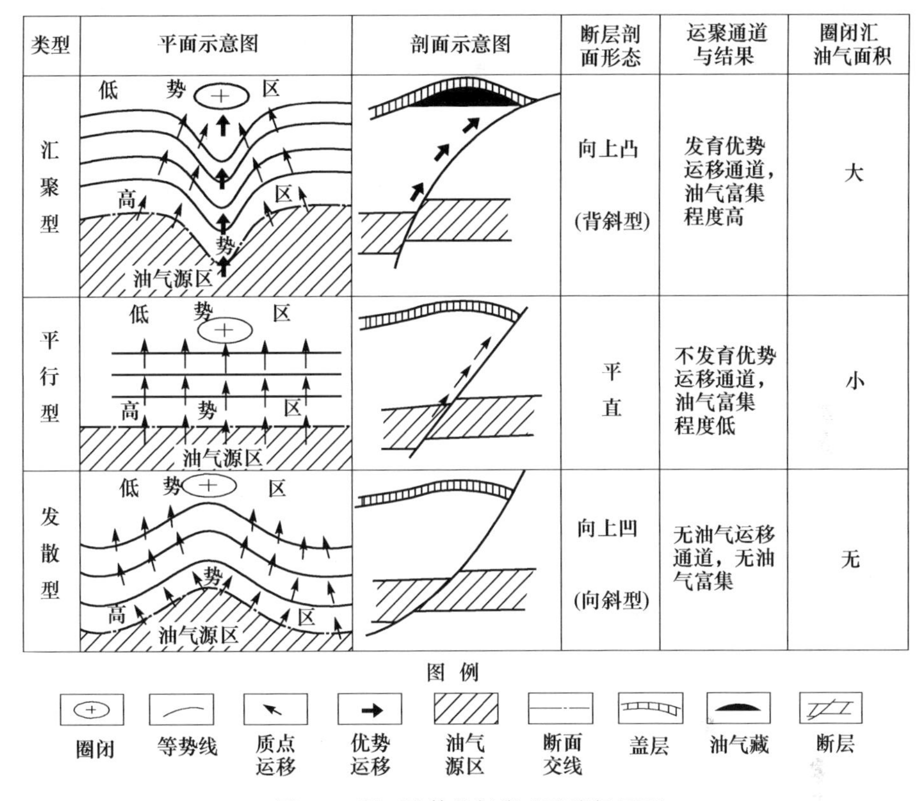

图 8-3　断面流体势场类型及聚烃原理

$$Q_s = \frac{S_o}{S}Q - Q_o \tag{8-8}$$

这样可定量地得到任何一个待评圈闭的油气聚集量，达到定量评价圈闭的结果，为下一步勘探目标提供依据。

4) 运用断面优势通道分析方法评价柴北缘主要构造圈闭的含油气性

柴达木盆地北缘最有利的烃源岩分布在冷湖-南八仙构造带及其以南地区，主要有冷西次凹、鄂东次凹、伊北次凹和葫南次凹，主要的控烃断裂(油源断裂)有冷湖东-冷七号-南陵间断裂、鄂东断裂和鄂北-伊南断裂，它们同时又是控圈闭断裂，分别控制冷湖四号、冷湖五号、冷湖六号、冷湖七号、南八仙构造，以及鄂博梁Ⅰ号-葫芦山构造和鄂博梁Ⅱ号、鄂博梁Ⅲ号、鸭湖构造的形成与分布，目前已在冷湖四号、冷湖五号，南八仙构造发现工业油气藏，冷湖七号、鄂博梁Ⅰ号和鸭湖构造上发现低产油气藏。运用断面优势通道分析法分析这几条大的油源断裂油气运移规律，重新评价(从油气运移的角度)它们所控圈闭的含油气性，可以验证和完善断面优势运移通道分析法，并对未知圈闭进行预测。

(1) 做圈闭-断面势场-烃源岩分布图。

首先根据钻井及地震剖面解释相关断层，通过时深转换工作得到主要断裂的等深度图。由于本次工作模拟 N_2 末期大规模油气运移成藏期，构造运动使断裂活动和开启，断裂带均可看作为高渗透的均一体，式(8-5)中的后两项可不考虑，这时的烃(油气)势、烃的密度和重力加速度看成常数，所以，可以用深度 z 来代替烃势，即可用断面等深度线图来取代断面的等势线图。

(2) 主要构造圈闭汇聚油气性分析。

将断面的等深度图与本区烃源岩展布图、主要圈闭分布图匹配在一起，便得到圈闭-断面等势-烃源岩展布关系图。依据等势线的形态，可画出各断裂的断面势场分布图(图 8-4)。

依据待评构造圈闭及其连结的油源断裂的断面等势线的类型可知，南八仙、冷湖七号、冷湖四号、冷湖五号，以及鄂博梁Ⅱ号、葫芦山等构造位于断面等势线的汇聚部位，有利于形成优势运移通道为圈闭供油，是有利的油气富集圈闭，其中，南八仙、冷湖四号、冷湖五号已发现工业油气田，冷湖七号找到低产油气藏，进一步勘探可望发现工业油气田；葫芦山、鄂博梁Ⅱ号应加强勘探，争取早日获得突破；鄂博梁Ⅰ号处于断面势场的平行发育区，不发育优势运移通道，处于中等有利部位，所钻的鄂Ⅰ-2 井日产气 $530m^3$，勘探潜力有待进一步确认；冷湖六号、鄂博梁Ⅲ号和鸭湖总体处于断面烃势的发散区，难以有大规模的油气聚集，在冷湖六号钻探的陡深1 井、陡深 2 井和鸭湖构造上的鸭参 1 井、鸭参 2 井、鸭参 3 井及最近完钻的鸭深 1 井均以落空失利而告终。这表明断面优势运移通道分析法具有很好的应用价值。

我国控油气断裂十分发育，断面优势运移通道及其分析方法对准确确定油气运移的轨迹和寻找有利的勘探目标将有重要的现实意义。

5) 结论与目标优选

(1) 结论。

断裂是油气运移尤其是油气纵向运移的最重要的通道，但由于断裂带各处渗透性和断面形态的差异，断裂的不同部位对油气的输导能力具有很强的不均一性。

在断裂带中运移油气的绝大多数将汇聚在某一有限的通道空间流动，油气将遵循沿着最大流体势降低方向运移而集中在最小阻力的通道上运移，这个通道称为断面优势运移通道。

断面优势运移通道的提出改变了以往认为开启的断裂都是运移通道的错误观念，强调只有沿着油气大量运移时期的断面优势运移通道的思路寻找勘探目标，才可能发现油气藏。

在提出断面优势运移通道概念基础上，阐明了油气沿断裂优势运移通道汇油气运移原理、断面优势运移通道分析步骤和方法，并以柴达木盆地北缘几条主要的控油气断裂为例，分析其不同部位油气运移的优势运移通道，并对其附近的油气圈闭进行含油气性进行评价，结果与勘探成果相符，表明断面优势运移通道分析法具有良好的应用价值。

我国控油气断裂十分发育，断面优势运移通道及其分析方法的提出对准确确定油气运移的轨迹和寻找有利的勘探目标有重要的现实意义。

（2）目标优选。

葫芦山、鄂博梁Ⅰ号、鄂博梁Ⅱ号构造位于断面等势线的汇聚部位或汇聚部位附近，有利于形成优势运移通道为圈闭供油（图 8-4），是 3 个有利的油气富集圈闭目标，建议加强勘探，各部署 1 口探井，争取早日获得突破。

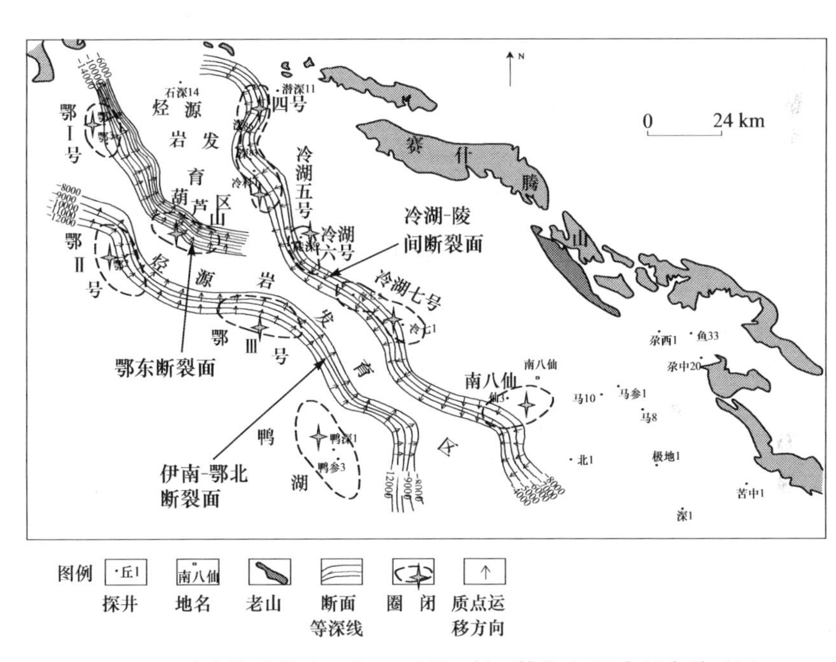

图 8-4　冷湖构造带及以南地区圈闭-断面等势-烃源岩展布关系图

葫芦山构造上目前已有钻井葫 2 井，位于浅层滑脱断层上盘，在新近系浅层先显示，表明浅层有破坏油气藏，依据前面总结出的“深浅共有，深好浅差”的天然气分布与保存规律，葫芦山构造中深层可能存在较整装和丰富的气藏。建议针对葫芦山中浅层（N_2-N_1）展开钻探研究工作，依据北缘断裂控藏模式，建议湖深 1 井钻探浅层滑脱断裂下盘断裂遮挡圈闭（图 8-5）。

鄂博梁Ⅰ号、鄂博梁Ⅱ号构造上已有鄂 2 井等一批浅井，在浅层有丰富的油气显示，表明浅层有气藏，依据“深浅共存，深好浅差”的天然气分布与保存规律，鄂博梁Ⅰ号、鄂博梁Ⅱ号深层可能有大中型气藏存在，建议加强地质研究，等条件成熟后，在其构造高点各部署 1 口探井，实施深层钻探。

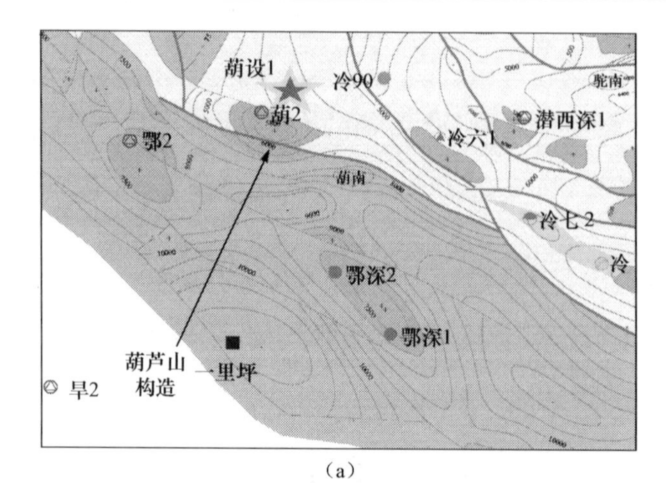
葫设1
冷90
驼南
葫2
潜西深1
鄂2
冷六1
葫南
冷七2
冷
鄂深2
鄂深1
葫芦山
构造
一里坪
旱2

（a）

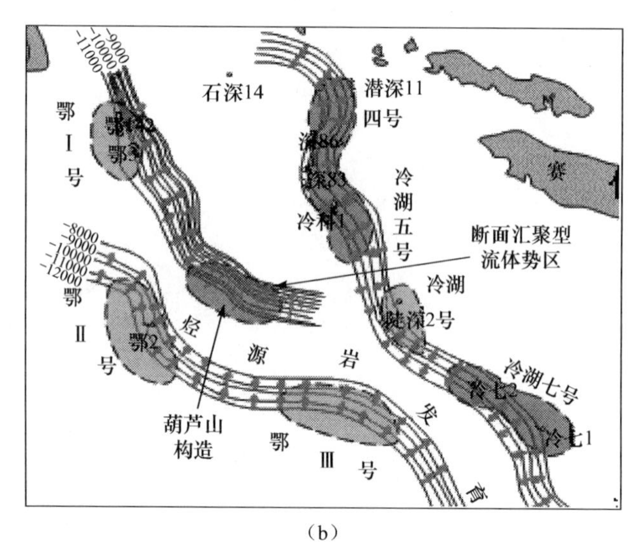
石深14
潜深11
四号
鄂
Ⅰ
号
冷
湖
五
号
赛
冷科1
断面汇聚型
流体势区
冷湖
鄂
Ⅱ
号
鄂2
烃
源
岩
陡深2号
冷湖七号
冷七2
冷七1
葫芦山
构造
鄂
Ⅲ
号
发
育

（b）

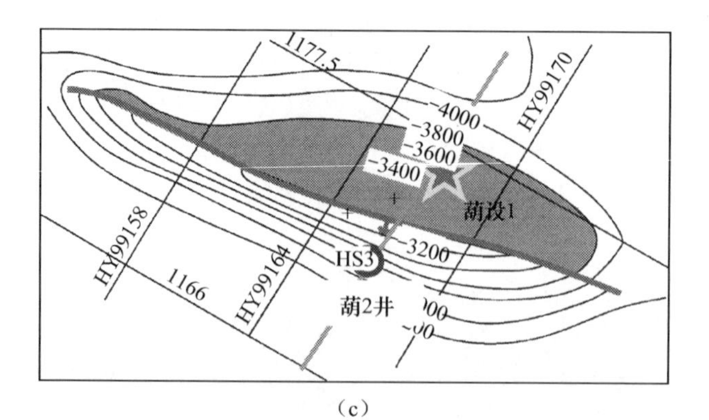
1177.5
-4000
-3800
-3600
-3400
HY99170
葫设1
-3200
HS3
HY99158
1166
HY99164
葫2井

（c）

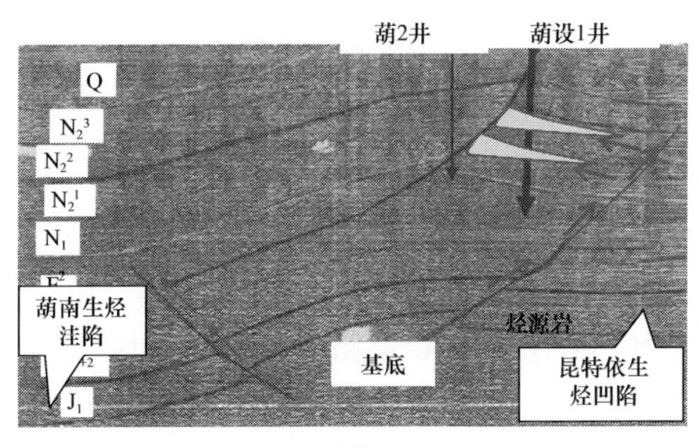

(d)

图 8-5　葫芦山构造井位设计图(文后附彩图)

(a)葫芦山构造主要目的层构造设计井井位图;(b)柴达木盆地北缘主要断层的断面流体势图;
(c)葫芦山构造 T_2(N_1 顶)构造图;(d)过葫设 1 井地震剖面与气藏预测图

参考文献

陈世悦. 1998. 论秦岭碰撞造山作用对华北石炭二叠纪海侵过程的控制. 岩相古地理,18(2):48-54.

丛良滋. 1999. 燕山南麓南堡与北塘凹陷构造演化与含油气系统研究. 北京:中国石油勘探开发科学研究院博士学位论文.

崔军文. 1997. 喜马拉雅碰撞带的构造演化. 地质学报,71(2):105-112.

戴金星,邹才能,张水昌. 2008. 无机成因与有机成因烷烃气的鉴别,中国科学 D 辑:地球科学,38(11):1329-1341.

戴金星,裴锡古,戚厚发. 1992. 中国天然气地质学. 北京:石油工业出版社.

戴金星,戚厚发. 1989. 我国煤成气的 δ^{13}C1(‰)—R_o 关系. 科学通报,34(9):690-692.

戴俊生. 2000. 柴达木盆地构造样式控油作用分析. 石油实验地质,22(2):121-124.

狄恒恕. 1990. 柴达木盆地形成机理及其对油气的控制//朱夏. 中国中新生代沉积盆地. 北京:石油工业出版社.

付立新,王东林,肖玉永. 2000. 伸展断层作用对油气二次运移的影响. 石油大学学报(自然科学版),24(4):71-74.

甘贵元. 2004. 柴达木盆地缘油气区沉积地层中的特态矿物. 地学前缘,11(4):7-13.

顾树松. 1990. 柴达木盆地东部第四系气藏的形成和勘探前景. 天然气工业,10(1):1-6.

关佐蜀. 1948. 青海柴达木西部红柳泉油田之发现. 地质论评,13(Z3):311-315.

何登发,赵文智,雷振宇,等. 2000. 中国叠合型盆地复合含油气系统的基本特征. 地学前缘,7(3):1-10.

何家雄,夏斌,王志欣. 2005. 中国东部陆相断陷盆地及近海陆架盆地 CO_2 成因判识与运聚规律研究. 中国海上油气,17(3):153-161.

何生,王青玲. 1989. 关于用镜质体反射率恢复地层剥蚀量的问题讨论. 地质评,35(2) :119-126.

洪世泽. 1985. 油藏物理基础. 吉林:吉林人民出版社.

华保钦. 1995. 构造应力场、地震泵和油气运移. 沉积学报,13(2):77-85.

刘训,王永. 1995. 塔里木板块及其周缘地区有关的构造运动简析. 地球学报,16(dq):246-260.

柳广弟,吴孔友,查明. 2002. 断裂带作为油气散失通道的输导能力. 石油大学学报(自然科学版),26(1):16-17.

鲁兵,陈章明,关德范,等. 1996. 断面活动特征及其对油气的封闭作用. 石油学报,17(3):33-38.

吕延防,付广,张云峰. 2002. 断层封闭性研究. 北京:石油工业出版社.

罗群,白兴华. 1998. 断裂控烃理论与实践——断裂活动与油气聚集研究. 武汉:中国地质大学出版社.

罗群,陈淑兰. 2004. 柴达木盆地北缘西段断裂发育特征与油气聚集. 天然气工业,24(3):22-26.

罗群,庞雄奇. 2003. 柴达木盆地断裂特征与油气区带成藏规律. 西南石油学院学报(自然科学版),25(1):1-5.

罗群,黄捍东,庞雄奇,等. 2004. 自然界可能存在的断层体圈闭. 石油勘探与开,31(3):148-150.

马立元,张晓宝,胡勇,等. 2004. 柴达木盆地西部坳陷区混源气判识. 沉积学报,22(B06):124-128.

彭作林. 1991. 中国西部准噶尔、柴达木、酒西盆地天然气赋存条件及资源预测. 兰州:甘肃科学技术出版社.

漆亚玲,汪立群,彭德华. 2006. 柴达木盆地西部第三系天然气成因类型分布预测. 沉积学报,39(6):910-916.

青藏油气区石油地质志编写组. 1990. 中国石油地质志(卷十四). 北京:石油工业出版社.

沈平,徐永昌,王先彬,等. 1991. 气源岩和天然气地球化学特征及成气机理研究. 兰州:甘肃科学技术出版社.

宋建国,廖健. 1982. 柴达木盆地构造特征及油、气区的划分. 石油学报,3(s1):17-26.

孙兆元. 1985. 论柴达木盆地压(扭)性垂向交叉断裂. 地质论评,31(5):396-403.

王鸿祯. 1990. 中国地质事业早期史. 北京:北京大学出版社.

王金琪. 1997. 油气活动的烟囱作用. 石油实验地质,19(3):193-200.

王金荣,黄华芳. 1994. 柴达木盆地断裂构造效应. 兰州大学学报,30(4):116-121.

王亚东,张涛,迟云平,等. 2011. 柴达木盆地西部地区新生代演化特征与青藏高原隆升. 地学前缘,18(3):141-150.

吴汉宁,刘池阳,张小会,等. 1997. 用古地磁资料探讨柴达木地块构造演化. 中国科学(D辑:地球科学),27(1):9-14.

夏文臣,张宁,袁晓萍,等. 1998. 柴达木侏罗系的构造层序及前陆盆地演化. 石油与天然气地质,19(3):173-180.

曾溅辉,金之均. 2000. 油气二次运移和聚集物理模拟. 北京:石油工业出版社.

曾溅辉. 2000. 正韵律砂层中渗透率级差对石油运移和聚集影响的模拟实验研究. 石油勘探与开发,27(4):102-105.

翟光明,徐凤银. 1997. 重新认识柴达木盆地、力争油气勘探获得新突破. 石油学报,18(2):1-7.

赵密福,刘泽容,信荃麟,等. 2001. 控制油气沿断层纵向运移的地质因素. 中国石油大学学报自然科学版,25(6):21-24.

中国石油勘探开发研究院. 2001. 柴达木地块北缘盆地类型和构造变形演化. 北京:中国石油勘探开发研究院.

Barnard P C, Bastow M A. 1991. Hydrocarbon generation, migration, alteration, entrapment and mixing in the central and northern north sea. Geological Society London Special Publications, 59(1):167-190.

Cartwright J A. 1994. Episodic basin-wide fluid expulsion from geopressured shale sequences in the north sea basin. Geology, 22(5):447-450.

England W A, Mackenzie A S, Mann D M , et al. 1987. The movement and entrapment of petroleum fluids in the subsurface. Journal of the Geological Society, 144(2):327-347.

Hooper E. 1991. Fluid migration along growth fault in compacting sediments. Journal of Petroleum

Gevlogg, 14(2): 160-190.

Hubbert M K. 1953. Entrapment of petroleum under hydrodynamic conditions. AAPG Bulletin, 37(8): 1954-2026.

Losh S. 1998. Oil migration in a major growth fault: Structural analysis of the pathfinder core, south eugene island block 330, offshore louisiana. AAPG Bulletin, 82(9): 1694-1710.

Molnar P, Tapponnier P. 1975. Cenozoic tectonics of Asia: Effects of a continent alcollision. Science, 189(4201): 419-426

Munn M J. 1909. The anticlinal and hydraulic theories of oil and gas accumulation. Economic Geology, 4(6): 509-529

Scholz C H, Sykes L R, Aggarwal Y P. 1973. Earthquake prediction: A physical basis. Science, 181(4102): 803.

Schwan W. 1985. The worldwide active middle/late eocene geodynamic episode with peaks at ±45 and ±37 m. y. B. P. and implications and problems of orogeny and sea-floor spreading. Tectonophysics, 115(3-4): 197-234.

Sibson R H, Mc Moore J, Fankin A H. 1975. Seismic pumping-A hydrothermal fluid transport mechanism. Journal of geological society of London, 131(6): 653-659.

彩　图

图 2-9　彩石岭 NO.4 观察点地层褶皱照片

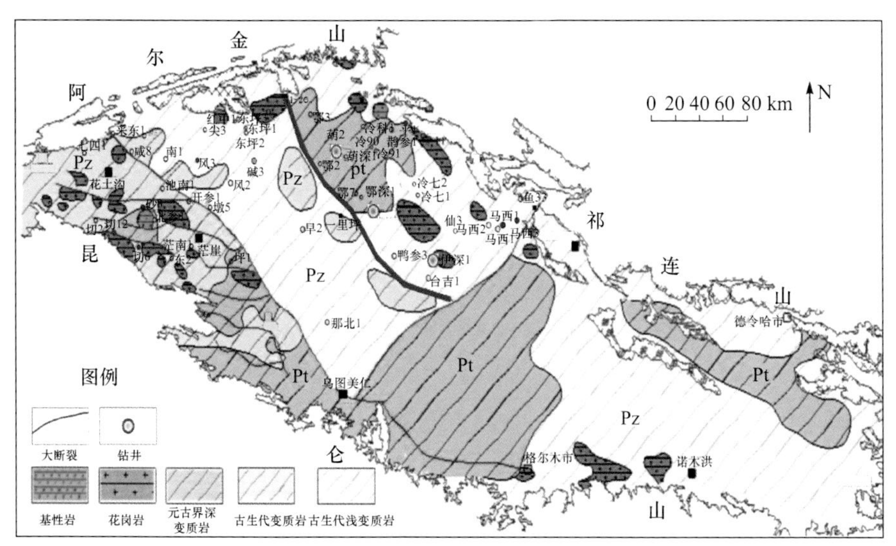

图 3-11　柴达木盆地基底岩性分布图

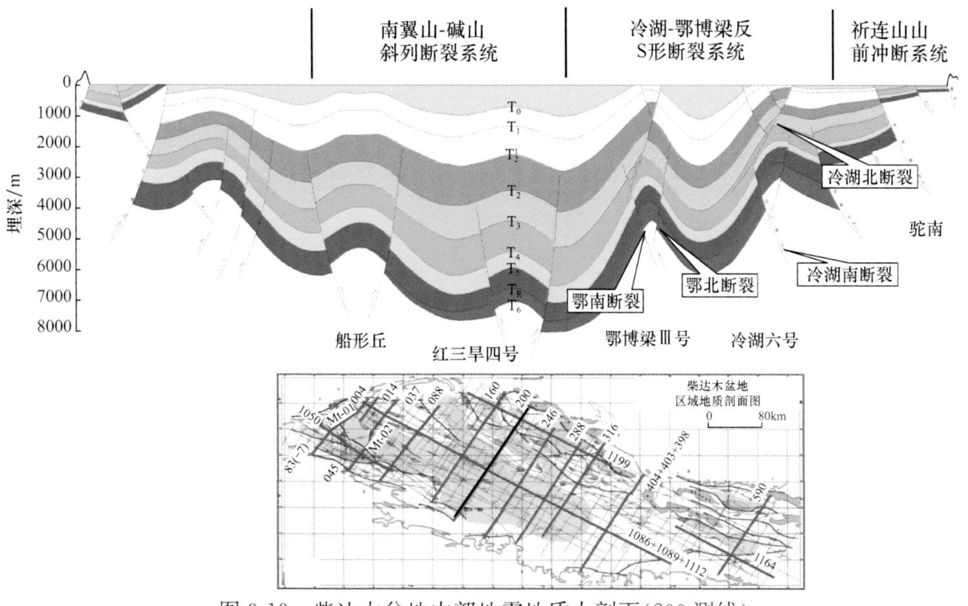

图 3-13　柴达木盆地中部地震地质大剖面(200 测线)

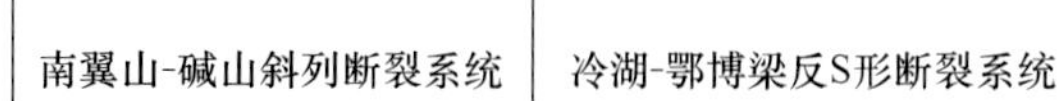

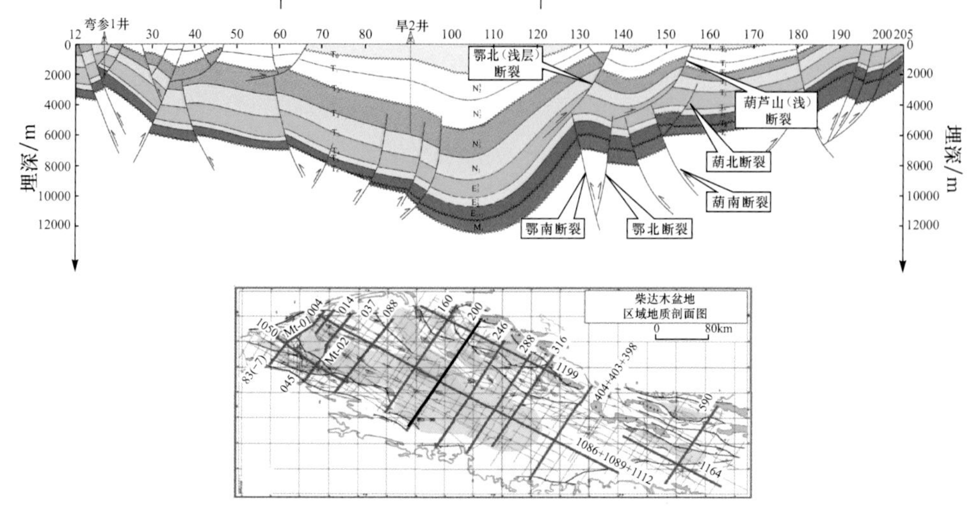

图 3-14　柴达木盆地 160 地质在大剖面

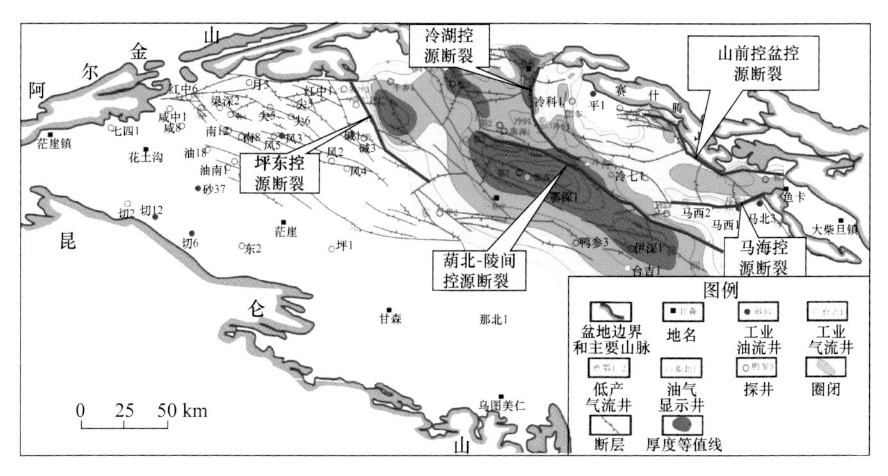

图 3-22　柴北缘西区 T_r 断裂与侏罗系烃源岩厚度关系分布图

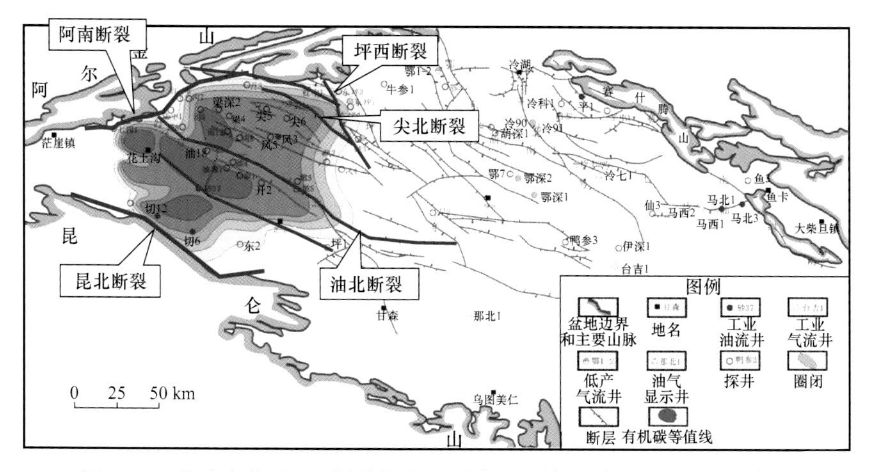

图 3-23 柴达木盆地 T_4 断裂与古近系-新近系烃源岩 TOC 关系分布图

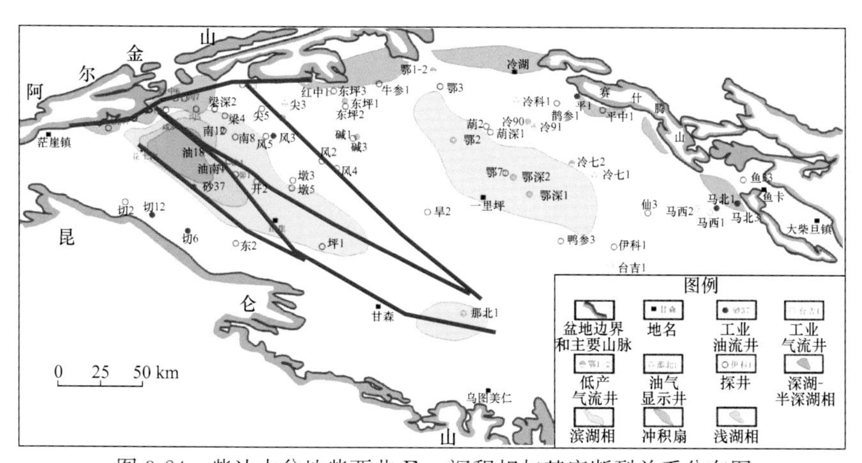

图 3-24 柴达木盆地柴西北 E_{1+2} 沉积相与基底断裂关系分布图

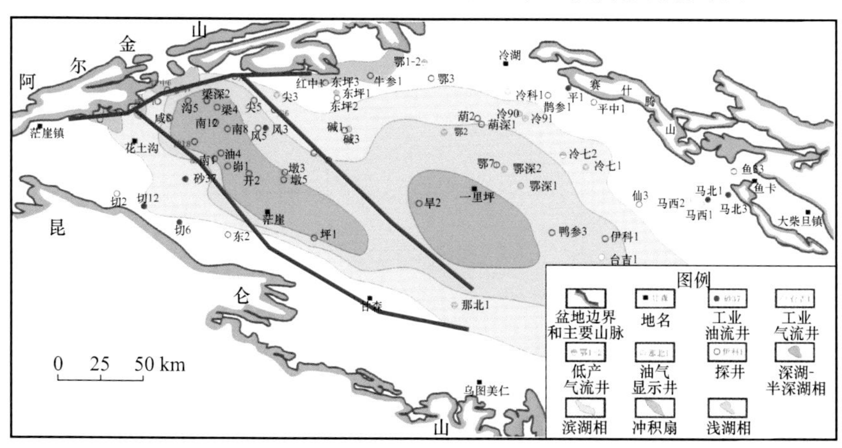

图 3-25 柴达木盆地柴西北 N_2^1 沉积相与基底断裂关系分布图

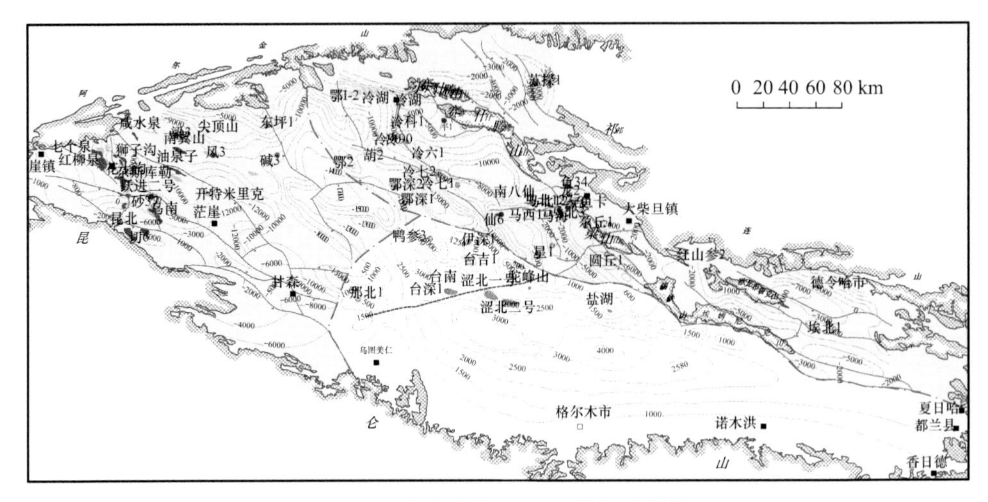

图 3-32　柴达木盆地 2012 勘探成果图

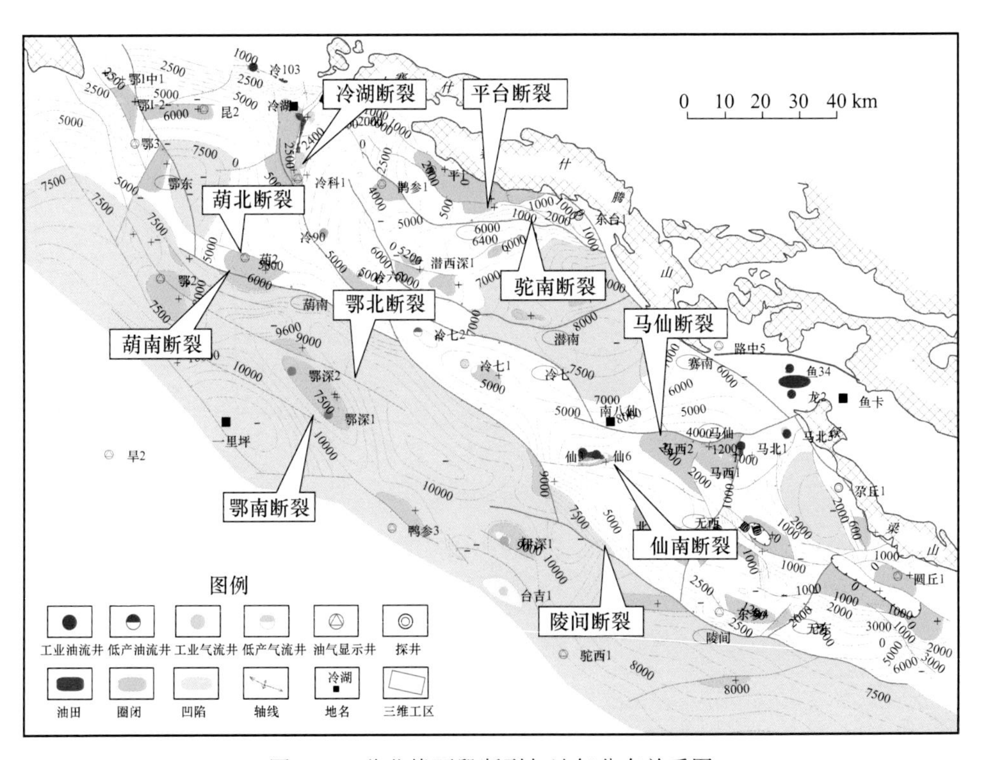

图 3-33　柴北缘西段断裂与油气分布关系图

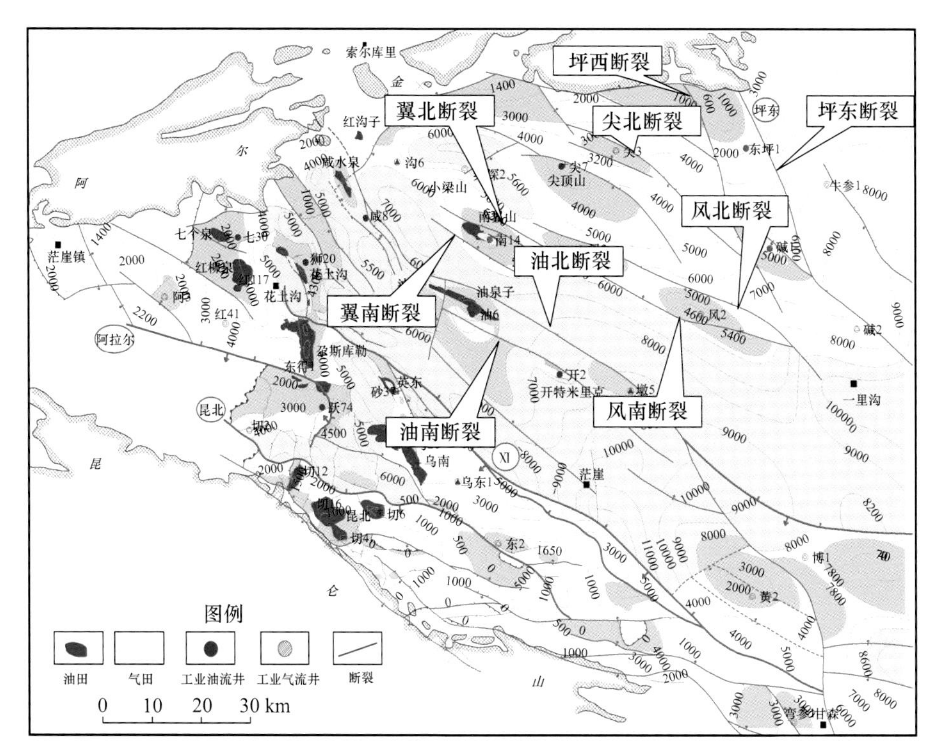

图 3-34　柴西地区下古近系与新近系断裂与油气分布关系图

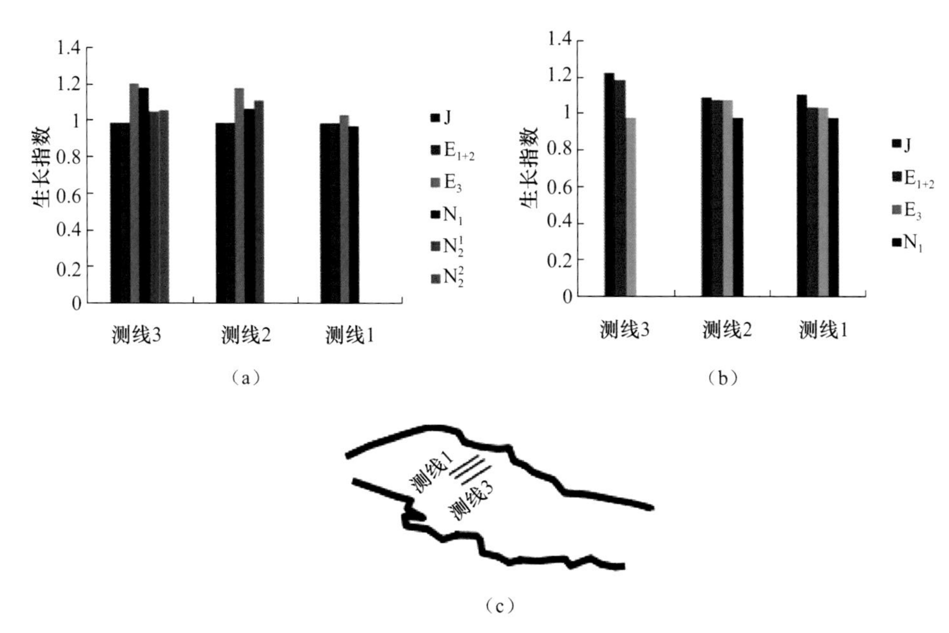

图 3-40　鄂博梁Ⅲ号南、北(基底)断裂生长指数对比图

(a)鄂博梁Ⅲ号北断裂;(b)鄂博梁Ⅲ号南断裂;(c)柴达木盆地测线剖面位置图

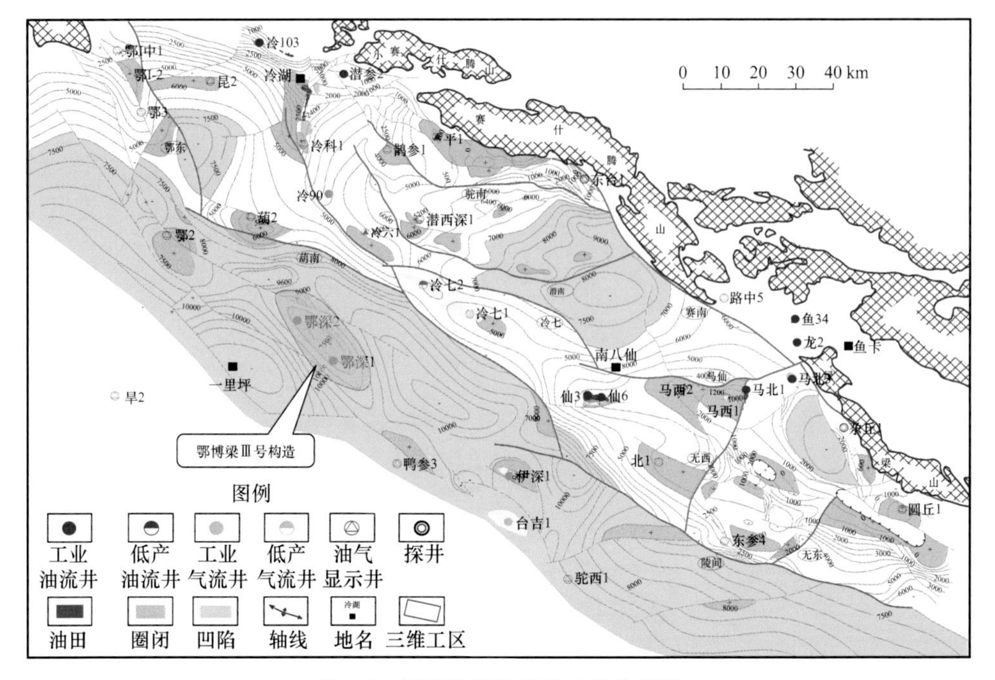

图 4-1　鄂博梁Ⅲ号构造地理位置图

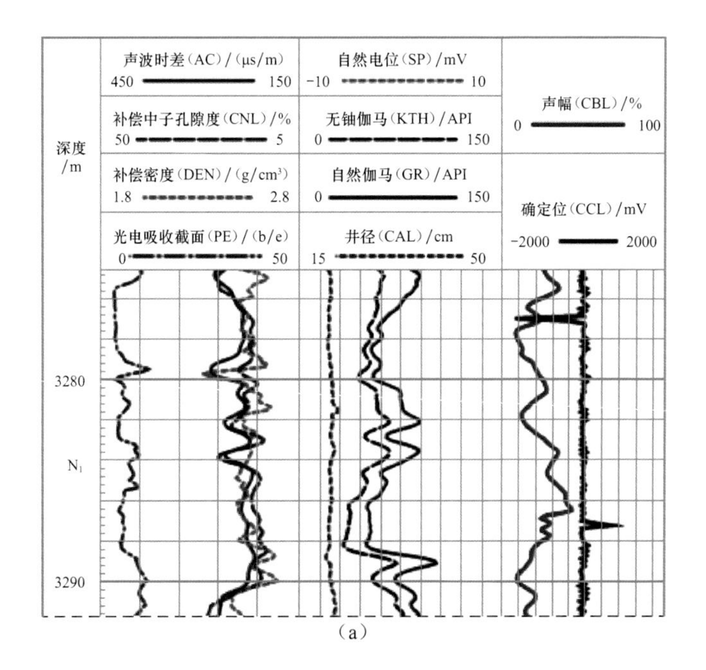

(a)

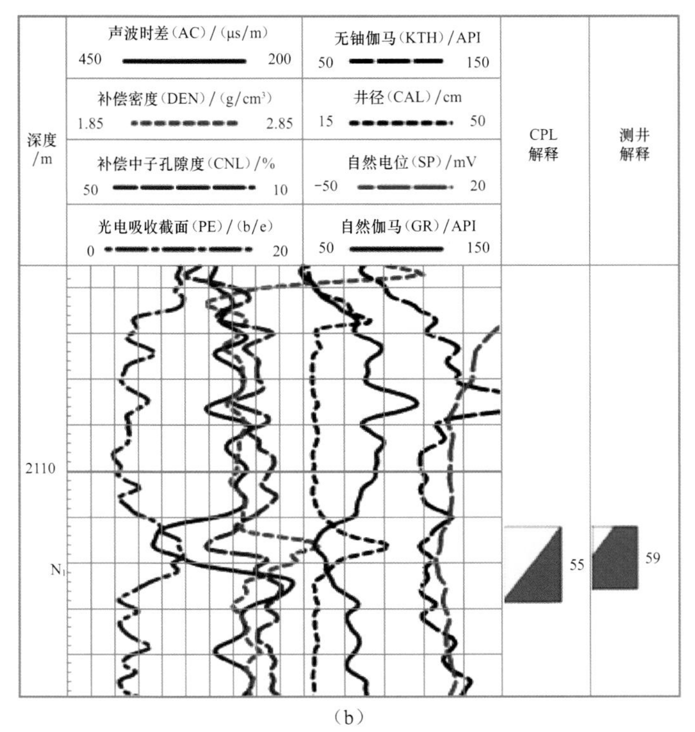

(b)

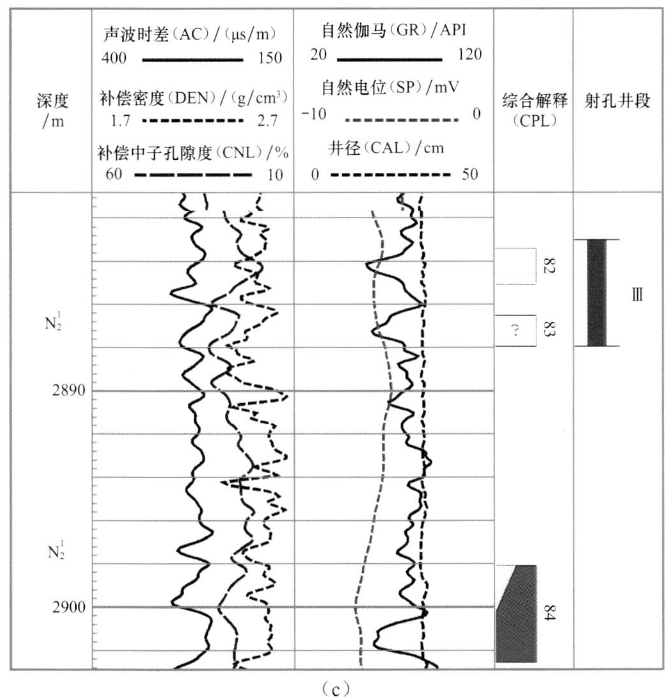

(c)

图 4-2 鄂博梁Ⅲ号构造测井解释图

(a)鄂深 2 井;(b)鄂 7 井;(c)鄂深 1 井

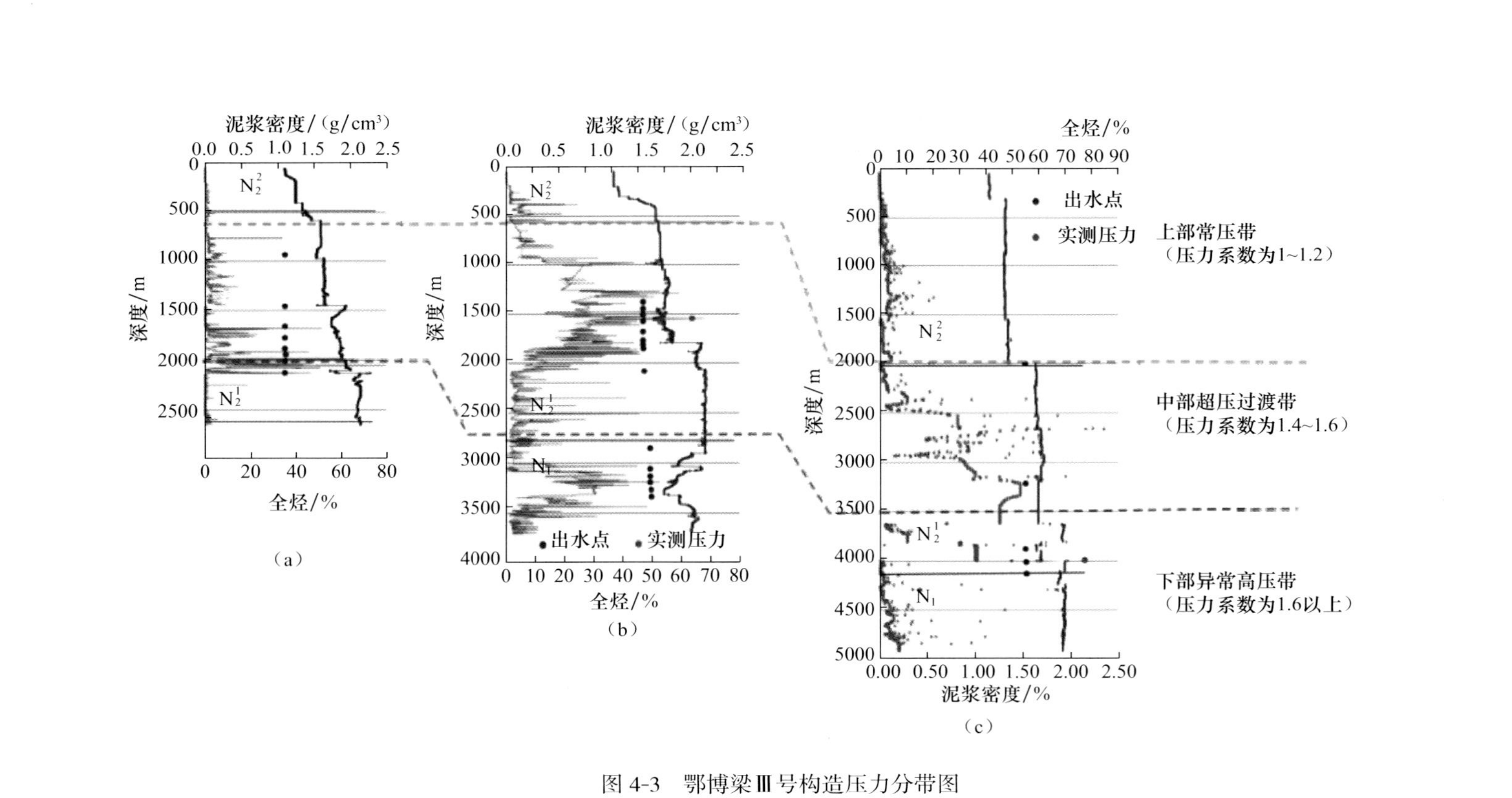

图 4-3　鄂博梁Ⅲ号构造压力分带图

（a）鄂7井；（b）鄂深2井；（c）鄂深1井

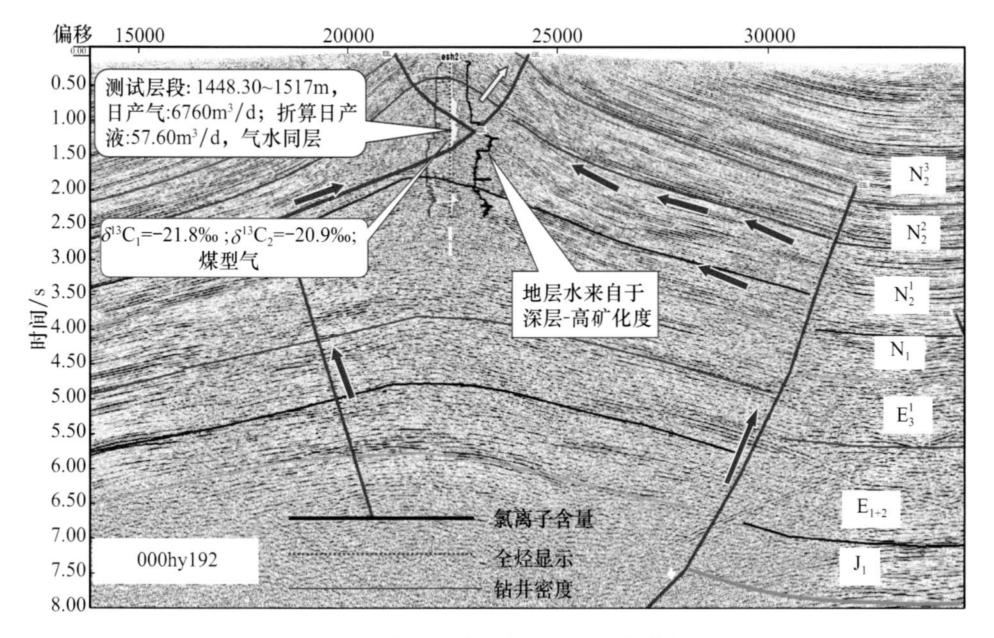

图 4-8　鄂深 2 井反映断裂控藏的氯离子含量等参数地震解释剖面

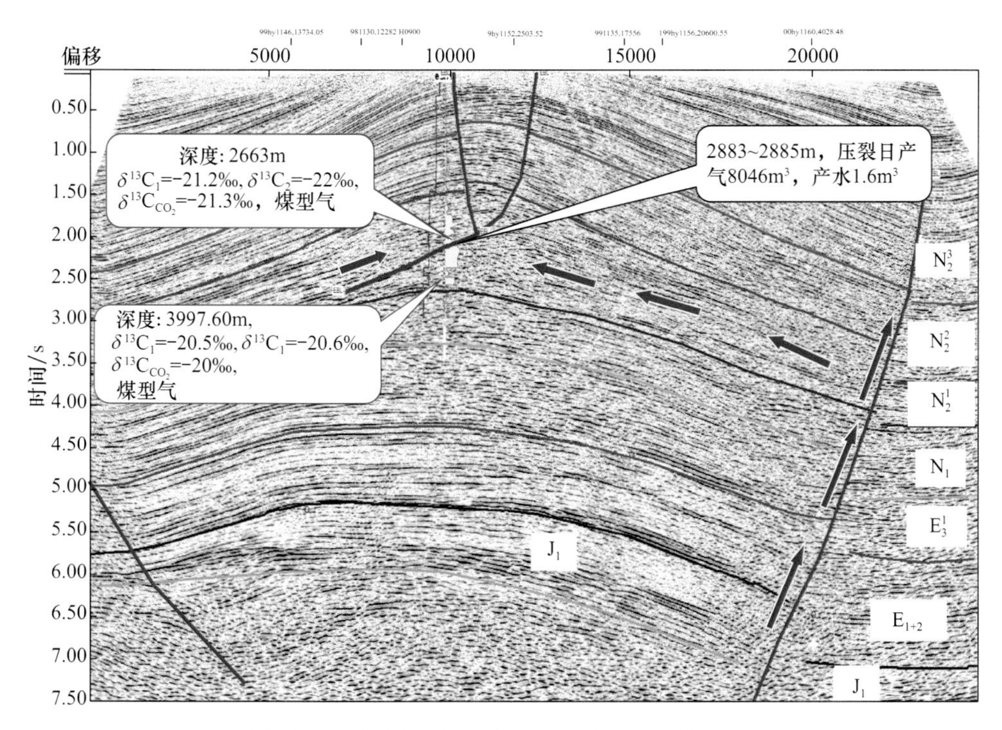

图 4-9　鄂深 1 井反映断裂控藏的氯离子含量等参数地震解释剖面

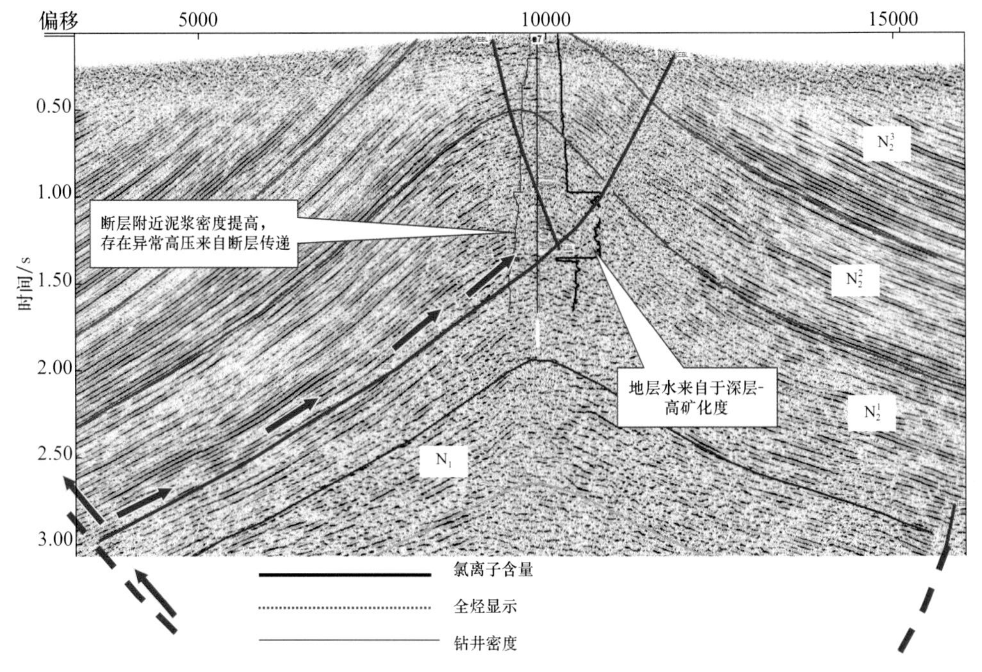

图 4-10　鄂 7 井反映断裂控藏的氯离子含量等参数地震解释剖面

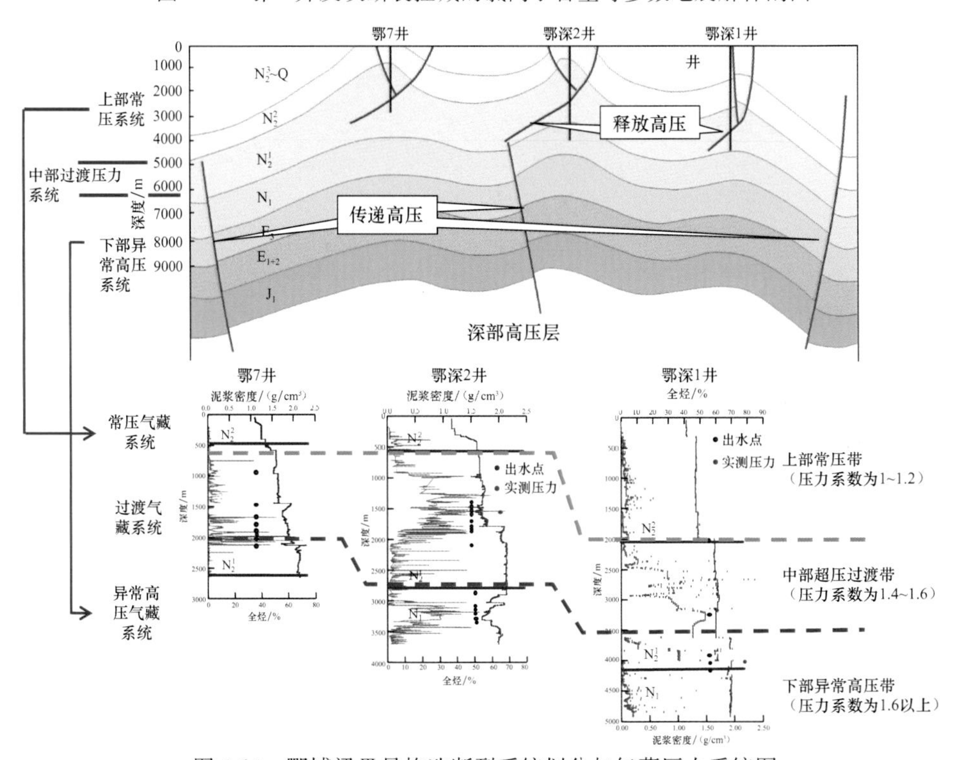

图 4-14　鄂博梁Ⅲ号构造断裂系统划分与气藏压力系统图

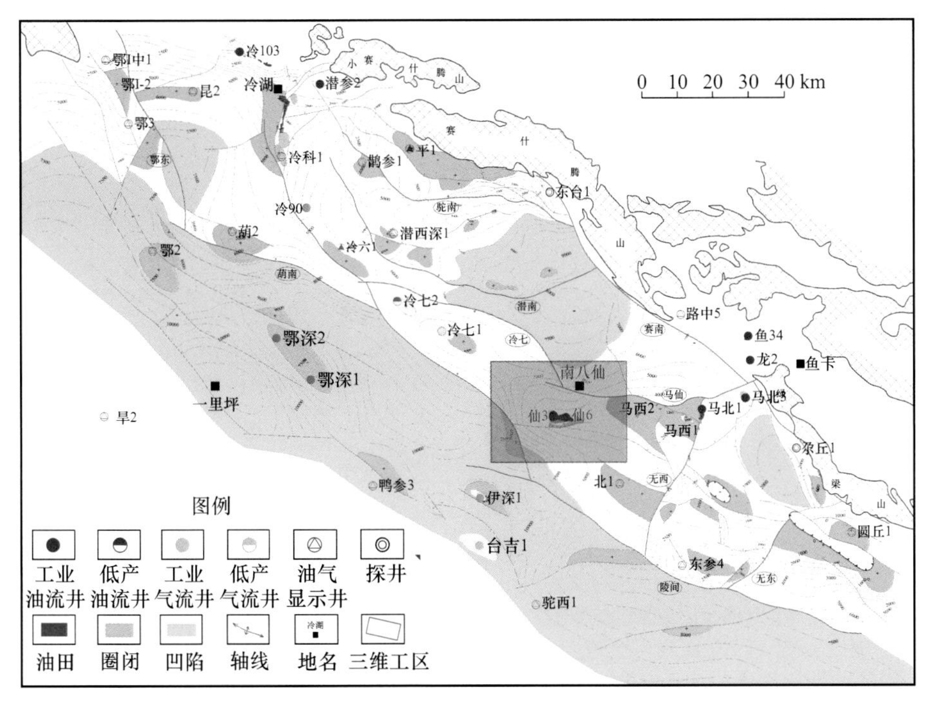

图 4-23　南八仙构造位置图

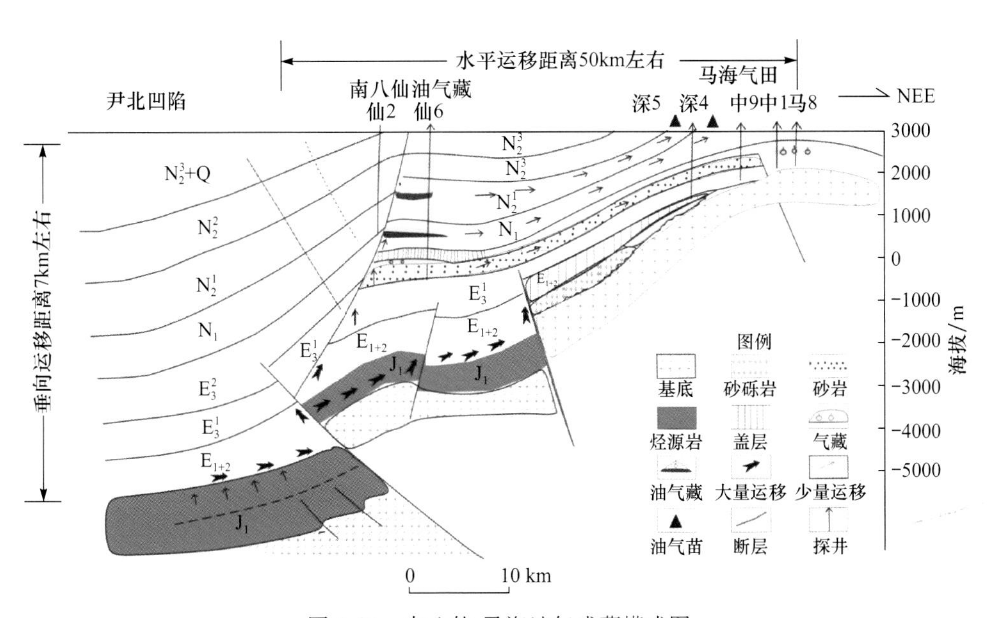

图 4-25　南八仙-马海油气成藏模式图

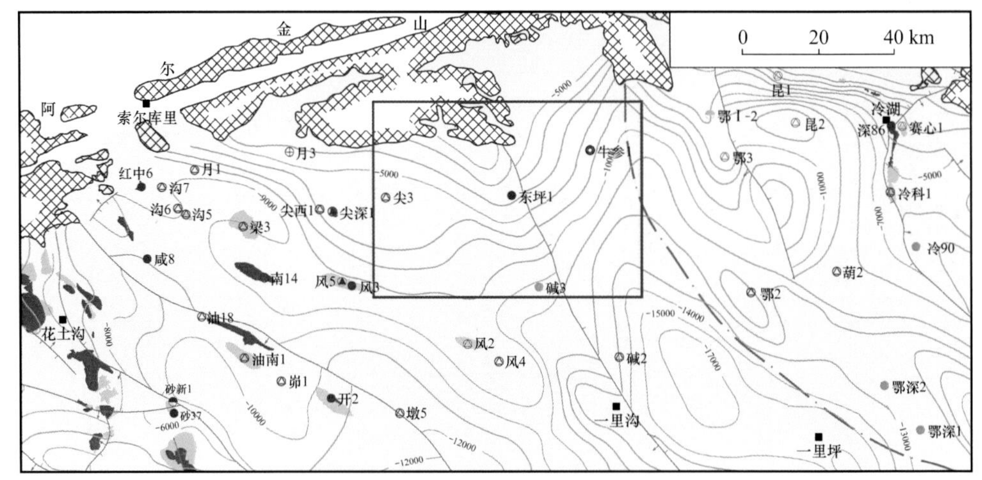

图 4-26 东坪构造位置图

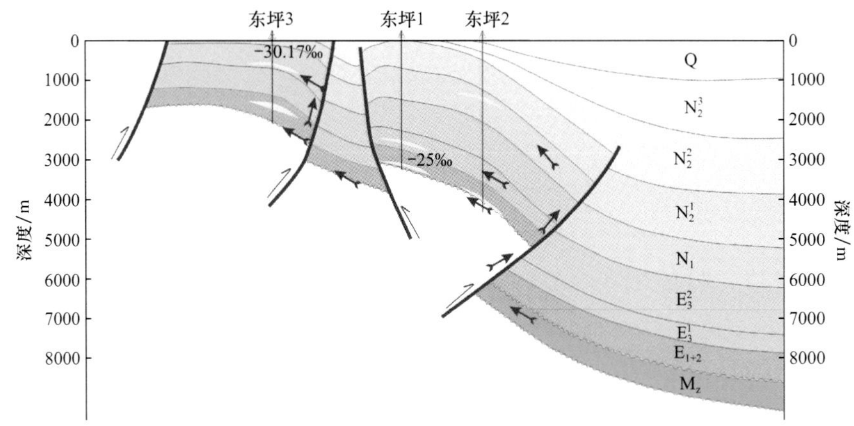

图 4-31 东坪构造天然气运移与甲烷同位素分布(剖面为 SE—NW 方向)

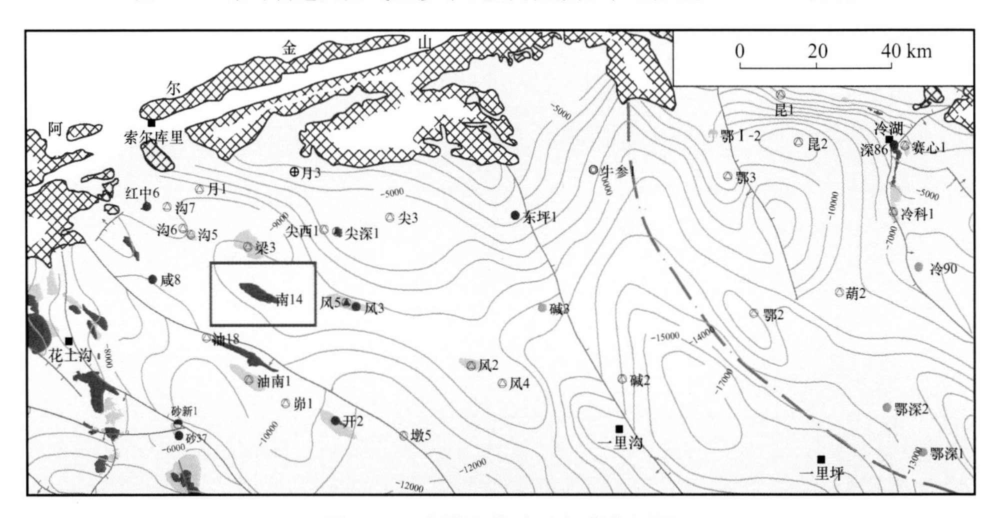

图 4-32 南翼山构造油气藏位置图

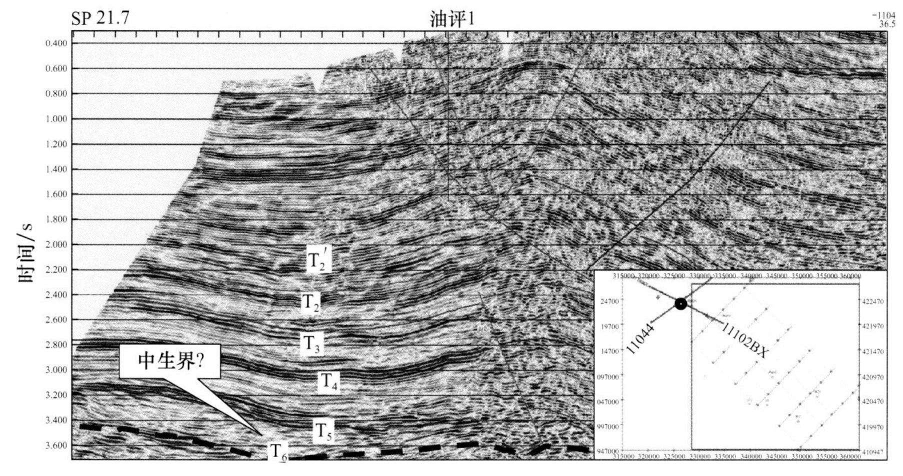

图 4-38 南翼山地区 11044 测线地震解释剖面

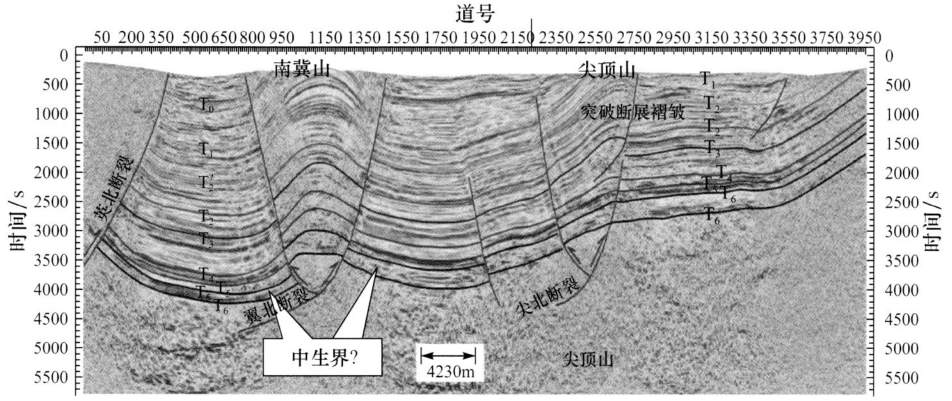

图 4-39 中生界地层向南可能延伸到英北断裂

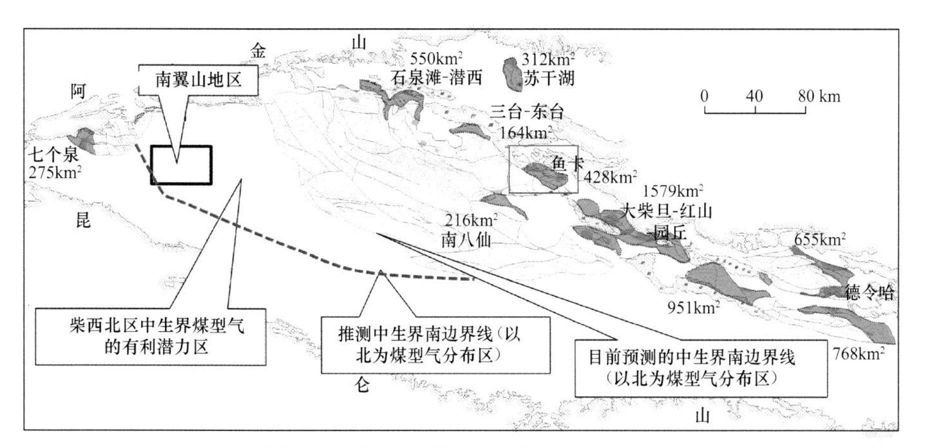

图 4-40 柴达木盆地中生界地层分布图

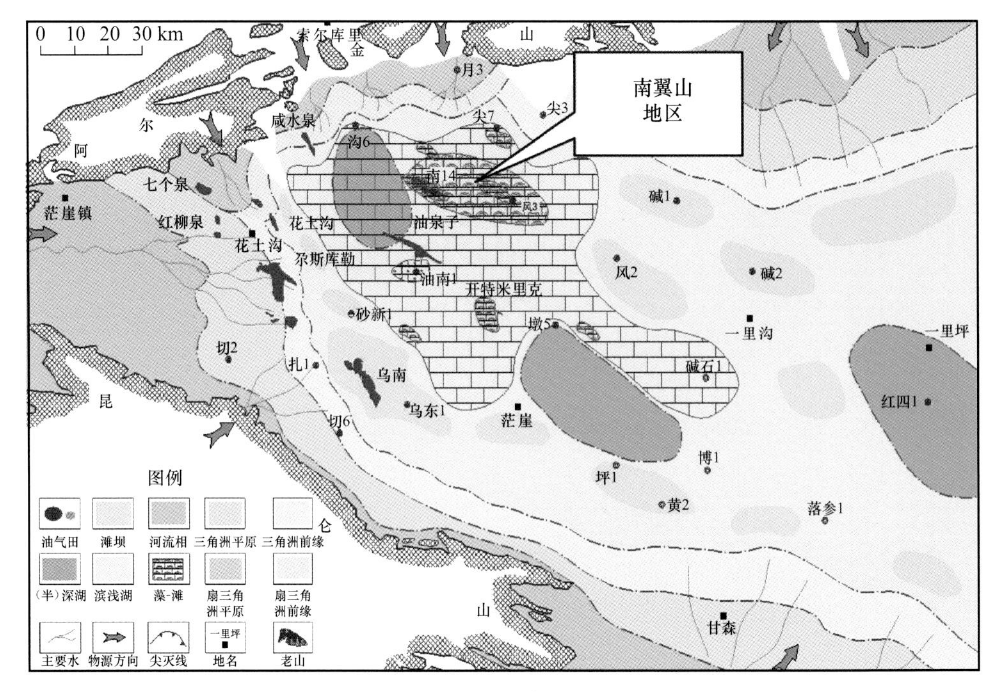

图 4-41　柴西北区 N_2^1 沉积相平面图

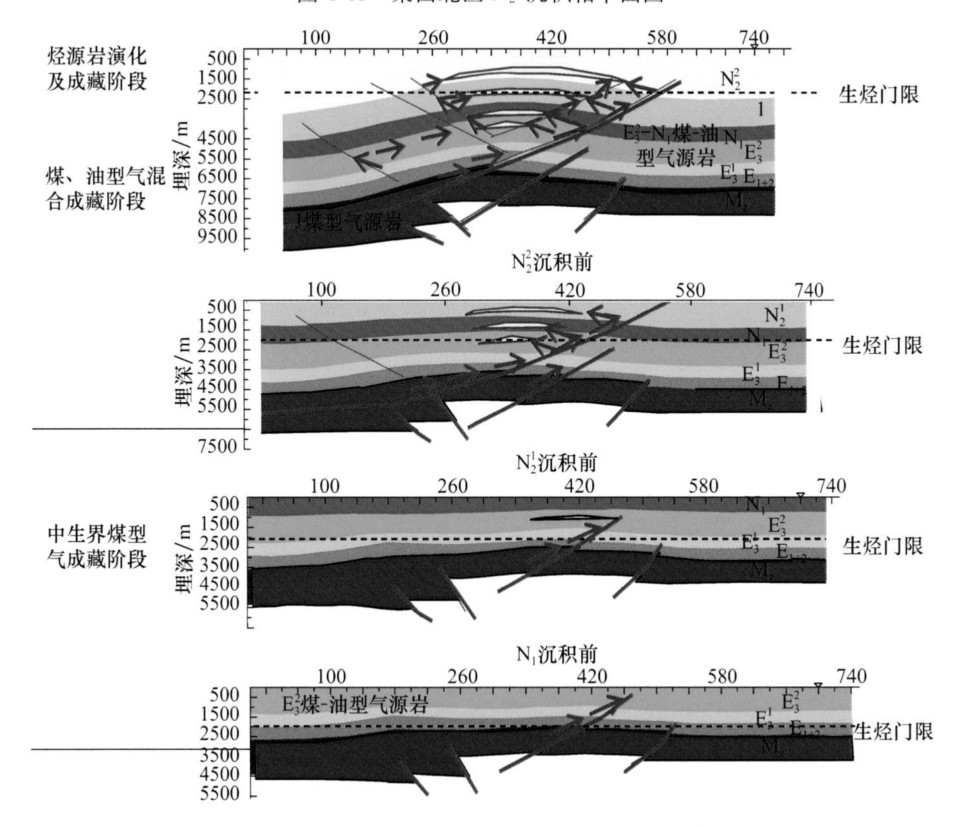

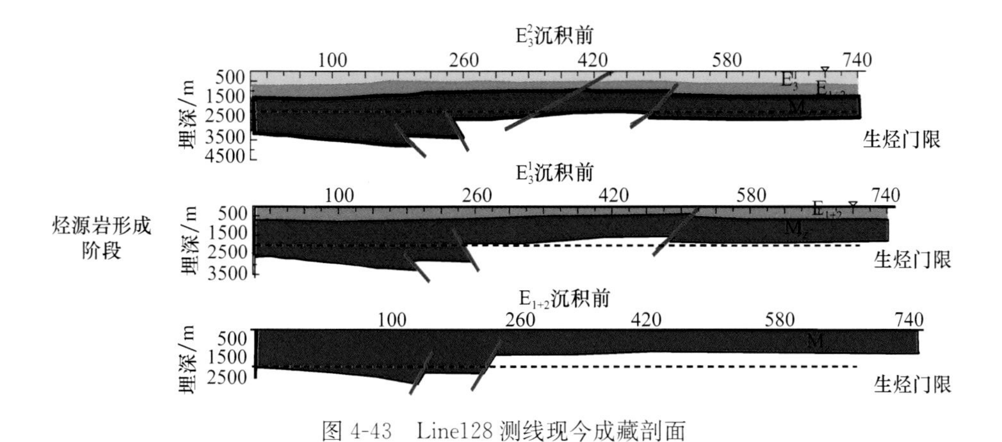

图 4-43　Line128 测线现今成藏剖面

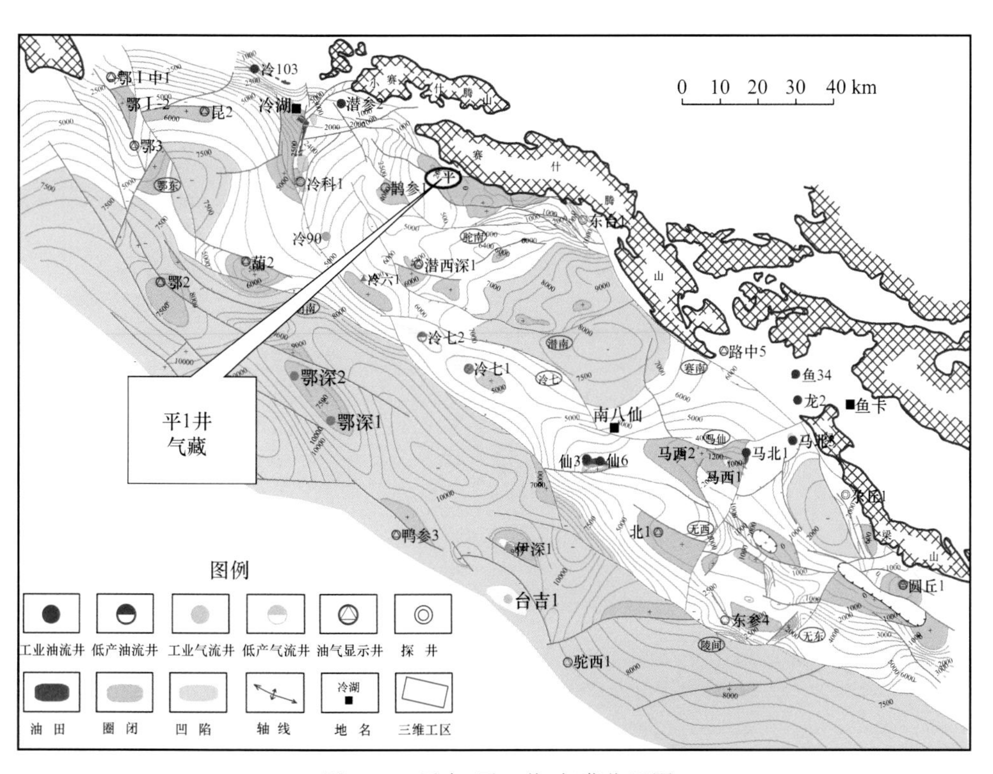

图 4-45　平台(平 1 井)气藏位置图

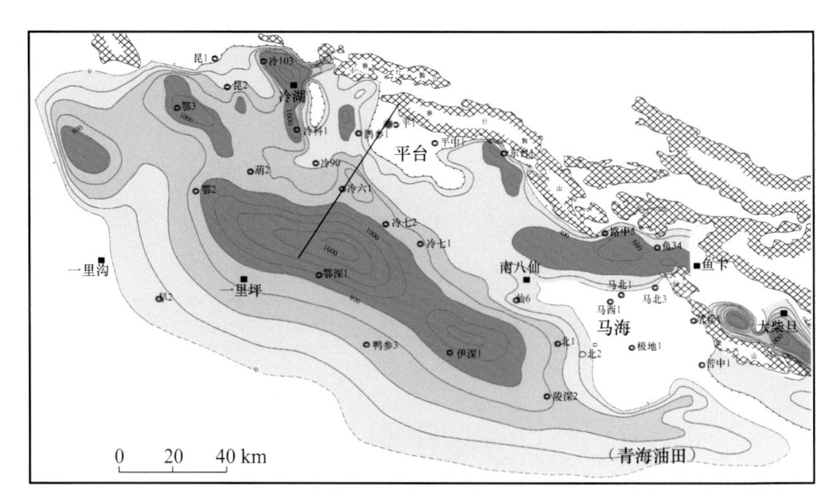

图 4-46 平台构造烃源岩分布图

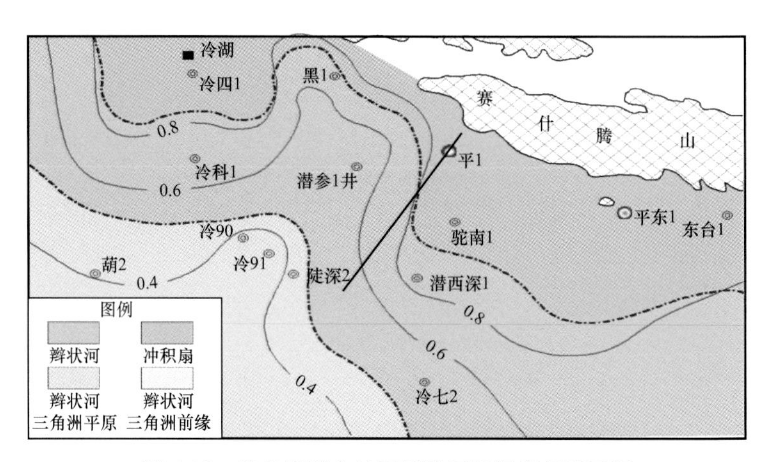

图 4-47 柴北缘平台地区乐路河组沉积相平面图

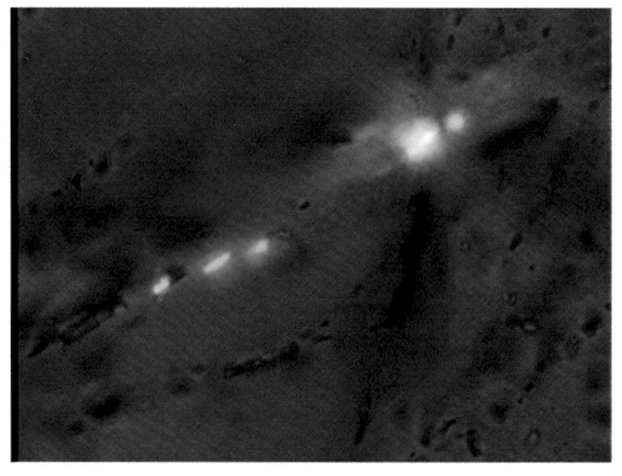

图 5-11 冷科 1 井(4415m)黑色中砂岩中的包裹体

油包裹体-亮光色,气包裹体和盐水包裹体,硅质胶结物中,透射光+反射荧光×500

图 5-21　实验开始前现象及水柱高度

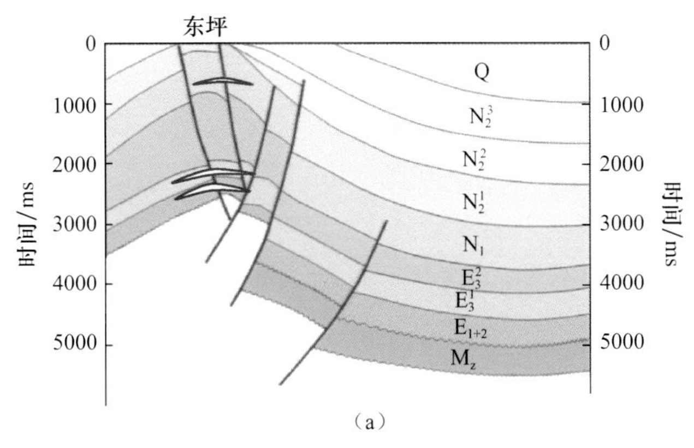

（a）

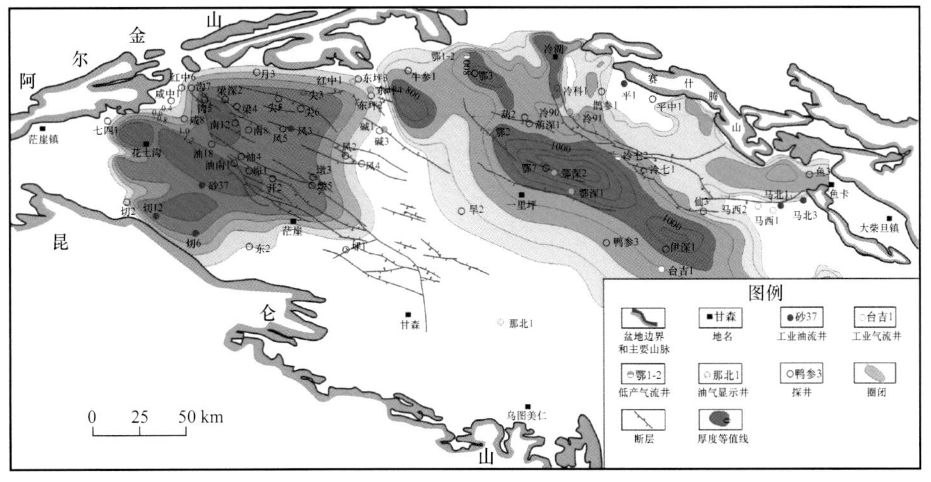

（b）

图 5-39　东坪构造地质剖面及其剖面位置图

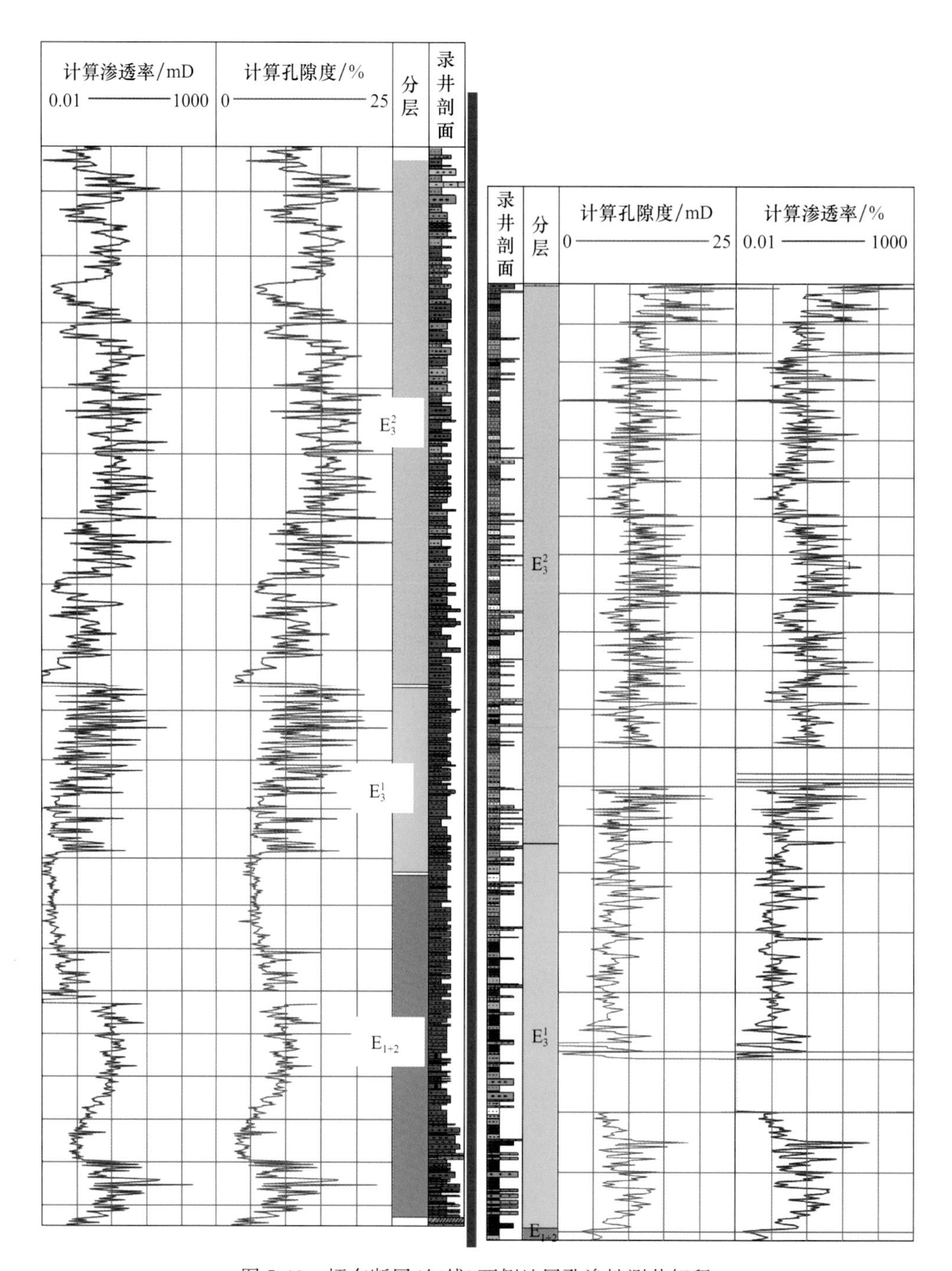

图 5-40　坪东断层(红线)两侧地层孔渗性测井解释

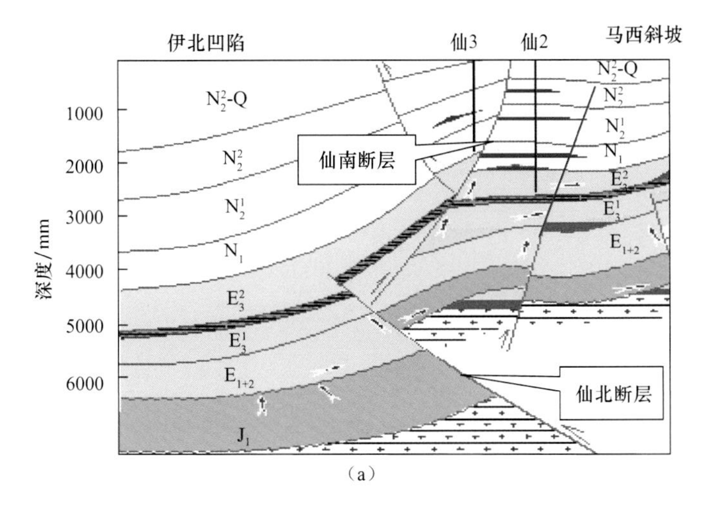

（a）

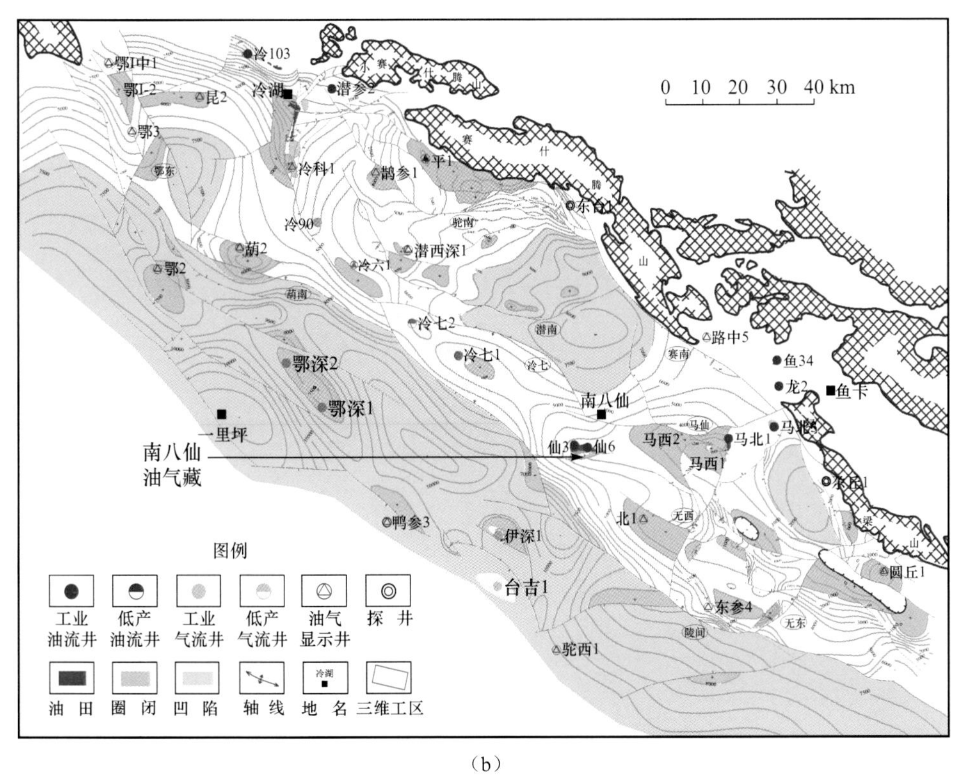

（b）

图 5-48　马仙构造地质剖面及其位置图

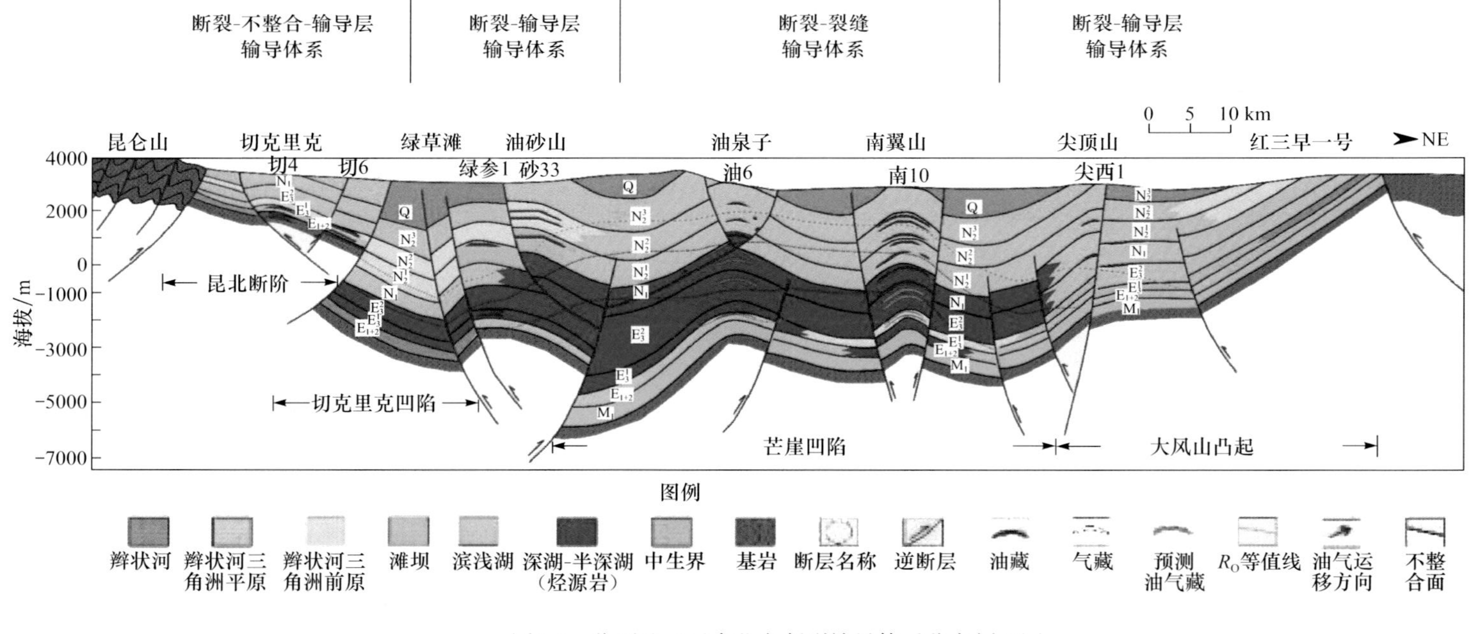

图6-2　柴西地区近南北向断裂输导体系分布剖面图

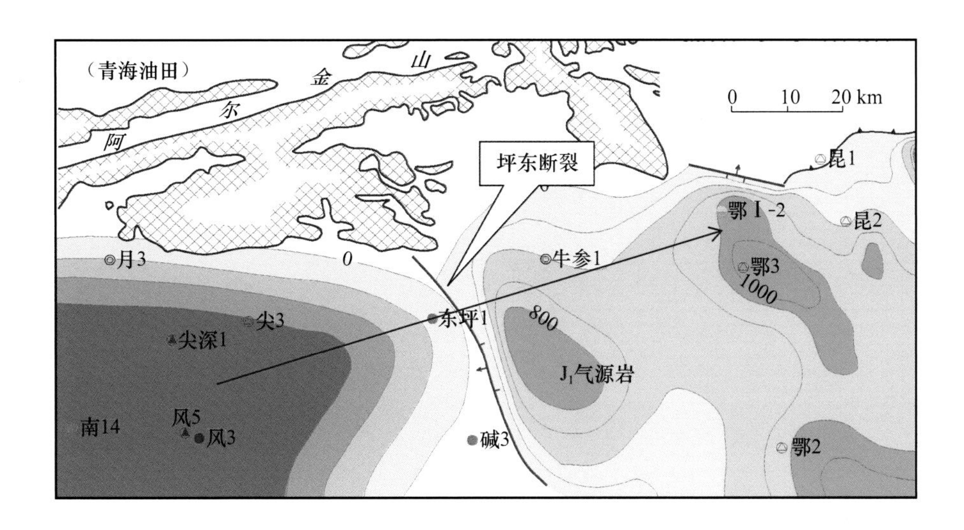

(a)

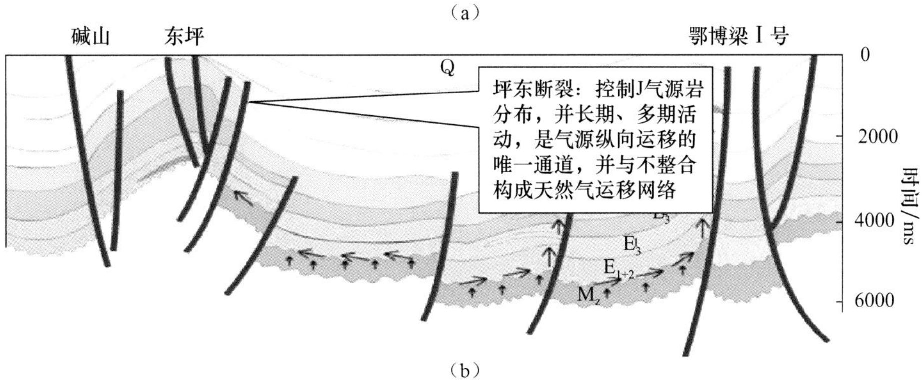

(b)

图 6-4　东坪-鄂博梁Ⅰ号天然气运移成藏剖面模式

(a)平面图；(b)剖面图

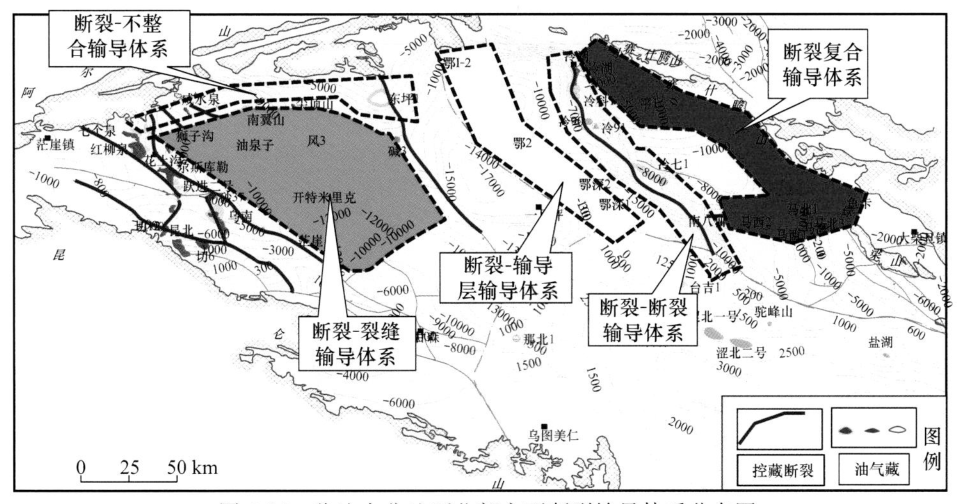

图 6-12　柴达木盆地西北部主要断裂输导体系分布图

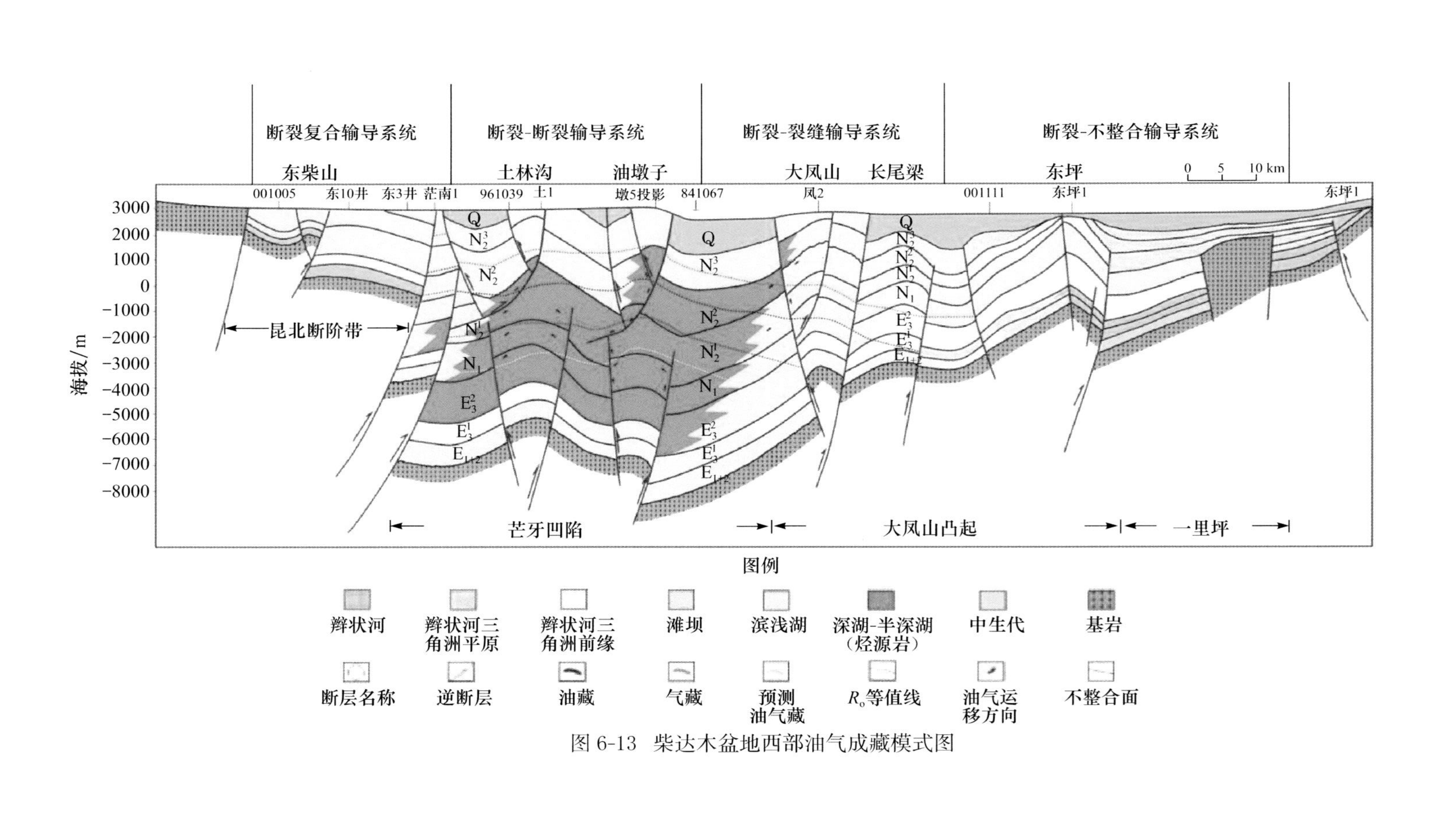

图 6-13 柴达木盆地西部油气成藏模式图

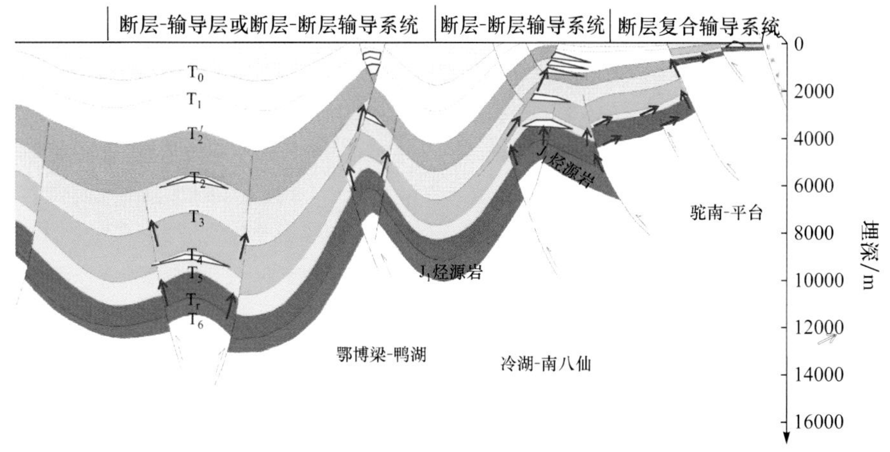

图 6-14　柴达木盆地北缘油气成藏模式图

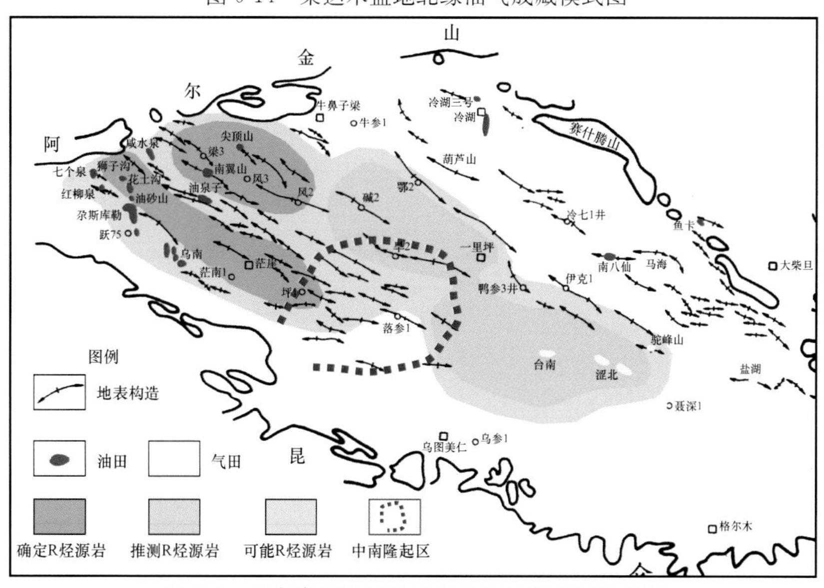

图 8-1　中南隆起区的区域背景与烃源岩区关系图

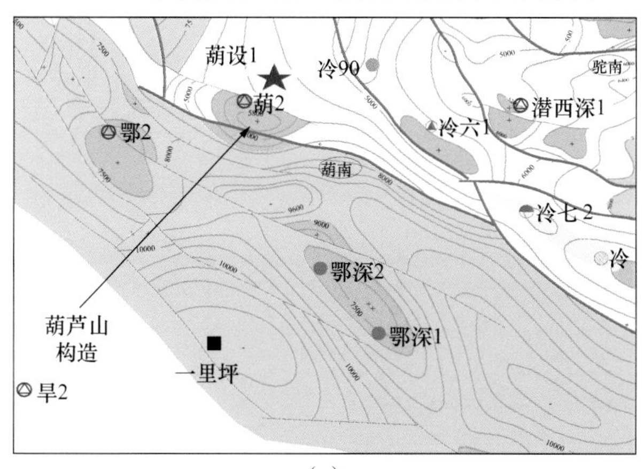

（a）

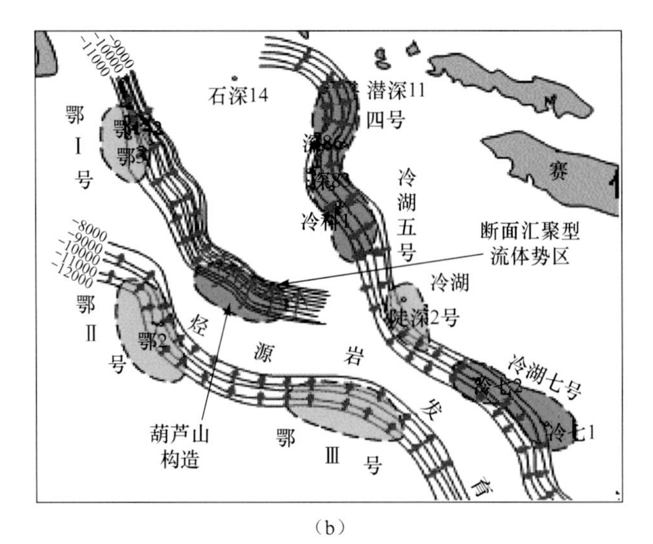

（b）

（c）

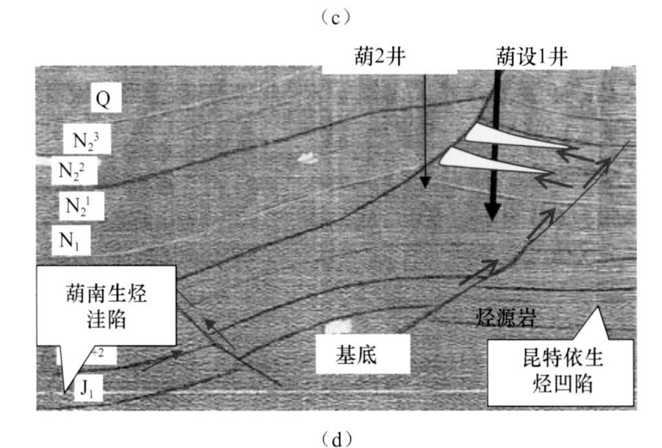

（d）

图 8-5　葫芦山构造井位设计图

(a)葫芦山构造主要目的层构造设计井井位图;(b)柴达木盆地北缘主要断层的断面流体势图;

(c)葫芦山构造 T_2(N_1 顶)构造图;(d)过葫设 1 井地震剖面与气藏预测图